教育部职业教育与成人教育司
全国职业教育与成人教育教学用书行业规划教材
"十二五"职业院校计算机应用互动教学系列教材

■ **双模式教学**

通过丰富的课本知识和高清影音演示范例制作流程双模式教学，迅速掌握软件知识

■ **人机互动**

直接在光盘中模拟练习，每一步操作正确与否，系统都会给出提示，巩固每个范例操作方法

■ **实时评测**

本书安排了大量课后评测习题，可以实时评测对知识的掌握程度

中文版

CorelDRAW X7 平面设计

编著／黎文锋

光盘内容

96个视频教学文件、练习文件和范例源文件

☑双模式教学 + ☑人机互动 + ☑实时评测

海洋出版社

2015年・北京

内容简介

本书是以基础实例讲解和综合项目训练相结合的教学方式介绍 CorelDRAW X7 的使用方法和技巧的教材。本书语言平实，内容丰富、专业，并采用了由浅入深、图文并茂的叙述方式，从最基本的技能和知识点开始，辅以大量的上机实例作为导引，帮助读者在较短时间内轻松掌握中文版 CorelDRAW X7 的基本知识与操作技能，并做到活学活用。

本书内容：全书共分为 10 章，着重介绍了 CorelDRAW X7 应用基础、各种绘图工具的使用、填充工具的使用、对象造型的方法、对象的编辑和管理、交互式效果的制作、文本的编排和设置、表格的应用、位图的调整和编辑、各种图形和文本特效制作等。最后通过 12 个综合范例介绍了 CorelDRAW X7 在图像处理和矢量图形绘制上的设计理论和制作方法。

本书特点：1. 突破传统的教学思维，利用“双模式”交互教学光盘，学生既可以利用光盘中的视频文件进行学习，同时可以在光盘中按照步骤提示亲手完成实例的制作，真正实现人机互动，全面提升学习效率。2. 基础案例讲解与综合项目训练紧密结合贯穿全书，书中内容结合劳动部中、高级图像制作员职业资格认证考试量身定做，学习要求明确，知识点适用范围清楚明了，使学生能够真正举一反三。3. 有趣、丰富、实用的上机实习与基础知识相得益彰，摆脱传统计算机教学僵化的缺点，注重学生动手操作和设计思维的培养。4. 每章后都配有评测习题，利于巩固所学知识和创新。

适用范围：适用于职业院校平面设计专业课教材；社会培训机构平面设计培训教材；用 CorelDRAW 从事平面设计、美术设计、绘画、平面广告、影视设计等从业人员实用的自学指导书。

图书在版编目(CIP)数据

中文版 CorelDRAW X7 平面设计互动教程/黎文锋编著. —北京：海洋出版社，2015.3
ISBN 978-7-5027-9077 -6

Ⅰ.①中… Ⅱ.①黎… Ⅲ. ①图形软件—教材 Ⅳ. ①TP391.41

中国版本图书馆 CIP 数据核字（2015）第 021049 号

总 策 划：刘　斌
责任编辑：刘　斌
责任校对：肖新民
责任印制：赵麟苏
排　　版：海洋计算机图书输出中心　晓阳
出版发行：海洋出版社
地　　址：北京市海淀区大慧寺路 8 号（716 房间）100081
经　　销：新华书店
技术支持：（010）62100055

发 行 部：（010）62174379（传真）（010）62132549
（010）68038093（邮购）（010）62100077
网　　址：www.oceanpress.com.cn
承　　印：北京画中画印刷有限公司
版　　次：2015 年 3 月第 1 版
2015 年 3 月第 1 次印刷
开　　本：787mm×1092mm　1/16
印　　张：20.75
字　　数：498 千字
印　　数：1～4000 册
定　　价：38.00 元（含 1DVD）

前　　言

CorelDRAW X7 是一款集图形绘制、设计、文字排版、高品质输出与打印于一体的图形绘制与编辑软件，它不但广泛地应用于绘图和美术创作领域，还被常用在专业图形设计、广告创作、书刊排版、名片设计等应用中。另外，CorelDRAW X7 还包含其他应用程序和服务，可以满足用户各种设计需求。CorelDRAW X7 真正实现了超强设计能力、效率、易用性的完美结合。

本书通过由浅入深、由入门到提高、由基础到应用的方式，带领读者体验 CorelDRAW X7 的各种功能应用，包括 CorelDRAW X7 的基础内容、各种绘图工具的使用、填充工具的使用、对象造形的方法、对象的编辑和管理、交互式效果的制作、文本的编排和设置、表格的应用、位图的调整和编辑、各种图形和文本特效制作等，最后通过制作时尚 Logo、专卖店名片、立体化文字特效、绘制插画和标志图形、制作网页图标等上机练习，以及通过 iPhone 6 手机外壳、商城开业促销广告和商务公司画册封套三个项目设计，综合讲解了 CorelDRAW X7 在图像处理与矢量图形绘制上的设计理念与制作方法。

本书是"十二五"职业院校计算机应用互动教学系列教程之一，具有该系列图书轻理论重训练的主要特点，并以"双模式"交互教学光盘为重要价值体现。本书的特点主要体现在以下方面。

- 高价值内容编排

本书内容结合劳动部中、高级图像制作员职业资格认证考试量身定做。通过本书的学习，可以更有效地掌握针对职业资格认证考试的相关内容。

- 理论与实践结合

本书从教学与自学出发，以"快速掌握软件的操作技能"为宗旨，书中不但系统、全面地讲解软件功能的概念、设置与使用，并提供大量的上机练习实例，让读者可以亲自动手操作，真正实现理论与实践相结合，活学活用。

- 交互多媒体教学

本书附送多媒体交互教学光盘，光盘除了附带书中所有实例的练习素材外，还提供了一个包含实例演示、模拟训练、评测题目三部分内容的双模式互动教学系统，让读者可以跟随光盘学习和操作。

> 实例演示：将书中各个实例进行全程演示并配合清晰语音的讲解，让读者体会到身临其境的课堂训练感受。

> 模拟训练：以书中实例为基础，但使用了交互教学的方式，读者可以根据书中讲解，直接在教学系统中操作，亲手制作出实例的成果，使读者真正动手去操作，深刻地掌握各种操作方法，通过上机操作，无师自通。

> 教学系统：提供了考核评测题目，使读者除了从教学中轻松学习知识之外，更可以通过题目评测自己的学习成果。

本书不仅可以让初学者迅速入门和提高，也可以帮助中级用户提高矢量绘图技能，还能在一定程度上协助高级用户更全面地了解 CorelDRAW X7 的功能应用和高级技巧，是一本专为职业学校，社会培训班，广大图形处理的初、中级读者量身定制的培训教程和自学指导书。

本书由广州施博资讯科技有限公司策划，由黎文锋编著，参与本书编写与范例设计工作的还有李林、黄活瑜、梁颖思、吴颂志、梁锦明、林业星、黎彩英、周志芈、李剑明、黄俊杰、李敏虹、黎敏、谢敏锐、李素青、郑海平、麦华锦、龙昊等，在此一并谢过。在本书的编写过程中，我们力求精益求精，但难免存在一些不足之处，敬请广大读者批评指正。

编者

光盘使用说明

本书附送多媒体交互教学光盘，光盘除了附带书中所有实例的练习素材外，还提供了一个包含实例演示、模拟训练、评测题目三部分内容的双模式互动教学系统，让读者可以跟随光盘学习和操作。

1. 启动光盘

从书中取出光盘并放进光驱，即可使系统自动打开光盘主界面，如图 1 所示。如果是将光盘复制到本地磁盘中，则可以进入光盘文件夹，双击【Play.exe】文件打开主播放界面，如图 2 所示。

图1

图2

2. 使用帮助

在光盘主界面中单击【使用帮助】按钮，可以阅读光盘的帮助说明内容，如图 3 所示。单击【返回首页】按钮，可返回主界面。

3. 进入章界面

在光盘主界面中单击章名按钮，可以进入对应章界面。章界面中将本章提供的实例演示和实例模拟训练条列显示，如图 4 所示。

图3

图4

4. 双模式学习实例

（1）实例演示模式：将书中各个实例进行全程演示并配合清晰语音的讲解，使读者体会到身临其境的课堂训练感受。要使用演示模式观看实例影片，可以在章界面中单击 按钮，进入实例演示界面并观看实例演示影片。在观看实例演示过程中，可以通过播放条进行暂停、停止、快进/快退和调整音量的操作，如图 5 所示。观看完成后，单击【返回本章首页】按钮返回章界面。

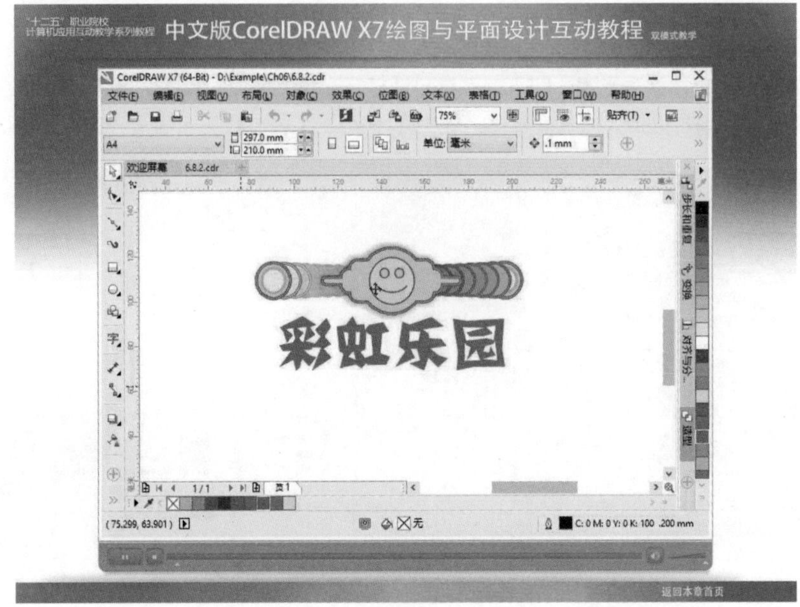

图5

（2）模拟训练模式：以书中实例为基础，但使用了交互教学的方式，可以使读者根据书中讲解，直接在教学系统中操作，亲手制作出实例的结果。要使用模拟训练方式学习实例操作，可以在章界面中单击 按钮。进入实例模拟训练界面后，即可根据实例的操作步骤在影片显示的模拟界面中进行操作。为了方便读者进行正确的操作，模拟训练界面以绿色矩形框作为操作点的提示，读者必须在提示点上正确操作，才会进入下一步操作，如图 6 所示。如果操作错误，模拟训练界面将出现提示信息，提示操作错误，如图 7 所示。

图6

图7

5．使用评测习题系统

评测习题系统提供了考核评测题目，使读者除了从教学中轻松学习知识之外，更可以通过题目评测自己的学习效果。要使用评测习题系统，可以在主界面中单击【评测习题】按钮，然后在评测习题界面中选择需要进行评测的章，并单击对应章按钮，如图 8 所示。进入对应章的评测习题界面后，等待 5 秒即可显示评测题目。每章的评测习题共 10 题，包含填空题、选择题和判断题。每章评测题满分为 100 分，达到 80 分为及格，如图 9 所示。

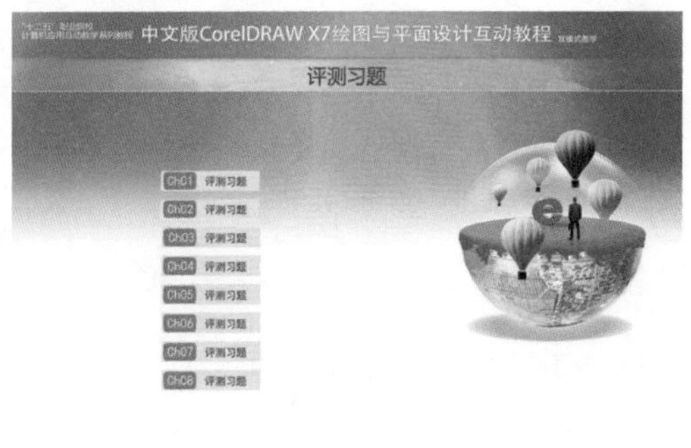

图8

图9

显示评测题目后，如果是填空题，则需要在【填写答案】后的文本框中输入题目的正确答案，然后单击【提交】按钮即完成当前题目操作，如图 10 所示。如果没有单击【提交】按钮而直接单击【下一个】按钮，则系统将该题认为被忽略的题目，将不计算本题的分数。另外，单击【清除】按钮，可以清除当前填写的答案；单击【返回】按钮返回前一界面。

如果是选择题或判断题，则可以单击选择答案前面的单选按钮，再单击【提交】按钮提交答案，如图 11 所示。

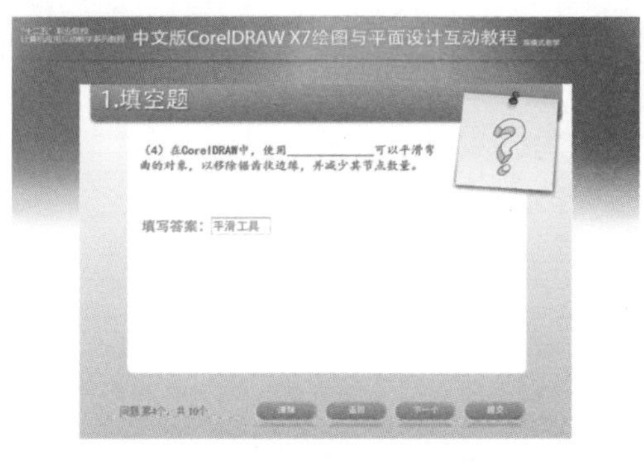

图10

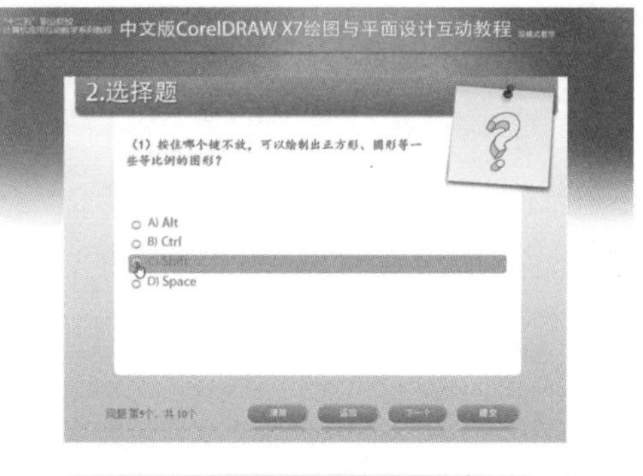

图11

完成答题后，系统将显示测验结果，如图 12 所示。此时可以单击【预览测试】按钮，查看答题的正确与错误信息，如图 13 所示。

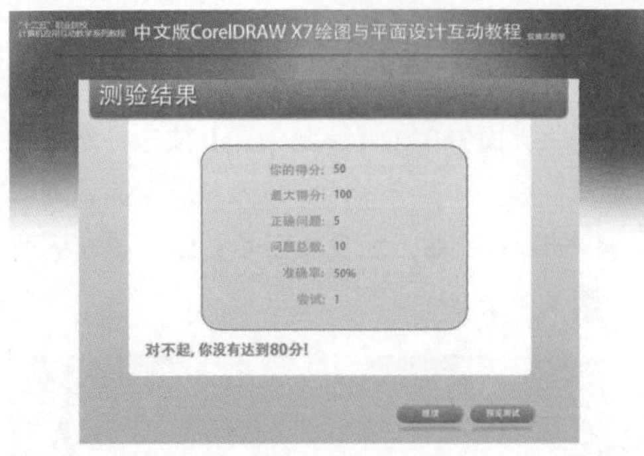

图12

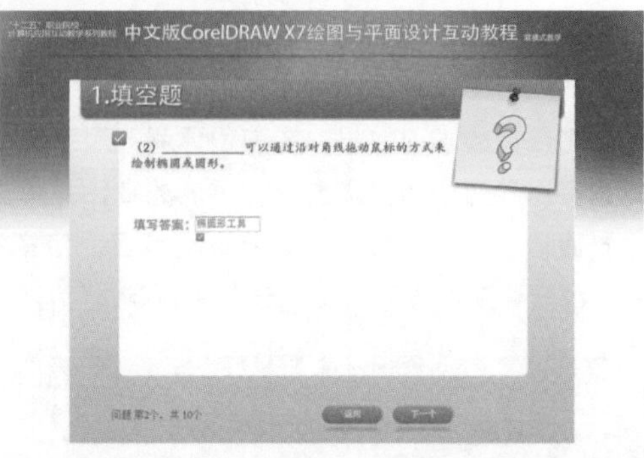

图13

6. 退出光盘

如果需要退出光盘，可以在主界面中单击【退出光盘】按钮，也可以直接单击程序窗口的关闭按钮，关闭光盘程序。

目　　录

第 1 章　CorelDRAW X7 应用基础

学习目标

本章主要介绍 CorelDRAW X7 的应用基础，包括了解程序界面、文件的基本管理，以及查看文件内容、设置文件预览模式和处理页面等操作方法。

学习重点

☑ CorelDRAW X7 的用途
☑ CorelDRAW X7 的界面组成
☑ 使用 CorelDRAW 管理文件
☑ 查看文件和处理页面
☑ 导入与导出文件
☑ 预览打印与执行打印

1.1　CorelDRAW 可以做什么

CorelDRAW X7 是一个功能强大的大型矢量软件，能够适用于绘制矢量插画、企业 VI 系统，编排小型出版物，制作平面广告、包装设计、书籍封面等各类工作，是广大平面设计师最喜爱的矢量软件之一。

1.1.1　矢量绘图

绘制矢量图是 CorelDRAW X7 最基本的功能。作为一款优秀的矢量图像设计软件，CorelDRAW X7 提供了多种绘图工具，可以设置这些工具的大小、颜色、形状、样式等选项，然后使用这些工具绘制圆形、星形、矩形、多边形等规则图形，也可以绘制自由曲线等不规则图形。如图 1-1 所示为使用绘图工具绘制的矢量图形。

图 1-1　矢量图形

1.1.2 位图处理

作为一款矢量图像设计软件，CorelDRAW X7 不仅在矢量图像设计方面有过人之处，在位图处理与编修方面的功能也十分强大。

可以在 CorelDRAW X7 中导入位图图像，也可以拖动图像控制节点缩放位图图像的尺寸大小，或者使用裁剪工具对位图进行裁剪，以删除图像不需要的部分。除此之外，也可以通过改变位图的色彩模式、色调以及光线对位图进行调整。甚至还可以通过对位图应用各种滤镜，制作出包括三维效果、艺术笔触、模糊、轮廓图、扭曲效果等位图特效。如图 1-2 所示为 CorelDRAW X7 为位图处理提供的功能菜单。

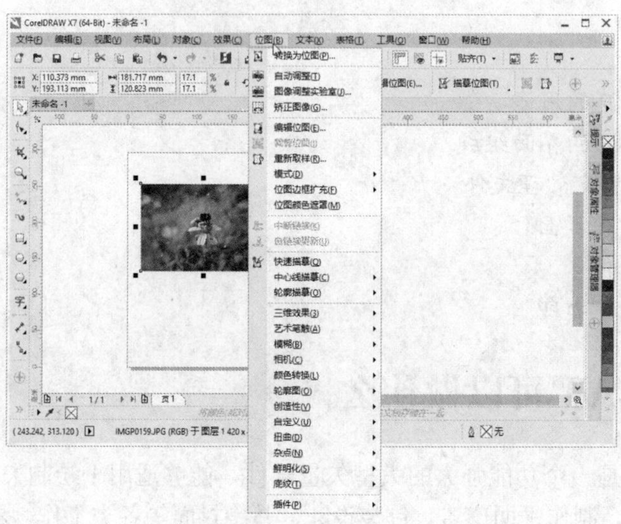

图 1-2 CorelDRAW X7 为位图处理提供的功能菜单

1.1.3 页面排版

CorelDRAW X7 在页面排版方面的功能十分强大。在 CorelDRAW X7 中，可以选择不同的版面样式，调整版面的尺寸、页面方向以及出血量，也可以调整页面中对象的位置，使对象的排布适合版面的要求。

当页面中存在图片和文字时，可以使用 CorelDRAW X7 提供的文绕图功能，使文本以不同的方式围绕图片外框排列，从而适应各种版面的需要。如图 1-3 所示为杂志页面排版效果。

图 1-3 杂志页面排版效果

1.1.4 网页设计

使用 CorelDRAW X7 提供的网页设计功能，可以制作出各种网页对象，可以制作 HTML 兼容文本，插入表单、单选按钮、复选框、下拉列表框、JAVA 小程序等 Web 对象。同时，CorelDRAW X7 也可以为文本和图形对象创建超级链接，使对象可以链接到 Web 其他地方。

除此之外，还可以将 CorelDRAW X7 处理的图像发布为 JPEG、GIF、PNG 等网页专用格式，在发布前可以对图像的品质和大小进行设置，以适应网络传输的需要。如图 1-4 所示为使用 CorelDRAW X7 设计网页模板的效果。

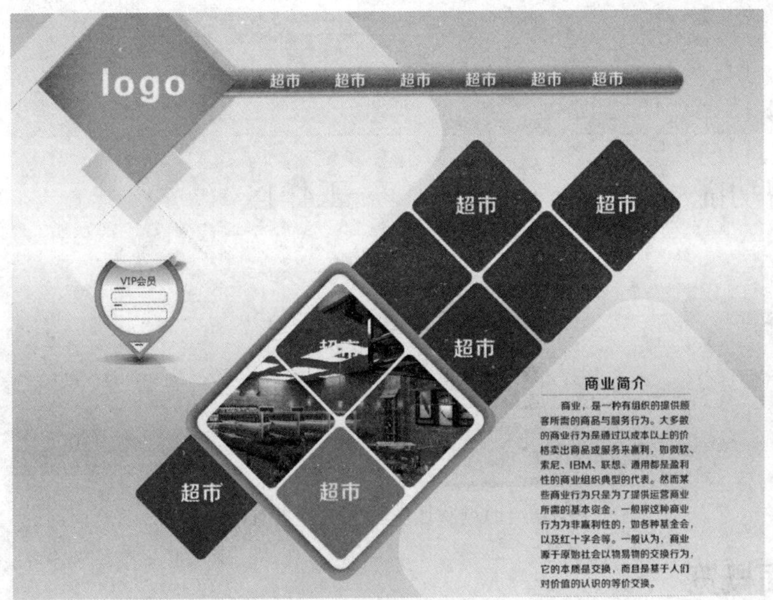

图 1-4 网页模板效果

1.2 CorelDRAW X7 用户界面

CorelDRAW X7 的用户界面可分为欢迎屏幕、标题栏、菜单栏、工具栏、属性栏、工具箱、文档选项卡、绘图窗口、调色板、泊坞窗、状态栏、导航器、绘图页面、文档导航器等。下面对 CorelDRAW X7 主界面的各个组成部分进行简单介绍。

1.2.1 欢迎屏幕

欢迎屏幕可以使用户轻松访问应用程序资源，并可以快速完成常见任务，如打开文件以及从模板启动文件。通过欢迎屏幕还可以了解 CorelDRAW X7 中的新功能并从【图库】页面列出的图形设计中得到启发，如图 1-5 所示。

此外，可以访问视频和提示，获得最新的产品更新，并可检查成员资格或订阅情况。

在默认情况下，启动 CorelDRAW 时将显示欢迎屏幕，也可以在启动应用程序之后访问欢迎屏幕，选择【帮助】|【欢迎屏幕】命令即可。

显示欢迎屏幕后，可以单击左侧的 » 按钮打开导航列，通过导航区切换需要查看的内容，如图 1-6 所示。

图 1-5　通过欢迎屏幕查看新增功能

图 1-6　通过欢迎屏幕导航区查看内容

1.2.2　界面概览

启动 CorelDRAW 时，系统会打开包含绘图窗口的应用程序窗口。尽管可以打开多个绘图窗口，但是只能在活动绘图窗口中使用命令。如图 1-7 所示为 CorelDRAW X7 的界面。

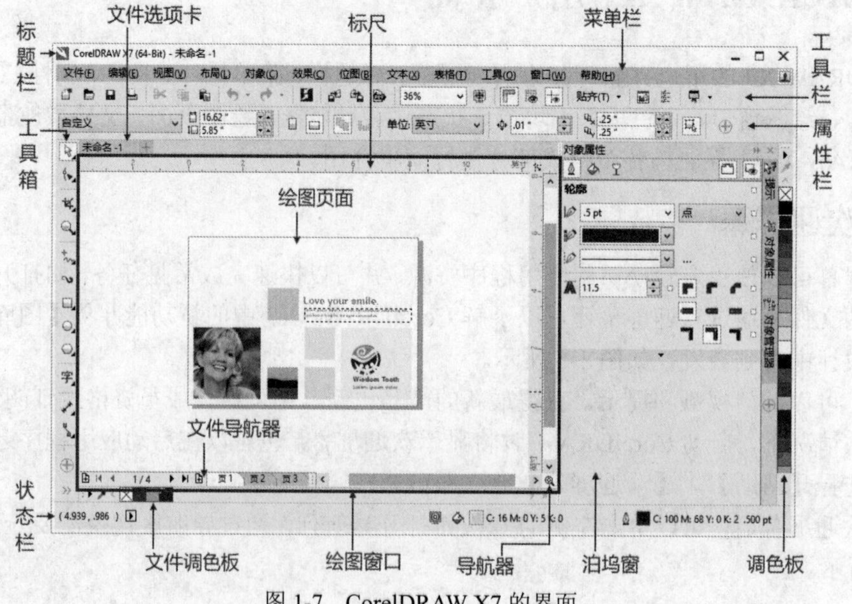

图 1-7　CorelDRAW X7 的界面

1.2.3 标题栏和菜单栏

标题栏显示了应用程序名称和当前文件保存目录和名称等信息。

菜单栏位于标题栏下方，它包含了 CorelDRAW X7 大部分的操作命令，由【文件】、【编辑】、【视图】、【布局】、【对象】、【效果】、【位图】、【文本】、【表格】、【工具】、【窗口】和【帮助】12 个菜单项组成，单击任意一个菜单项，即可打开对应的菜单，如图 1-8 所示。

当需要使用某个菜单时，除了单击菜单项打开菜单外，还可以通过“按下 Alt+菜单项后面的字母”的方式打开菜单。例如，打开【文件】菜单，只需同时按下 Alt+F 即可。

打开菜单后，就能显示该菜单所包含的命令项，在各个命令项的右边是该命令项的快捷键，可以使用快捷键来执行对应的命令。例如，【文件】菜单中【存储】命令的快捷键是 Ctrl+S，当需要保存当前文件时，只要在键盘上同时按下 Ctrl 和 S 即可，如图 1-9 所示。

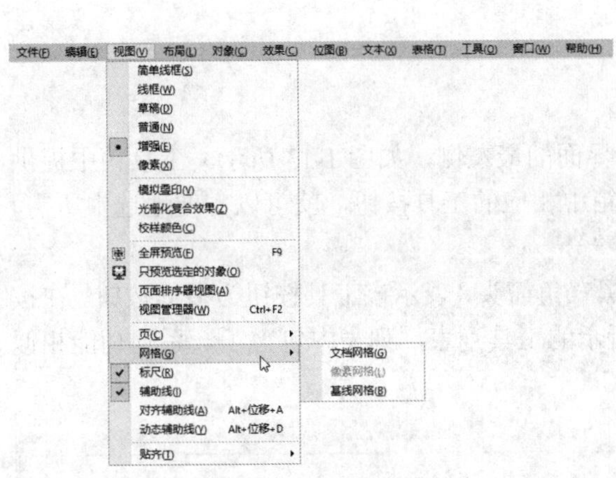

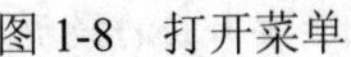

图 1-8　打开菜单

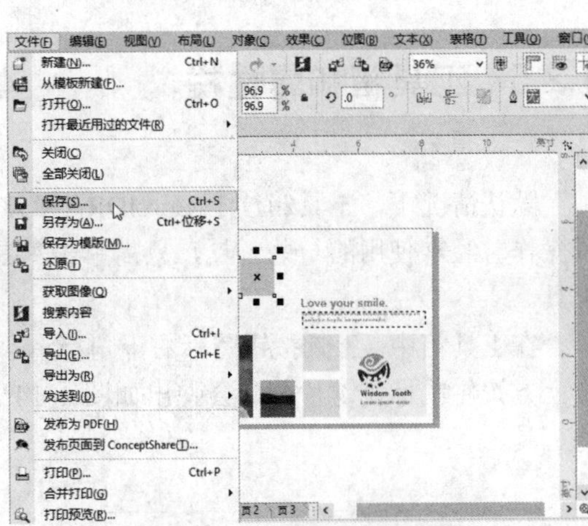

图 1-9　查看命令项的快捷键

问：菜单中有些命令项为什么是灰色的？

答：如果菜单中某些菜单命令项显示为灰色，则表示该命令在当前状态下不可用。

1.2.4 工具栏

菜单栏虽然功能齐全，但调用菜单命令时往往要经过两步以上的操作（打开主菜单，然后选择菜单项），执行起来并不方便。为了提高用户的工作效率，CorelDRAW X7 挑选一些常用的命令并将其组合起来，组成工具栏，如图 1-10 所示。

图 1-10　标准工具栏

工具栏中包含了新建、打开、保存、打印、剪切、复制、粘贴、撤消、重做、导入、导出等常用命令。使用【应用程序启动器】按钮 则可快速地启动相关应用程序，如图 1-11 所示。另外，也可以使用【缩放级别】列表框，设置绘图窗口不同比例的缩放效果，如图 1-12 所示。

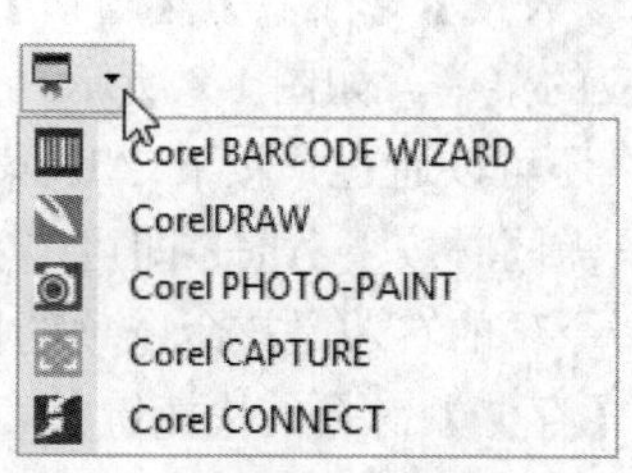

图 1-11　快速启动其他应用程序

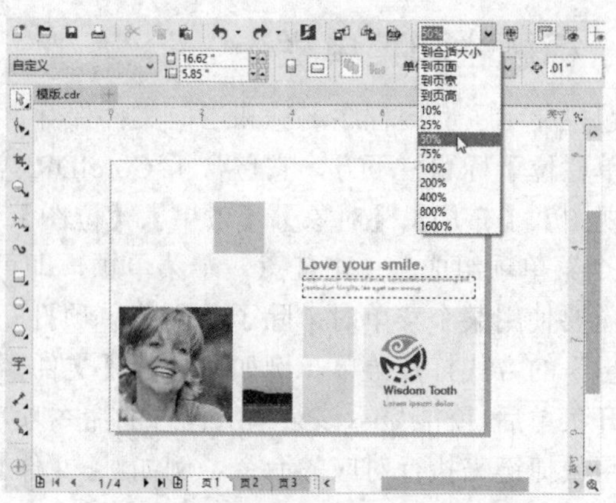

图 1-12　设置绘图窗口缩放级别

1.2.5　工具箱和属性栏

1. 工具箱

默认情况下，工具箱位于 CorelDRAW X7 界面的最左侧，如图 1-13 所示。工具箱中提供了操作时经常使用的一些工具，只需单击工具箱中相应的工具按钮，就可以方便地选中所需工具。

在工具箱中，工具按钮图标右下角标有小黑三角箭头，表示该工具按钮为多选按钮。在按钮上方按住鼠标左键片刻，会弹出如图 1-14 所示的工具列表，列表中包含了一系列功能相似的工具。

默认情况下，将鼠标移动到工具按钮上停留片刻，便会显示该工具的提示，其中包含工具名称和调用工具的键盘快捷键。只需在英文输入状态下按下相应快捷键，即可选中该工具。

在工具箱下方有一个【自定义】按钮⊕，单击此按钮可以自定义列表框，可以从列表框中选择添加常用工具或删除不常用的工具，如图 1-15 所示。

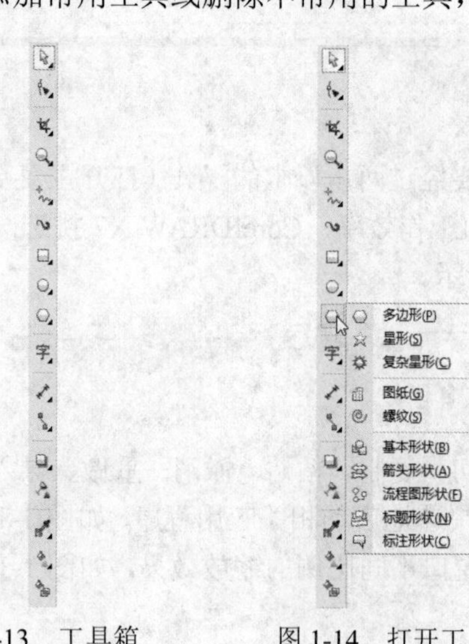

图 1-13　工具箱

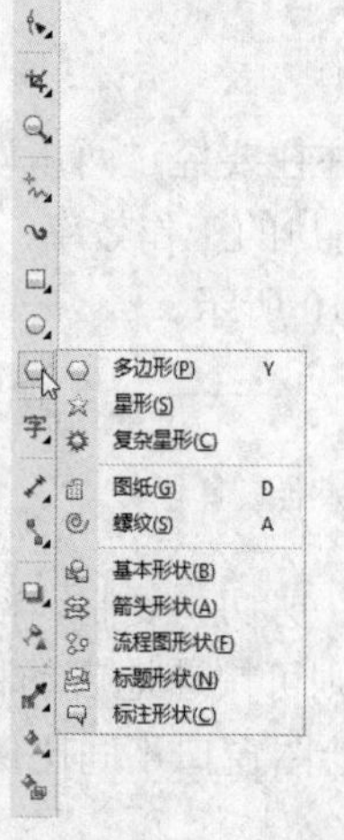

图 1-14　打开工具列表

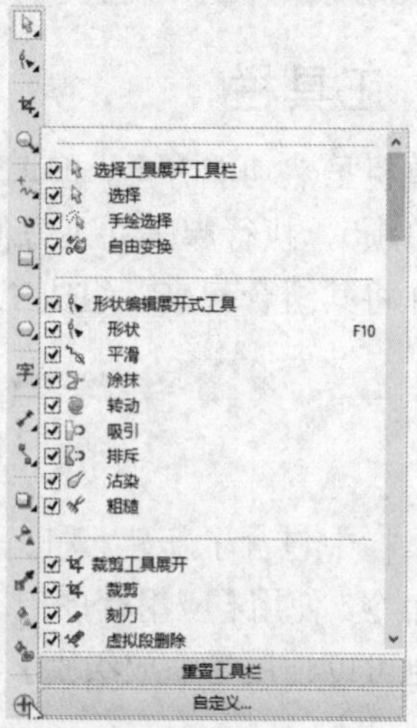

图 1-15　快速自定义工具箱

2. 属性栏

当在工具箱中选择一种工具时，位于工具栏下方的属性栏就会根据选中的工具显示相关属性项目，以便可以根据需要设置工具的属性。如图 1-16 所示为选中不同工具时属性栏显示的相关项目。

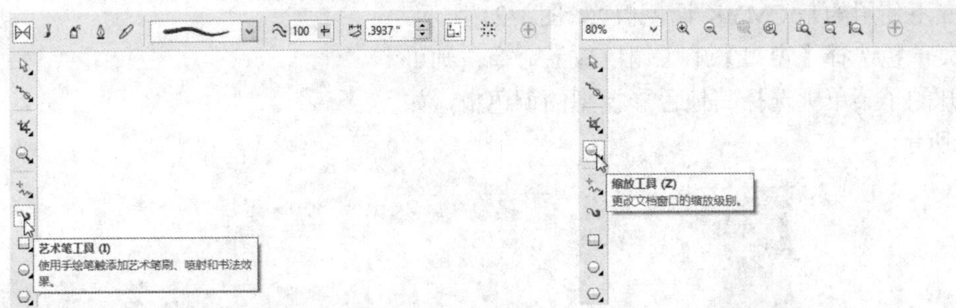

图 1-16　选中不同工具时属性栏的显示效果

1.2.6　绘图窗口和绘图页面

绘图窗口位于属性栏的下方，占据程序用户界面的大部分区域。当在 CorelDRAW X7 中新建文件或打开文件时，绘图窗口才会出现。在默认状态下，绘图窗口以最大化的形式显示，并包含标尺、绘图页面和文件导航器等，如图 1-17 所示。

当需要使绘图窗口以浮动方式放置在程序工作区中时，可以按住文件选项卡，然后拖动绘图窗口使之浮动，如图 1-18 所示。

图 1-17　最大化的绘图窗口

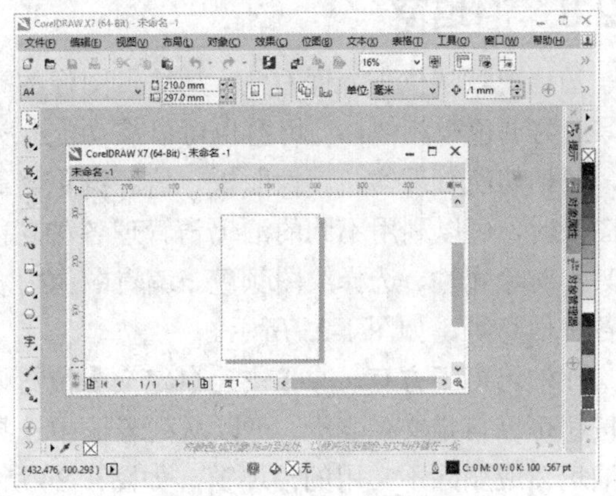

图 1-18　浮动的绘图窗口

文件导航器默认位于绘图窗口的下方，其显示了绘图页的总数以及当前活动页面的页码，在设计时可以起到导航的作用，如图 1-19 所示。

通过在页码标签上单击右键，可以打开如图 1-20 所示的快捷菜单，可以在菜单中选择重命名页面、插入新页面、删除当前页面以及切换页面方向等操作。

图 1-19　文件导航器

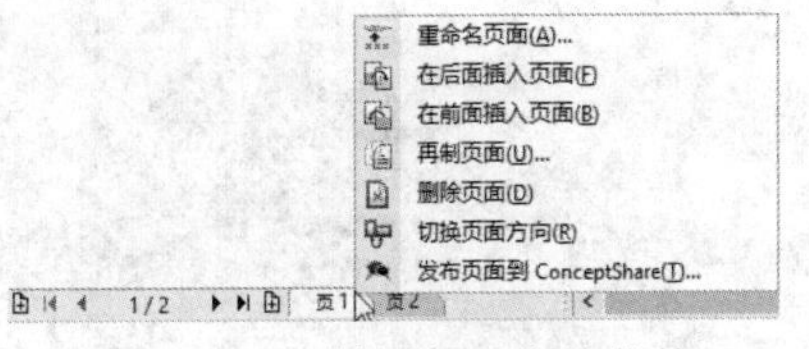

图 1-20　文件导航器快捷菜单

1.2.7 调色板

调色板默认位于界面最右侧，由不同颜色的色块组成，单击这些色块可以填充对象的轮廓色或填充色。

按照色彩模型分类可以将调色板分为多种类型，默认情况下使用的是 CMYK 调色板，如图 1-21 所示。如果在菜单栏选择【窗口】|【调色板】命令，则可以在打开的子菜单中选择其他色彩模型的调色板，如图 1-22 所示。

图 1-21　默认调色板

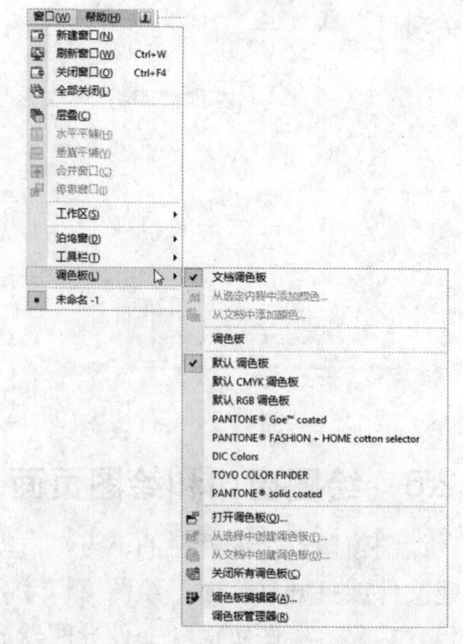

图 1-22　通过调色板菜单选择其他调色板

1.2.8 泊坞窗

泊坞窗默认位于界面右侧，是编辑图像的重要辅助工具。与调色板相似，泊坞窗也可以按功能分为不同类型，包括功能管理器、属性面板、信息浏览器等。在设计图像时，可以利用不同的泊坞窗管理各种功能、设置工具和对象属性、选择绘图颜色、编辑图像内容以及显示各种信息等，如图 1-23 所示。

在泊坞窗下方有一个【快速自定义】按钮⊕，单击此按钮可以自定义列表框，可以从列表框中选择添加其他泊坞窗或删除不常用的泊坞窗，如图 1-24 所示。

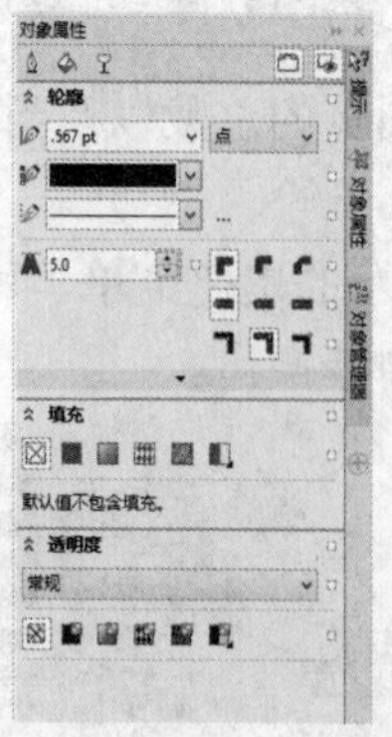

图 1-23　打开泊坞窗

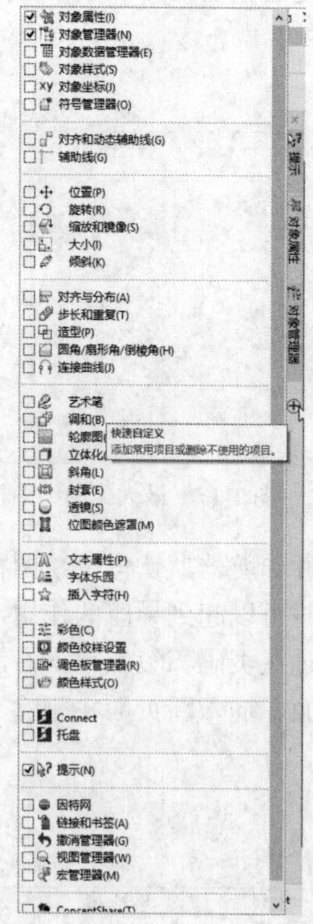

图 1-24　自定义泊坞窗

1.2.9 状态栏

状态栏位于界面的最下方，在选择对象的情况下，其显示了当前编辑对象的属性信息，包括对象的名称、填充和轮廓颜色、工具提示、对象的宽度和高度以及位置信息等。如果没有选择任何对象，则会显示工具提示以及光标位置等信息，如图 1-25 所示。

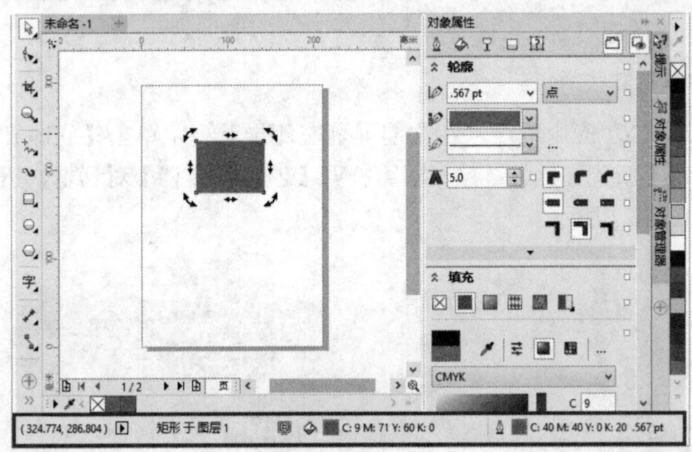

图 1-25 状态栏

1.3 创建与管理文件

在使用 CorelDRAW X7 绘图前，应首先掌握一些基本的文件管理操作，包括新建、打开、保存、关闭、从模板新建文件等。

1.3.1 新建文件

1. 通过菜单命令新建文件

在菜单栏选择【文件】|【新建】命令，打开【创建新文档】对话框后，设置基本属性，然后单击【确定】按钮，即可创建一个空白文件，如图 1-26 所示。

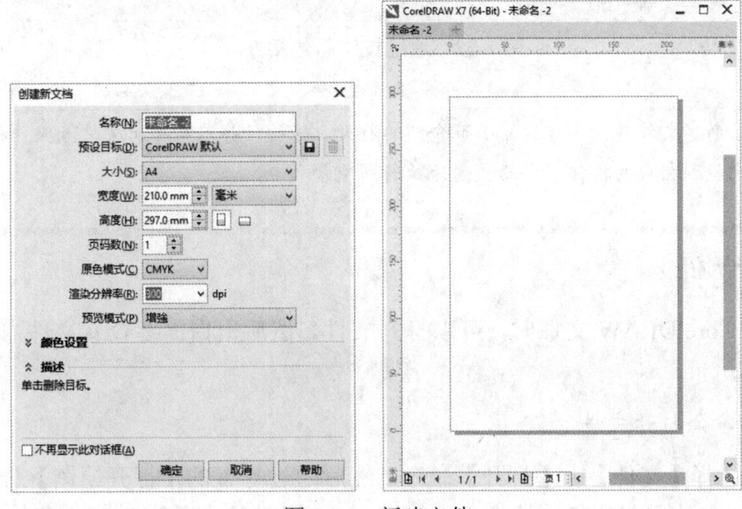

图 1-26 新建文件

2. 使用快捷键新建文件

按 Ctrl+N 键打开【新建】对话框，设置基本属性后即可创建新文件。

3. 通过文件选项卡新建文件

方法：在已打开文件的情况下，单击文件选项卡右侧的➕按钮，设置基本属性后即可创建新文件。

4. 通过欢迎屏幕新建文件

启动 CorelDRAW X7 应用程序，在欢迎屏幕左侧导航列中单击【立即开始】按钮，然后在右侧选项卡中单击【新建文档】链接，即可打开【创建新文档】对话框，然后设置新文件属性并创建文件，如图 1-27 所示。

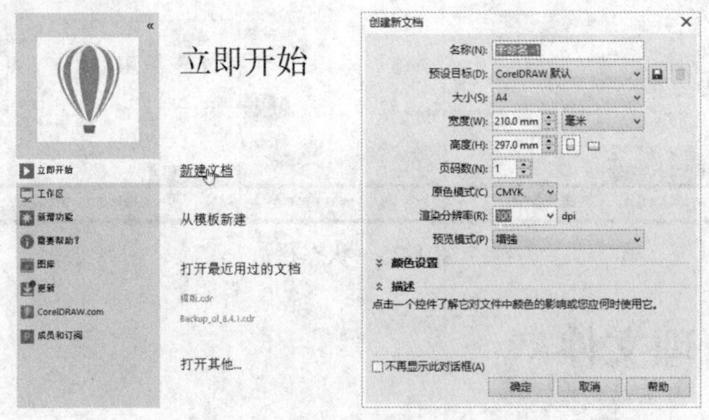

图 1-27　通过欢迎屏幕新建文件

5. 用按钮新建文件

单击工具栏的【新建】按钮，然后在打开的【创建新文档】对话框中设置新文件属性，即可创建文件，如图 1-28 所示。

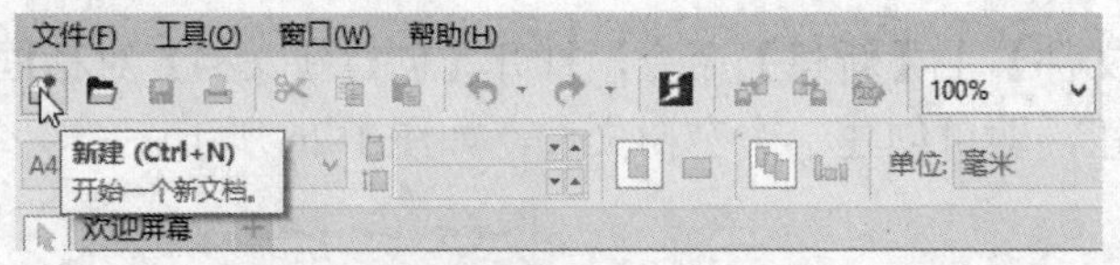

图 1-28　通过按钮新建文件

除了新建文件外，本章后续小节介绍的打开、保存、导入与导出文件等操作都可以在工具栏中找到相应的按钮，从而快速地执行所需操作。

1.3.2 打开文件

当需要编辑 CorelDRAW 文件时，可以打开文件，然后根据需要查看文件内容或对其进行编辑。

1. 通过菜单命令打开文件

在菜单栏上选择【文件】|【打开】命令，然后通过打开的【打开绘图】对话框选择要打开的 CorelDRAW 文件或其他可支持的文件，再单击【打开】按钮即可，如图 1-29 所示。

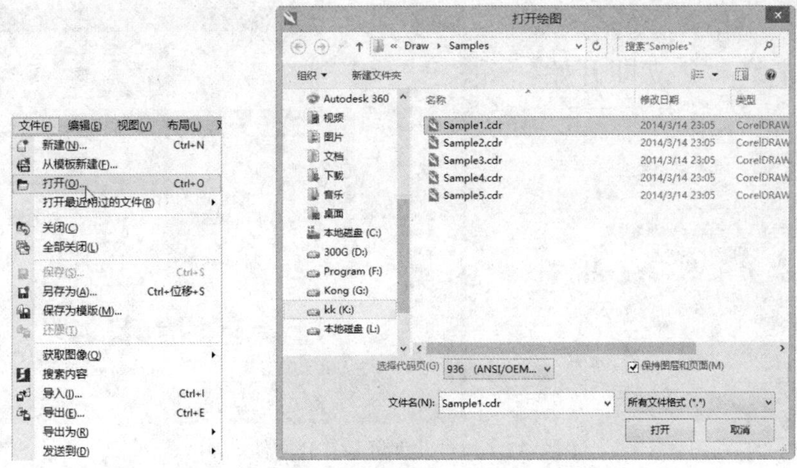

图 1-29 通过菜单命令打开文件

2. 使用快捷键打开文件

按 Ctrl+O 键，然后通过打开的【打开绘图】对话框选择文件并单击【打开】按钮。

3. 使用按钮打开文件

单击工具栏的【打开】按钮，然后在打开的【打开绘图】对话框中选择文件并单击【打开】按钮，如图 1-30 所示。

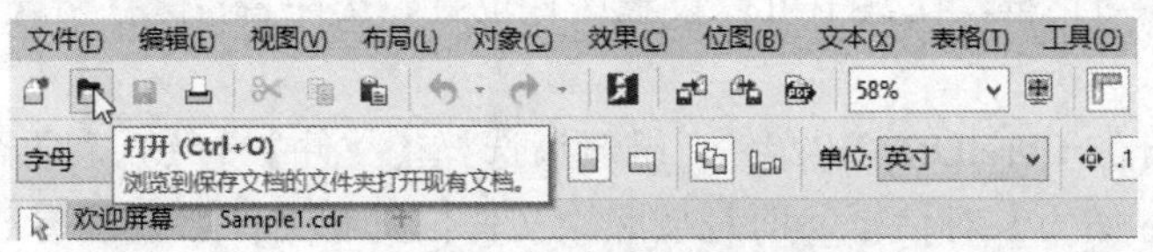

图 1-30 通过按钮打开文件

4. 打开最近用过的文件

选择【文件】|【打开最近用过的文件】命令，然后在菜单中选择文件即可，如图 1-31 所示。

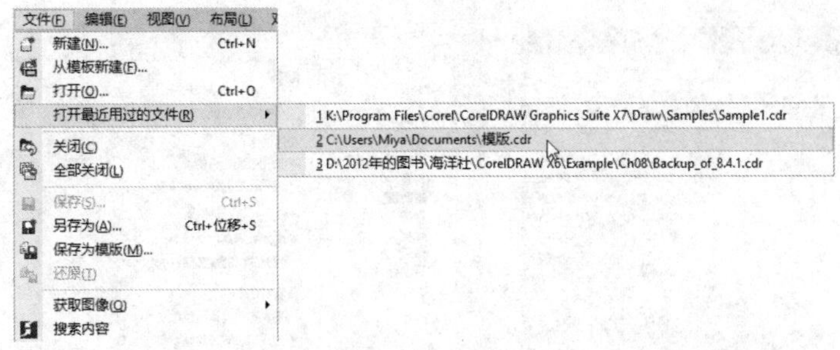

图 1-31 打开最近用过的文件

5. 通过欢迎屏幕打开文件

启动 CorelDRAW X7，在欢迎屏幕左侧导航列中单击【立即开始】按钮，然后在右侧选项卡中单击【打开其他】链接，并在【打开绘图】对话框中选择文件，接着单击【打开】按钮，如图 1-32 所示。

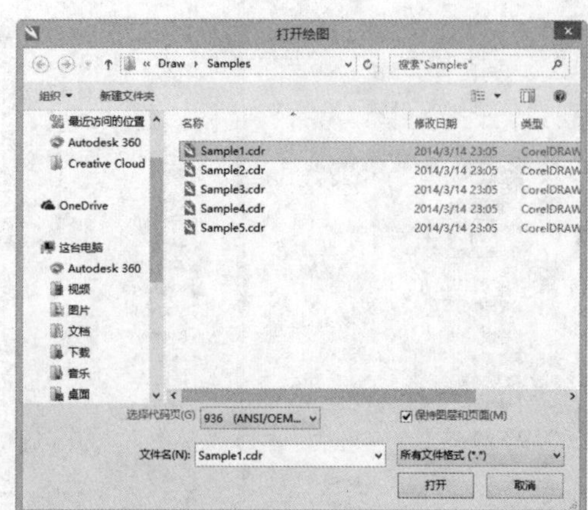

图 1-32　通过欢迎屏幕打开文件

1.3.3　保存与另存文件

新建或编辑文件后，可以将文件保存起来，以免设计过程中出现意外造成损失（例如死机、程序出错、系统崩溃、停电等）。

保存文件的方法很简单，只需在菜单栏中选择【文件】|【保存】命令，或按 Ctrl+S 键，即可执行存储文件的操作。

（1）如果是新建的文件，当选择【文件】|【保存】命令或按 Ctrl+S 键时，CorelDRAW 会打开【保存绘图】对话框，在其中可以设置保存位置、文件名、保存格式和其他选项，如图 1-33 所示。

（2）如果是打开的 CorelDRAW 文件，编辑后选择【文件】|【保存】命令或按 Ctrl+S 键时，则不会打开【存储为】对话框，而是按照原文件位置和文件名直接覆盖。

当编辑文件后，如果不想覆盖原来的文件，可以选择【文件】|【另存为】命令（或按 Ctrl+Shift+S 键），然后通过【保存绘图】对话框更改文件保存位置或名称，将原文件保存为一个新文件。

在【保存绘图】对话框中单击【高级】按钮可以打开如图 1-34 所示的【选项】对话框，在此可以进行高级保存设置。

图 1-33　保存绘图文件

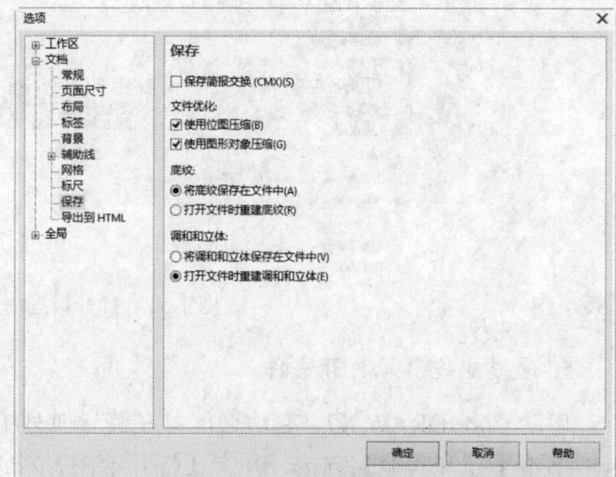

图 1-34　设置保存选项

问：为什么新建文件后，【保存】命令显示灰色的不可用状态？

答：新建空白文件后并未进行任何编辑操作，或者对图像进行保存后而又并未再次编辑时，【保存】命令为灰色显示，表示该命令处于不可用状态。如果想要该命令可用，需要先对文件进行编辑。

1.3.4 从模板新建文件

在 CorelDRAW X7 中，模板是一组控制绘图的布局与外观的样式和页面布局设置。预设情况下，系统提供了大量的模板，按其用途大致可分为全页面、选项卡、封套、侧折以及 Web 类型的模板，以供用户轻松创建出符合要求的各种类型样式文件。

动手操作 新建广告册文件

1 选择【文件】|【从模板新建】命令，打开【从模板新建】对话框后，在【查看方式】列表框中选择模板的类型，如选择【小册子】分类，如图 1-35 所示。

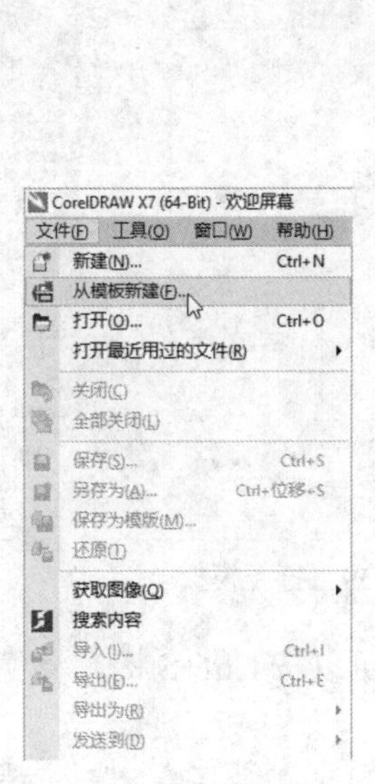

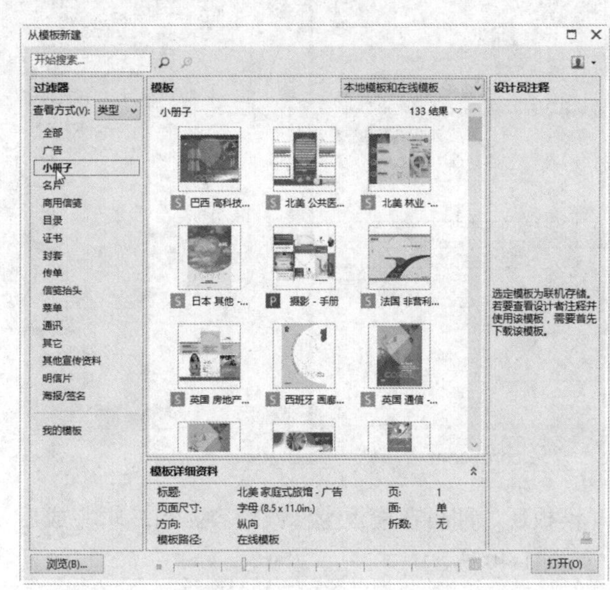

图 1-35 打开模板分类

2 在模板窗口中可以看到有很多种模板，其中有些模板在左下方显示 S 和 P 图示，如图 1-36 所示。这些是标准模板和高级模板，需要成为 Corel 会员并登录 corel.com 账户后才可以使用。

3 要使用会员账户登录 CorelDRAW，可以单击【从模板新建】对话框右上角的按钮，然后从打开的选项卡中单击【登录】按钮，如图 1-37 所示。

4 打开登录会员账户窗口后，输入会员账户（如果没有可以通过窗口创建账户）和密码，然后单击【登录】按钮，如图 1-38 所示。

5 使用会员账户登录后，即可使用各种模板。此时可以在模板窗口选择合适的模板，然后选择模板的缩图，再单击【打开】按钮，如图 1-39 所示。

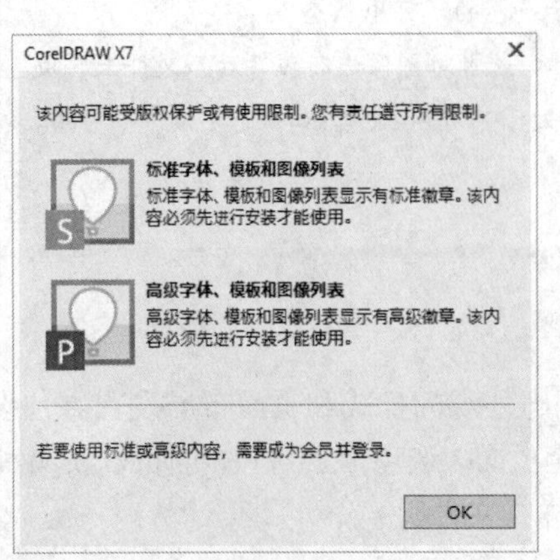

图 1-36　使用标准和高级模板时弹出的提示

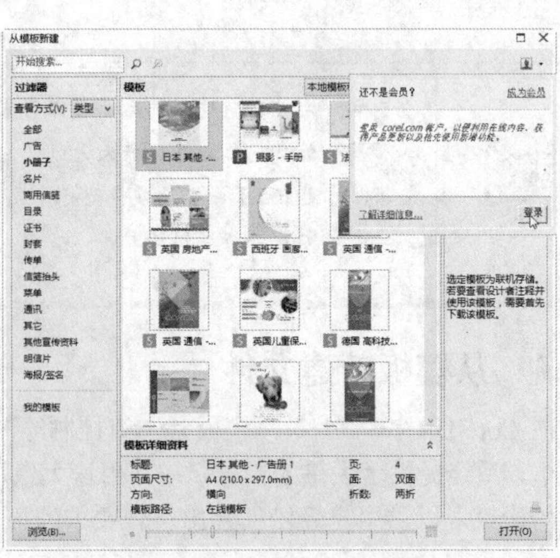

图 1-37　登录 corel.com 账户

图 1-38　登录 corel.com 会员账户

图 1-39　打开模板

6 打开模板后，即可在模板上修改内容。当编辑完成后，可以按 Ctrl+S 键，将模板保存为新文件，如图 1-40 所示。

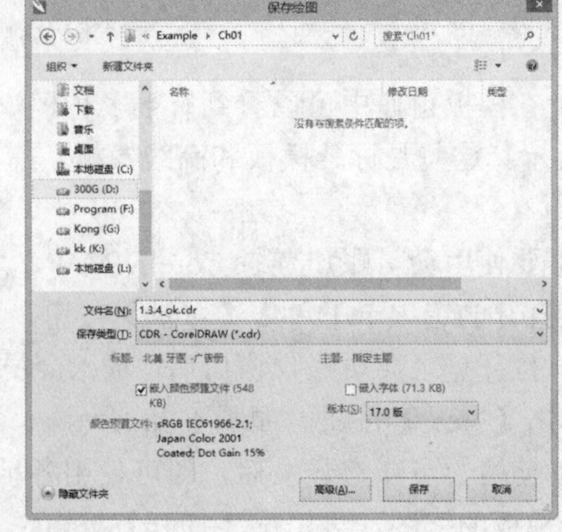

图 1-40　将模板保存为新文件

1.4 设置文件查看

CorelDRAW X7 提供了多种文件查看方式，大大提高了工作效率。

1.4.1 设置显示比例

设置文件显示比例有 3 种方法。

方法 1 通过工具栏【缩放级别】选项框输入或选择选项来更改显示比例大小，如图 1-41 所示。

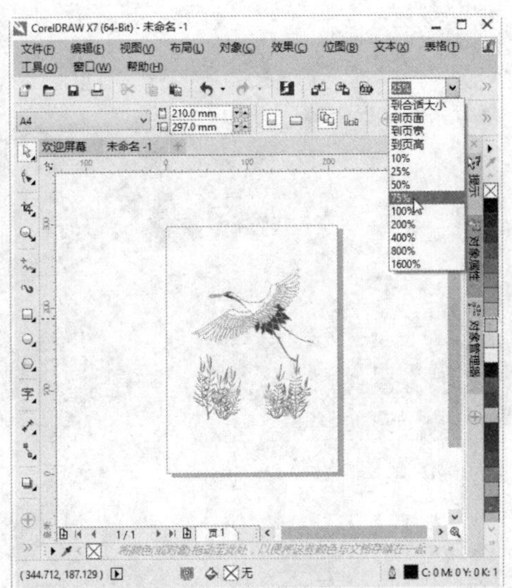

图 1-41 通过【缩放级别】选项框调整显示比例

方法 2 使用【缩放工具】来调整文件显示大小。在绘图窗口上单击鼠标左键即可将画面放大，如图 1-42 所示。如果在按住 Shift 键的同时在绘图窗口上单击鼠标左键即可将画面缩小，如图 1-43 所示。

图 1-42 放大显示

图 1-43 缩小显示

在使用【缩放工具】放大显示时，可以放大文件的局部，在要放大区域上拖动出一个虚线框，即可将该部分进行放大，如图 1-44 所示。

方法 3 通过滚动鼠标上的滑轮也可调整文件显示比例。将滑轮向上滚动可放大显示比例，将滑轮向下滚动可缩小显示比例。

图 1-44 放大文件局部区域

1.4.2 使用预览模式

CorelDRAW X7 共提供了 6 种模式来预览图像，分别为简单线框模式、线框模式、草稿模式、普通模式、增强模式和像素模式。通过这些模式可以查看文件绘图的各种不同效果。

可以打开【视图】菜单，然后在其中选择需要的模式对文件进行预览，如图 1-45 所示。如图 1-46 至图 1-51 所示为不同预览模式的效果。

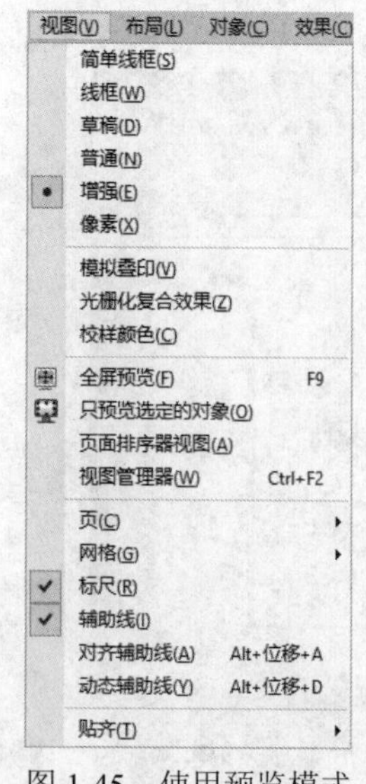

图 1-45 使用预览模式

图 1-46 简单线框模式

图 1-47 线框模式

图 1-48 草稿模式

图 1-49　普通模式

图 1-50　增强模式

图 1-51　像素模式

1.4.3　全屏预览与预览选定对象

1. 全屏预览

全屏预览模式下，屏幕只显示绘图页面及其中的内容，而不会出现任何工具和菜单，该预览方式可以使图像的细节显示得更加明显，方便预览文件的整体效果。

在打开文件后，在菜单栏选择【视图】｜【全屏预览】命令（也可按 F9 功能键），即可全屏幕显示文件，如图 1-52 所示。

完成预览后，可以单击鼠标或按键盘任意键退出全屏模式，此时 CorelDRAW X7 将恢复到原来的视图状态。

2. 预览选定对象

全屏预览模式下，只能预览整个图像内容。如果要全屏预览某些特定的对象，则可以选择【只预览选定的对象】模式。

在工具箱中选择【选择工具】，单击选择绘图页中的其中一个绘图对象，然后选择【视图】｜【只预览选定的对象】命令，即可预览选定的对象，如图 1-53 所示。

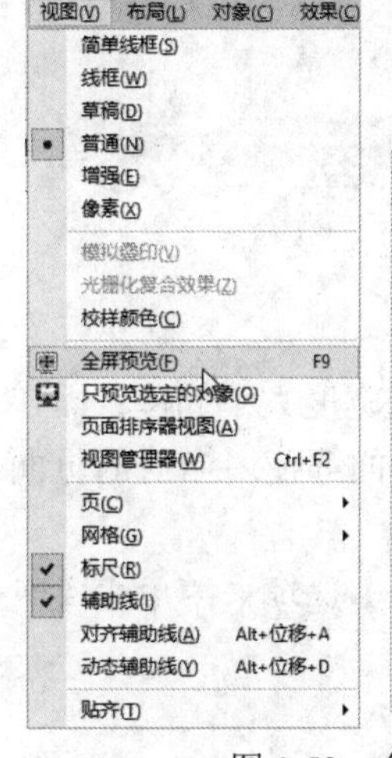

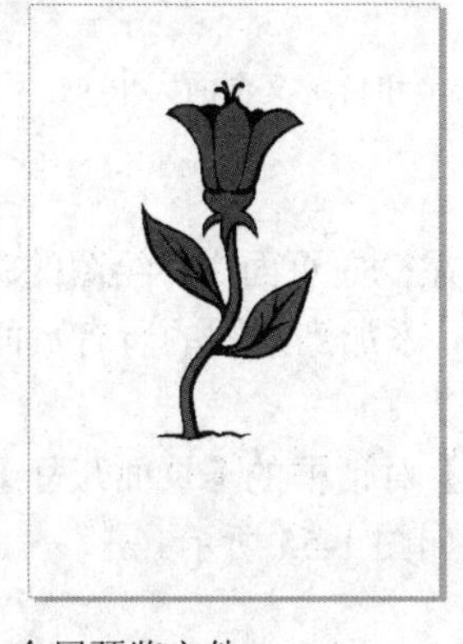

图 1-52　全屏预览文件

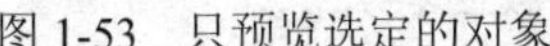

图 1-53　只预览选定的对象

完成预览后，可以单击鼠标或按键盘任意键退出预览模式，此时 CorelDRAW X7 将恢复到原来的视图状态。

1.5 绘图页面的处理

使用 CorelDRAW X7 绘图时，文件的布局样式和页面设置等属性决定了文件显示和打印输出时的外观。

1.5.1 指定页面版面

绘图可从指定页面的大小、方向与版面样式设置开始。指定页面版面时选择的选项可以用作创建所有新绘图的默认值。另外，调整页面的大小和方向设置，可以便于匹配打印的标准纸张设置。

1. 设置页面尺寸

在 CorelDRAW 中，有两种方法指定页面尺寸：选择预设页面尺寸和自定义页面尺寸。

- 选择预设页面尺寸：可以从众多预设页面尺寸中进行选择，范围包括法律公文纸、封套、海报与网页等。
- 自定义页面尺寸：如果预设页面尺寸不符合要求，可以通过指定绘图尺寸来创建自定义的页面尺寸。另外，可以将自定义页面尺寸保存为预设以供日后使用，还可以删除不再需要的任何自定义预设页面尺寸。

选择【布局】|【页面设置】命令，在【选项】对话框的【页面尺寸】选项卡中选择预设页面大小选项，或者输入页面的高度和宽度的数值即可，如图 1-54 所示。

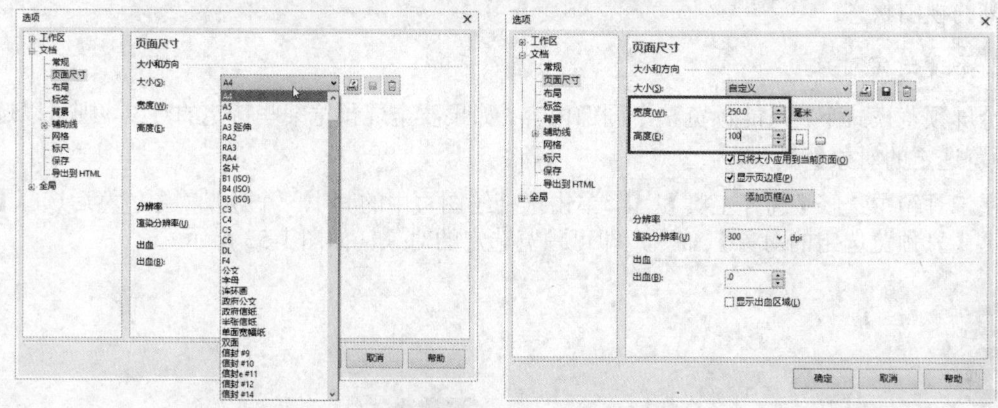

图 1-54　选择预设页面大小选项和自定义页面大小

2. 设置页面方向

页面方向既可以是横向的，也可以是纵向的。在横向页面中，绘图的宽度大于高度；而在纵向页面中，绘图的高度大于宽度。在处理文件时，添加到绘图的所有页面都使用当前的页面方向，但是，可以随时更改各个页面的方向。

选择【布局】|【页面设置】命令，在【选项】对话框的【页面尺寸】选项卡中单击【纵向】按钮▯或【横向】按钮▭即可更改页面方向，如图 1-55 所示。

3. 设置版面样式

当使用默认版面样式（完整页面）时，文件中每页都被认为是单页，而且会在单页中打印。在设计作品时，可以选择适用于多页出版物的版面样式，如小册子和手册等。

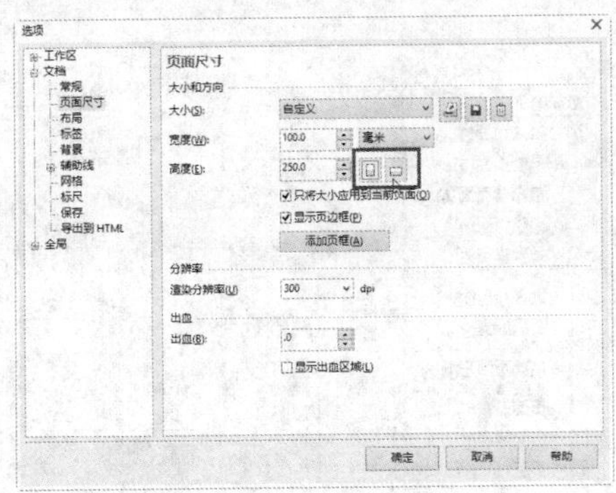

图 1-55　设置页面方向和横向的结果

多页版面样式（书籍、小册子、台卡、侧折卡、顶折卡和三折式手册）将页面尺寸拆分成两个或多个相等部分。每部分都为单独的页。使用单独部分有其优势，例如，可以在竖直方向编辑每个页面，并在绘图窗口中按序号排序。在准备好打印时，应用程序自动按打印和装订的要求排列页面。

选择【布局】|【页面布局】命令，在【选项】对话框的【布局】选项卡中选择【布局】选项即可设置版面样式，如图 1-56 所示。

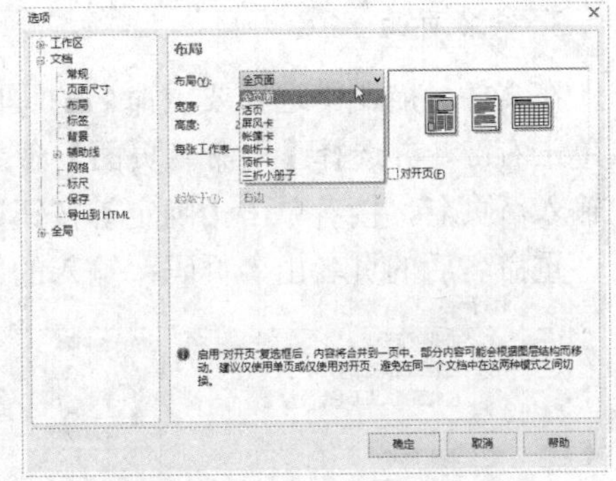

图 1-56　设置版面布局样式

1.5.2　插入、删除与命名页面

新建的文件默认只有一个页面，在编辑过程中可以根据需要插入页面，也可以删除不需要的页面。为了方便管理，还可以自定义页面的名称。

1. 插入页面

选择【布局】|【插入页面】命令，在打开的【插入页面】对话框中选择插入的页数，也可以选择在某一页前面或后面插入，还可以设置插入页面的方向和大小，最后单击【确定】按钮即可，如图 1-57 所示。

除了选择菜单命令外，可以通过单击绘图窗口下方的文件导航器中的【添加】按钮插入页面，插入后的页面将自动排在最后，如图 1-58 所示。也可以通过单击页标签，再从弹出的快捷键菜单中插入页面，如图 1-59 所示。

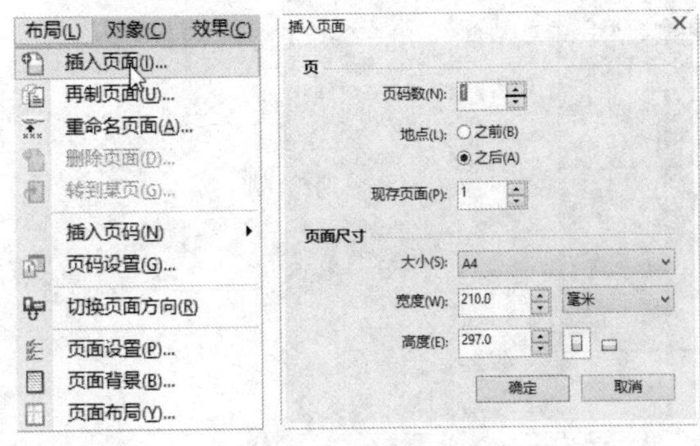

图 1-57　插入页面

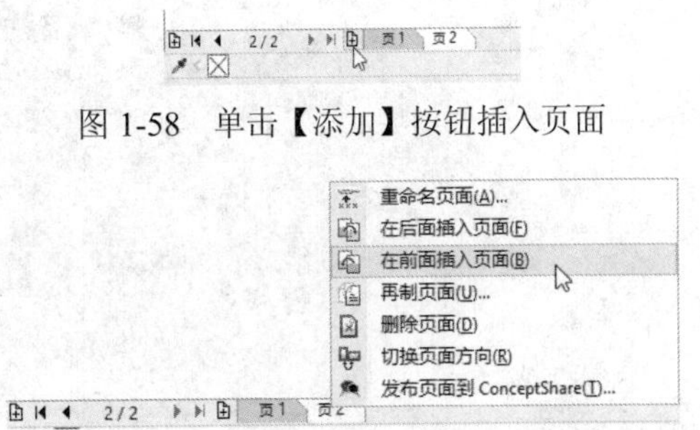

图 1-58　单击【添加】按钮插入页面

图 1-59　通过快捷键菜单插入页面

2. 删除页面

选择【布局】|【删除页面】命令，打开【删除页面】对话框后，在对话框中输入要删除的页面的页码，然后单击【确定】按钮即可，如图 1-60 所示。

由于 CorelDRAW 文件中最少必须包含一个页面，因此当只有一个页面时，【删除页面】菜单项为灰色不可用状态。

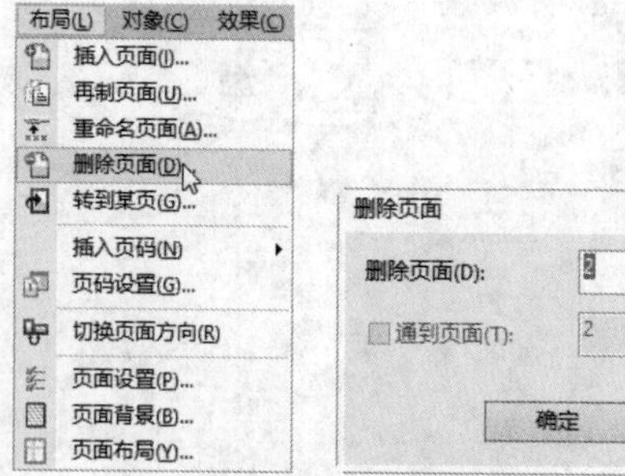

图 1-60　删除页面

3. 命名页面

在文件导航器中选择要重命名的页面，然后选择【布局】|【重命名页面】命令，或者直接单击右键，并选择【重命名页面】命令，打开【重命名页面】对话框后，在【页名】文本框中输入新页名，接着单击【确定】按钮即可，如图 1-61 所示。

重命名后的页名由“页码：输入的新名称”的形式组成，如图 1-62 所示。

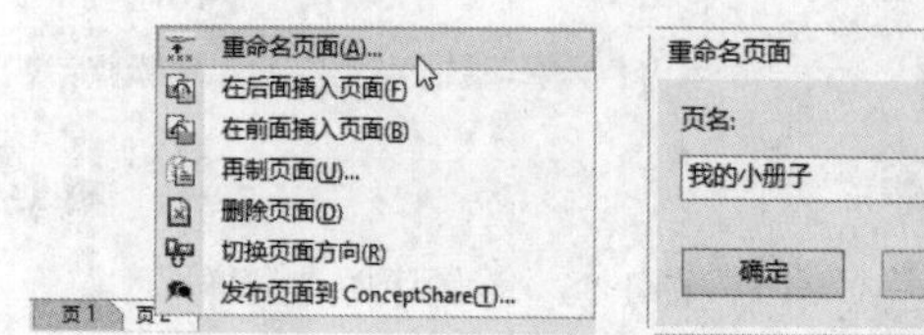

图 1-61　重命名页面

图 1-62　重命名页面的结果

1.5.3　预览打印页面

1. 打印预览

打印预览是打印前的重要步骤，通过预览可以观察页面的打印效果，找出不满意的地方加以修改。

选择【文件】|【打印预览】命令，即可打开如图 1-63 所示的预览窗口。

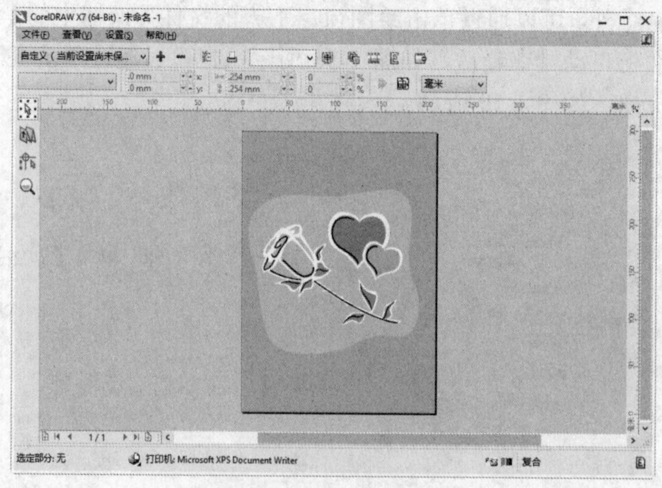

图 1-63　打印预览窗口

2. 工具用途

除了可以通过预览窗口对绘图页面进行预览，也可以在窗口左侧工具栏中选择工具对绘图进行调整。这些工具的说明如下：

- 【挑选工具】：该工具的用法与绘图窗口中的【挑选工具】用法相同，用于选择对象，调整对象的位置以及形状大小。
- 【版面布局工具】：该工具用于设置打印时的版面布局，也就是待打印的各页在打印版面上的排布方法。
- 【标记放置工具】：该工具用于增加、删除打印标记。选择该工具后，打印标记将在工具属性栏中列出，按下某个标记按钮即可选中该标记。
- 【缩放工具】：该工具的用法与绘图窗口中的【缩放工具】用法相同，用于缩小或放大预览页面，如图 1-64 所示。

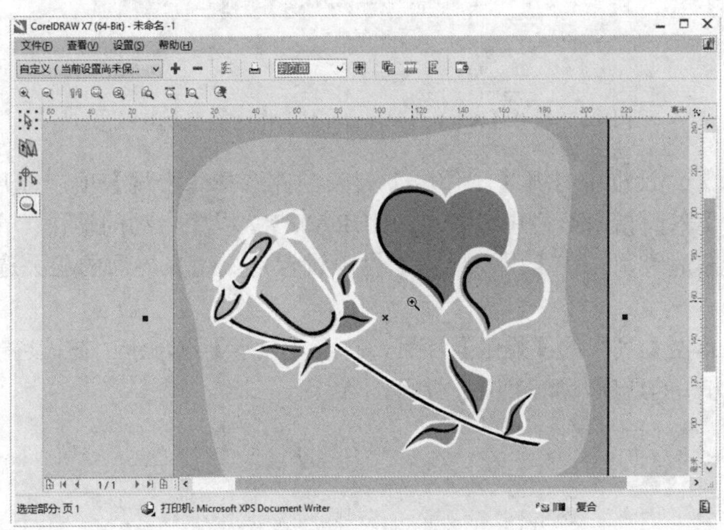

图 1-64 缩放预览页面

3. 关闭打印预览

如果想退出预览模式，可以选择【文件】|【关闭打印预览】命令。除此之外，也可以在工具栏中单击【关闭打印预览】按钮，关闭预览窗口。

1.6 技能训练

下面通过多个上机练习实例，巩固所学技能。

1.6.1 上机练习 1：设置专属的工作区

通过工作区设置，可以自定义工作空间的显示方式、各种全局操作选项以及菜单栏、工具箱、命令栏、调色板等项目的属性。

操作步骤

1 启动 CorelDRAW X7 应用程序，然后选择【工具】|【选项】命令，打开【选项】对话框。此时在【工作区】选项卡中可以选择工作区类型。例如，常用 Adobe Illustrator 程序的

用户可以选择【Adobe Illustrator】工作区类型，如图 1-65 所示。

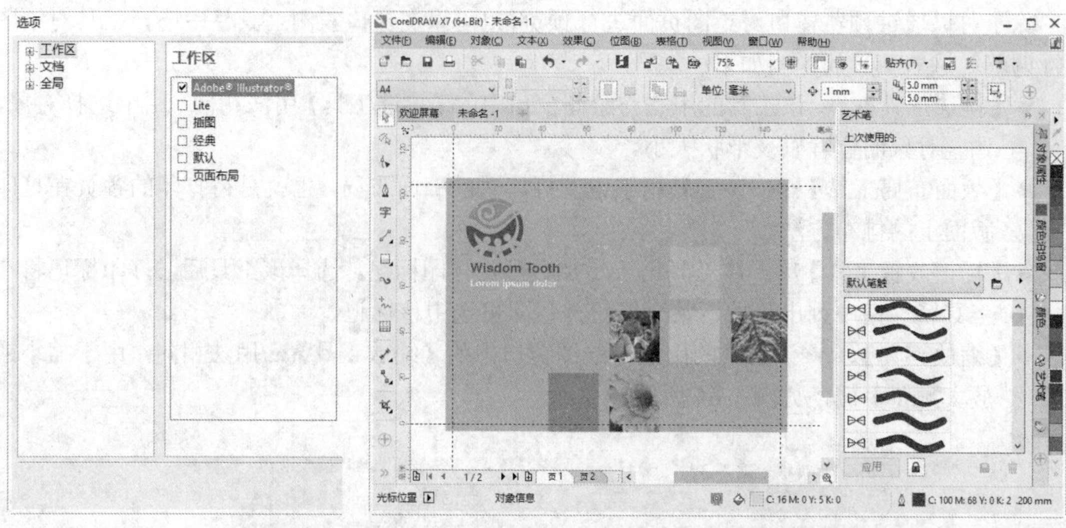

图 1-65　设置【Adobe Illustrator】工作区类型及其效果

2 在【选项】对话框中打开【工作区】列表项并选择【常规】项，打开【常规】选项卡。此时可以在【入门指南】栏中设置 CorelDRAW X7 程序启动的动作；在【撤消级别】栏中设置操作的撤消级别；在【用户界面】栏中设置定义用户界面的相关选项，如图 1-66 所示。

3 单击【工作区】列表的【显示】项目，打开【显示】选项卡，在该选项卡中设置显示有关控件和预览方式的选项，如图 1-67 所示。

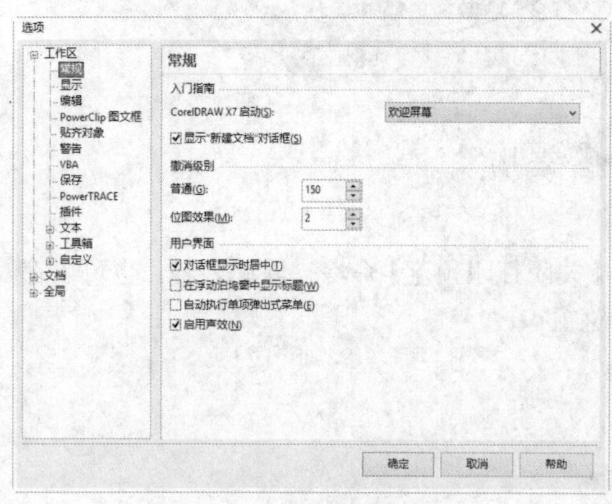

图 1-66　设置【常规】选项

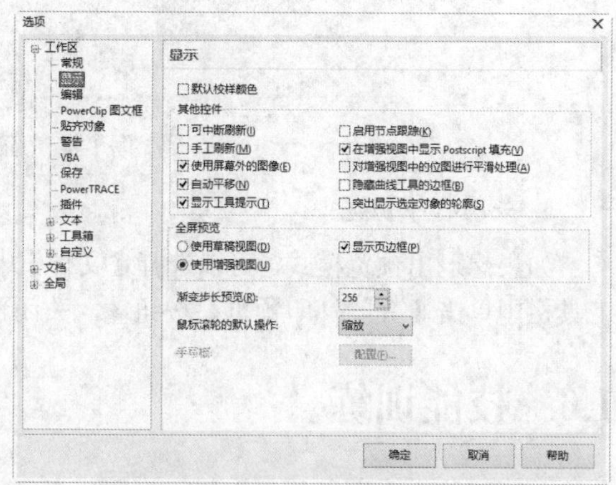

图 1-67　设置【显示】选项

4 单击【工作区】列表的【编辑】项目，打开【编辑】选项卡，在选项卡中设置有关图像编辑的各种选项，如图 1-68 所示。

5 单击【工作区】列表的【PowerClip 图文框】项目，打开【PowerClip 图文框】选项卡，在选项卡中设置有关图框精确剪裁的相关选项，如图 1-69 所示。

6 单击【工作区】列表的【贴齐对象】项目，打开【贴齐对象】选项卡，在选项卡中设置有关贴齐对象和贴齐模式的选项，如图 1-70 所示。

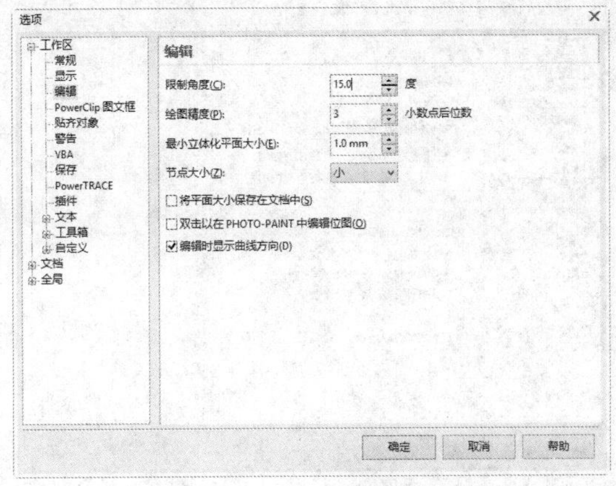

图 1-68　设置【编辑】选项

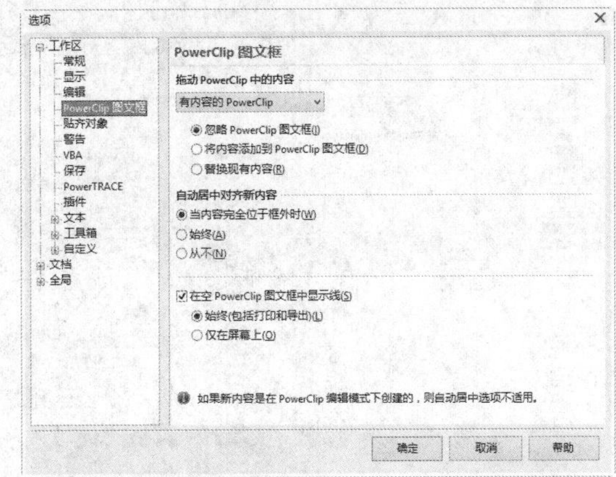

图 1-69　设置【PowerClip 图文框】选项

7 单击【工作区】列表的【警告】项目，打开【警告】选项卡，在选项卡中选择需要在操作时显示的警告项，如图 1-71 所示。

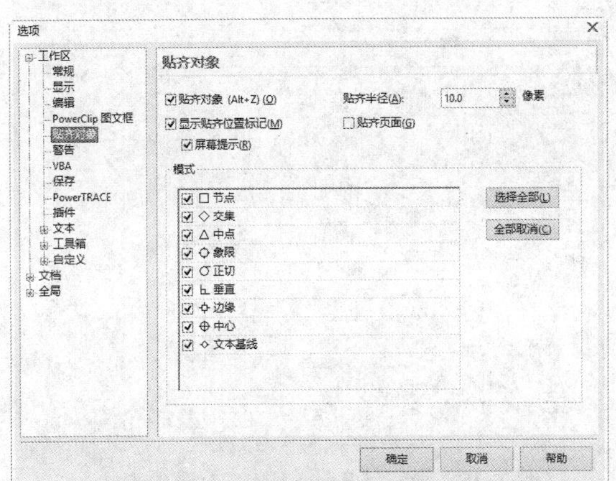

图 1-70　设置【贴齐对象】选项

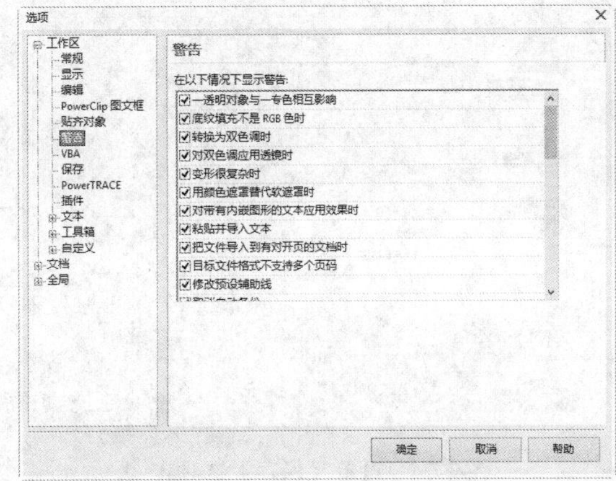

图 1-71　设置【警告】选项

8 单击【工作区】列表的【VBA】项目，打开【VBA】选项卡，然后在选项卡中设置有关 VBA 宏安全性以及兼容性的选项，如图 1-72 所示。

Visual Basic for Applications（VBA）是 Visual Basic 的一种宏语言，是微软开发出来在其桌面应用程序中执行通用的自动化（OLE）任务的编程语言。主要能用来扩展 Windows 的应用程式功能，特别是对 Microsoft Office 软件来说。

9 单击【工作区】列表的【保存】项目，打开【保存】选项卡，然后在选项卡【自动备份】栏中选择是否自动备份、自动备份的间隔时间和备份的文件夹，以及文件保存版本和字体是否嵌入等选项，如图 1-73 所示。

10 单击【工作区】列表的【PowerTRACE】项目，打开【PowerTRACE】选项卡，在选项卡设置快速描摹的方法，并设置程序处理文件时性能的选项，还有合并颜色的方式，如图 1-74 所示。

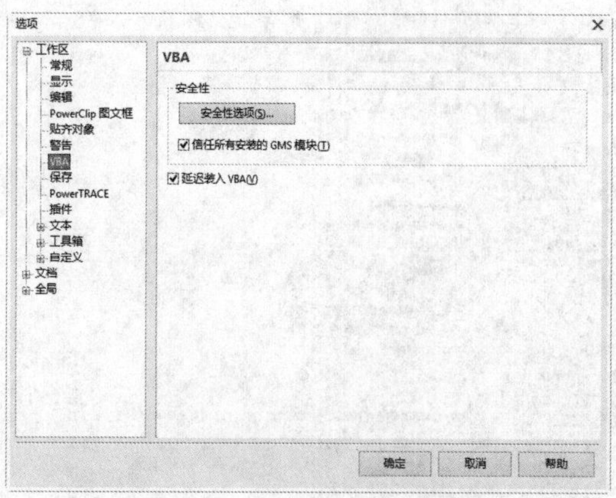

图 1-72　设置【VBA】选项

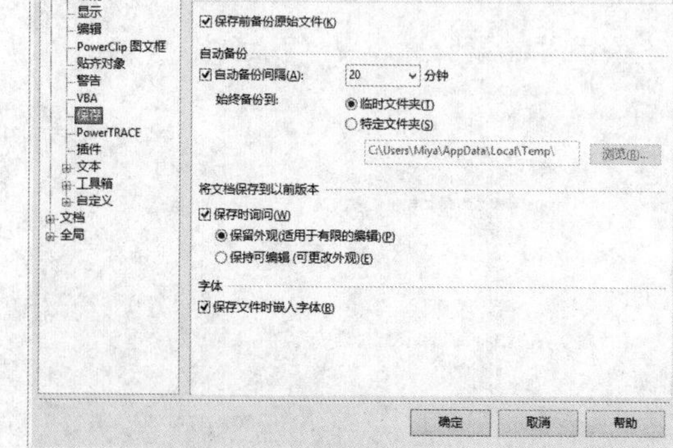

图 1-73　设置【保存】选项

11 单击【工作区】列表的【插件】项目，打开【插件】选项卡，在选项卡中选择 CorelDRAW 外挂插件的存放文件夹，如图 1-75 所示。

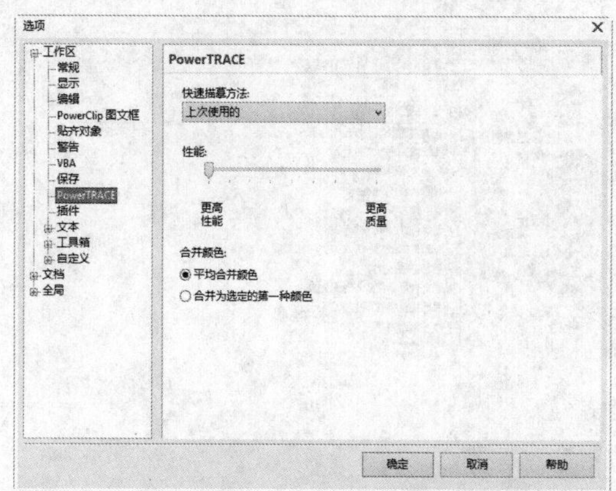

图 1-74　设置【保存】选项卡

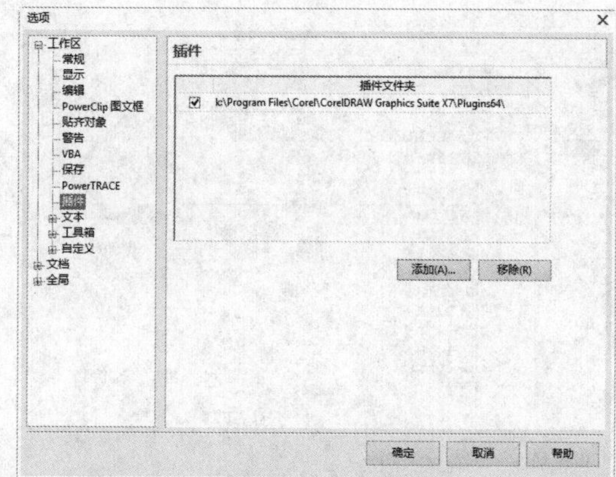

图 1-75　设置【PowerTRACE】选项卡

12 单击对话框左侧的【文本】项目，打开【文本】选项卡。此时可以在选项卡中对与文本相关的各种选项进行设置，如图 1-76 所示。此外，单击【文本】标签左侧的【展开】按钮⊞，打开【文本】列表。单击列表中相应标签，即可在打开的选项卡中对与段落、字体、拼写和快速更正相关的选项进行设置，如图 1-77 所示。

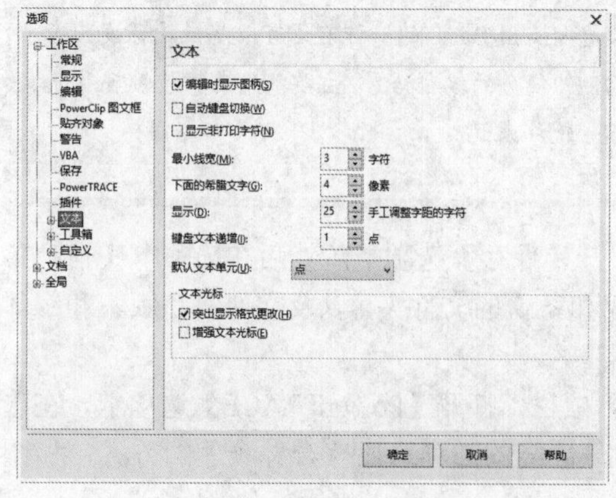

图 1-76　设置【文本】选项

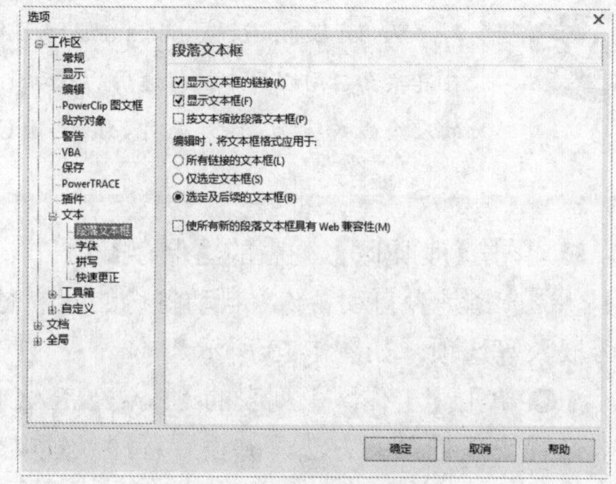

图 1-77　设置文本类其他选项

13 单击对话框左侧【工具箱】项目左侧的【展开】按钮⊞，打开各种工具标签列表，单击列表中相应标签，即可在打开的选项卡中对相应的工具选项进行设置，如图 1-78 所示。

14 单击对话框左侧【自定义】项目左侧的【展开】按钮⊞，打开【自定义】标签列表，单击列表中相应标签，即可在打开的选项卡中对相应的项目进行自定义设置，如图 1-79 所示。

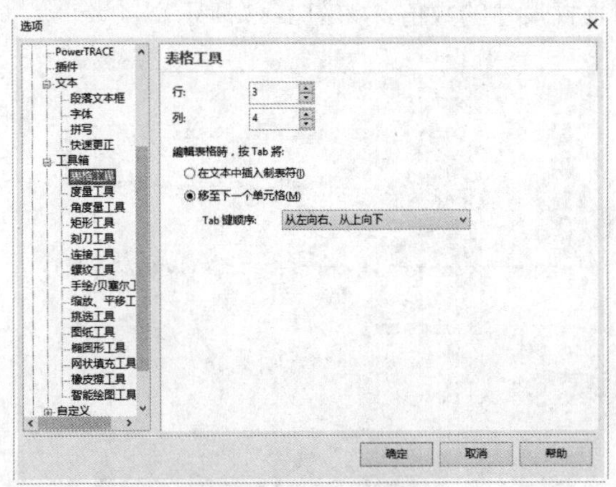

图 1-78 设置【工具】选项

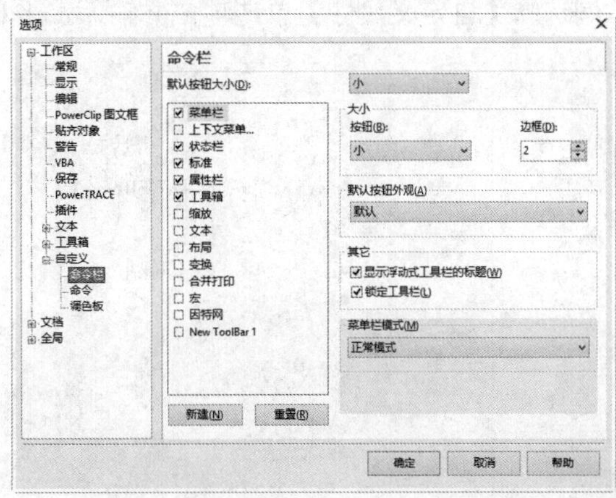

图 1-79 设置【自定义】选项

15 设置完成后，单击【确定】按钮保存操作并关闭对话框。

1.6.2 上机练习 2：为页面设置位图背景

在 CorelDRAW X7 中，CorelDRAW 文件页面默认没有背景。在设计作品时，可以根据需要为页面添加背景，添加的背景可以为纯色或者位图。本例将为练习文件的页面设置一个美观的位图背景。

操作步骤

1 打开光盘中的“..\Example\Ch01\1.6.2.cdr”练习文件，选择【布局】|【页面背景】命令，在【选项】对话框【背景】选项卡中选择【位图】单选项，如图 1-80 所示。

2 单击【位图】选项右侧的【浏览】按钮，打开【导入】对话框后，选择背景图像所在的文件夹（..\Example\Ch01），然后选择“背景.JPG”文件，接着单击【导入】按钮，如图 1-81 所示。

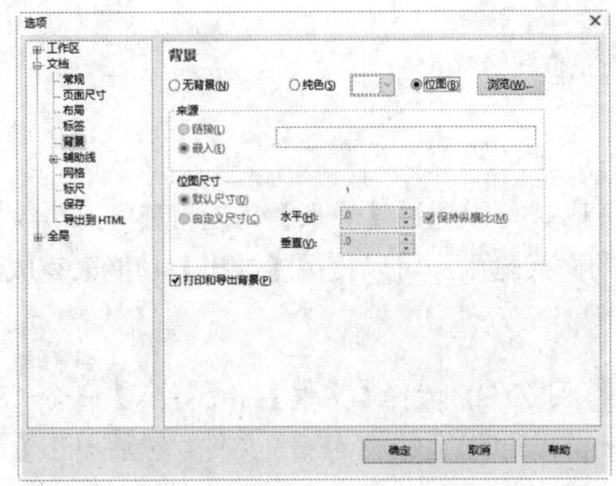

图 1-80 选择使用位图背景

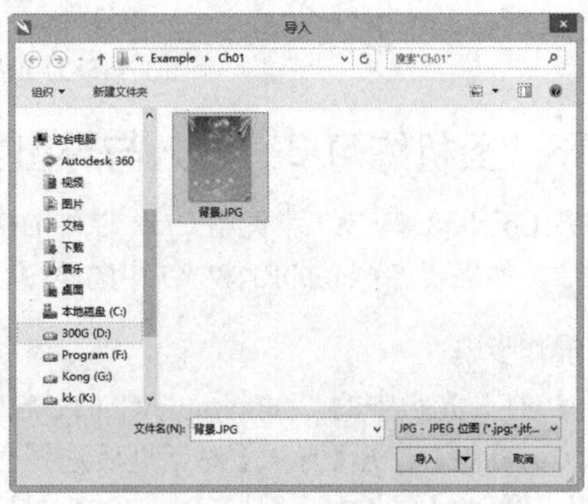

图 1-81 选择作为背景的位图

3 返回【选项】对话框的【背景】选项卡中，在【来源】栏中选择背景与 CDR 文件的依存关系。选择【链接】单选项，则背景位图与 CDR 文件建立链接关系；选择【嵌入】单选项，则背景位图嵌入到 CDR 文件中，如图 1-82 所示。

4 此时在【位图尺寸】栏中选择是否更改背景位图的尺寸，选择【默认尺寸】单选项不作更改；选择【自定义尺寸】单选项后，则可以在【水平】和【垂直】文本框中输入所需尺寸。本例选择【自定义尺寸】单选项，并输入水平和垂直尺寸的数值，如图 1-83 所示。

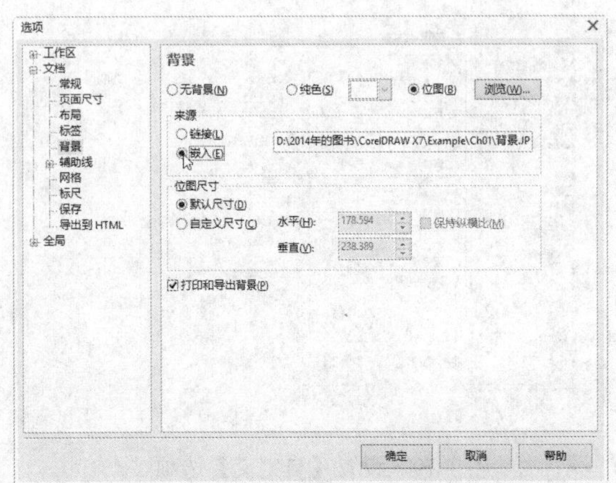

图 1-82　设置背景来源选项

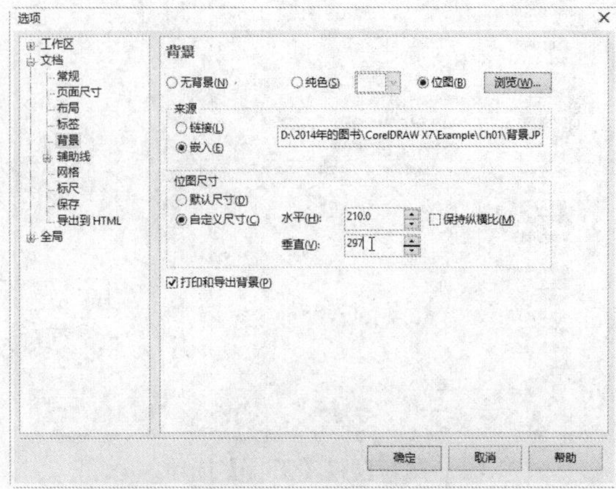

图 1-83　设置位图的尺寸

5 设置完成后，单击【确定】按钮。设置位图背景的页面效果如图 1-84 所示。

图 1-84　为页面设置背景位图的效果

1.6.3　上机练习 3：导入与导出文件

在 CorelDRAW X7 中使用 CDR 以外的格式文件时，可以通过【导入】功能将其插入至绘图页面中。如果要将 CorelDRAW X7 中的绘图以不同的格式输出，可以使用【导出】功能来完成。

操作步骤

1 打开光盘中的“..\Example\Ch01\1.6.3.cdr”练习文件，选择【文件】|【导入】命令（或者按 Ctrl+I 键）打开【导入】对话框后选择“..\Example\Ch01\金钱树.JPG”文件，然后单击【导入】按钮，如图 1-85 所示。

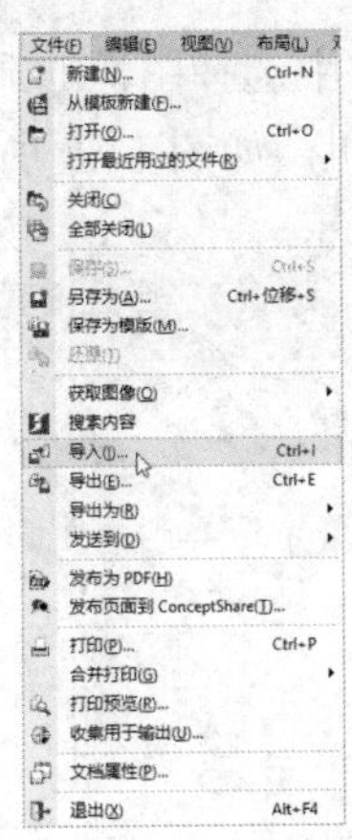

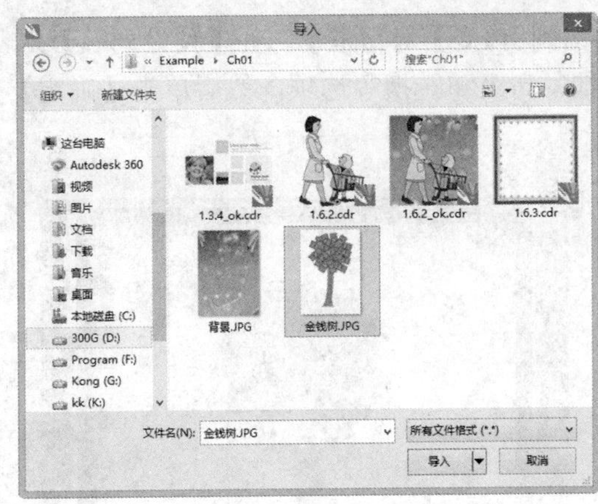

图 1-85　导入图像文件

2 此时绘图页面中将显示文件大小信息，如图 1-86 所示。单击 Enter 键，即可将图像导入到绘图页中心。

3 除此之外，也可以在页面合适位置拖动鼠标导入文件对象。在拖动时，可以按对象原有比例调整大小，如图 1-87 所示。

图 1-86　绘图页中显示文件信息

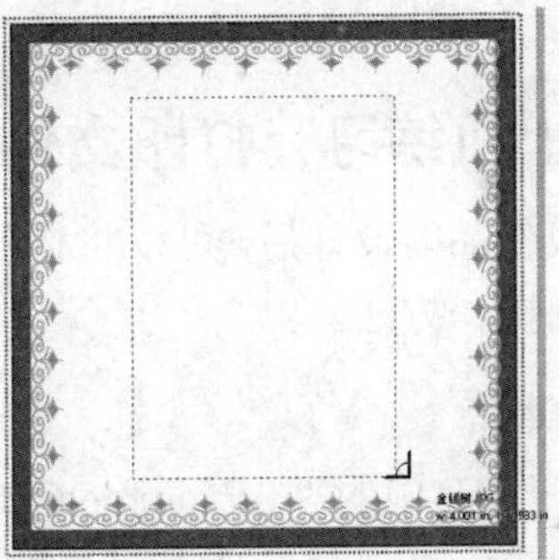

图 1-87　通过拖动方式导入图像对象

4 选择【文件】|【导出】命令（也可使用 Ctrl+E 键），打开【导出】对话框后，选择文件的保存位置，在【保存类型】下拉列表框中选择【JPG-JPG 位图】格式，然后在【文件名】文本框中输入导出文件名，接着单击【导出】按钮，如图 1-88 所示。

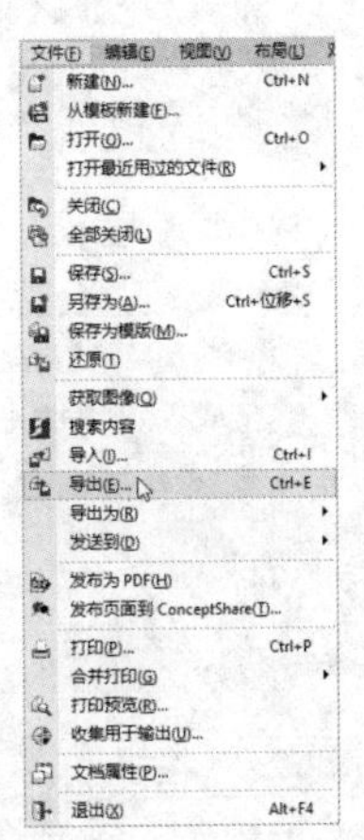

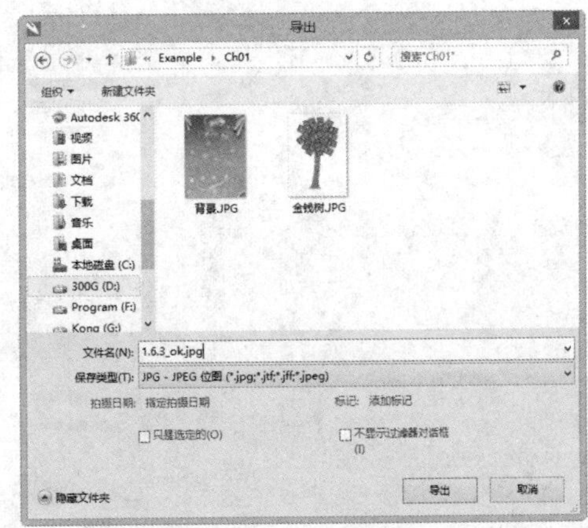

图 1-88　将绘图页面导出为 JPG 文件

5 打开【导出到 JPEG】对话框后，在【预设列表】列表框中选择图像的质量选项，再设置颜色模式、质量、高级和转换等选项，然后单击【确定】按钮，如图 1-89 所示。

图 1-89　设置导出为 JPEG 图像的选项

1.6.4　上机练习：打印文件的绘图页面

当完成作品的设计后，可以将作品打印出来。本例将介绍将文件中绘图页面的内容打印成纸张的详细操作方法。

操作步骤

1 打开光盘中的“..\Example\Ch01\1.6.4.cdr”练习文件，选择【文件】|【打印】命令或者按 Ctrl+P 键，打开【打印】对话框。

2 选择【常规】选项卡，选择已经连接的打印机，再设置打印输出的页面，以及打印范围和副本的份数，如图 1-90 所示。

3 选择【布局】选项卡，设置待打印图像的位置和尺寸大小，以及页面的出血程度，也可以设置有关拼接页面的各种选项，如图 1-91 所示。

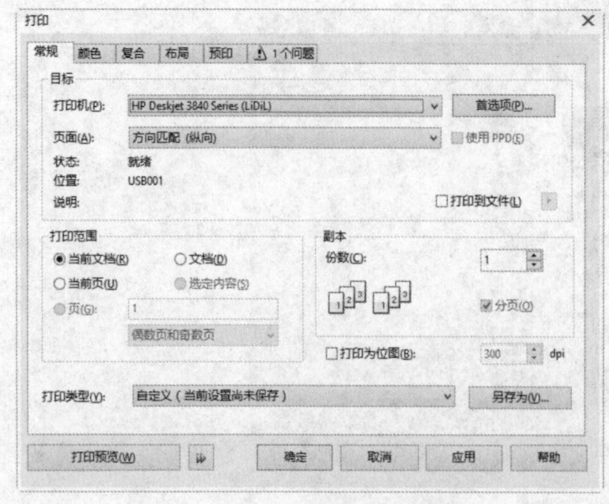

图 1-90　设置打印常规选项

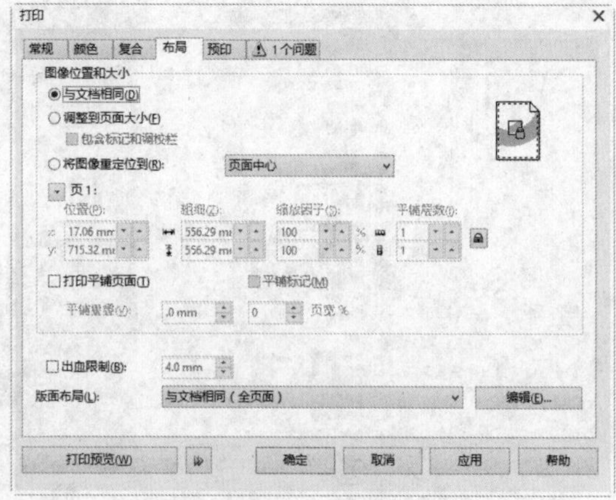

图 1-91　设置打印布局选项

设置打印范围时，选择【当前文档】单选项则只打印当前文档；选择【当前页】单选项则只打印当前页面；如果 CorelDRAW X7 中打开了多个文件，选择【文档】选项则可以在显示的文件列表中选择要打印的文件。如果已经选中了页面中某个对象，则可以选择【选定内容】选项只打印选中的对象。

4 选择【颜色】选项卡，设置复合打印和分色打印的各种选项，如图 1-92 所示。

5 选择【预印】选项卡，设置印刷时的某些标记信息，如文件信息、注册标记、裁剪/折叠标记、刻度条等，如图 1-93 所示。

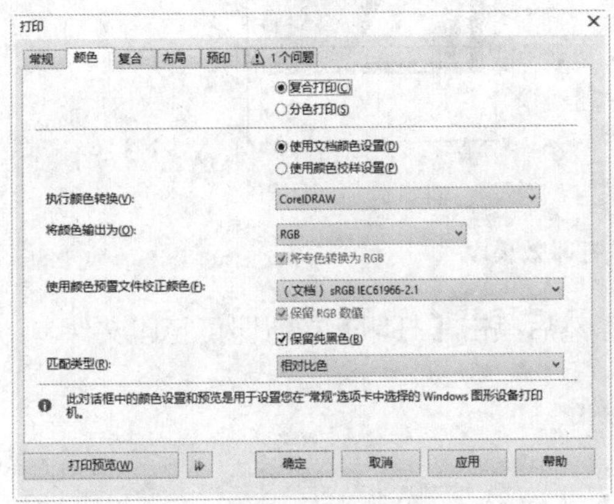

图 1-92 设置打印颜色选项

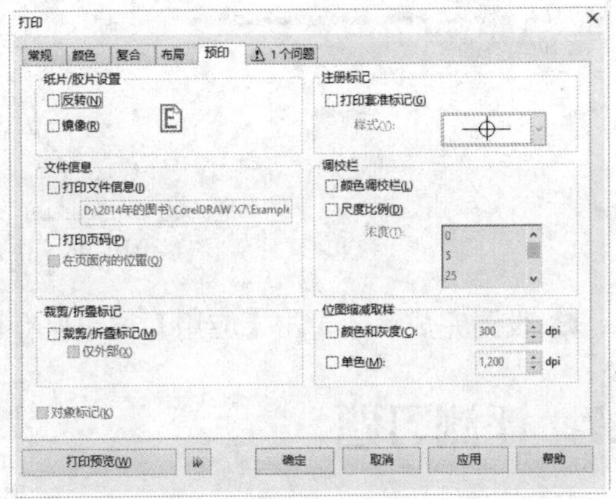

图 1-93 设置打印预印选项

问：什么是分色打印？

答：分色是印刷行业的专用术语，表示将图像中的颜色按照 CMYK 色彩模式，分为印刷专用的青、洋红、黄和黑 4 种颜色。分色后的图像可以输出 4 张不同颜色的分色网片，以用于批量印刷。

6 打开对话框最后的选项卡，里面提供了印前检查时发现的问题和警告信息，以及就相关问题的一些细节和建议，如图 1-94 所示。

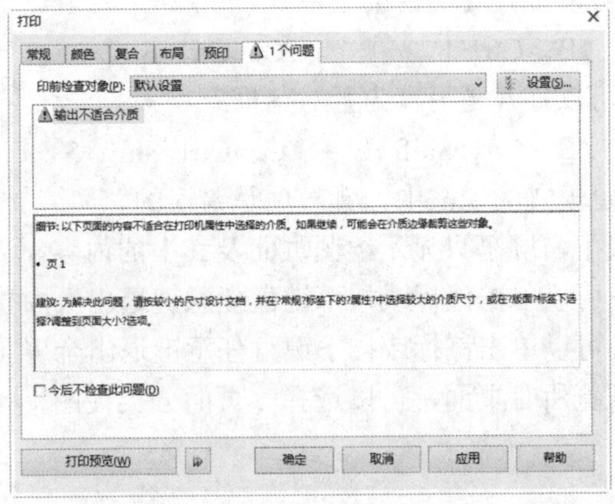

图 1-94 查看打印警告信息

7 单击【打印】对话框左下角的【打印预览】按钮，可以进入打印预览模式。单击【打印预览】按钮右侧的 按钮，则可以在对话框右侧展开快速预览窗口，通过该窗口也可以达到打印预览的目的，如图 1-95 所示。

图 1-95　快速预览打印效果

8 设置完成后，单击【应用】按钮保存设置，然后单击【打印】按钮即可打印文件。

1.7　评测习题

一、填充题

（1）CorelDRAW X7 默认情况下使用的是__________调色板。

（2）_______________可使用户轻松访问应用程序资源，并可快速完成常见任务，如查看新增功能、打开文件以及从模板新建文件。

（3）_______________模式下，屏幕只显示绘图页面及其中的内容，而不会出现任何工具和菜单。

二、选择题

（1）以下哪个是打开【选项】对话框的快捷键？（　　）

A. Alt+J　　B. Ctrl+A　　C. Ctrl+K　　D. Ctrl+J

（2）按下什么快捷键可以打开【文件】菜单？（　　）

A. Alt+F　　B. Ctrl+F　　C. Ctrl+E　　D. Shift+F

（3）按下哪个快捷键可以打开【另存为】对话框？（　　）

A. Ctrl+Shift+O　　B. Ctrl+Shift+E　　C. Ctrl+Shift+S　　D. Ctrl+Shift+F

（4）下面有关文件预览模式的说法中，哪一项是错误的？（　　）

A. 全屏预览模式下，屏幕只显示绘图页面及其中的内容。

B. 完成预览后，可以单击鼠标或按下键盘任意键退出页面排序器视图模式。

C. 完成预览后，可以单击鼠标或按下键盘任意键退出全屏预览模式。

D. 如果想一次预览所有页面，可以选择“页面分类视图”预览模式。

三、判断题

（1）当在工具箱中选择一种工具时，位于工具栏下方的属性栏就会根据选中的工具显示相

关属性项目。 （ ）

（2）CorelDRAW X7 按照色彩模型分类可以将调色板分为多种类型，默认情况下使用的是RGB 调色板。 （ ）

（3）CorelDRAW X7 共提供了 6 种模式来预览图像，它们分别为简单线框模式、线框模式、草稿模式、普通模式、增强模式和像素模式。 （ ）

四、操作题

为练习文件设置一种纯色背景，然后导出为 JPEG 图像文件，结果如图 1-96 所示。

图 1-96 设置纯色背景的结果

操作提示：

（1）打开光盘中的“..\Example\Ch01\1.7.cdr”练习文件，选择【布局】|【页面背景】命令。

（2）在【选项】对话框【背景】选项卡中选择【纯色】单选项。

（3）单击【纯色】选项右侧的倒三角按钮，然后在打开的调色板中选择作为背景色的颜色【月光绿】，接着单击【确定】按钮。

（4）选择【文件】|【导出】命令，打开【导出】对话框后选择文件的保存位置，然后选择【JPG-JPG 位图】格式，再输入文件名，接着单击【导出】按钮。

（5）打开【导出到 JPEG】对话框后，在【预设列表】列表框中选择【高质量 JPG】，然后单击【确定】按钮。

第 2 章　绘制线条和艺术图形

学习目标

CorelDRAW 提供了各种绘图工具，通过这些工具可以绘制曲线和直线，或者同时包含曲线段和直线段的线条，以及具有固定或可变画笔宽度及笔触形状的图形。本章将详细介绍这些用于绘制线条和艺术图形的工具的使用。

学习重点

☑ 手绘工具的用法
☑ 贝塞尔工具的用法
☑ 多种线条绘制工具的用法
☑ 艺术笔工具的用法
☑ 编辑线条的方法与技巧

2.1　手绘工具

【手绘工具】如同手中的铅笔，可以在绘图窗口中随意绘制出直线、开放式曲线与封闭式曲线。

2.1.1　绘制直线与箭头

使用【手绘工具】绘制直线时，只要单击确定直线段的起点与终点即可，两点之间的距离即可指定直线段的长度。通过手绘工具的属性栏，可以绘制带箭头的线条，还能设置线条的轮廓宽度。

1. 绘制直线

动手操作　绘制直线

1 在工具箱中选择【手绘工具】，将光标移至绘图区后，鼠标随即变成了形状。此时在直线的起点处单击，确定直线段的一点端点，然后移动鼠标牵引出一条直线至终点，单击确定另一端点，如图 2-1 所示。

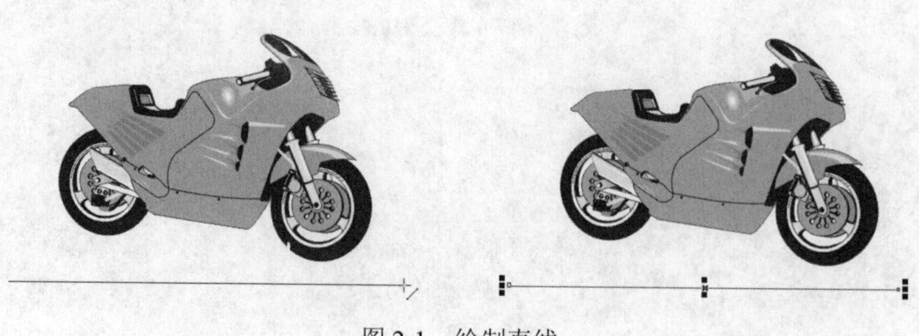

图 2-1　绘制直线

2 通过属性栏可以设置线段轮廓的宽度。在【手绘工具】的属性栏的【轮廓宽度】下拉列表框选择【5.0mm】选项，或者直接输入新的宽度值，如图 2-2 所示。

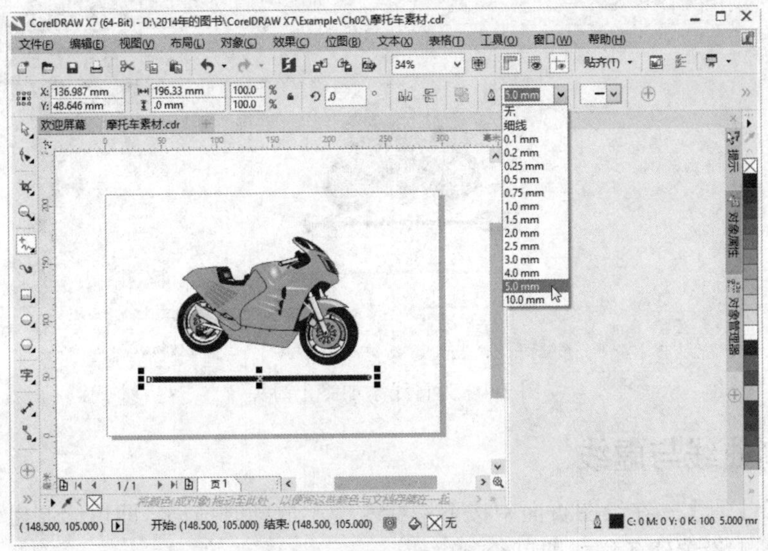

图 2-2　设置直线的轮廓宽度

2. 绘制箭头

动手操作　绘制箭头

1 在工具箱中选择【手绘工具】，使用该工具绘制一条直线。

2 使用【选择工具】单击选中直线对象，然后在属性栏中打开【起始箭头选择器】下拉列表框，并选择一种合适的预设箭头样式，如图 2-3 所示。

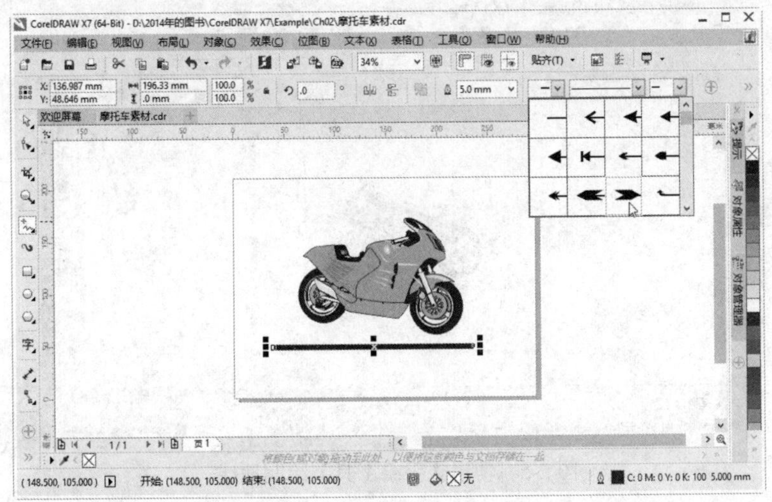

图 2-3　为直线添加起始箭头

3 在属性栏中打开【终止箭头选择器】下拉列表框，并选择一种合适的预设箭头样式，如图 2-4 所示。

4 当不需要线条的箭头时，打开箭头选择器列表框，然后选择【无箭头】选项即可。

图 2-4　为直线添加终止箭头

2.1.2　绘制曲线与虚线

使用【手绘工具】在绘图页面中按下鼠标左键不放同时拖动，即可绘制出任意曲线。在原有线条的基础上设置线条样式即可绘制虚线。

1. 绘制曲线

动手操作　绘制曲线

1 在工具箱中选择【手绘工具】，然后移动光标至绘图页面中。

2 单击确定起点的同时拖动鼠标，绘制出曲线轨迹，最后释放鼠标确定曲线的终点，如图 2-5 所示。

图 2-5　使用【手绘工具】绘制曲线

使用【手绘工具】绘制出曲线后，程序会自动对其进行平滑处理并加入节点，而曲线中的节点用于控制曲线的弯曲程度。另外，直线段的起点与终点也是曲两个节点构成。所以节点可以看成是曲线中的关键点，可对其形状进行变换处理。

2. 设置虚线样式

动手操作　设置虚线样式

1 选择线条对象，在属性栏中打开【轮廓样式选择器】并选择一种合适的虚线样式，如图 2-6 所示。

图 2-6　设置虚线样式

2 如果想要更多的虚线样式，可以在【轮廓样式选择器】中单击【更多】按钮，然后通过【编辑线条样式】对话框拖动虚线滑块，以自定义更多类型的虚线，如图 2-7 所示。

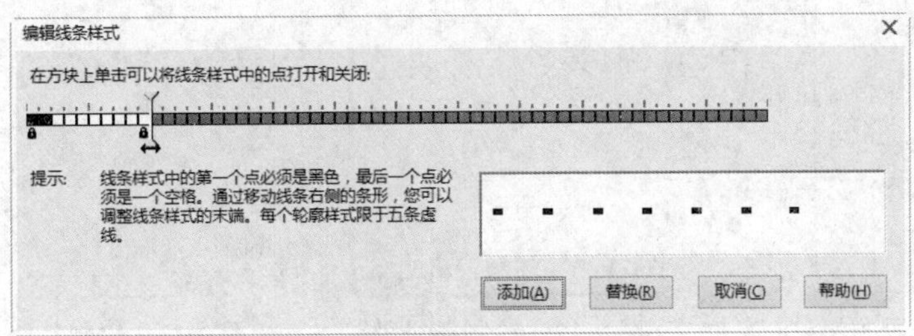

图 2-7　编辑线条样式

2.1.3　绘制封闭曲线与连续线段

在 CorelDRAW 中，只要在绘制线条的过程中使起点与终点重合，即可绘制闭合曲线。

使用【手绘工具】还能绘制连续线段，当光标移至线段上任意一个节点时，光标均会变成“”状态，在此状态下单击即可从某个节点上引申出线条。

动手操作　绘制心形图形

1 在工具栏上单击【新建】按钮，然后通过【创建新文档】对话框新建一个空白文件，如图 2-8 所示。

2 在工具箱中选择【手绘工具】，拖动鼠标绘制出一段曲线轨迹，按住左键不放并将光标移至起点处，鼠标即会变成“”状态。此时释放鼠标左键即可绘制出封闭式的心形曲线，如图 2-9 所示。

3 使用【手绘工具】绘制一段直线段，如图 2-10 所示。

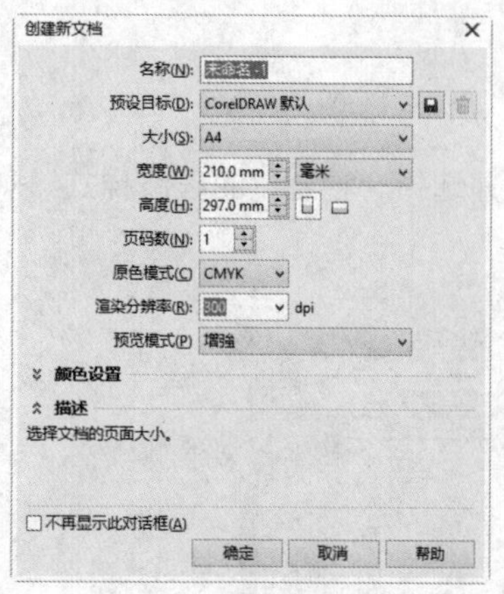

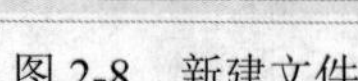

图 2-8　新建文件

图 2-9　绘制封闭的心形曲线

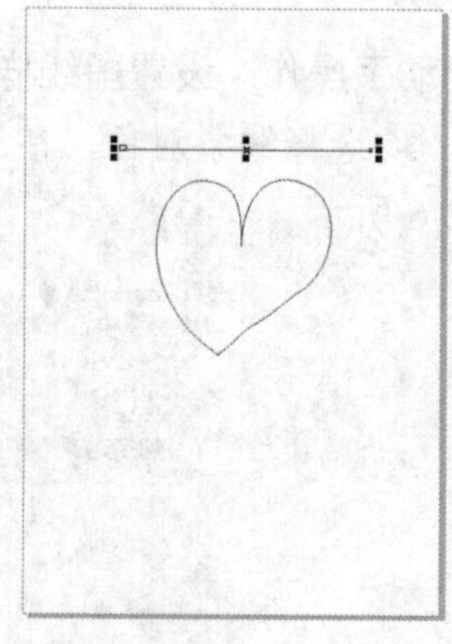

图 2-10　绘制一条线段

4 将光标移至线段的其中一个端点，鼠标即会变成“⁺↙”的状态，如图 2-11 所示。此时单击左键即可连接单击的端点并确定新段线的起点，单击引申出直线并拖动确定终点，如图 2-12 所示。

5 使用上一步骤的方法，绘制出四边形的其他两条线段，最后移动光标至起点处，单击闭合图形，如图 2-13 所示。

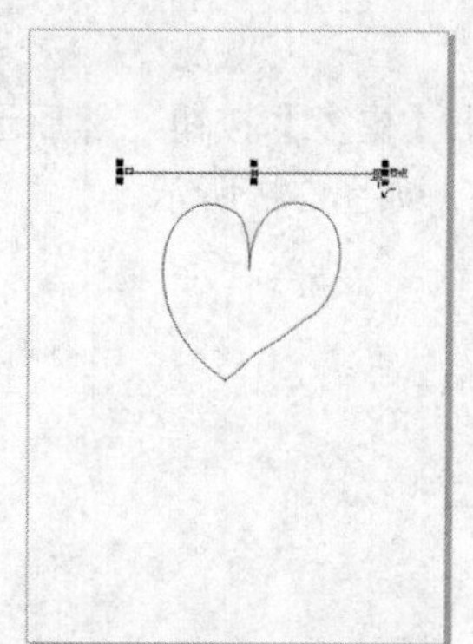

图 2-11　确定新线段的起点

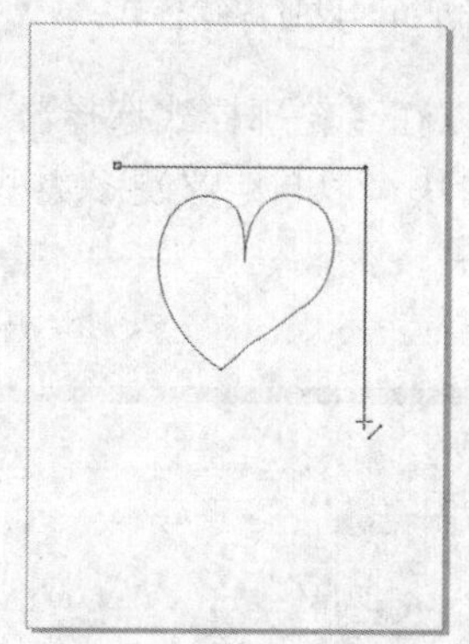

图 2-12　绘制新线段

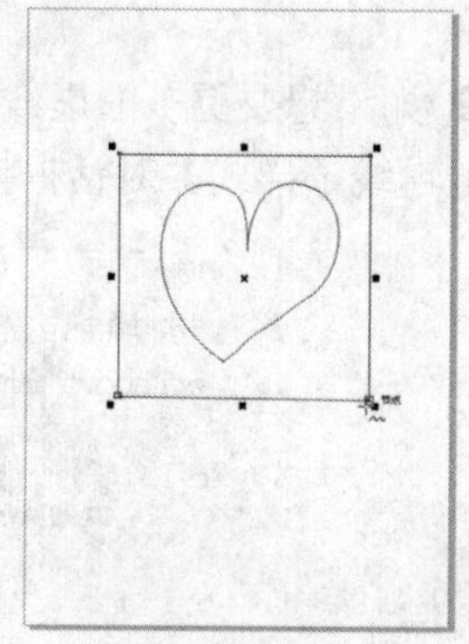

图 2-13　绘制其他直线段构成四边形

2.2　贝塞尔工具

【贝塞尔工具】可以绘制出由节点连接而成的线段组成直线或曲线。每个节点都有控制点，它允许修改线条的形状。该工具通常用于绘制多边形与复杂的圆滑图形，但同样可以绘制直线与开放式的曲线，只要按下键盘上的空格键即可结束图形的绘制。

2.2.1　绘制直线与折线

使用【贝塞尔工具】绘制直线的原理与数学中两点决定一条直线的原理相似。若要绘制折线时，只要不断地单击确定折点即可。

1. 绘制直线

使用【贝塞尔工具】绘制直线的原理与数学中两点决定一条直线的原理相似。

在工具箱中选择【贝塞尔工具】，在合适的位置单击确定直线的起点，接着往右移动鼠标至合适位置后单击确定直线的终点，最后按下空格键完成直线的绘制，如图 2-14 所示。如果连按两下空格键，则会继续保持【贝赛尔工具】的使用。

图 2-14　确定两点绘制出直线

2. 绘制折线

由于【贝塞尔工具】具有连续绘图的特性，在绘制多段连续线段时比【手绘工具】方便得多。另外，只要将光标移至起点时即会呈现图示，单击即可闭合图形，所以也可以应用于绘制闭合的多边形。

在工具箱中选择【贝塞尔工具】，在绘图页面中的适当位置单击确定折线的起点，然后移动光标单击确定第二个节点，接着再移动光标单击确定折线的第三节点，当需要结束绘制时按下空格键即可。如果要闭合线段，返回起点上单击即可，如图 2-15 所示。

图 2-15　绘制闭合的折线

问：使用【贝塞尔工具】与【手绘工具】绘制直线时有区别吗？

答：有区别。使用【手绘工具】绘制完一条直线后，即可在其他位置继续绘制另一条直线。但【贝塞尔工具】将会连续不断地绘制多段折线，如果想要绘制多段不相连的直线，必须按下空格键切换至其他工具的状态下方可。

2.2.2 绘制任意曲线

【贝塞尔工具】可以用来绘制平滑的波浪曲线，其中曲线的弧度与形状能够以控制杆的长短和方向来决定。在绘制时，单击想要放置第一个节点的位置，然后将控制点拖向要使曲线弯曲的方向，松开鼠标使光标处在要放置下一节点的位置上，然后拖放控制点以创建需要的曲线。

动手操作　使用【使用贝赛尔工具】绘制曲线

1 在工具箱中选择【贝塞尔工具】，在页面适当位置上单击确定曲线的起始节点，接着拖动光标至其左上方单击添加第二个节点，同时往右上方或左下方拖动出双向控制杆，调整曲线的弯曲程度，如图 2-16 所示。

2 移动光标在合适位置单击，添加第三个节点，同时拖动出控制杆并调整曲线的弯曲程度，如图 2-17 所示。最后按下空格键确定当前绘制的曲线对象。

图 2-16　绘制曲线段

图 2-17　添加曲线段节点

除了通过拖动控制杆上的控制点来调整曲线段的形状外，也可以拖动当前选择的节点来调整曲线的形状，在当前所选的节点上按住鼠标左键向目标方向拖动，即可对该段曲线进行调整。

2.3 其他线条工具

除了常用的手绘工具、贝塞尔工具等，用于绘制线条的工具还有钢笔工具、折线工具、2 点线工具、3 点曲线工具、B 样条工具和智能绘图工具。

2.3.1 钢笔工具

使用【钢笔工具】可以绘制出各种直线、折线、曲线、多边形等。

1. 绘制直线与折线

可以使用【钢笔工具】通过精确放置每个节点来绘制出直线与折线，当光标与起点重合时即可闭合线条，组成闭合对象，如图 2-18 所示。

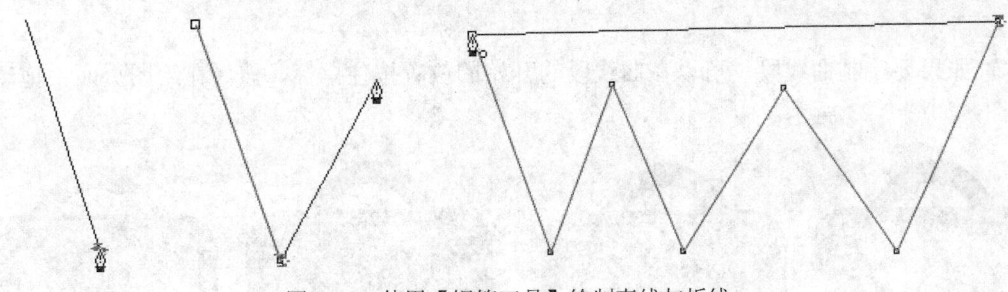

图 2-18 使用【钢笔工具】绘制直线与折线

2. 绘制曲线

单击添加节点并通过拖动出控制杆，可以确定线段的弧度，此时可以根据图形的具体形状一次一段地绘制线条，如图 2-19 所示。

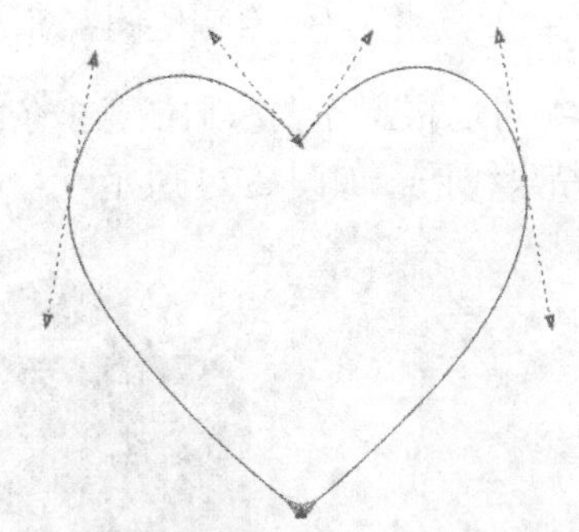

图 2-19 使用【钢笔工具】绘制曲线

3. 编辑节点

【钢笔工具】的最大特点就是可以随意在对象轮廓创建添加或删除节点，使绘图效果更加细致。其操作如下：

（1）在轮廓对象上添加节点：先在【钢笔工具】的属性栏中单击【自动添加/删除】按钮，使其处于按下状态，然后移动光标至轮廓上，鼠标即会变成形状，此时单击即可添加一个节点，如图 2-20 所示。

（2）删除轮廓对象上的节点：确定【自动添加/删除】按钮处于按下状态，将光标移至轮廓的节点时，鼠标即会变成形状，此时单击即可删除当前节点，如图 2-21 所示。

图 2-20 在轮廓对象上添加节点

图 2-21 删除轮廓对象上的节点

2.3.2 折线工具

【折线工具】可以绘制出直线、折线、多边形、开放式曲线与封闭式曲线。其中绘制直线、折线和多边形的方法与【钢笔工具】的绘制方法相同。

【折线工具】最大的特点就是“自动闭合曲线”特性，只要将光标移至终点位置，双击或者按回车键即可闭合图形。

动手操作 使用折线工具绘制线段

1 在工具箱中选择【折线工具】。

2 如果要绘制直线段，可以在线段的起点处单击，然后在结束处单击确定线段终点，如

图 2-22 所示。

3 如果要绘制曲线段，可以在曲线段的开始的位置按住鼠标，然后在绘图页面中拖动进行绘图，如图 2-23 所示。

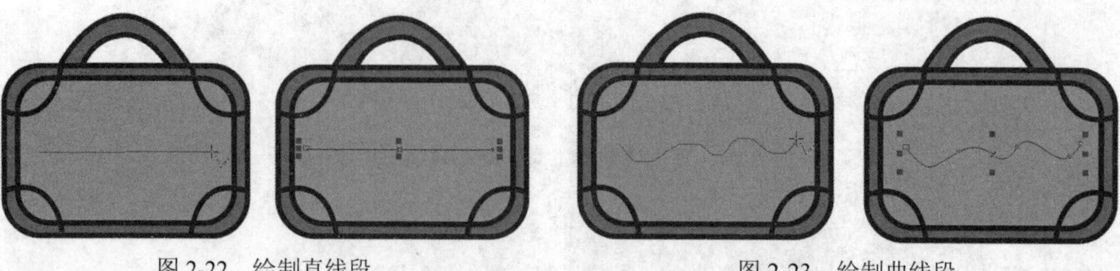

图 2-22　绘制直线段　　　图 2-23　绘制曲线段

4 可以根据需要添加任意多条线段，并在曲线段与直线段之间进行交替，绘制完毕后双击以结束线条，如图 2-24 所示。

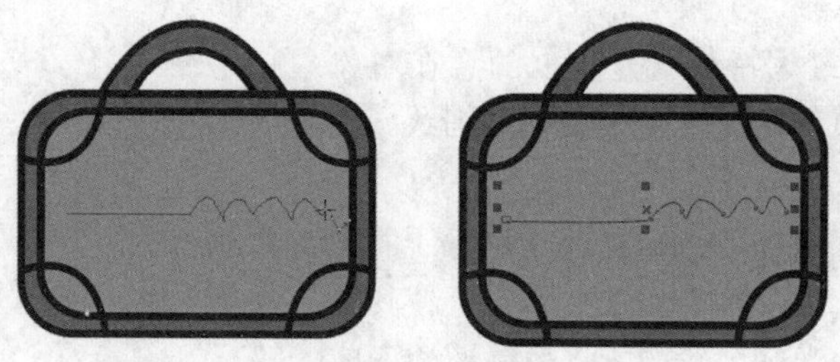

图 2-24　在曲线段与直线段之间进行交替

2.3.3　使用 2 点线工具

1. 绘制直线

【2 点线工具】是一种连接起点和终点绘制一条直线的工具，它的使用方法很简单，只需在绘图页面上单击确定起点并拖动，再单击确定终点，即可使两点构成直线，如图 2-25 所示。

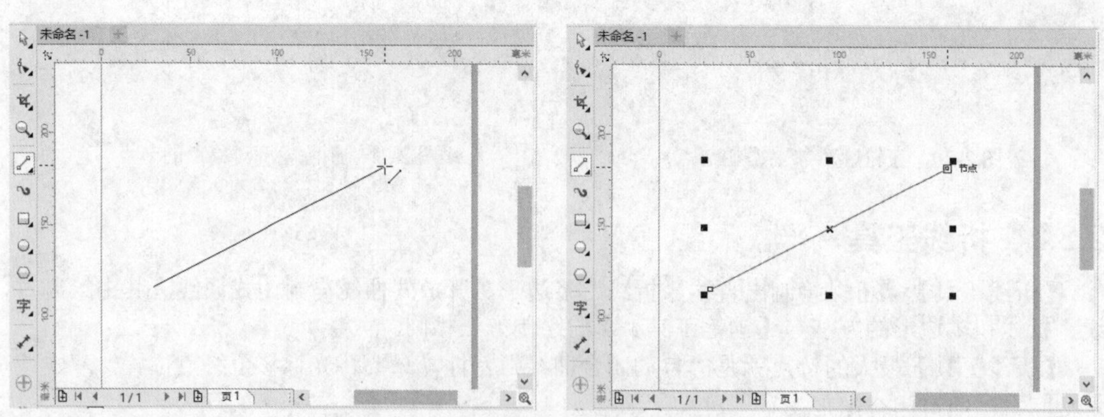

图 2-25　使用【2 点线工具】绘制直线

2. 绘制垂直 2 点线

如果想要绘制一条与现有的线条或对象垂直的 2 点线，可以选择【2 点线工具】后，在工具栏中按下【垂直 2 点线】按钮，然后进行绘图，如图 2-26 所示。

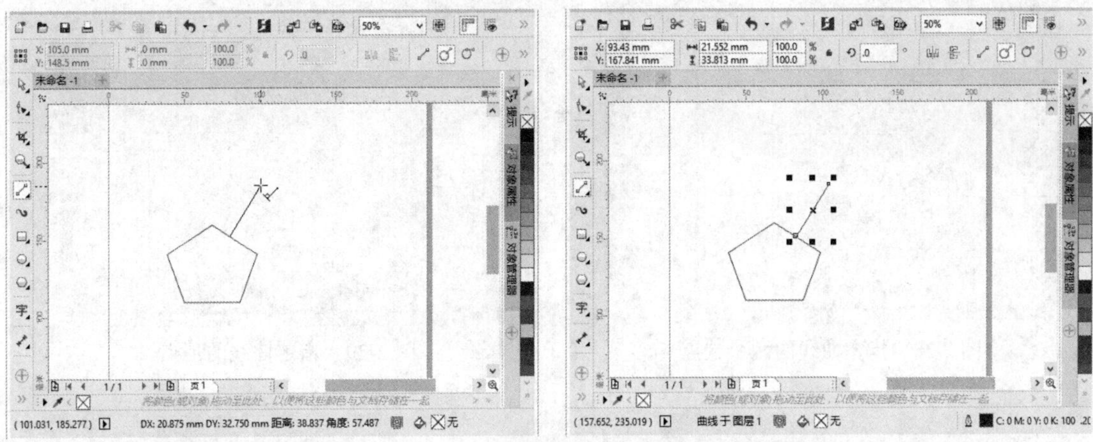

图 2-26　绘制与多边形其中一边垂直的 2 点线

3. 绘制相切 2 点线

如果想要绘制一条与现有的线条或对象相切的 2 点线，可以选择【2 点线工具】后，在工具栏中按下【相切的 2 点线】按钮，然后进行绘图，如图 2-27 所示。

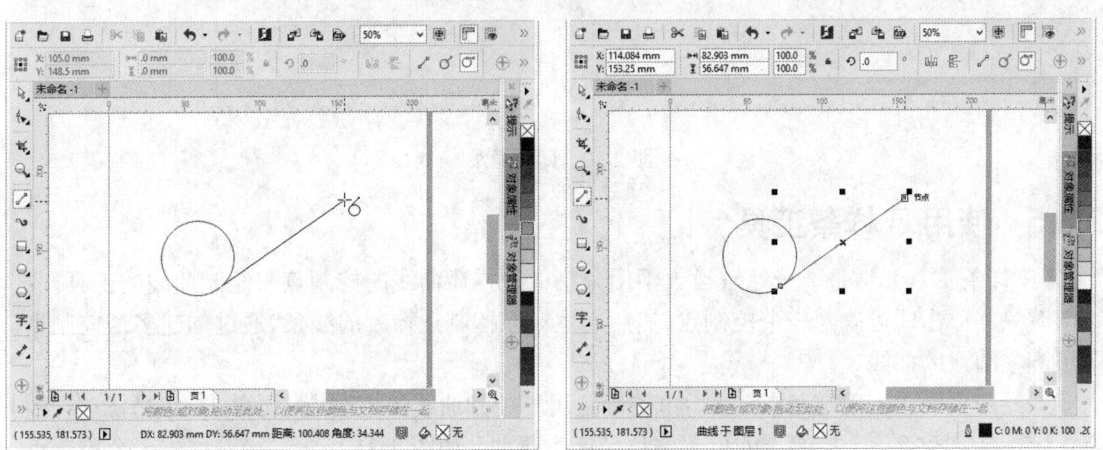

图 2-27　绘制与圆形对象相切的 2 点线

2.3.4　3 点曲线工具

【3 点曲线工具】可以用确定 3 点的方式完成一段曲线的绘制。该工具的属性栏与【手绘工具】相同，可以设置曲线的位置、大小、旋转角度、宽度与线条样式等。

动手操作　使用【3 点曲线工具】绘制曲线

1 选择【3 点曲线工具】，然后在绘图区单击鼠标左键确定曲线的一个端点，按住左键不放的同时拖动光标至另一处单击确定另一个端点，如图 2-28 所示。此时释放鼠标左键，往下方移动鼠标至合适位置单击，确定曲线的顶点，其中顶点的位置可以确定曲线的弯曲程度，如图 2-29 所示。

2 如果想闭合曲线，先选择需要闭合的线段，然后在属性栏中单击【自动闭合曲线】按钮即可，如图 2-30 所示。

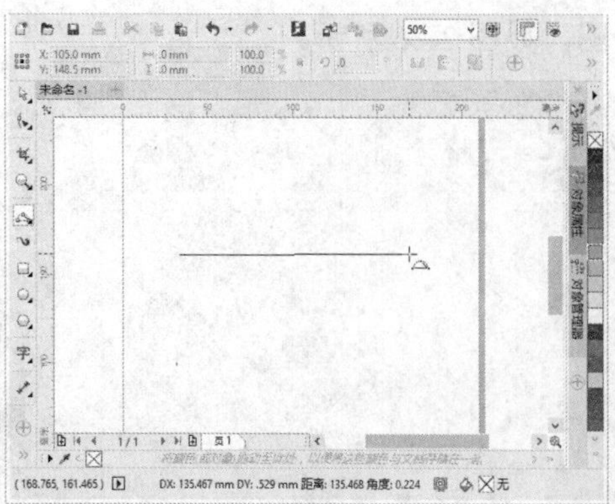
图 2-28　指定曲线的两个端点

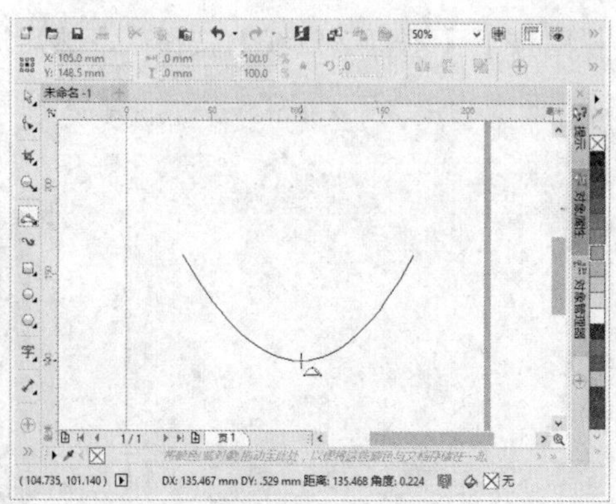
图 2-29　指定曲线的顶点

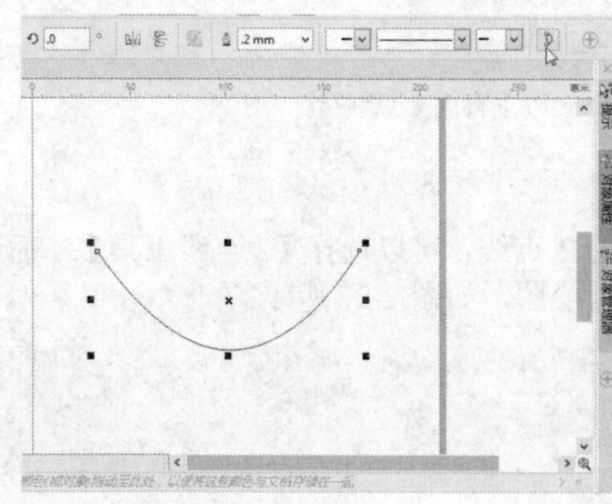

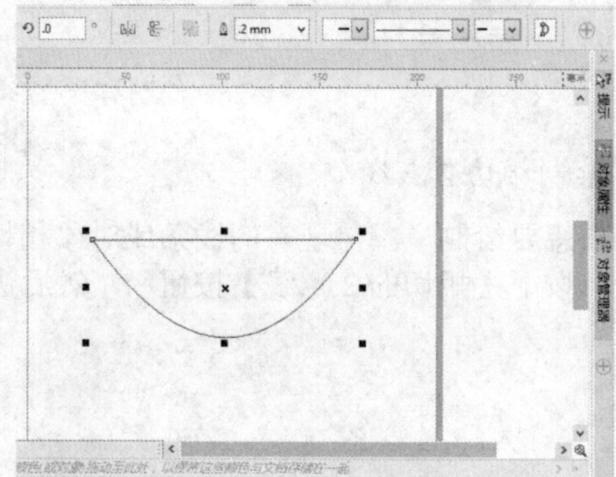
图 2-30　闭合曲线

2.3.5　使用 B 样条工具

【B 样条工具】是一个通过设置不用分割成段描述曲线的控制点来绘制曲线的工具。在绘图时只需单击即可确定一个控制点，然后产生对应控制点控制的线条，通过创建多个控制点，即可产生圆滑的曲线。

在绘图页面单击确定起点，然后单击确定用于控制曲线的控制点，再单击确定另一个控制点，线条会随着第三个控制点的位置偏移而产生弯曲，如图 2-31 所示。接着单击多个控制点，从而绘制出圆滑的曲线，最后双击鼠标，即可结束绘图的操作，结果如图 2-32 所示。

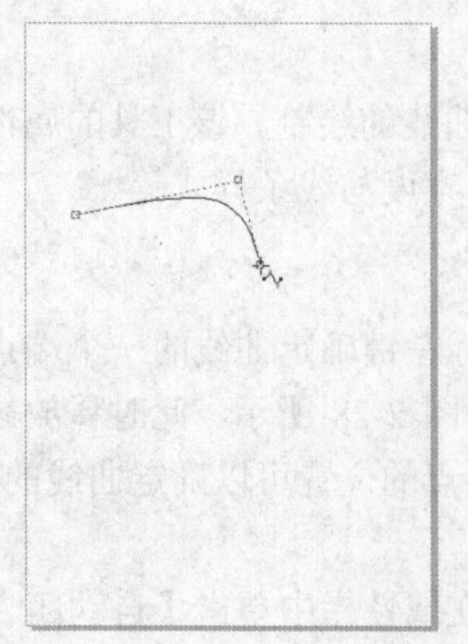
图 2-31　确定起点并使用控制点让线条产生弯曲

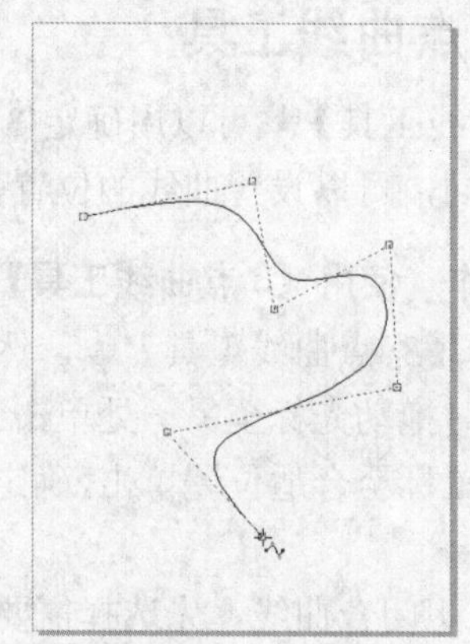
图 2-32　利用多个控制点绘制曲线的结果

2.3.6 智能绘图工具

【智能绘图工具】允许使用形状识别功能来绘制直线和曲线。

在 CorelDRAW X7 中，可以使用【智能绘图工具】绘制手绘笔触，可以对手绘笔触进行识别并转换为基本形状。

（1）矩形和椭圆将被转换为本地 CorelDRAW 对象。

（2）梯形和平行四边形将被转换为“完美形状”对象。

（3）线条、三角形、方形、菱形、圆形和箭头将被转换为曲线对象。

如果某个对象未转换为形状，则可以对其进行平滑处理，如图 2-33 所示。用形状识别所绘制的对象和曲线都是可编辑的。

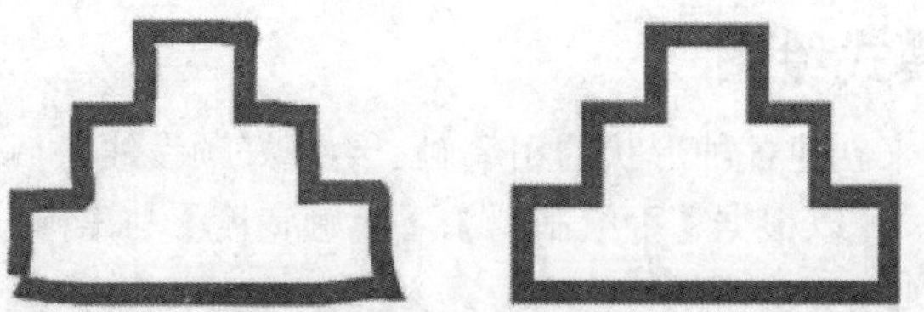

图 2-33　对使用智能绘图工具创建的形状进行识别和平滑处理

问：什么是“完美形状”对象？

答：在 CorelDRAW 中，“完美形状”对象就是预定义的形状，如基本形状、箭头、星形和标注。“完美形状”通常具有轮廓沟槽，因此可以修改它们的外观。

在工具箱中选择【智能绘图工具】，然后从属性栏上的形状识别等级列表框中选择识别等级，再从属性栏上的智能平滑等级列表框中选择平滑等级，最后在绘图窗口中绘制形状或线条即可，如图 2-34 所示。

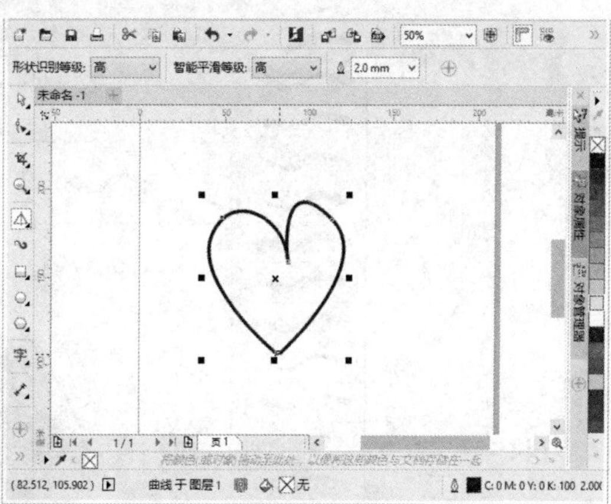

图 2-34　使用【智能绘图工具】绘图

2.4 艺术笔工具

【艺术笔工具】是一种具有固定或可变画笔宽度及笔触形状的特殊画笔工具，利用该工具可绘制出具有特殊艺术效果的图形。【艺术笔工具】包括“预设、画笔、喷涂、书法、压力”5 种模式，这些模式的说明如下：

- 【预设】模式按钮：可以使用预设笔触样式来绘制图形。
- 【画笔】模式按钮：可以使用预设笔触样式来绘制图形，也可以自创及删除笔触样式，但不能删除系统自带的笔触样式。
- 【喷涂】模式按钮：可以使用预设喷涂文件来绘制简单图案，也可以自创及删除喷涂文件样式。
- 【书法】模式按钮：在该模式下可以绘制不同角度的曲线。绘制曲线时，曲线宽度随其方向的改变而自行改变。
- 【压力】模式按钮：可以绘制出任意粗细的轮廓图形。

2.4.1 使用预设模式绘图

【预设模式】可以用来创建各种形状的粗笔触。绘制好预设线条后，就可以对其应用填充，如同填充其他对象一样。可以根据【手绘平滑】、【笔触宽度】与【预设笔触】等属性来徒手绘制出预设的笔画效果，如图 2-35 所示。

图 2-35 预设模式的属性栏

动手操作 手绘艺术文字

1 打开光盘中的 “..\Example\Ch02\2.4.1.cdr”练习文件，在工具箱中选择【艺术笔工具】。

2 在属性栏中单击【预设模式】按钮，设置手绘平滑为 50、宽度为 5，然后打开【预设笔触】列表，选择倒数第 4 种笔触样式，如图 2-36 所示。

3 在绘图页面图形的矩形对象上拖动鼠标，手写出“Sale”英文文字，如图 2-37 所示。

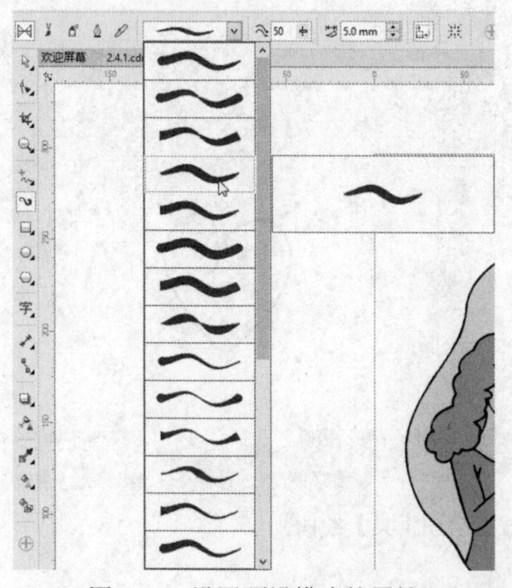

图 2-36 设置预设模式的属性

图 2-37 手绘出文字

4 选择【选择工具】，然后选择英文文字形状，接着单击默认 CMYK 调色板中的红色色块，为文字填充红色，如图 2-38 所示。

图 2-38　为文字形状填充颜色

2.4.2　使用画笔模式绘图

【画笔模式】预设了 24 种笔刷模式，可以创建出各种模板画笔笔刷效果的线条效果。该模式的属性栏与【预设模式】相似，如图 2-39 所示。

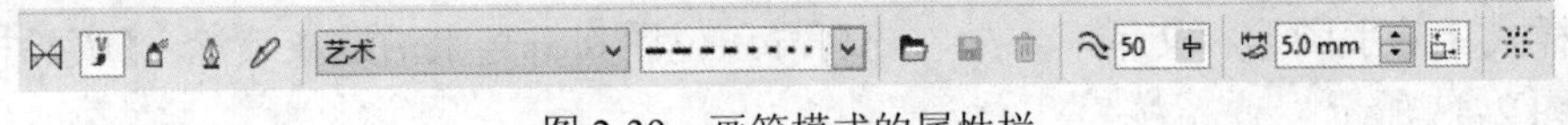

图 2-39　画笔模式的属性栏

动手操作　手绘衣服装饰图

1 打开光盘中的“..\Example\Ch02\2.4.2.cdr”练习文件，在工具箱中选择【艺术笔工具】。

2 在属性栏中单击【画笔模式】按钮，设置手绘平滑为 50、宽度为 50，然后在【类别】列表框中选择【符号】笔触类型，再打开【笔刷笔触】列表，选择合适的笔触样式，如图 2-40 所示。

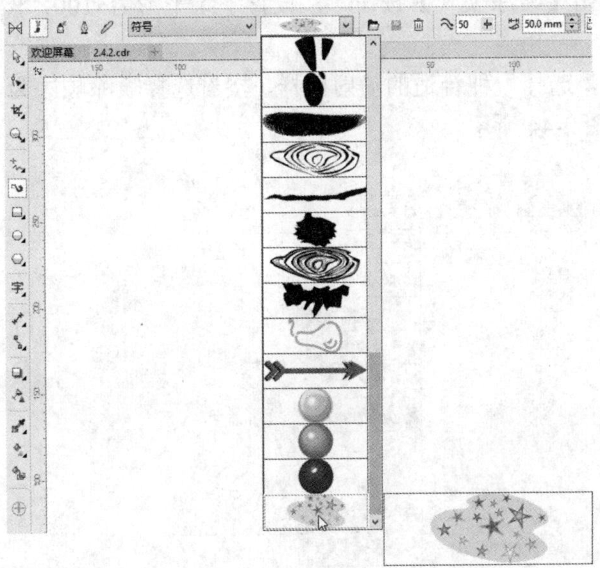

图 2-40　设置工具属性

3 在绘图页面的衣服形状中拖动绘出画笔形状，如图 2-41 所示。绘图后的结果如图 2-42 所示。

图 2-41　拖动鼠标绘图

图 2-42　绘图的结果

2.4.3　使用喷涂模式绘图

【喷涂模式】与【画笔模式】的主要区别在于后者提供的是笔刷样式，而前者则提供了许多的图案样式。除了图形和文本对象外，还可导入位图和符号来沿线条喷涂。【喷涂模式】的属性栏如图 2-43 所示。

图 2-43　喷涂模式属性栏

动手操作　给鲜花添加小草

1 打开光盘中的“..\Example\Ch02\2.4.3.cdr”练习文件，在工具箱中选择【艺术笔工具】。

2 在属性栏中单击【喷涂模式】按钮，设置手绘平滑为 100，然后选择【植物】笔触类别。

3 打开笔触列表，选择一种合适的喷射图样，接着选择喷涂顺序为【随机】，其他选项维持默认设置即可，如图 2-44 所示。

图 2-44　设置工具属性

4 移动光标至绘图区的合适位置上，按住鼠标左键不放，向所需方向拖动，喷涂出所需形状后松开左键，即可根据拖动的轨迹来产生笔触，如图 2-45 所示。

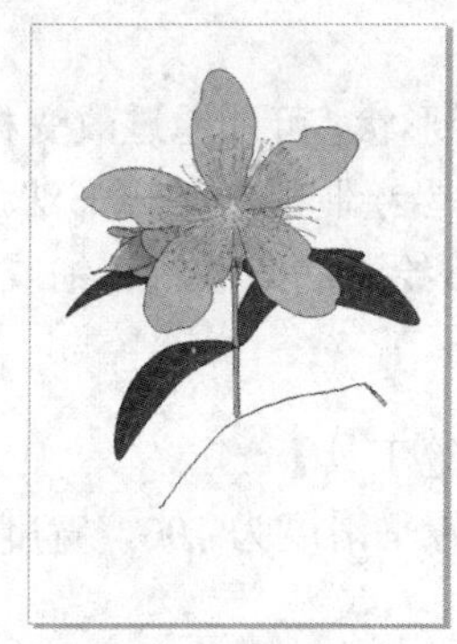

图 2-45 使用【喷涂模式】绘制小草

5 如果觉得绘制的图形不符合实际需求，可以对其进行修改。首先在属性栏中取消选择【递增按比例缩放】按钮，然后在喷涂的对象大小文本框中输入所输的数字，调整喷涂对象的大小。例如，指定其对象大小为 120%，调整后的结果如图 2-46 所示。

图 2-46 修改对象的大小

6 在属性栏中找到【每个色块中的图像素和图像间距】文本输入框，然后输入图像数为 2，间距为 28mm，即可得到如图 2-47 所示的结果。

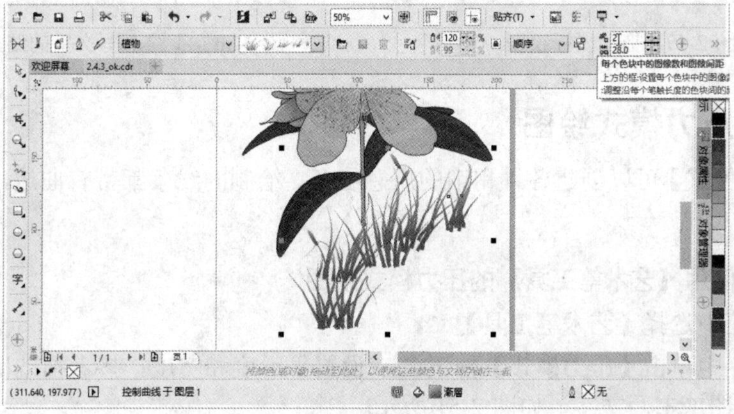

图 2-47 修改笔触图像数和间距

2.4.4 使用书法模式绘图

使用【书法模式】可以在绘制线条时模拟书法钢笔的效果。书法线条的粗细会随着线条的方向和笔头的角度而改变。

默认情况下，书法线条显示为铅笔绘制的闭合形状。可以通过改变相对于所选的书法角度绘制的线条的角度，控制书法线条的粗细。例如，当绘制的线条与书法角度垂直时，该线条就达到笔宽度所规定的最大宽度。但是，书法角度处绘制的线条就很细或者宽度为零。

动手操作　绘制书法字

1 创建一个新文件，在工具箱中选择【艺术笔工具】。

2 在属性栏中单击【书法模式】按钮，设置平滑度为 100，宽度为 20，书法角度为 5，如图 2-48 所示。

图 2-48　设置工具模式的属性

3 移动光标至绘图区的合适位置上，按住鼠标左键不放，向所需方向拖动，绘制出所需形状后松开左键，即可根据选择对象拖动的轨迹来产生图形，如图 2-49 所示。使用相同的方法，书写出“非”字，如图 2-50 所示。

图 2-49　拖动鼠标绘图

图 2-50　手绘书写文字的结果

2.4.5 使用压力模式绘图

使用【压力模式】可以创建各种粗细的压感线条。绘制的线条都带有曲边，而且路径的各部分宽度不一。

动手操作　使用【艺术笔工具】的压力模式绘图

1 在工具箱中选择【艺术笔工具】。

2 在属性栏中单击【压力模式】按钮，设置平滑度和宽度，接着拖动鼠标绘制笔画，可以通过拖动绘图或书写文字，如图 2-51 所示。

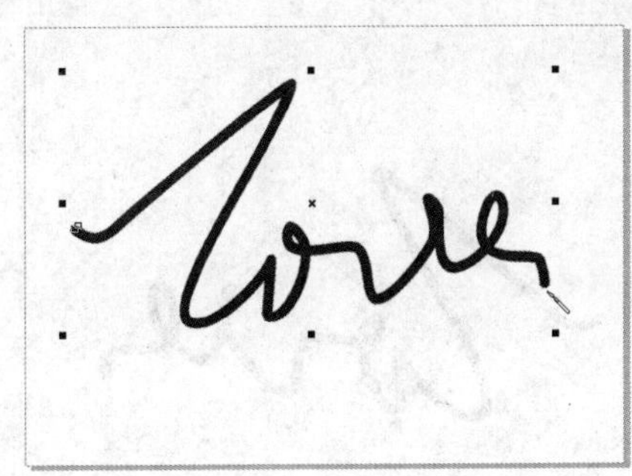

图 2-51　使用【压力模式】绘图

2.5　编辑线条进行造形

使用【形状工具】可以通过处理对象的节点和线段的方式来为对象进行造形。

节点是指沿对象轮廓显示的小方形，而两个节点之间的线条称为线段。移动对象线段可以粗略调整对象形状，而改变节点位置则可以精细调整对象形状。

2.5.1　选择与移动节点

1. 选定节点

在处理对象节点之前，必须先选定它们。处理曲线对象时，可以拖动光标选择单个、多个或所有对象节点，被选节点会呈实心小方形，而终点则呈实心三角形，如图 2-52 所示。

图 2-52　拖动鼠标选择多个节点

使用形状工具选择曲线节点时，配合 Shift 键可以进行较为特殊的选择操作。

（1）选择多个节点：按 Shift 键，然后单击每个节点。

（2）选择选定曲线上的所有节点：选择【编辑】|【全选】|【节点】命令，或者在【形状工具】的属性栏中单击【选择全部节点】按钮。

（3）取消选择一个节点：按 Shift 键，然后单击选定的节点。

（4）取消选择多个节点：按 Shift 键，然后单击每个选定的节点。

（5）取消选择所有节点：单击绘图窗口中的空白区。

此外，按 Home 键可选择曲线对象中的第一个节点，按 End 键可选择最后一个节点。

2. 移动节点

使用【形状工具】单击对象，使其处于被选择状态，接着单击选择节点，在按下左键的同时拖动鼠标即可移动单个节点，如图 2-53 所示。拖选多个节点再移动，可以一次性移动多个节点。

图 2-53　选择并移动节点

2.5.2　添加与删除节点

通过【形状工具】的属性栏，可以进行添加与删除节点的处理，其目的都是为了在绘图时提供更准确的编辑基础。

1. 添加节点

添加节点时，将增加线段的数量，因此增加了对象形状的控制量。只要在路径上的空白处单击即可标记添加节点的位置，然后在属性栏中单击【添加节点】按钮，即可在标记之处添加新节点，如图 2-54 所示。

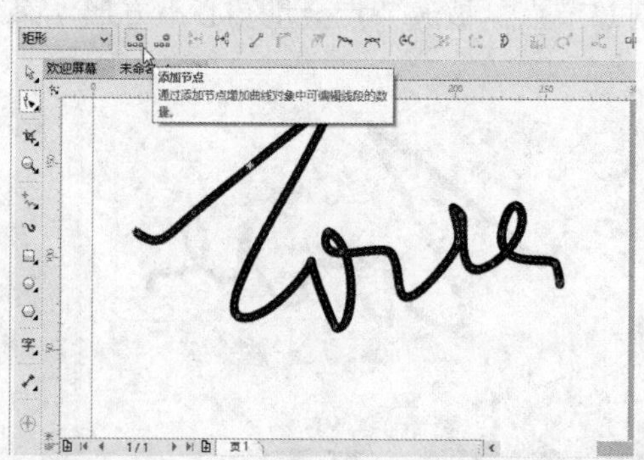

图 2-54　标记节点位置后添加节点

2. 删除节点

选定要删除的节点，然后单击【删除节点】按钮即可，如图 2-55 所示。

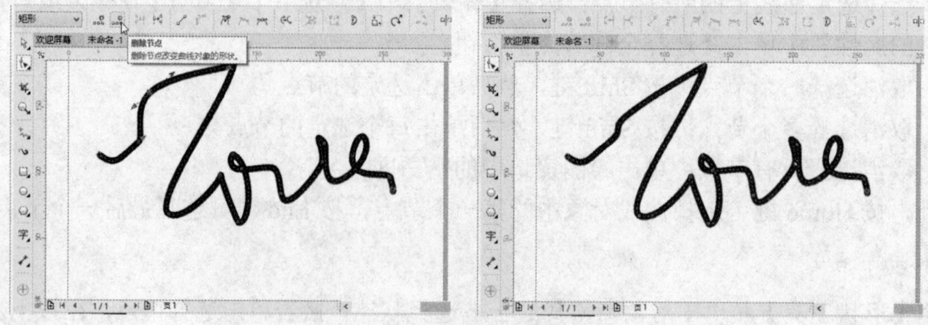

图 2-55　删除选定的节点

使用【形状工具】在路径轮廓中的合适位置上双击，可以快速添加节点；使用【形状工具】在节点上双击可以快速删除节点。

2.5.3 连接与断开线条

1. 连接线条

在绘图过程中，通常要接合两条线段，或者将一条线段一分为二。使用【连接两个节点】按钮，可以快速将曲线的起始点与终点连接起来；使用【分割曲线】按钮，可以将封闭的曲线分割成开放式的两段曲线。

在工具箱中选择【形状工具】，并选择要编辑的对象，然后拖动鼠标选择左上方要连接的两个节点，如图 2-56 所示。此时在属性栏中单击【连接两个节点】按钮，连接被选的两个点，原来开放的曲线将变成一个封闭的对象，如图 2-57 所示。

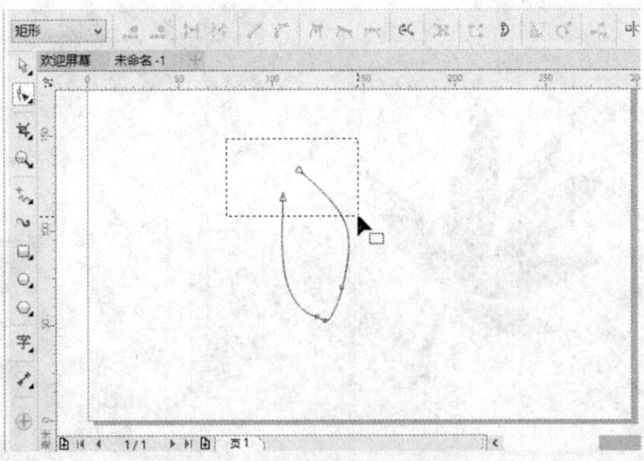

图 2-56 选择要连接的节点

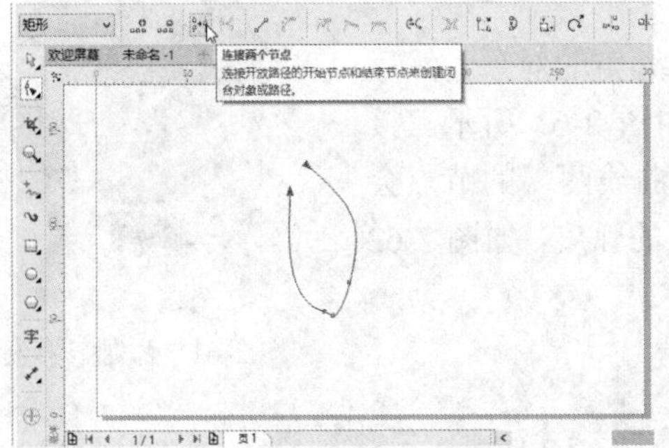

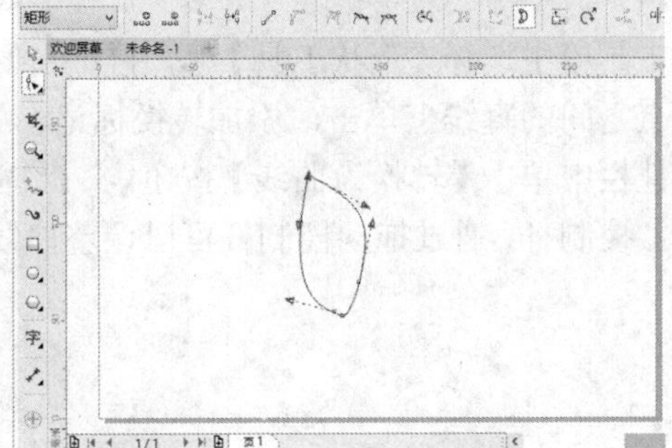

图 2-57 连接选定的两个节点

2. 断开线条

使用【形状工具】选择要断开的节点，然后在属性栏中单击【断开曲线】按钮，将一个节点断开成两个，使绘图变成一个开放式的曲线对象，如图 2-58 所示。

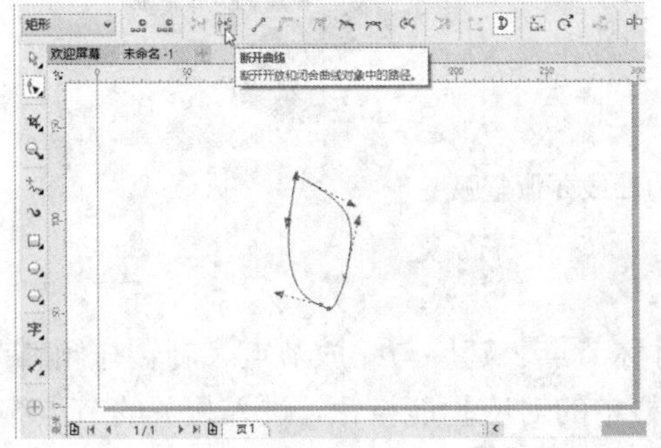

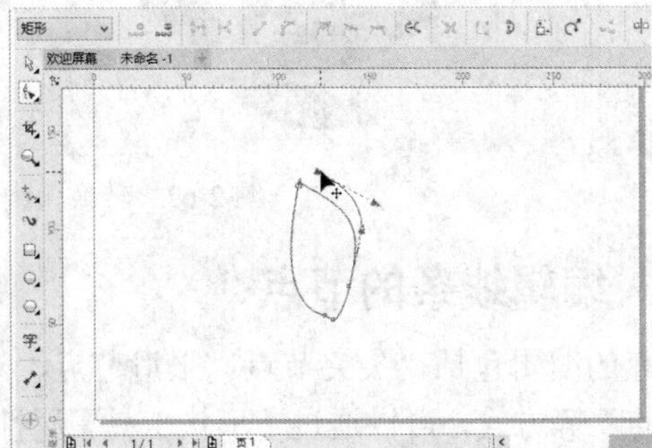

图 2-58 断开线条及其结果

2.5.4 转换直线和曲线

CorelDRAW 允许在直线和曲线两种线条类型之间进行转换。

1. 将曲线转换为直线

在工具箱中选择【形状工具】，再单击要编辑的对象，如图 2-59 所示。此时在两个节点之间的曲线上单击，添加转换标注，然后在属性栏中单击【转换为线条】按钮，结果如图 2-60 所示。

图 2-59 选择要编辑的对象

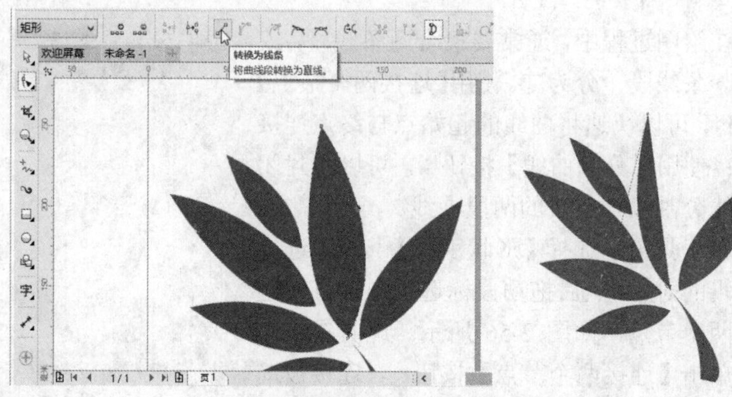

图 2-60 将曲线转换成直线

2. 将直线转换为曲线

在工具箱中选择【形状工具】，再单击要编辑的对象，然后在两节点之间的直线上单击，添加转换标记，如图 2-61 所示。接着在属性栏中单击【转换为曲线】按钮，此时曲线两端的节点会自动添加控制杆，通过拖动控制杆可以调整曲线的弧度，如图 2-62 所示。

图 2-61 添加转换标记

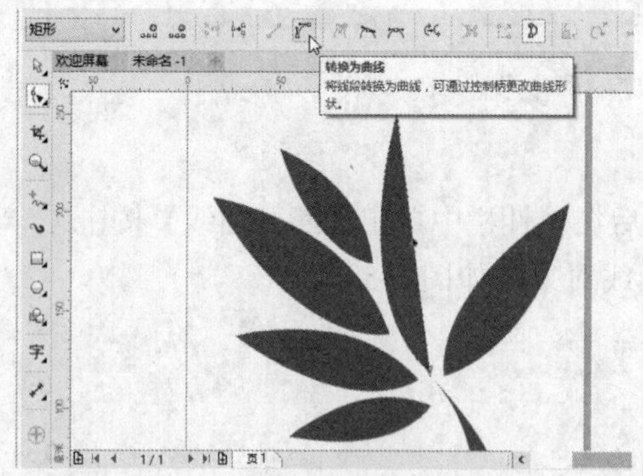

图 2-62 转换直线为曲线并调整弧度

2.5.5 编辑线条的节点

节点的编辑包括"尖突节点、平滑节点、对称节点、延展与缩放节点、旋转与倾斜节点、对齐节点"等方式，可以通过【形状工具】属性栏中的对应功能按钮，进入相关的节点编辑模式，并进行节点的编辑。

节点的编辑方式说明如下。

（1）尖突节点。

对于节点两侧的控制杆可以独立调整，互不影响。先选择要编辑的节点，单击【尖突节点】按钮，再分别拖动节点两侧的控制杆，如图 2-63 所示。

（2）平滑节点。

对于节点两侧的控制杆不能独自调整，呈直线显示，但拖动的长度可以不相等，两者可以互相影响，与【尖突节点】方式的作用是相对的，如图 2-64 所示。

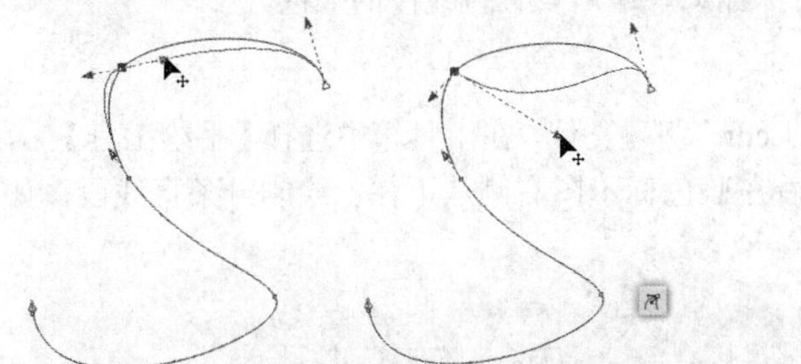

图 2-63　使用【尖突节点】方式编辑节点

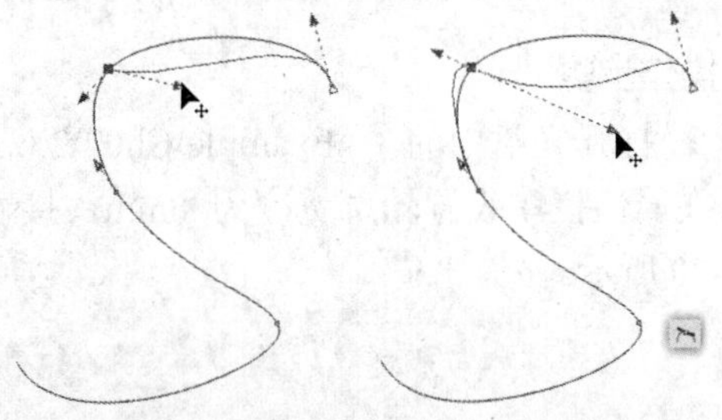

图 2-64　使用【平滑节点】方式编辑节点

（3）对称节点。

对于节点两侧的控制杆不能独自调整，呈直线显示，但拖动的长度相等，两者可以互相影响，如图 2-65 所示。

（4）延展与缩放节点。

可以延展或缩放曲线对象的线段，如图 2-66 所示。

（5）旋转与倾斜节点。

可以旋转或倾斜曲线对象的线段，如图 2-67 所示。

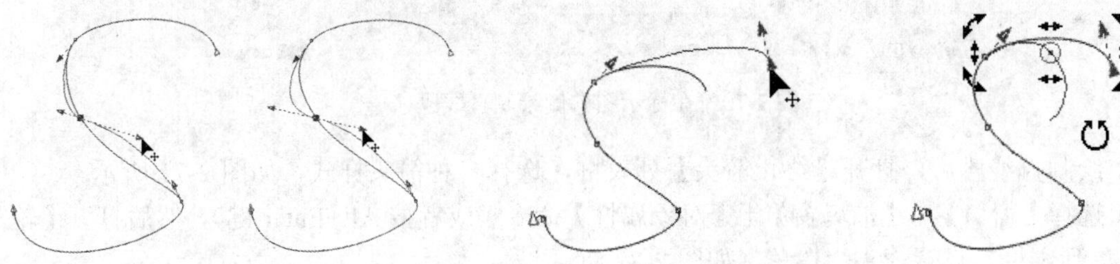

图 2-65　使用【对称节点】方式编辑节点　图 2-66　延展曲线对象的线段　图 2-67　旋转曲线对象的线段

（6）对齐节点。

可以沿水平或垂直方向对齐节点，或通过控制杆对齐节点。如图 2-68 所示为垂直对齐节点的操作，结果如图 2-69 所示。

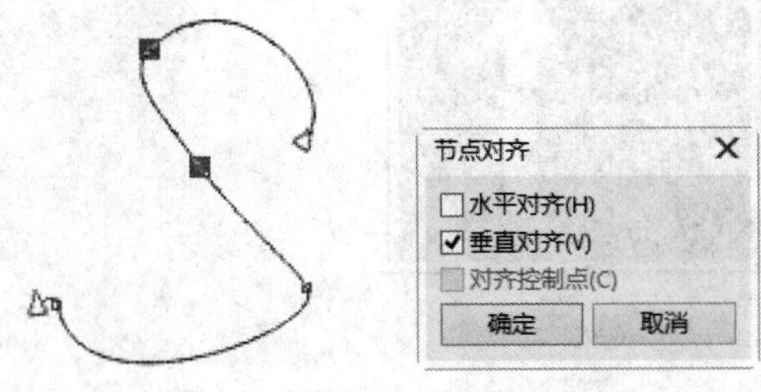

图 2-68　沿垂直方向对齐选定的节点

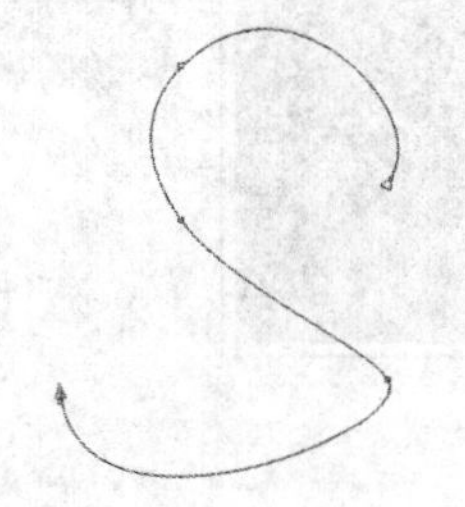

图 2-69　节点垂直对齐的结果

2.6 技能训练

下面通过多个上机练习实例，巩固所学技能。

2.6.1 上机练习 1：绘制会车交通标示的箭头

本例先使用【手绘工具】在标示图右侧绘制一个直线段，再设置终止箭头样式和颜色，然后在标示图左侧绘制另一个直线段并设置箭头样式，最后设置直线段的颜色。

操作步骤

1 打开光盘中的“..\Example\Ch02\2.6.1.cdr”练习文件，在工具箱中选择【手绘工具】，然后在属性栏中设置轮廓宽度为 8mm，接着在蓝色标示图右侧从下往上绘制一条直线段，如图 2-70 所示。

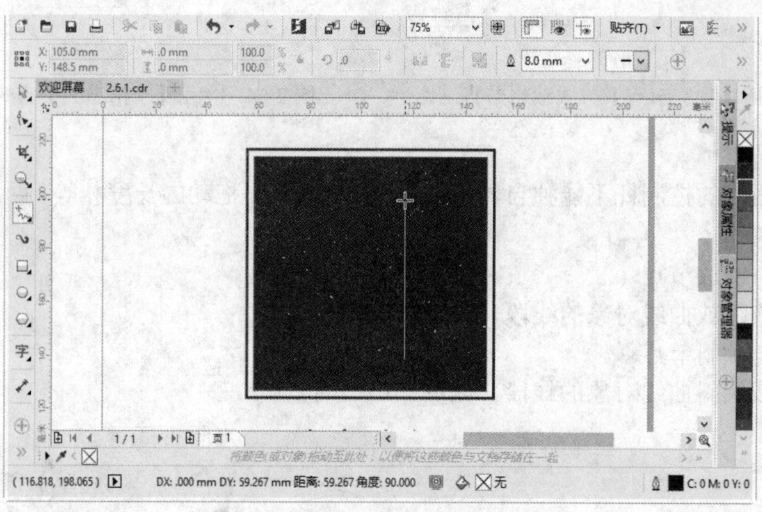

图 2-70 在标示图右侧绘制直线段

2 绘制直线段后，打开【终止箭头】列表框，选择一种箭头样式，如图 2-71 所示。

3 选择【窗口】|【泊坞窗】|【对象属性】命令（或者按 Alt+Enter 键），然后打开【轮廓颜色】列表框，设置箭头为白色，如图 2-72 所示。

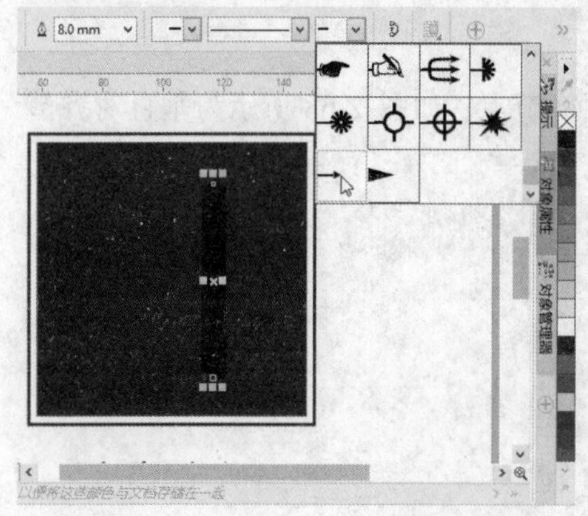

图 2-71 设置终止箭头样式

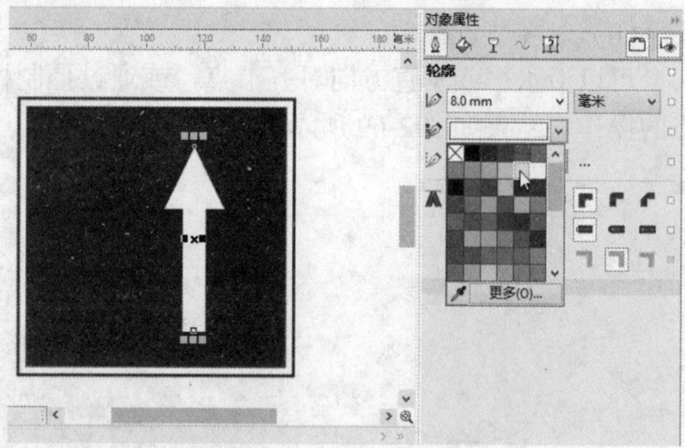

图 2-72 设置箭头的颜色

4 选择【手绘工具】，并修改轮廓宽度为 5mm，然后在标示图左侧从上往下绘制另一条直线段，接着打开【终止箭头】列表框，再选择一种箭头样式，如图 2-73 所示。

5 打开【对象属性】泊坞窗，然后打开【轮廓颜色】列表框，为箭头设置红色，如图 2-74 所示。

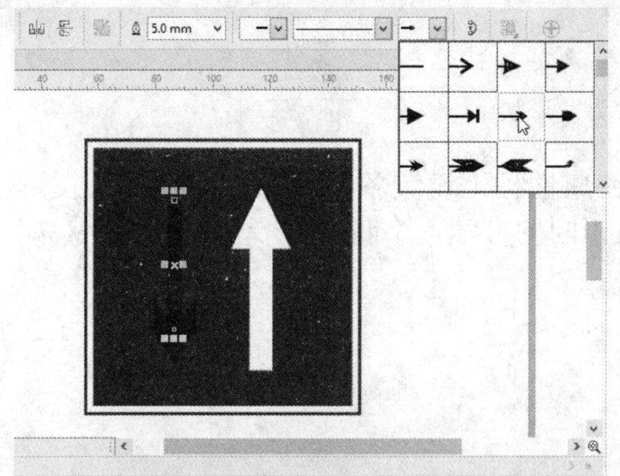

图 2-73 绘制另一个箭头

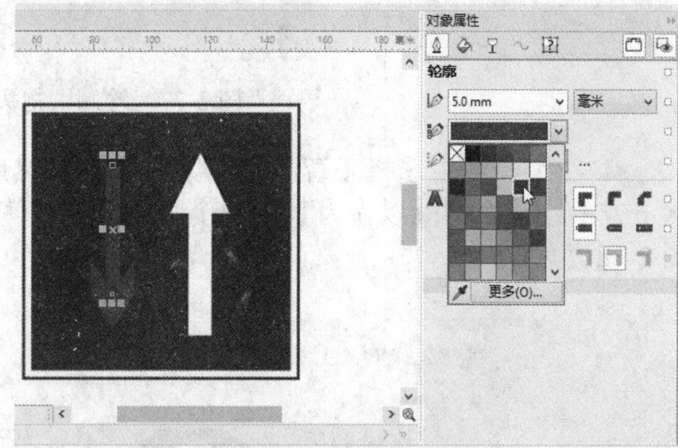

图 2-74 设置箭头的颜色

2.6.2 上机练习 2：简单绘制戴帽的人物头像

本例先使用【艺术笔工具】绘制人物头像的头发，再使用【智能绘图工具】绘制人物的眼睛，然后使用【贝塞尔工具】绘制弧线作为嘴巴形状，接着使用【3 点曲线工具】绘制脸庞轮廓，最后使用【艺术笔工具】绘制帽子形状。

操作步骤

1 启动 CorelDRAW X7 应用程序，然后在欢迎屏幕上单击【新建文档】链接，再通过【创建新文档】对话框创建文件，如图 2-75 所示。

2 在工具箱中选择【艺术笔工具】，然后在属性栏中按下【笔刷】按钮，并设置类别为【书法】，打开【笔刷笔触】列表框并选择一种笔触样式，最后设置手绘平滑度为 100、笔触宽度为 20mm，如图 2-76 所示。

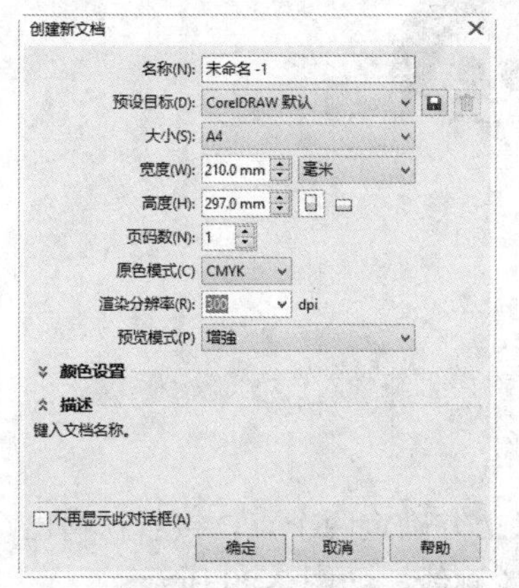

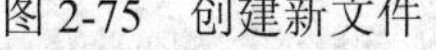

图 2-75 创建新文件

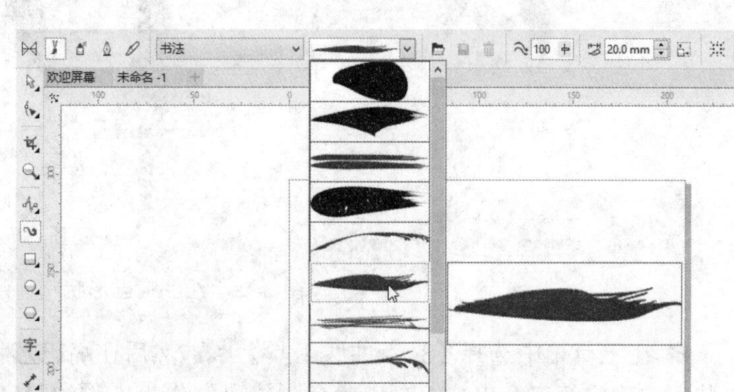

图 2-76 设置艺术笔工具属性

3 使用【艺术笔工具】在绘图页面上拖动绘图，绘制出人物头像的头发形状，如图 2-77 所示。

图 2-77　绘制人物头像头发形状

4 在工具箱中选择【智能绘图工具】，然后在属性栏上设置各项属性，接着在头发形状下方手绘一个圆圈以作为其中一个眼睛形状，使用相同的方法，绘制另外一个眼睛形状，如图 2-78 所示。

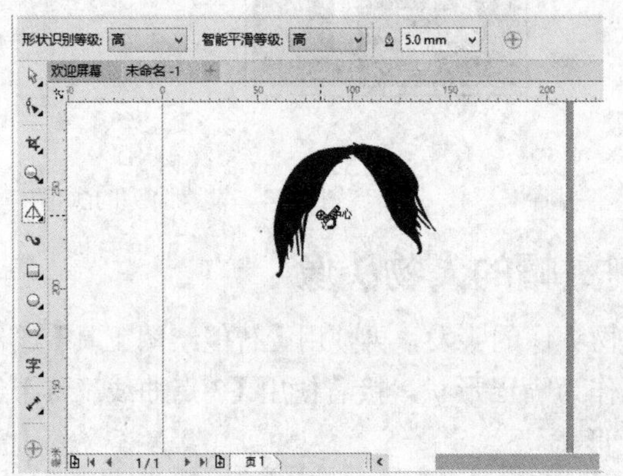

图 2-78　绘制眼睛形状

5 在工具箱中选择【贝塞尔工具】，然后在眼睛形状下方绘制一条弧线，作为人物的嘴巴形状，如图 2-79 所示。

图 2-79　绘制嘴巴形状

6 在工具箱中选择【3 点曲线工具】，然后在嘴巴形状上方确定两个点，接着在嘴巴形状下方确定第三个点，绘制出一个弧线段，作为人物的脸庞轮廓线，如图 2-80 所示。

7 选择【艺术笔工具】，然后在属性栏中按下【笔刷】按钮，并设置类别为【书法】，接着打开【笔刷笔触】列表框，并选择一种笔触样式，最后在绘图页面上拖动绘图，如图 2-81 所示。

图 2-80　绘制人物的脸庞轮廓线

图 2-81　使用艺术笔工具绘图

8 选择【选择工具】，将步骤 7 中的绘图移到人物头发形状上，作为人物的帽子形状，然后选择【手绘工具】，设置轮廓宽度为 2mm，再设置与帽子形状相同的轮廓颜色，接着在帽子形状上绘制一个弧线段即可，如图 2-82 所示。

图 2-82　绘制帽顶的弧线形状

2.6.3 上机练习 3：为插画绘制装饰和手绘字

本例将使用【艺术笔工具】为插画绘制一个底纹装饰图，然后使用【艺术笔工具】的【书法】模式，通过手绘的方式为插画添加手绘字。

操作步骤

1 打开光盘中的“..\Example\Ch02\2.6.3.cdr”练习文件，选择【艺术笔工具】，在属性栏中按下【笔刷】按钮，并设置类别为【底纹】，接着打开【笔刷笔触】列表框，选择一种笔触样式，如图 2-83 所示。

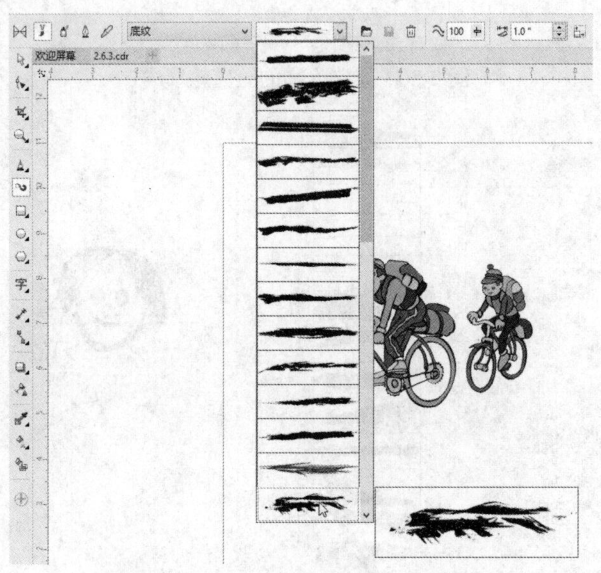

图 2-83 选择并设置艺术笔工具的属性

2 设置【艺术笔工具】的属性后，在绘图页面的骑车插画下方拖动鼠标绘图，为插画添加作为地面的底纹形状，如图 2-84 所示。

3 选择【选择工具】，然后在选择底纹形状对象的状态下单击底纹形状（如果没选中底纹形状则需要先将它选中），显示出旋转控制框，接着按住形状左上角的旋转控制点并向左上方移动，以旋转底纹形状，如图 2-85 所示。

图 2-84 绘制底纹形状

图 2-85 旋转底纹形状

4 选择【艺术笔工具】，在属性栏中按下【书法】按钮，再设置手绘平滑度为100、笔触宽度为【.5"】、书法角度为0，接着在插画左上方手绘书写【go】英文，如图2-86所示。

图2-86　绘制手绘字

5 使用【选择工具】选择所有手绘字，然后在调色板上单击【红色】色块，为手绘字设置颜色，如图2-87所示。

图2-87　为手绘字设置颜色

2.6.4　上机练习4：绘制双向路面的交通标线

本例先使用【2点线工具】在路面形状对象上绘制一条水平直线，再设置虚线线条样式和颜色，然后在虚线上绘制两条水平直线段，并分别设置终止箭头样式和起始箭头样式，最后设置箭头对象为白色。

操作步骤

1 打开光盘中的“..\Example\Ch02\2.6.4.cdr”练习文件，选择【2点线工具】，设置轮廓宽度为3mm，在路径形状对象上通过拖动鼠标绘制一条水平直线，如图2-88所示。

2 绘制直线后，在属性栏上打开【线条样式】列表框，然后选择一种虚线线条样式，接着打开【对象属性】泊坞窗，设置线条的颜色为【黄色】，如图2-89所示。

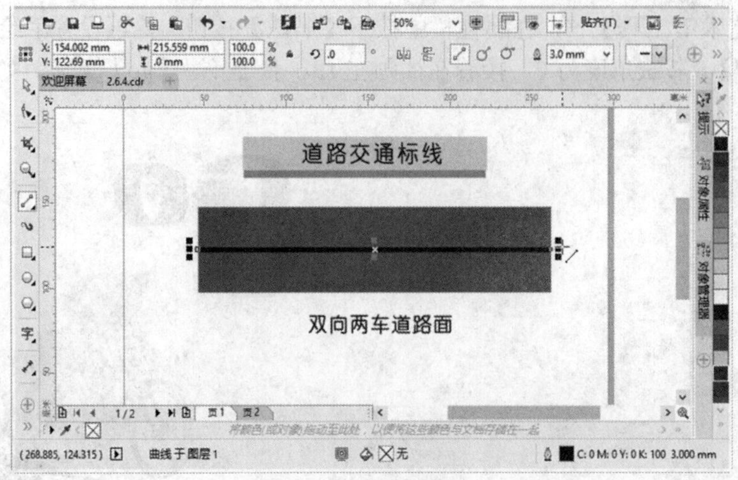

图 2-88　绘制水平直线

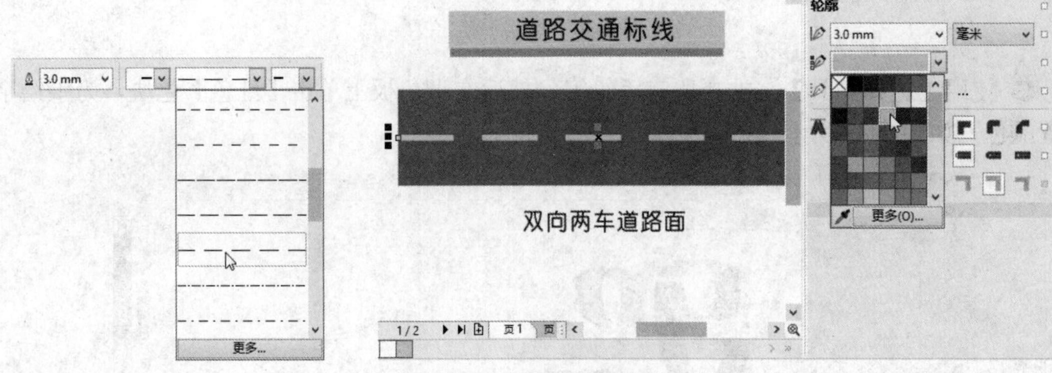

图 2-89　设置线条样式和颜色

3 选择【2 点线工具】，修改轮廓宽度为 5mm，在虚线上、下方分别绘制两条直线段，如图 2-90 所示。

4 选择虚线上方的直线段，打开属性栏的【终止箭头】列表框，选择一种箭头样式，再选择虚线下方的直线段，打开【起始箭头】列表框，选择一种箭头样式，如图 2-91 所示。

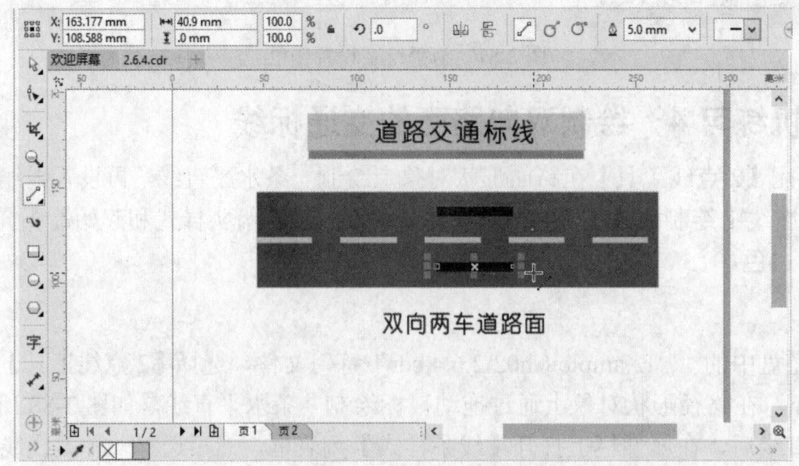

图 2-90　绘制两条直线段

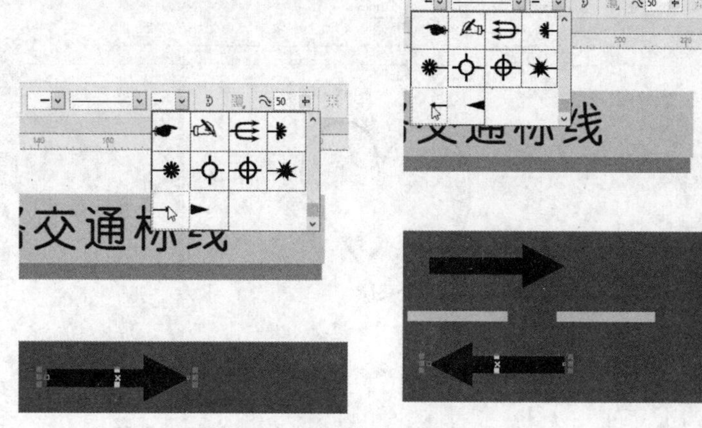

图 2-91　设置直线段的箭头样式

5 同时选择两个箭头对象，打开【对象属性】泊坞窗，设置箭头的轮廓颜色为【白色】，如图 2-92 所示。

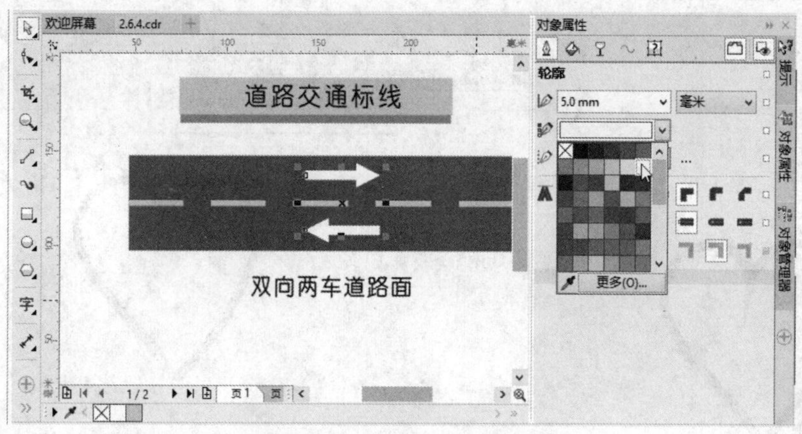

图 2-92　设置箭头对象的颜色

2.6.5　上机练习 5：绘制简单的心形气球图形

本例先使用【智能绘图工具】绘制一个心形轮廓，然后使用【形状工具】连接心形下方的两个节点，并适当调整心形的形状，接着使用【手绘工具】在心形图形下绘制一个蝴蝶结图形，再使用【B 样条工具】在蝴蝶结图形下绘制一条曲线，作为心形气球的手拉线。

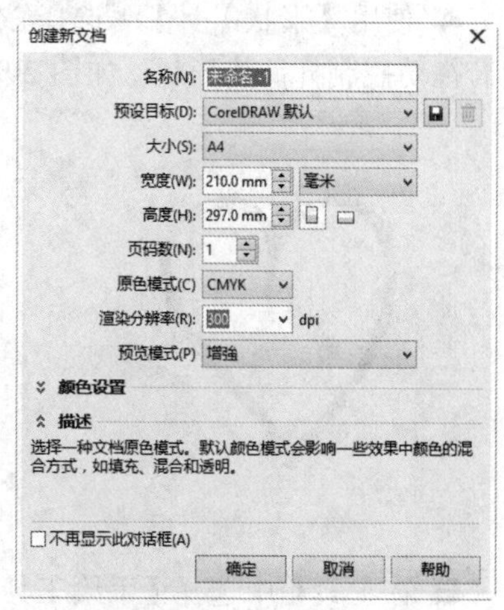

图 2-93　新建文件

操作步骤

1 启动 CorelDRAW X7 应用程序，然后在欢迎屏幕上单击【新建文档】链接，再通过【创建新文档】对话框创建文件，如图 2-93 所示。

2 在工具箱中选择【智能绘图工具】，设置该工具的各项属性，在绘图页面上绘制一个心形轮廓，如图 2-94 所示。

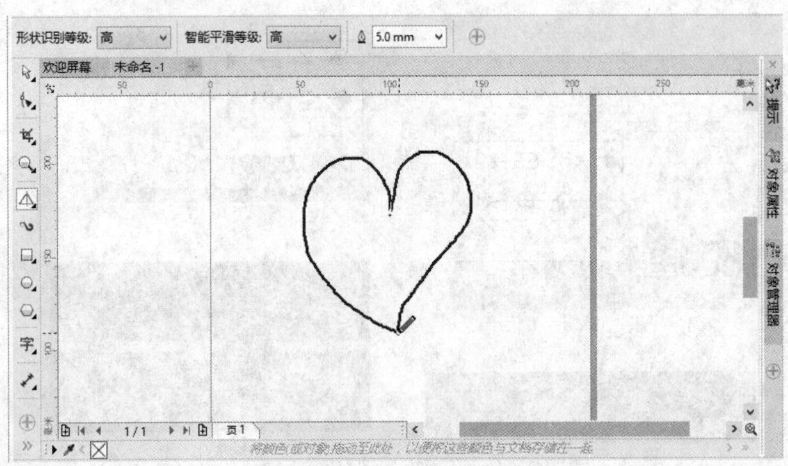

图 2-94　绘制心形轮廓

3 在工具箱中选择【形状工具】，然后框选心形轮廓下方的两个节点，单击属性栏的【连接两个节点】按钮，如图 2-95 所示。

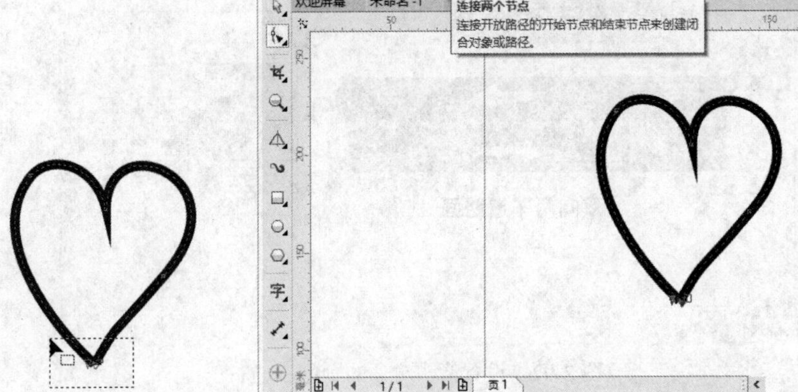

图 2-95　连接心形的两个节点

4 使用【形状工具】选择心形轮廓右侧的一个节点，然后拖动鼠标调整节点的位置，接着拖动控制杆调整形状，如图 2-96 所示。

图 2-96　编辑心形轮廓的节点

5 在工具箱中选择【手绘工具】，设置轮廓的宽度为 5mm，然后在心形下方手绘一个水平的“8”字，绘制出一个蝴蝶结轮廓，如图 2-97 所示。

6 在工具箱中选择【B 样条工具】，设置轮廓宽度为 3mm，然后在蝴蝶结下方绘制一条曲线，如图 2-98 所示。

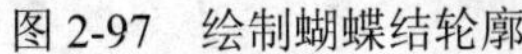
图 2-97 绘制蝴蝶结轮廓

图 2-98 绘制一条曲线

2.7 评测习题

一、填充题

（1）使用【手绘工具】绘制出曲线后，软件会自动对其进行平滑处理并加入________。

（2）【艺术笔工具】的【预设模式】中，___________主要用于设置徒手绘制笔画的平滑程度。

（3）【3 点曲线工具】可以通过 3 点绘制出一条曲线，其中先绘制指定两节点作为曲线的端点，最后通过第 3 点来确定曲线的__________。

二、选择题

（1）以下哪个工具不可以绘制出带箭头的线条？（　　）

A．艺术笔工具　　B．手绘工具　　C．3 点曲线工具　　D．2 点线工具

（2）艺术笔工具一共提供了多少种绘图模式？（　　）

A．2　　B．3　　C．5　　D．10

（3）艺术笔工具的【预设模式】不提供以下哪种属性选项？（　　）

A．手绘平滑　　B．笔触样式　　C．笔触宽度　　D．压力

（4）以下哪项不是【形状工具】对节点的编辑模式？（　　）

A．尖突　　B．平滑　　C．角点　　D．对称

三、判断题

（1）使用【手绘工具】在绘图页面中按下鼠标左键不放同时拖动，即可绘制出任意曲线。（　　）

（2）【艺术笔工具】包括“预设、画笔、喷涂、书法、底纹”5 种模式。（　　）

（3）节点的编辑包括“尖突节点、平滑节点、对称节点、延展与缩放节点、旋转与倾斜节点、对齐节点”方式。（　　）

四、操作题

使用【艺术笔工具】的【喷涂】模式，为插画绘制出一个小狐狸图案，然后将该图案放置在插画中人物的衣服图形上，结果如图 2-99 所示。

图 2-99　操作题绘图的结果

操作提示：

（1）打开光盘中的“..\Example\Ch02\2.7.cdr”练习文件，在工具面板中选择【艺术笔工具】。

（2）在属性栏中按下【喷涂】按钮，并设置类别为【其他】，接着打开【喷射图样】列表框，并选择第一种图样。

（3）在绘图页面中轻移鼠标，绘制一个小狐狸图案。

（4）将小狐狸图案移到插画人物的衣服图形上，再设置小狐狸图案的喷涂对象大小为 80%。

第 3 章　绘制各种图形并造形

学习目标

CorelDRAW X7 有着非常强大的绘图功能，提供了多种绘图工具和造形工具，允许用户绘制各种基本形状、网格、箭头、流程图、标题图、标注图等图形，并进行不同形式的造形处理。本章将介绍在 CorelDRAW X7 中绘制各种图形和修改图形形状的方法。

学习重点

☑ 绘制矩形和编辑矩形的角
☑ 绘制椭圆形、饼形和弧形
☑ 绘制多边形和星形
☑ 绘制网格和螺纹图形
☑ 绘制各种常规形状
☑ 使用工具进行各种图形造形处理

3.1　绘制矩形

在 CorelDRAW X7 中，可以使用【矩形工具】或【3 点矩形工具】绘制矩形或正方形。绘制矩形或正方形之后，可以通过将某个或所有边角变成圆角来改变它的形状，从而制作成圆角矩形对象。

3.1.1　矩形工具

使用【矩形工具】□绘制矩形时，只要先确定矩形的起始角点，再通过拖动的方式在结束角点上释放鼠标，即可产生一个矩形。至于绘制正方形的方法也非常简单，只要在绘制矩形的过程中按住 Ctrl 键即可。

在绘制矩形的过程中，配合以下快捷键，即可绘制出各种特殊的矩形效果：

（1）拖动鼠标时按住 Shift 键，可以从中心向外绘制矩形。

（2）拖动鼠标时按住 Ctrl+Shift 键，可以从中心向外绘制方形。

动手操作　制作简易的画框

1 打开光盘中的“..\Example\Ch03\ 3.1.1.cdr”练习文件，在工具箱中选择【矩形工具】□，设置轮廓宽度为 2mm，然后在绘图页面中按下鼠标左键不放，并往对角方向拖动，最后释放鼠标左键，绘制一个矩形对象，如图 3-1 所示。

2 完成矩形绘制后，属性栏即会显示出目前矩形的位置、长宽大小与缩放比例等。下面保持矩形的被选择状态，在任一个【缩放因子】栏中输入 95，将矩形的显示比例缩小至 90%，此时矩形的位置与大小参数也随之改变了，如图 3-2 所示。

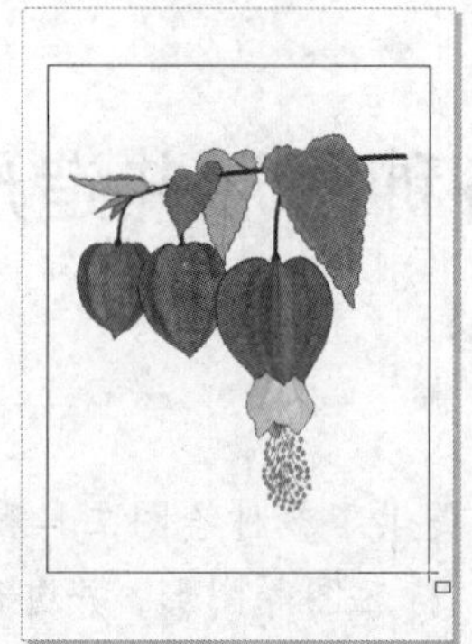
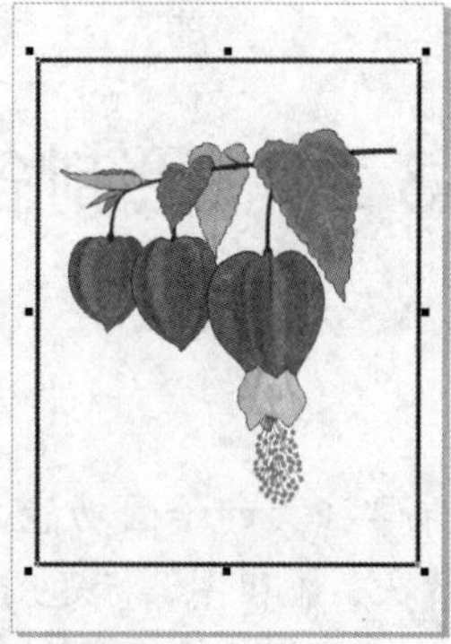

图 3-1　绘制矩形

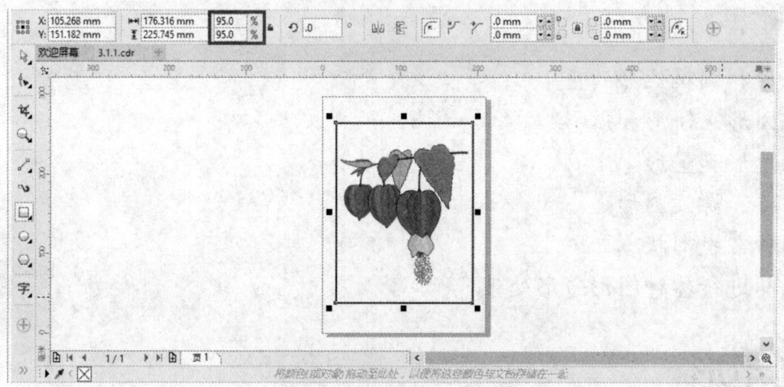

图 3-2　设置缩放因子的参数

当按下【缩放因子】选项右侧的【锁定比率】按钮，再更改任意一个缩放因子时，另一个都会作相同的改变。当取消按下【锁定比率】按钮时，即可独立调整长或宽的缩放比例了。

3 按住 Ctrl 键不放，使用【矩形工具】在上步骤绘制的矩形的其中一角上拖动，至合适大小后释放左键，绘制出一个正方形，如图 3-3 所示。

4 使用相同的方法，在矩形其他角上绘制三个正方形，结果如图 3-4 所示。

图 3-3　绘制正方形

图 3-4　绘制其他正方形的结果

3.1.2 3 点矩形工具

【3 点矩形工具】可以通过三个点来确定矩形的长度、宽度与旋转位置，其中前两个点可以指定矩形的一条边长与旋转角度，最后一点用来确定矩形宽度。

动手操作 使用【3 点矩形工具】绘制矩形

1 在工具箱中选择【3 点矩形工具】，在绘图区中按下鼠标左键不放，确定矩形的第一个点，然后拖动并释放鼠标确定第二点与矩形的一边的方向与长度，如图 3-5 所示。

2 此时再拖动鼠标，确定矩形的宽度后单击鼠标，如图 3-6 所示，完成矩形的绘制，结果如图 3-7 所示。

图 3-5 指定矩形的边长与方向

图 3-6 指定矩形的宽度

图 3-7 绘制后的矩形

3.1.3 设置矩形的角

在 CorelDRAW 中，可以绘制带有圆角、扇形角或倒棱角的矩形或正方形，也可以单独修改各个角或将更改应用到所有角。

修改矩形的角时，使矩形角变圆会产生弯曲的角；变扇形会将角替换为曲线边缘；变倒棱形会将角替换为直棱，即斜角。

要绘制带有圆角、扇形角和倒棱角的矩形或正方形，需要指定角大小。在将角变圆或变扇形时，角大小决定了角半径。曲线的中心到其边界为半径，越大的角大小值能得到越圆的圆角或越深的扇形角。倒角的大小值表示相对于角原点开始倒角的距离。圆角大小值越大，倒棱边缘越长。

动手操作 设置矩形的角

1 在工具箱中选择【矩形工具】，在属性栏中按下【圆角】按钮，并在【转角半径】设置区域输入半径数值，然后在绘图页面上绘图，即可绘制出圆角矩形，如图 3-8 所示。

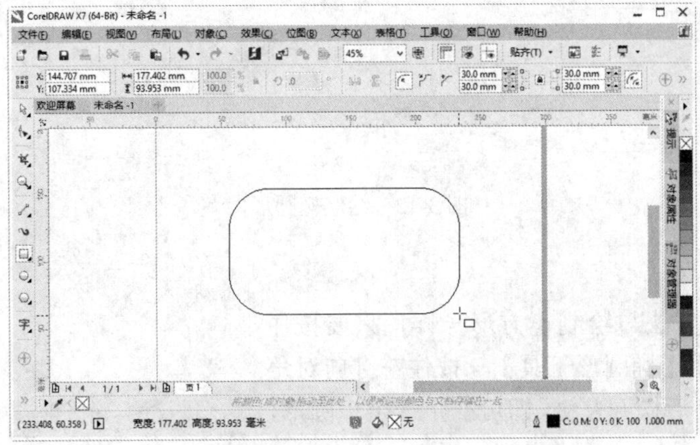

图 3-8 绘制圆角矩形

2 如果要将矩形修改为扇形角或倒棱角，可以选择矩形对象，再按下属性栏的【扇形角】按钮或【倒棱角】按钮，然后在【转角半径】设置区域输入半径数值，即可实现修改矩形角的效果。这两个形式的矩形的效果如图 3-9 和图 3-10 所示。

图 3-9　扇形角矩形的效果

图 3-10　倒棱角矩形的效果

3.2　绘制椭圆

在 CorelDRAW 中，使用【椭圆形工具】、【3 点椭圆形工具】可以绘制出椭圆形、正圆形、饼形与弧形等圆弧对象。

3.2.1　椭圆形工具

【椭圆形工具】可以通过沿对角线拖动鼠标的方式来绘制椭圆或圆形，对于绘制的椭圆或圆形，可以通过属性栏将其形状更改为饼形或弧形。

1. 绘制椭圆形

在工具箱中选择【椭圆形工具】后，即会出现如图 3-11 所示的属性栏，保持默认设置，将鼠标移至绘图区，按住左键向对角拖动，至合适大小后松开左键即可得到一个椭圆形对象，如图 3-12 所示。

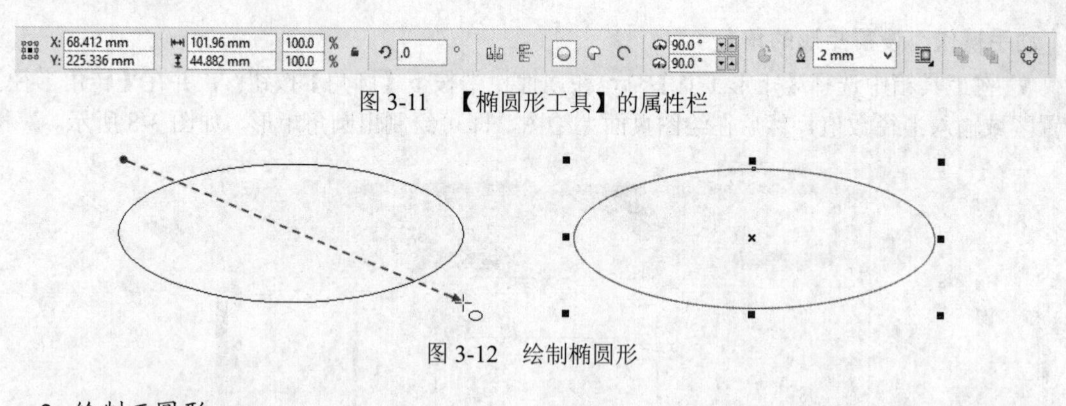

图 3-11　【椭圆形工具】的属性栏

图 3-12　绘制椭圆形

2. 绘制正圆形

绘制正圆形的方法与绘制正方形一样，只要按住 Ctrl 键不放，并使用【椭圆形工具】按住左键向对角拖动，得到所需大小后松开左键，即可产生一个正圆形，如图 3-13 所示。

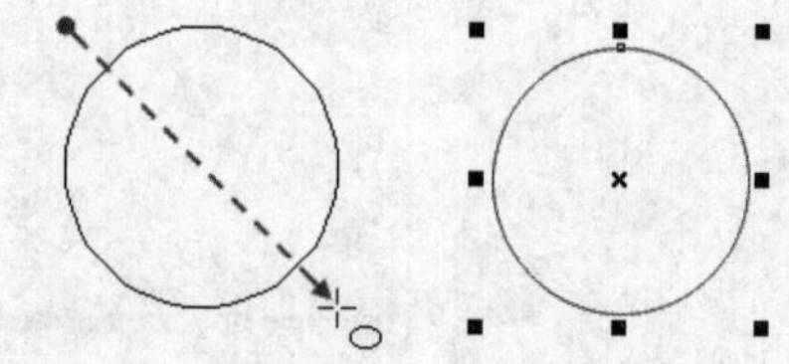

图 3-13　使用椭圆形工具绘制的正圆形

3.2.2 3 点椭圆形工具

【3 点椭圆形工具】可以通过两个点先确定椭圆一个轴的方向与长度，然后利用最后一个点来确认另一个轴的宽度。通过三个关键点来指定一个椭圆的大小与放置方向。

在工具箱中选择【3 点椭圆形工具】，然后在绘图页面的适当位置上按住左键向椭圆轴的另一个方向拖动，如图 3-14 所示，松开左键后即可确定椭圆一个轴的长度与方向，接着向该轴的另一侧拖动，如图 3-15 所示，得到合适的长度后单击确定椭圆另一轴的高度，最后即可产生如图 3-16 所示的椭圆形。

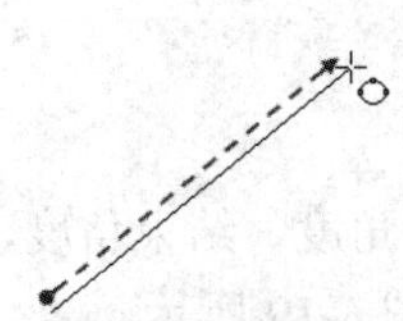

图 3-14 指定轴长与方向

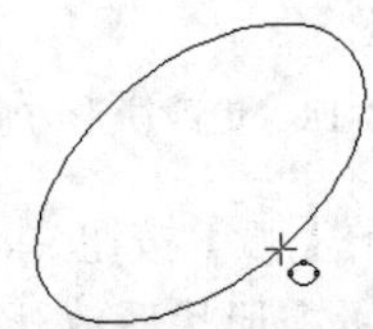

图 3-15 指定另一轴的高度

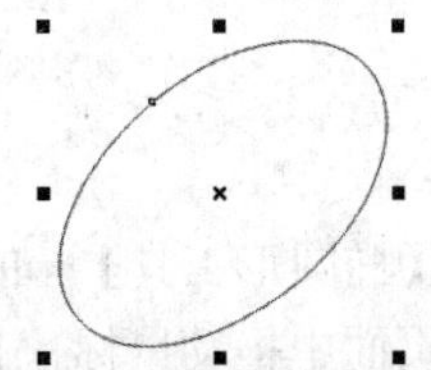

图 3-16 绘制完毕的椭圆形

3.2.3 绘制饼形与弧形

通过【椭圆形工具】与【3 点椭圆形工具】的属性栏的设置，可以快速地创建出饼形与弧形。

1. 绘制饼形

"饼形"好比生活中的折扇（扇形），当折扇少于 360 度时，就可以将其称之为"饼形"。

在工具箱中选择【椭圆形工具】，在属性栏中单击【饼形】按钮，通过属性栏的【起始和结束角度】设置区输入起始和结束角度，接着在绘图页面中拖动鼠标，直至饼形达到所需形状即放开鼠标，如图 3-17 所示。

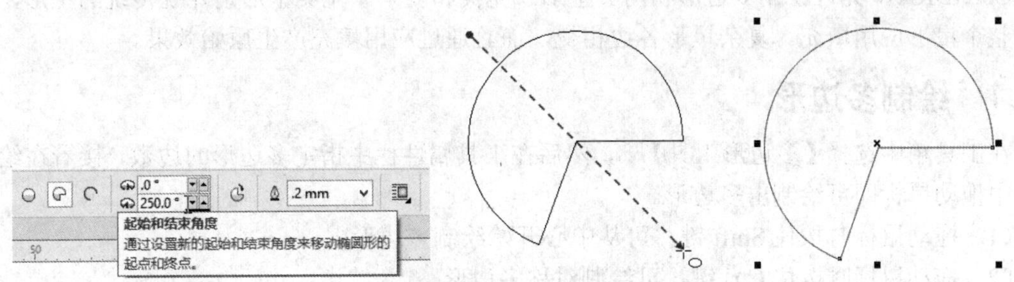

图 3-17 绘制饼形对象

单击属性栏的【更改方向】按钮，可以在顺时针和逆时针之间切换饼形或弧形的方向，如图 3-18 所示。

2. 绘制弧形

弧形与饼形的区别主要在于前者没有轴线，而且是一个开放的线条形状。但其绘制方法与饼形是一样的。只要在属性栏中先指定好"弧形"绘制模式，接着设置起始与结束角度即可。

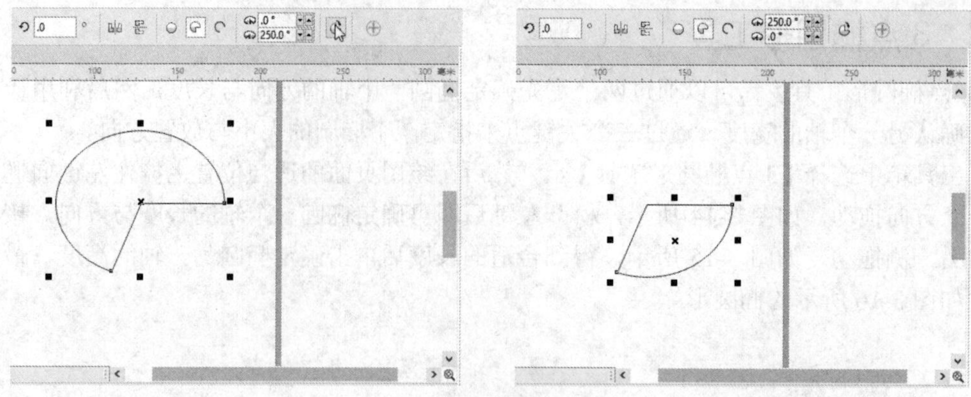

图 3-18　更改饼形方向

在【椭圆形工具】的属性栏中单击【弧】按钮，然后设置起始角度、结束角度，接着在绘图页面中拖动鼠标，直至弧形达到所需形状后放开鼠标即可，如图 3-19 所示。

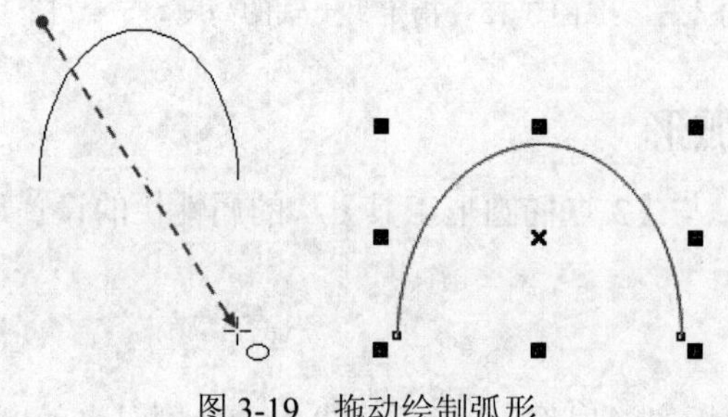

图 3-19　拖动绘制弧形

3.3　绘制多边形和星形

CorelDRAW 允许绘制多边形和两类星形：完美和复杂。完美星形是外观传统的星形，可以对整个星形应用填充。复杂星形各边相交，而且通过应用填充产生原始效果。

3.3.1　绘制多边形

在工具箱中选择【多边形工具】，然后在工具属性栏中指定多边形的边数，接着在绘图页面中拖动鼠标即可绘制出多边形。

（1）拖动鼠标时按住 Shift 键，可从中心开始绘制多边形。

（2）拖动鼠标时按住 Ctrl 键，可绘制对称多边形。

动手操作　绘制衣服图案

1 打开光盘中的“..\Example\Ch03\3.3.1.cdr”练习文件，在工具箱中选择【多边形工具】，然后在属性栏中的【多边形边数】数值框中输入 5，再设置轮廓宽度为 1.0mm，如图 3-20 所示。

图 3-20　指定多边形边数和轮廓宽度

2 在绘图页面的 T 恤图形上按住鼠标左键拖动，绘制出一个 5 边形，如图 3-21 所示。

3 单击页面中的空白区域，取消 5 边形对象的选择状态。在【多边形工具】的属性栏中修改【多边形边数】为 6，再次拖动鼠标绘制 6 边形对象，如图 3-22 所示。

4 选择两个多边形对象，打开【对象属性】泊坞窗，然后设置对象的轮廓线颜色为【白色】，结果如图 3-23 所示。

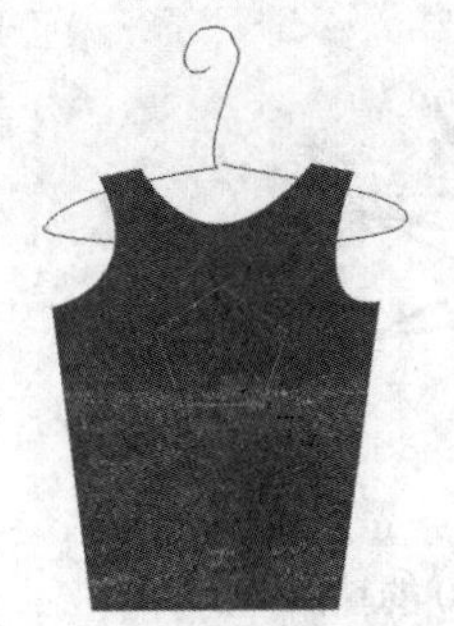
图 3-21　绘制 5 边形对象

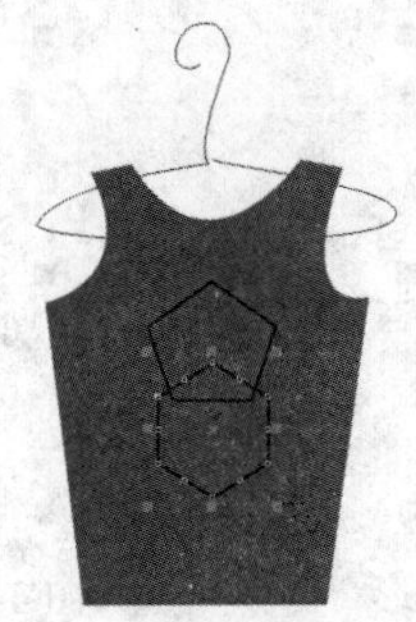
图 3-22　绘制 6 边形

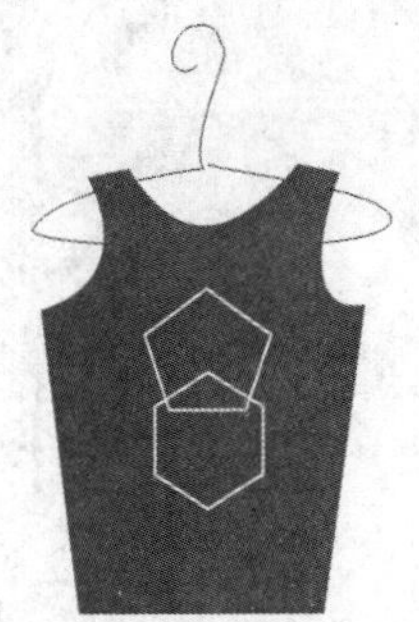
图 3-23　设置对象的颜色

3.3.2　绘制星形

在工具箱中选择【星形工具】，然后在工具属性栏中指定点数或边数，再设置星形的锐度，在绘图页面中拖动鼠标即可绘制出星形，如图 3-24 所示。

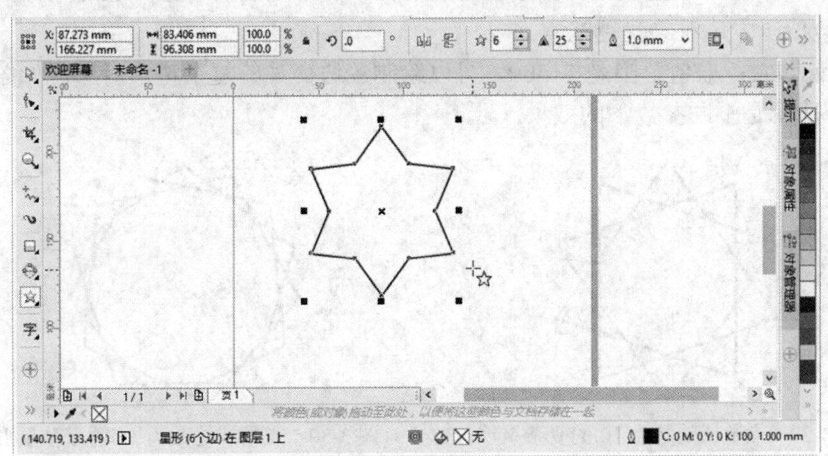
图 3-24　绘制星形

使用【星形工具】能够根据设置的【点数或边数】与【锐度】两项属性来确定星形的形状，其中【点数或边数】必须在 3 以上，而【锐度】越大，对象越饱满，否则就越纤细。

- 点数或边数：可以设置星形对象的角点数量，其取值范围为 3~500，默认状态为 5。如图 3-25 与图 3-26 所示则是不同参数下的星形效果。

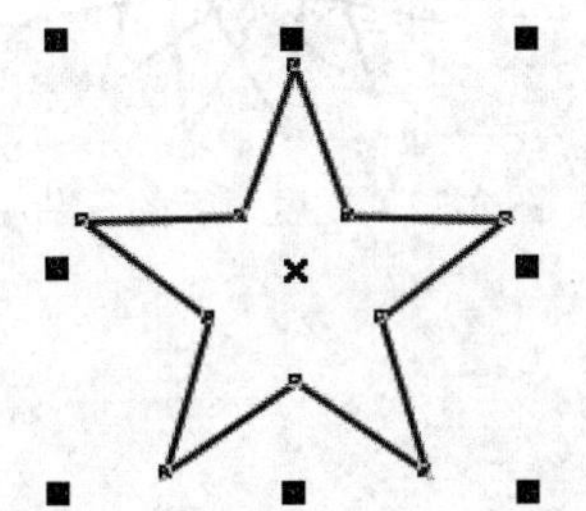
图 3-25　角点数量为 5 的星形

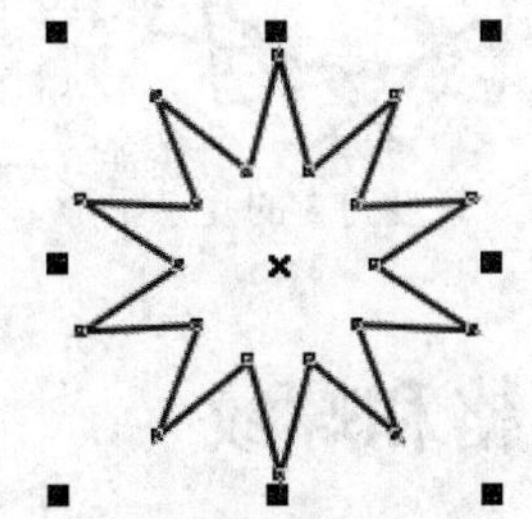
图 3-26　角点数量为 10 的星形

- 锐度：可以设置星形对象的尖角程度，其取值范围为 1~99，数值越小，对象就越纤细。如图 3-27 与图 3-28 所示则是不同参数下的效果。

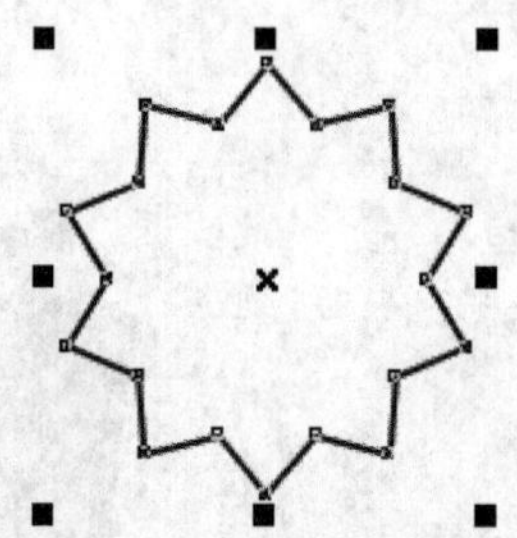
图 3-27　锐度为 20 的星形

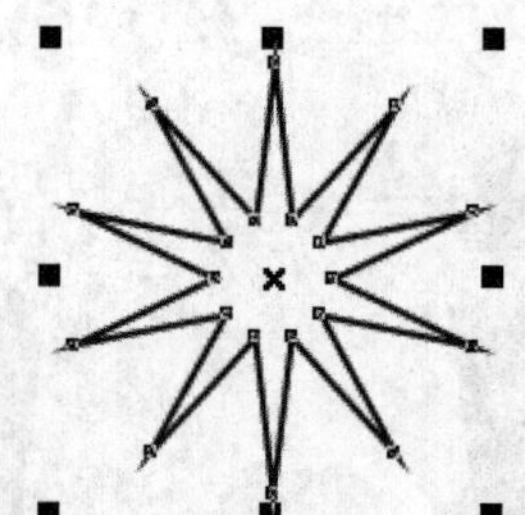
图 3-28　锐度为 70 的星形

3.3.3　绘制复杂星形

【复杂星形工具】与【星形工具】的使用方法一样，只要设置好【点数或边数】与【锐度】后，即可通过拖动的方式得到各种复杂的星形对象。

【复杂星形工具】与【星形工具】的区别在于前者绘制的对象各边是互相交叉的。【锐度】的设置数值越大，对象就越饱满。

- 点数或边数：取值范围是 5~500，可以绘制各边交叉的复杂星形对象。如图 3-29 与图 3-30 所示是不同参数下的效果。

图 3-29　点数或边数为 10 的复杂星形

图 3-30　点数或边数为 15 的复杂星形

- 锐度：数值越大，对象就越饱满。如图 3-31 与图 3-32 所示是不同参数下的效果。

图 3-31　锐度为 3 的复杂星形

图 3-32　锐度为 5 的复杂星形

3.4　绘制网格和螺纹

使用【图纸工具】能够将多个矩形连续并且不留间隙地排在一起。

使用【螺纹工具】可以绘制出“对称式螺纹”与“对数式螺纹”两种形状的对象。

3.4.1 绘制网格

1. 绘制一般网格

选择【图纸工具】后，只要在属性栏中设置好要绘制网格的行、列数，然后通过拖动鼠标的方式即可绘制出所需的网格图纸。要注意的是，【图纸工具】的属性设置与其他的绘制工具不一样，它只能在绘制对象前指定行、列数，完成绘制后是不能修改的。

选择【图纸工具】，在属性栏中设置【图纸行数】为 10、【图纸列数】为 3，然后按 Enter 键确认输入，接着在绘图页面中按住鼠标左键向对角拖动，得到所需大小后松开左键即可，如图 3-33 所示。

图 3-33 绘制一般网格

2. 绘制正方形网格

在实际绘图中，正方形小方格的图纸是最为常用的。很多用户认为，只要按住 Ctrl 键再进行绘制即可。但实际中，只有整个图纸对象呈正方形，里边的各个小方格的结构依然根据设置的【图纸行数】和【图纸列数】的设置来决定。

例如，按住 Ctrl 键绘制 3×4 的网格对象，如图 3-34 所示，网格结构并非由正方形的小方格组成。只有当【图纸行数】和【图纸列数】相等时，才能绘制出结构和外形都是正方形的网格对象，如图 3-35 所示，可是这样大大局限了实际需求。

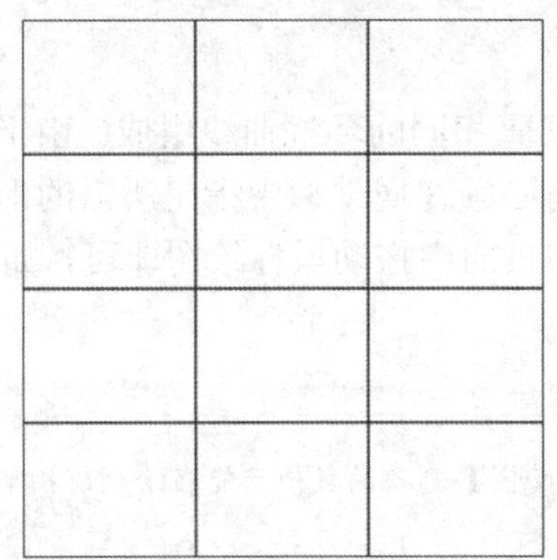

图 3-34 按住 Ctrl 键绘制 3×4 的网格对象

图 3-35 按住 Ctrl 键绘制 3×3 的网格对象

遇到此情况时，可以通过【矩形工具】来辅助绘制，例如，要绘制一个 20 列 10 行的网格图形时，可以先指定绘制一个 200mm×100mm 的矩形，然后再使用【图纸工具】对准矩形的两个对角点进行绘制，最后将矩形移开并删除即可，如图 3-36 所示。

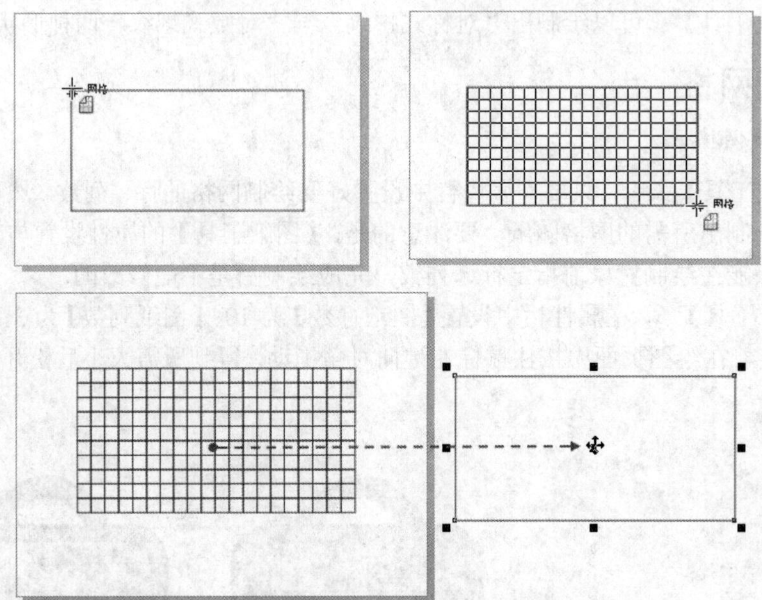

图 3-36　使用矩形辅助绘制网格，完成后删除矩形

问：在矩形中绘制网格时，要怎样才能准确对准矩形角点进行绘图？

答：在默认状态下，绘制对象时软件程序会自动对齐已有的对象，即会在特殊点上显示节点或者边缘提示，否则使用者可以选择【视图】|【贴齐】|【贴齐对象】命令或【贴齐网格】命令，手动启动该特性。

3.4.2　绘制螺纹形状

使用【螺纹工具】可以绘制出“对称式螺纹”与“对数式螺纹”两种形状的对象。

1. 绘制对称式螺纹

对称式螺纹的形状如同蚊香一样，它主要由多圈间隔相同的环绕曲线组成。由于【螺纹工具】可以绘制出两种形式的螺纹形状，所以绘制前必须在属性栏中指定所需的形式，然后在【螺纹回圈】数值框中指定螺纹数值，接着在绘图页面中拖动鼠标绘图即可，如图 3-37 所示。

【螺纹工具】与【图纸工具】一样，【螺纹回圈】选项的数值只能在绘制前指定，绘制后的螺纹形状将不能进行修改。

2. 绘制对数式螺纹

对数式螺纹与对称式螺纹的构造相似，都是由多圈的环绕曲线组成。不同的是对数式螺纹多了一项【螺纹扩展参数】的属性，即环与环之间的间距可以等量增加，如图 3-38 所示。

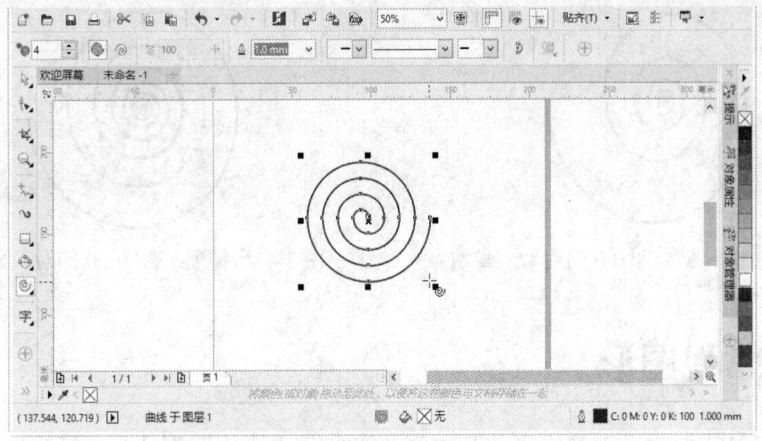

图 3-37　设置属性并绘图

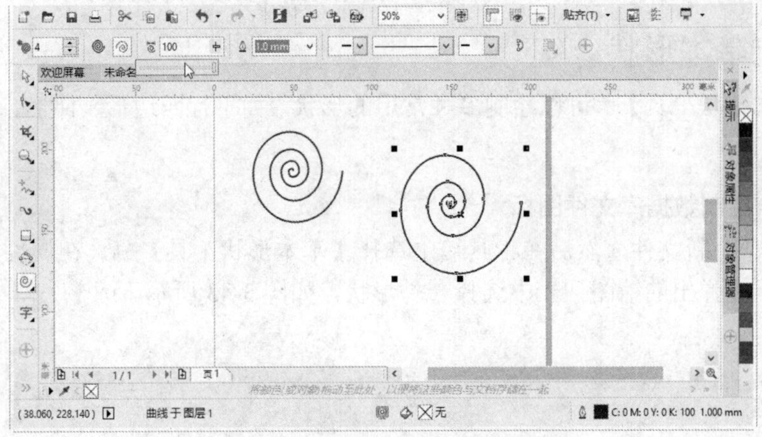

图 3-38　设置螺纹扩展参数后绘图

3. 【螺纹工具】属性说明

- 螺纹回圈：用于设置螺纹回圈的圈数，此项目只能在绘图前设置，对于绘制好的对象不起作用。设置【螺纹回圈】为 5 时绘制的螺纹效果如图 3-39 所示；设置【螺纹回圈】为 8 时绘制的对象如图 3-40 所示。

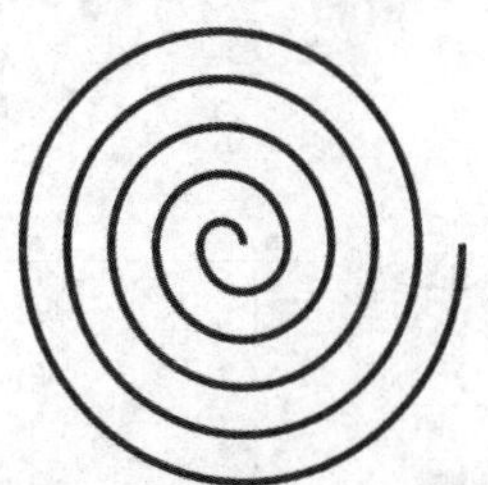

图 3-39　螺纹回圈数为 5 的螺纹图形

图 3-40　螺纹回圈数为 8 的螺纹图形

- 螺纹扩展参数：单击【对数式螺纹】按钮后，可以在此设置螺纹扩展的参数，其取值范围是 1~100。此设置项对于“对象式螺纹”不起作用。设置扩展参数为 100 的对数式螺纹效果如图 3-41 所示；将数值设置为 50 后，绘制的效果如图 3-42 所示。

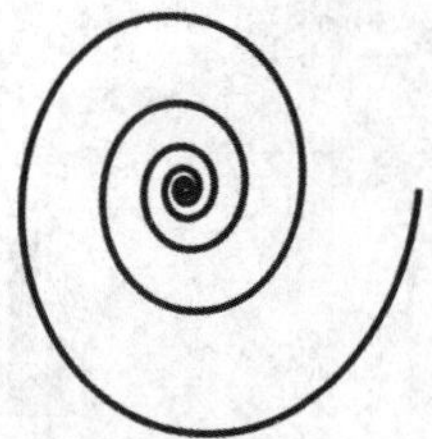

图 3-41　扩展参数为 100 的对数式螺纹

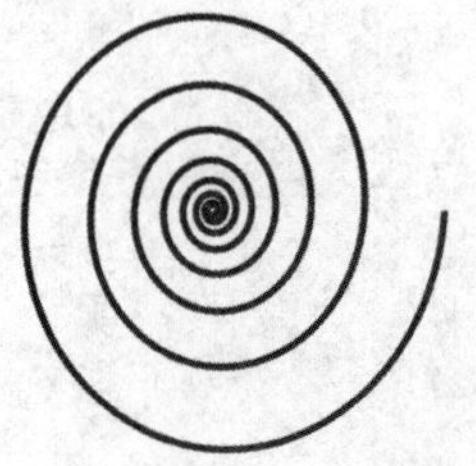

图 3-42　扩展参数为 50 的对数式螺纹

3.5　绘制常规图形

CorelDRAW X7 提供了“基本形状”、“箭头形状”、“流程图形状”、“标题形状”、“标注形状”等五大基本图形工具，使用这些工具可以绘制出各种已经默认好的常规图形。

3.5.1　绘制基本形状

使用【基本形状工具】可以绘制多种常用的形状，如平行四边形、梯形、心形、圆柱体等形状。

动手操作　绘制数据库文件图标

1 先新建一个新文件，然后在工具箱中选择【基本形状工具】，在属性中单击【完美形状】按钮，在弹出的缩图列表中选择一种形状，如图 3-43 所示。

图 3-43　选择预设的基本形状

2 通过属性栏设置轮廓宽度为 0.5mm，在绘图页面中按住 Ctrl 键不放，然后通过按住左键的方式向对角处拖动鼠标，绘制基本形状对象，如图 3-44 所示。

3 在默认的 CMYK 调色板中单击【黄色】色块，为形状对象填充【黄色】，如图 3-45 所示。

4 选择【基本形状工具】，然后在【完美形状】列表中选择圆柱体形状，接着在已有形状上绘制圆柱体形状，如图 3-46 所示。

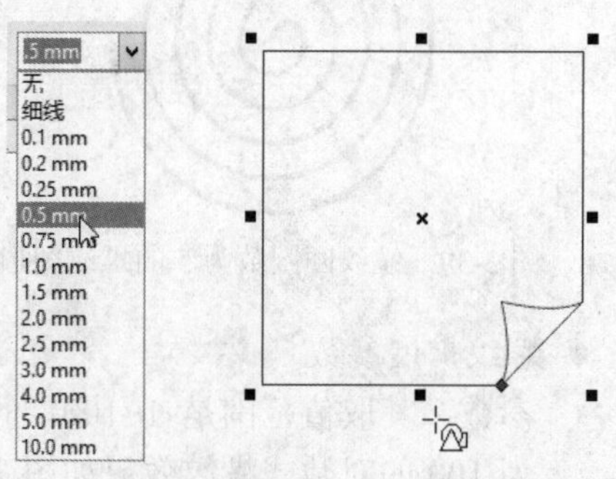

图 3-44　设置轮廓宽度并绘制形状对象

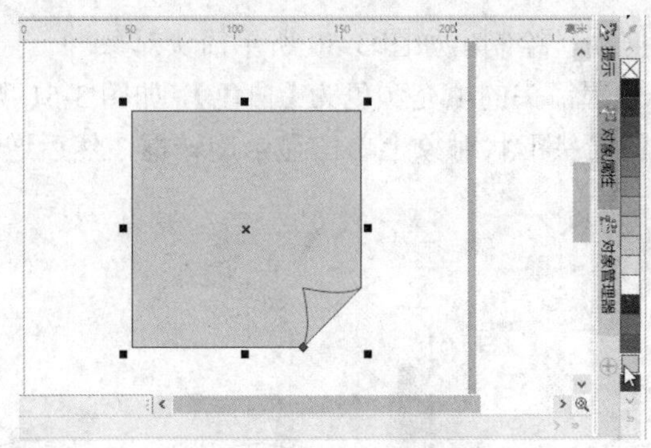

图 3-45　为形状填充颜色

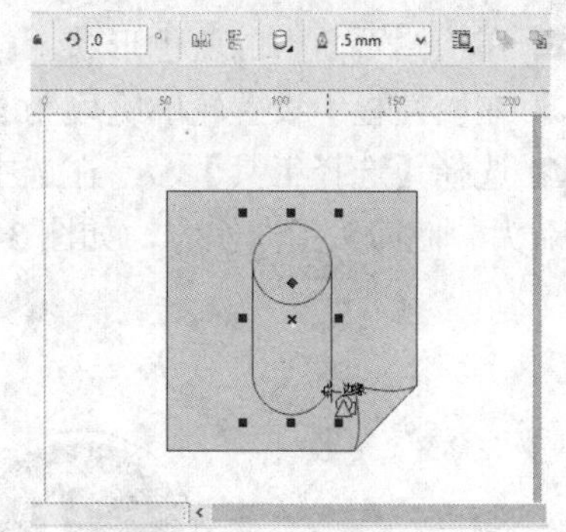

图 3-46　绘制圆柱体形状

5 选择圆柱体形状并设置填充颜色为【绿色】，然后按住圆柱体形状上边缘中央的节点并向下拖动，缩小圆柱体的高度，如图 3-47 所示。

6 选择圆柱体形状并按 Ctrl+C 键复制，再按 Ctrl+V 键粘贴，然后调整粘贴后圆柱体形状的位置，接着使用相同的方法，再次复制并粘贴生成一个圆柱体形状并调整其位置，如图 3-48 所示。

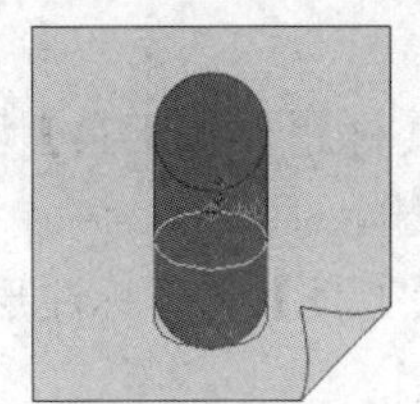

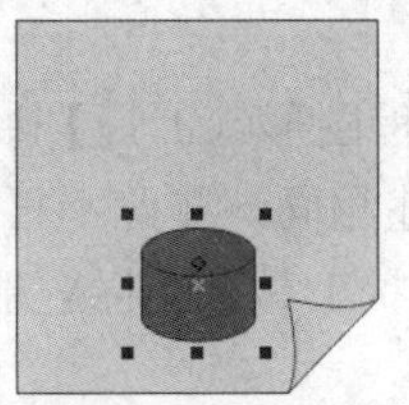

图 3-47　填充形状并更改形状的高度

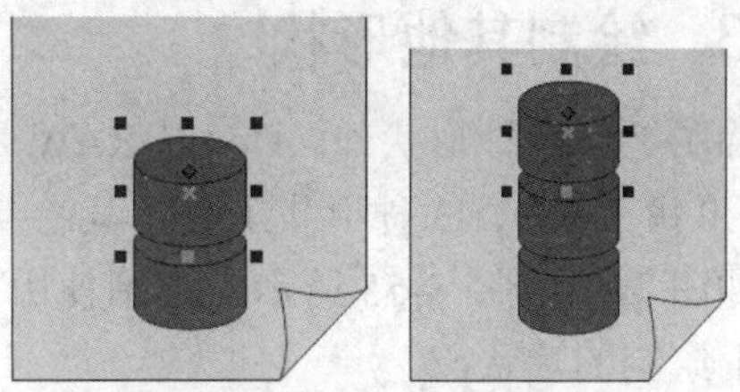

图 3-48　复制并粘贴圆柱体形状

3.5.2 绘制箭头形状

【箭头形状工具】允许绘制各种形状、方向以及不同端头数的箭头。在【箭头形状工具】下提供了大量现成的箭头图形，在绘图时可以根据需要选择不同的箭头形状。

动手操作　绘制交通指示箭头

1 选择【箭头形状工具】，在属性栏中单击【完美形状】按钮打开缩图列表，然后选择一种箭头形状，如图 3-49 所示。

图 3-49　选择工具并选择一种箭头形状

2 在绘图页面中的蓝色形状上按住左键拖动，绘制出如图 3-50 所示箭头对象。

3 在属性栏中设置轮廓宽度为【无】，再设置箭头的填充颜色为【白色】，如图 3-51 所示。

4 选择【选择工具】，在选中状态下的箭头形状对象上单击显示旋转框，然后逆时针旋转箭头，使箭头指向左方，如图 3-52 所示。

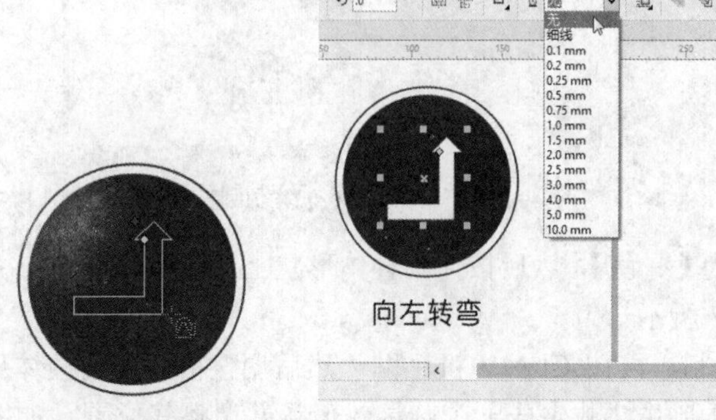

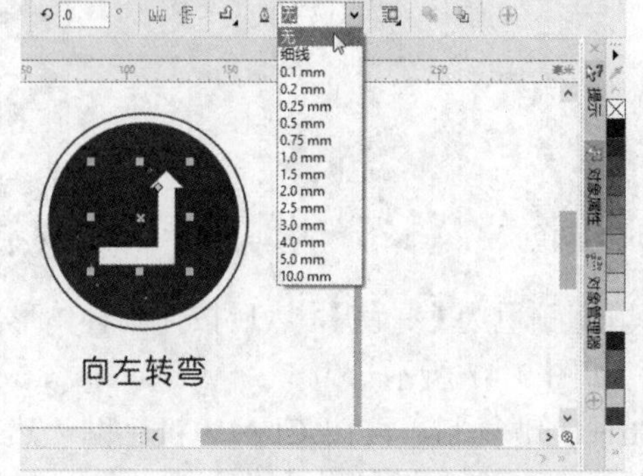

图 3-50　绘制的箭头对象　　图 3-51　设置箭头轮廓宽度和颜色　　图 3-52　旋转箭头形状

3.5.3　绘制其他形状

除了上述两种形状外，CorelDRAW 还提供【流程图形状工具】、【标题形状工具】、【标注形状工具】3 种形状工具，其绘制方法与上述相同，在此不再赘述。

如图 3-53 至图 3-55 所示为分别使用【流程图形状工具】、【标题形状工具】和【标注形状工具】绘制的形状。

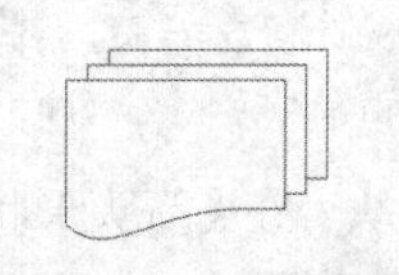

图 3-53　流程图图形

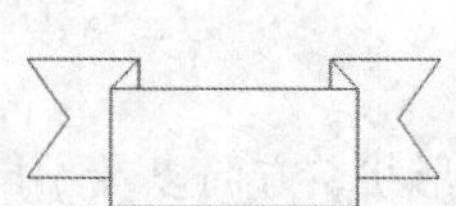

图 3-54　标题图形

图 3-55　标注形状

3.6　为图形造形

CorelDRAW 允许以多种方式为图形进行造形。例如，调整形状对象的节点、平滑弯曲的对象、对形状轮廓进行涂抹等。

3.6.1　使用【形状工具】造形

【形状工具】是用于修改对象形状的工具。除了可以使用【形状工具】修改线条对象，也可以使用该工具修改图形的形状。

1. 修改矩形

动手操作　修改矩形

1 在绘图页面上绘制一个矩形对象，如图 3-56 所示。

2 选择【形状工具】，原来的矩形随即变成如图 3-57 所示效果。

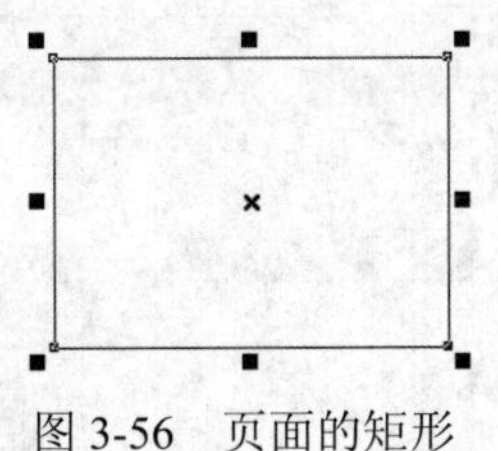
图 3-56　页面的矩形

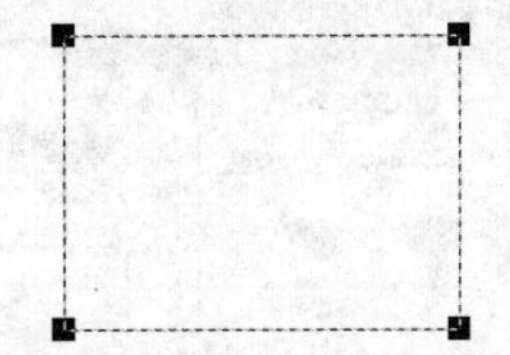
图 3-57　切换为【形状工具】后的矩形

3 移动鼠标至左上角的节点处，然后按住左键不放，将节点向右拖动，如图 3-58 所示。当松开左键后原来的矩形随即变成了如图 3-59 所示的圆角矩形，其中拖动的幅度越大，圆角的程度就越大。

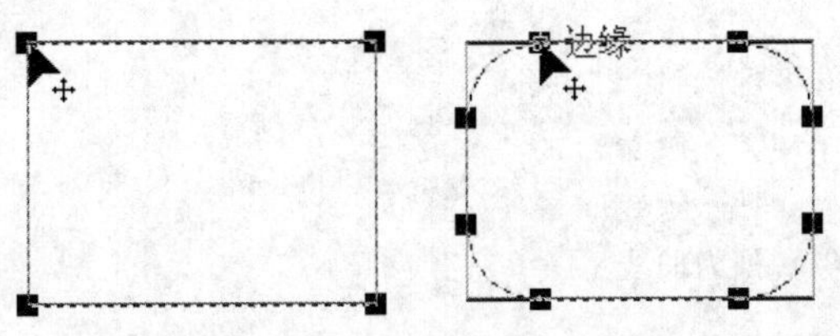

图 3-58　指定要移动的节点并拖动节点

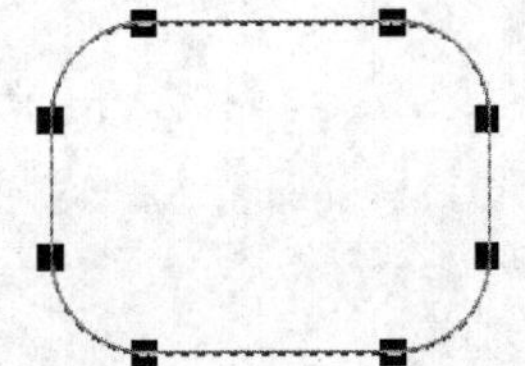
图 3-59　将矩形修改为圆角矩形的结果

2. 修改圆形

动手操作　修改圆形绘制

1 绘图页面上有一个圆形对象，如图 3-60 所示。

2 选择【形状工具】，选择圆形对象的节点，再向顺时针方向拖动节点，松开鼠标后即可出现如图 3-61 所示的饼形。

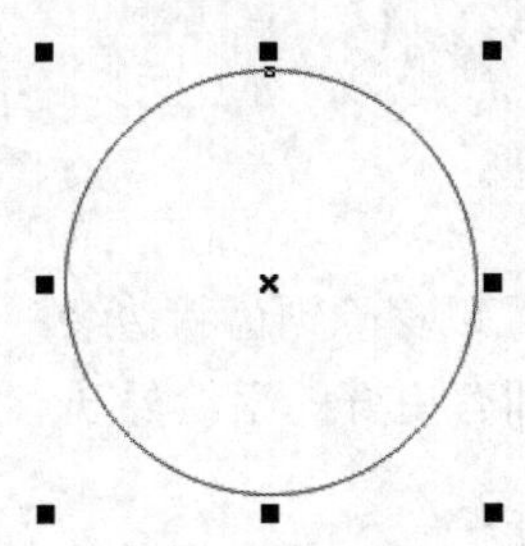
图 3-60　页面上的圆形

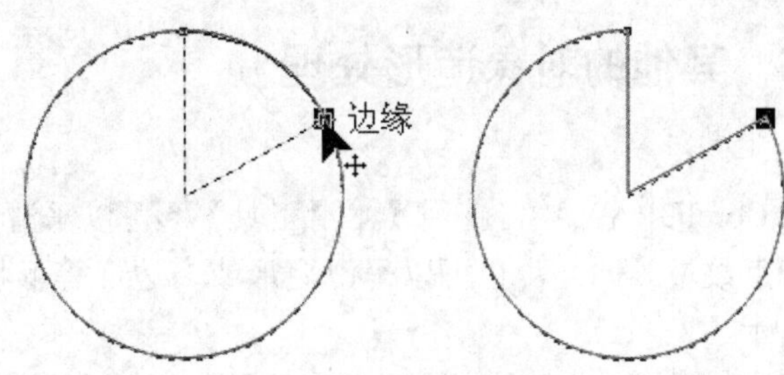

图 3-61　拖动圆形节点以修改圆形为饼形

3.6.2　将图形转成曲线并造形

如果要对图形进行深入的编辑，仅仅靠【形状工具】调整现有节点并不能满足设计需求，此时可以将图形转换为曲线，这样，就可以将图形作为线条来编辑了，可以使用移动、添加、删除节点，或者拖动节点的控制杆等方式，对图形进行任意的编辑。

动手操作　将图形转成曲线并造形

1 选择绘图窗口上的图形对象，然后选择【对象】|【转换为曲线】命令或者按 Ctrl+Q 键，将对象转换成曲线，如图 3-62 所示。

2 此时图形变成由封闭曲线构成的形状。在工具箱中选择【形状工具】，再选择曲线上的节点，然后通过编辑界面进行造形，如图 3-63 所示。

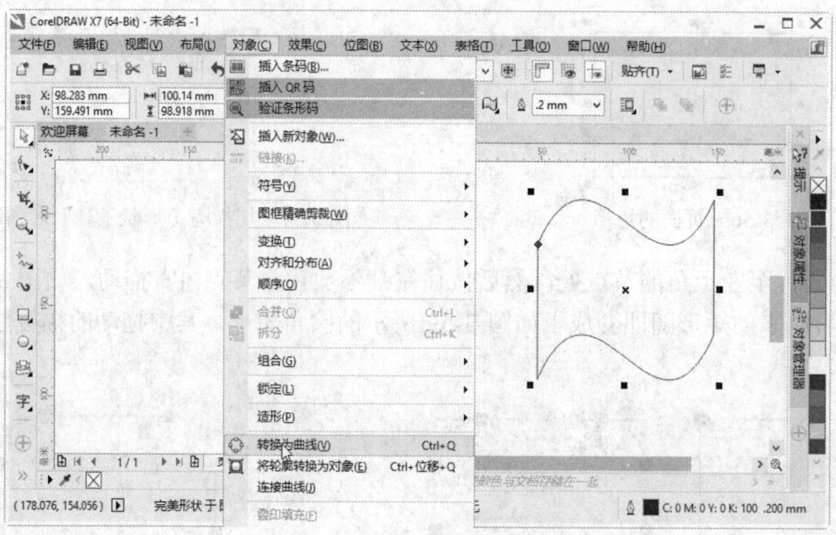

图 3-62　将对象转换为曲线

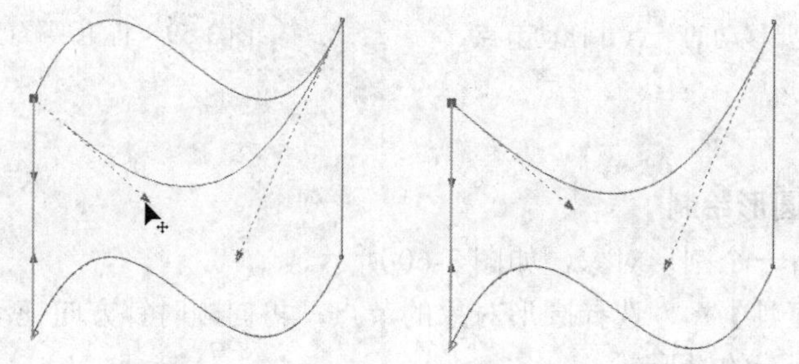

图 3-63　通过编辑节点修改图形形状

3.6.3　其他的对象造形处理

1. 平滑对象

在 CorelDRAW 中，使用【平滑工具】可以平滑弯曲的对象，以移除锯齿状边缘，并减少其节点数量。此外，也可以平滑矩形或多边形等形状，让它们拥有更好的手绘外观，如图 3-64 所示。

为控制平滑效果，使用【平滑工具】时可以改变笔刷笔尖大小以及应用效果的速度，还可以使用数字笔的压力。

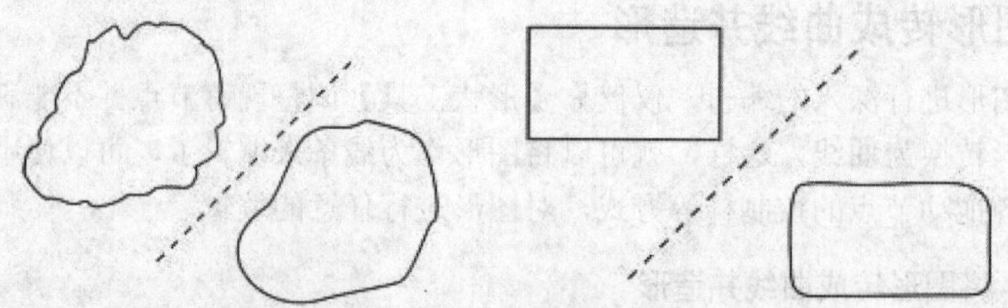

图 3-64　平滑锯齿状边缘和让形状具有手绘的外观

选择一个图形对象，在工具箱选择【平滑工具】，接着在属性栏中设置笔尖半径、速度和笔压等属性，然后沿着对象边缘拖动即可平滑对象，如图 3-65 所示。

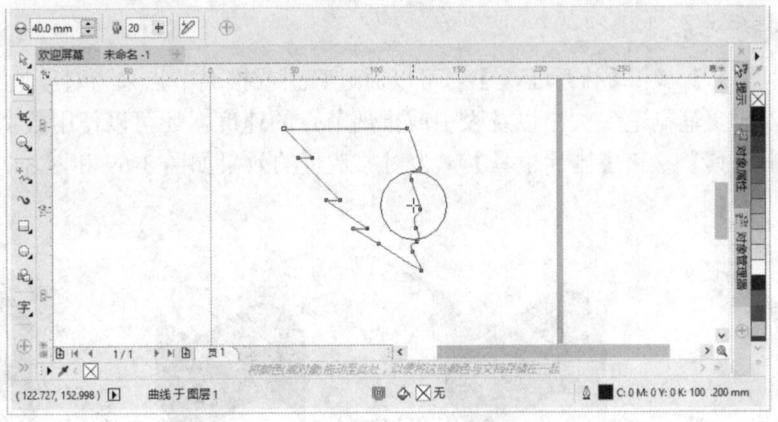

图 3-65　平滑对象

2. 涂抹和沾染对象

使用【涂抹工具】和【沾染工具】可以通过沿对象轮廓拉伸或缩进来对对象进行造形。在使用上述两个工具时，先选择图形对象，然后选择工具并设置属性，接着对图形对象进行造形操作即可。

(1) 如果使用【沾染工具】，当进行拖动时，延伸段和凹进段与宽度非常小的条纹相似，如图 3-66 所示。

(2) 如果使用【涂抹工具】，当进行拖动时，延伸段和凹进段造形更加流畅，并且宽度减少，如图 3-67 所示。

图 3-66　使用【沾染工具】造形的效果　　图 3-67　使用【涂抹工具】造形的效果

3. 转动对象

使用【转动工具】可以向对象添加转动效果。在使用此工具时，可以设置转动效果的半径、速度和方向，还可以使用数字笔的压力来更改转动效果的强度。

选择图形对象，再选择【转动工具】，然后在属性栏设置笔尖半径、速度、转动方向等属性，接着在对象上拖动或长按鼠标进行转动造形即可，如图 3-68 所示。

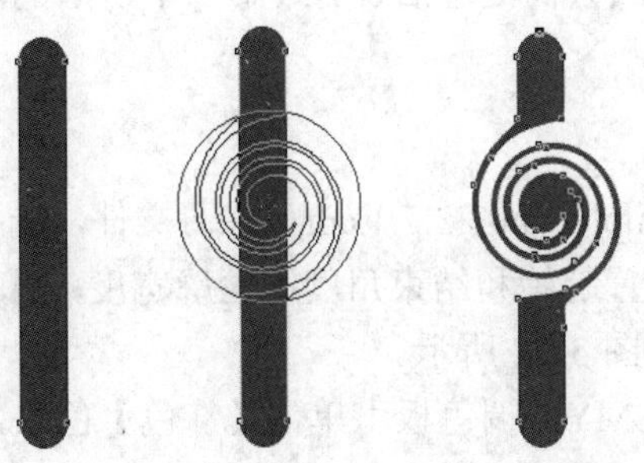

图 3-68　使用【转动工具】造形的效果

4. 吸引与排斥对象

使用【吸引工具】和【排斥工具】可以通过吸引或推离节点来为对象造形。为了控制造形效果，可以改变笔刷笔尖大小以及吸引或推离节点的速度，还可以使用数字笔的压力。

使用【吸引工具】和【排斥工具】为对象造形的效果如图 3-69 和图 3-70 所示。

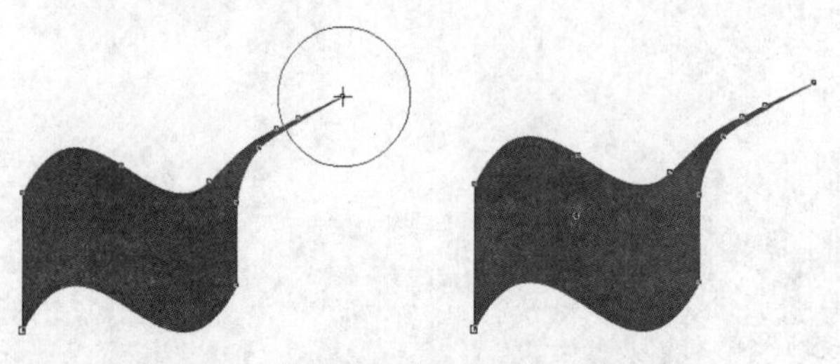

图 3-69 使用【吸引工具】造形的效果

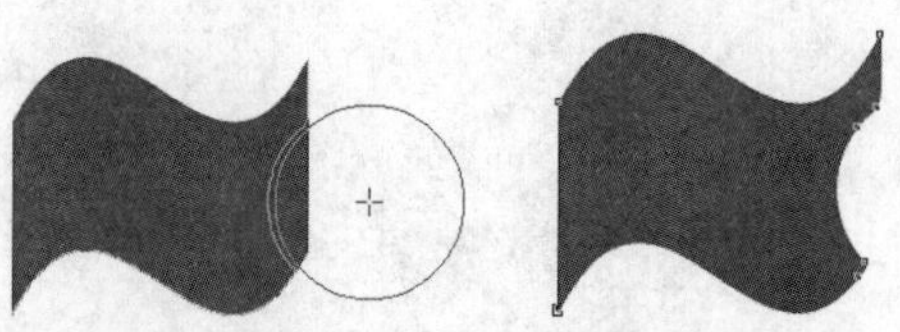

图 3-70 使用【排斥工具】造形的效果

5. 使对象粗糙

使用【粗糙工具】可以将锯齿或尖突的边缘应用于对象，包括线条、曲线和文本，从而使对象产生粗糙的效果，如图 3-71 所示。

图 3-71 使用【粗糙工具】造形的效果

粗糙效果取决于图形蜡版笔的移动或固定设置，或者取决于将垂直尖突自动应用于线条。面向或远离蜡版表面斜移笔可增加和减少尖突的大小。粗糙效果也可以响应蜡版上笔的压力。应用的压力越大，在粗糙区域中创建的尖突就越多。使用鼠标时，可以指定相应的值来模拟笔压力。

另外需要注意，在创建粗糙效果之前，带有所应用的变形、封套和透视点的对象被转换为曲线对象。

3.7 技能训练

下面通过多个上机练习实例，巩固所学的技能。

3.7.1 上机练习 1：绘制饼形统计图

本例将使用【椭圆形工具】绘制一个饼形图形并设置填充颜色，然后复制并粘贴生成另一个饼形图形，将该图形进行更改方向处理后，更改第二个饼形的填充颜色，最后输入百分比的文字内容。

操作步骤

1 打开光盘中的“..\Example\Ch03\3.7.1.cdr”练习文件，选择【椭圆形工具】，在属性栏上单击【饼形】按钮，设置起始和结束角度和轮廓宽度为【无】，在绘图页面中按住 Ctrl 键拖动鼠标绘制饼形图形，如图 3-72 所示。

2 绘制饼形图形后，在 CMYK 调色板上单击【红色】色块，为图形对象设置【红色】填充，如图 3-73 所示。

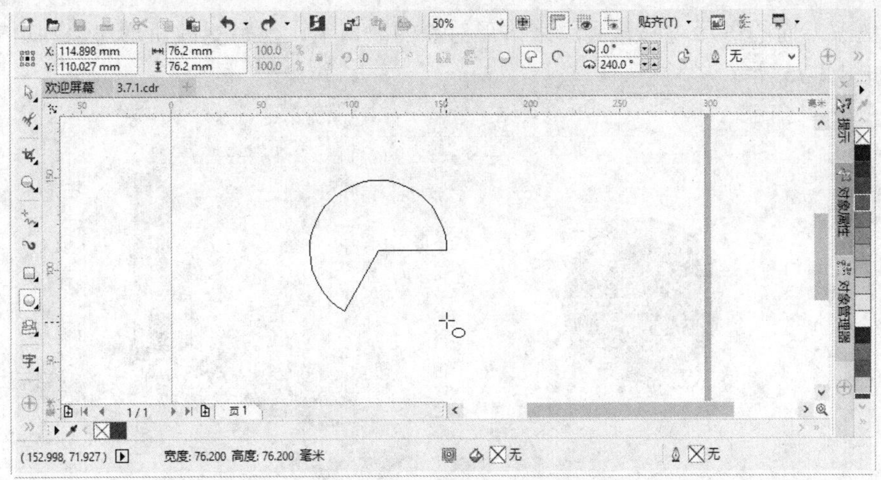

图 3-72　绘制饼形图形

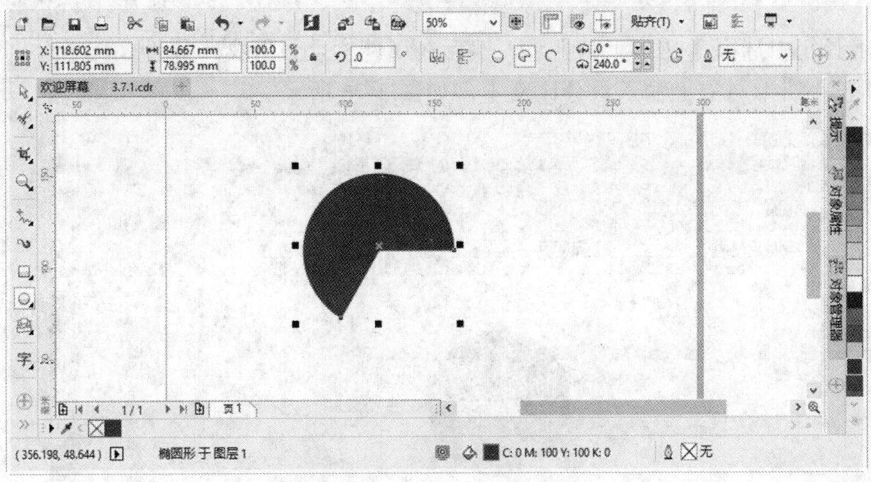

图 3-73　设置饼形的填充颜色

3 选择饼形并按 Ctrl+C 键复制对象，再按 Ctrl+V 键粘贴对象，然后使用【选择工具】将饼形对象移开，接着单击属性栏的【更改方向】按钮，更改饼形对象的方向，如图 3-74 所示。

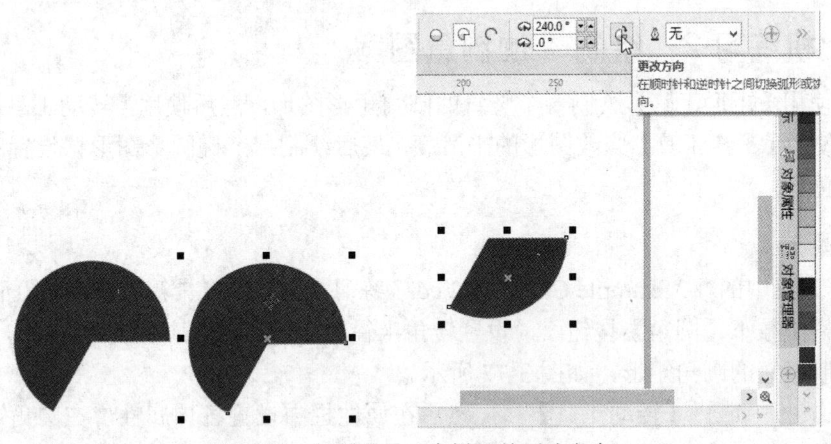

图 3-74　复制出另一个饼形并更改方向

4 将更改方向的饼形对象移到原来饼形对象的缺口上，然后更改饼形对象的填充颜色为【青色】，如图 3-75 所示。

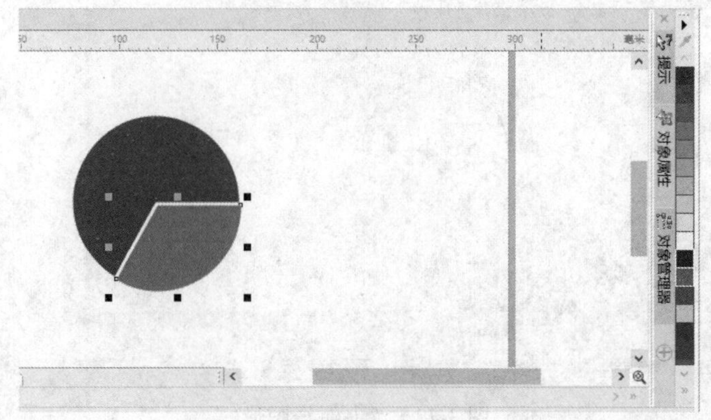

图 3-75　更改饼形的位置和填充颜色

5 在工具箱中选择【文本工具】，然后在属性栏上设置文本属性，接着分别在较大饼形对象上和较小饼形对象上输入百分比文本，如图 3-76 所示。

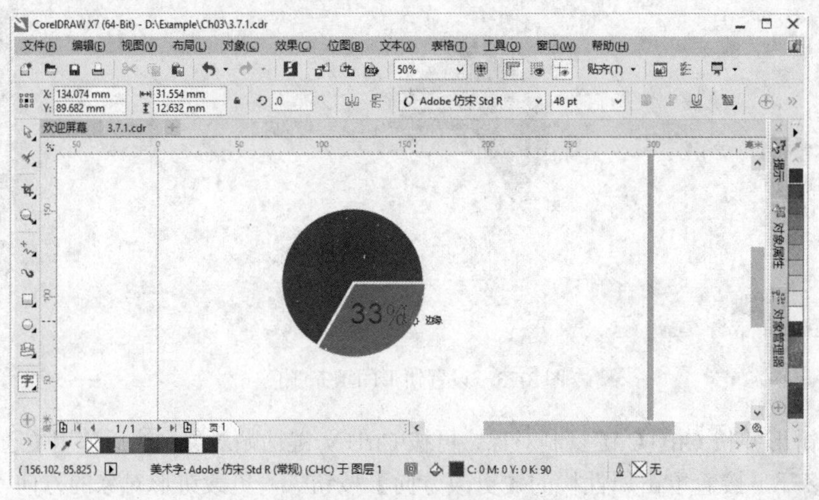

图 3-76　输入百分比文本

3.7.2　上机练习 2：绘制 T 恤创意图案

本例先使用【矩形工具】绘制一个竖直的圆角矩形图形，然后使用【转动工具】为图形进行造形，再使用【平滑工具】修改图形的平滑度，最后绘制一个椭圆形图形并设置所有图形对象的轮廓颜色。

操作步骤

1 打开光盘中的“..\Example\Ch03\3.7.2.cdr”练习文件，在工具箱中选择【矩形工具】，然后在属性栏中按下【圆角】按钮，设置转角半径为 10mm、轮廓宽度为 1mm，在 T 恤图形对象上绘制竖直的圆角矩形，如图 3-77 所示。

2 在工具箱中选择【转动工具】，然后在属性栏中设置各项属性，在圆角矩形对象的中间处长按鼠标，以转动圆角矩形的中间部分，如图 3-78 所示。

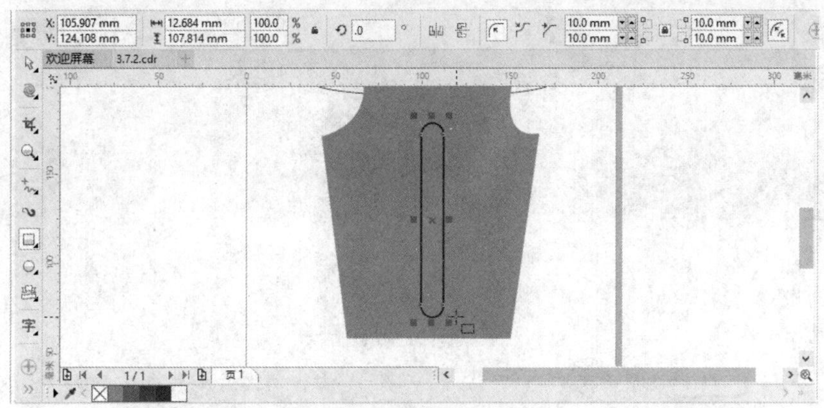

图 3-77　绘制圆角矩形对象

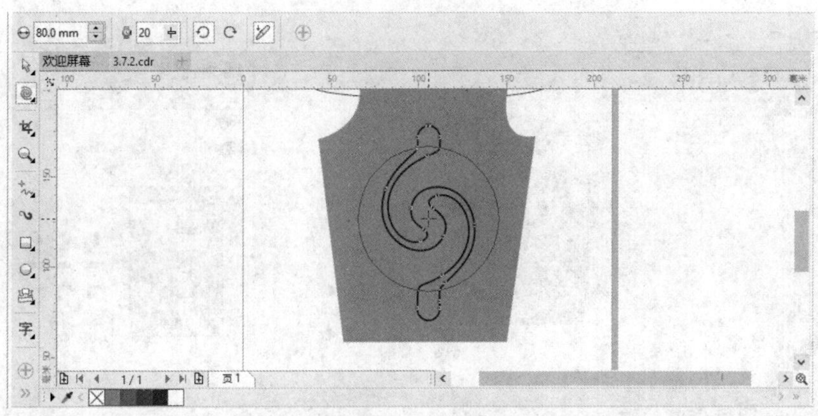

图 3-78　使用转动工具对圆角矩形进行造形

3 选择【平滑工具】，然后在属性栏中设置各项属性，接着在造形后的图形对象上多次拖动，使之变得平滑，如图 3-79 所示。

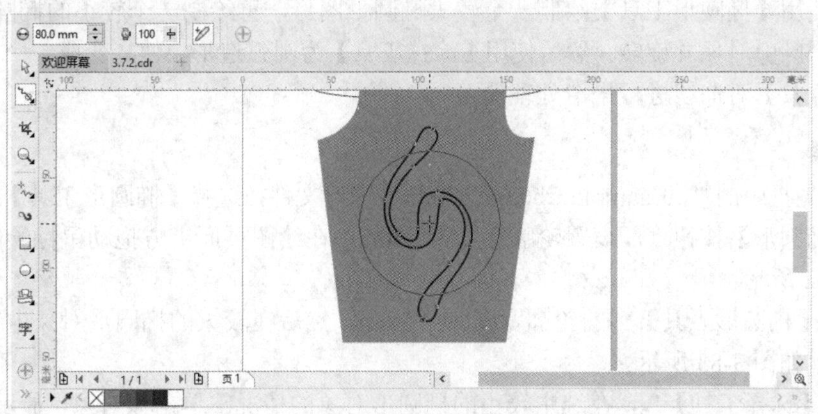

图 3-79　平滑化处理对象

4 选择【椭圆形工具】，在属性栏上单击【椭圆形】按钮，再设置轮廓宽度为 1mm，接着在 T 恤图形中央拖动鼠标绘制一个椭圆形，如图 3-80 所示。

5 选择椭圆形和被造形的图形对象，然后打开【对象属性】泊坞窗，再设置对象的轮廓颜色为【黄色】，如图 3-81 所示。

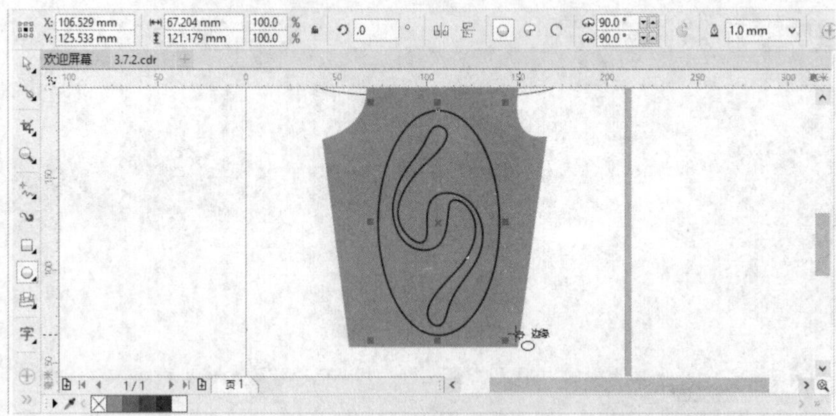

图 3-80　绘制椭圆形图形

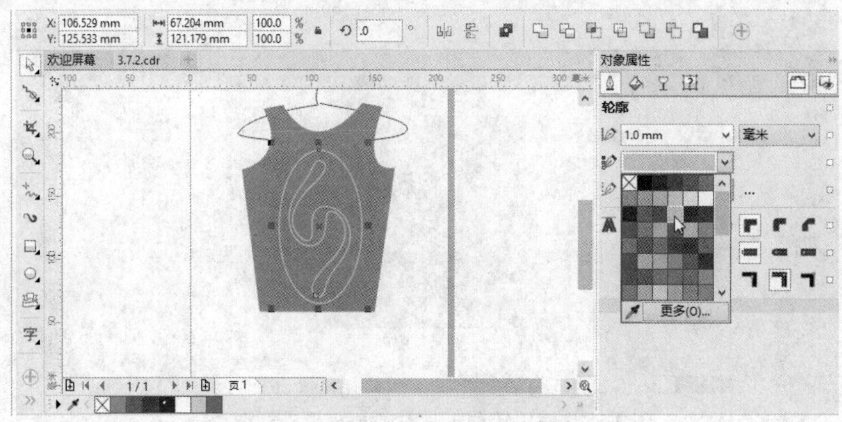

图 3-81　设置图形对象的轮廓颜色

3.7.3　上机练习 3：绘制一个简单的气球

本例先使用【椭圆形工具】绘制一个较大椭圆形图形，再绘制一个较小的椭圆形和圆形，接着绘制一个圆弧对象并旋转，然后使用【涂抹工具】为圆弧造形，使之变成一个曲线，最后使用【平滑工具】对曲线进行平滑处理即可。

操作步骤

1 打开光盘中的“..\Example\Ch03\3.7.3.cdr”练习文件，选择【椭圆形工具】，再按下属性栏的【椭圆形】按钮，设置轮廓宽度为 1mm，在绘图页面上方拖动鼠标绘制一个椭圆形，如图 3-82 所示。

2 更改【椭圆形工具】的轮廓宽度为 0.5mm，然后在较大的椭圆形对象内绘制一个较小的椭圆形，如图 3-83 所示。

3 选择【选择工具】，在选中较小的椭圆形对象的情况下单击该对象，显示旋转框后，适当旋转椭圆形对象使之倾斜，如图 3-84 所示。

4 选择【椭圆形工具】，设置轮廓宽度为 0.5mm，然后在较大的椭圆形对象内绘制一个圆形，如图 3-85 所示。

5 选择【椭圆形工具】并按下属性栏的【弧】按钮，设置轮廓宽度为 1mm，然后在绘图页面中绘制出一个圆弧图形，接着使用【选择工具】旋转对象，如图 3-86 所示。

图 3-82　绘制一个较大的椭圆形

图 3-83　绘制一个较小的椭圆形

图 3-84　旋转较小的椭圆形对象

图 3-85　绘制一个圆形图形

图 3-86　绘制圆弧并旋转圆弧

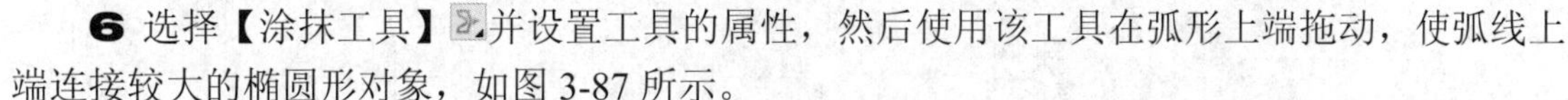

6 选择【涂抹工具】并设置工具的属性，然后使用该工具在弧形上端拖动，使弧线上端连接较大的椭圆形对象，如图 3-87 所示。

7 再次使用【涂抹工具】在弧形下端拖动，使弧形下端连接卡通女孩的手，接着使用【涂抹工具】在弧形中段部分多次涂抹进行造形，如图 3-88 所示。

图 3-87　使用涂抹工具处理弧形上端

图 3-88　对弧形进行其他造形处理

8 在工具箱中选择【平滑工具】，再设置工具的属性，然后对造形后的曲线进行多次涂擦，使曲线变得更加平滑，如图 3-89 所示。

图 3-89 对曲线进行平滑处理

3.7.4 上机练习 4：绘制义务捐血徽标图

本例先创建一个新文件，再使用【基本形状工具】绘制一个水滴的图形并填充为【红色】，然后绘制一个十字图形并填充为【白色】，最后适当修改十字图形的形状即可。

操作步骤

1 启动 CorelDRAW X7 应用程序，单击【新建】按钮，通过【创建新文档】对话框新建一个文件，如图 3-90 所示。

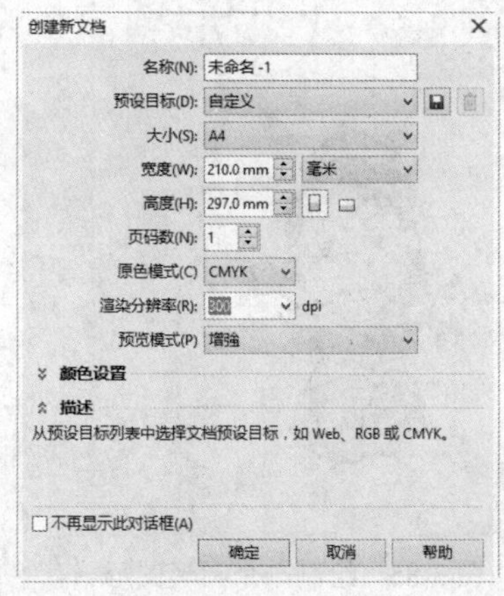

图 3-90 新建文件

2 在工具箱中选择【基本形状工具】，打开【完美形状】列表框选择【水滴】形状，并设置轮廓宽度为【无】，接着按住 Ctrl 键在绘图页面中拖动鼠标绘制水滴图形对象，为图形设置填充颜色为【红色】，如图 3-91 所示。

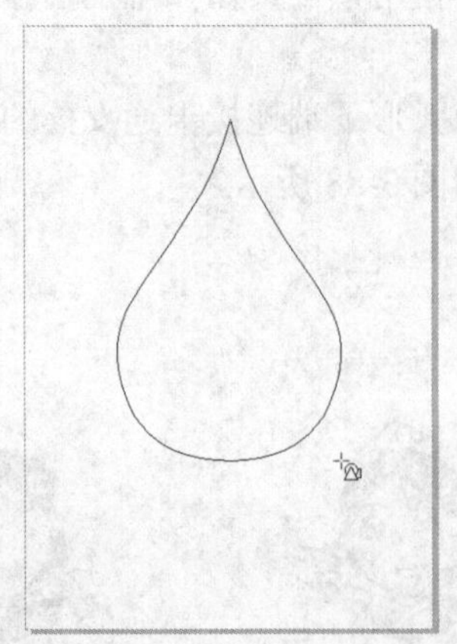

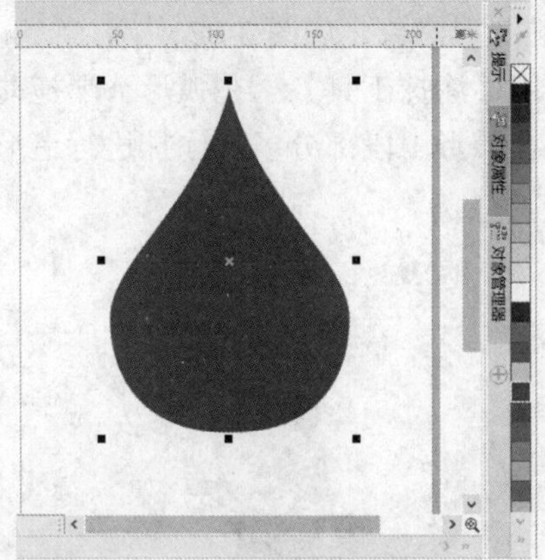

图 3-91 绘制水滴图形并填充颜色

3 打开【基本形状工具】属性的【完美形状】列表框，选择【十字图形】形状，再设置轮廓宽度为【无】，然后按住 Ctrl 键在水滴图形上绘制一个十字图形对象，如图 3-92 所示。

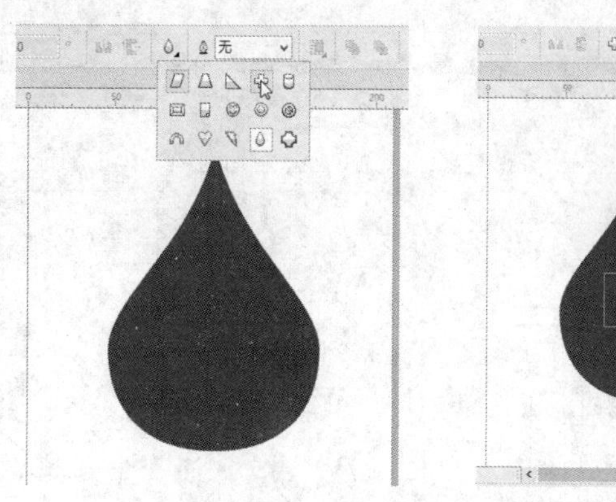
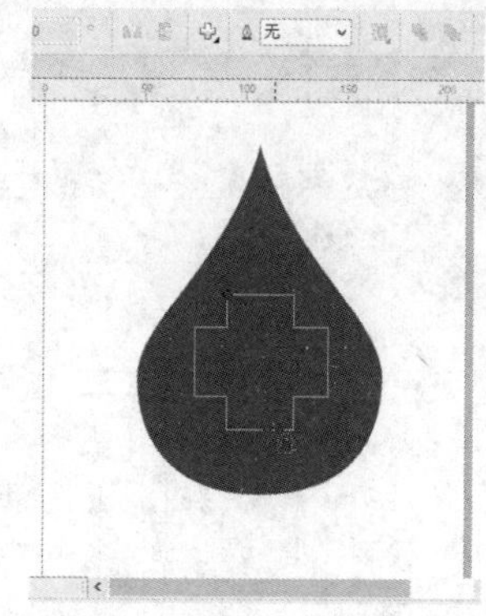

图 3-92　绘制十字图形

4 选择十字图形对象，单击 CMYK 调色板上的【白色】色块，为图形设置填充颜色为【白色】，如图 3-93 所示。

5 选择【选择工具】，然后选择十字图形对象，再按住对象红色的节点并向下拖动，修改十字图形的形状，如图 3-94 所示。

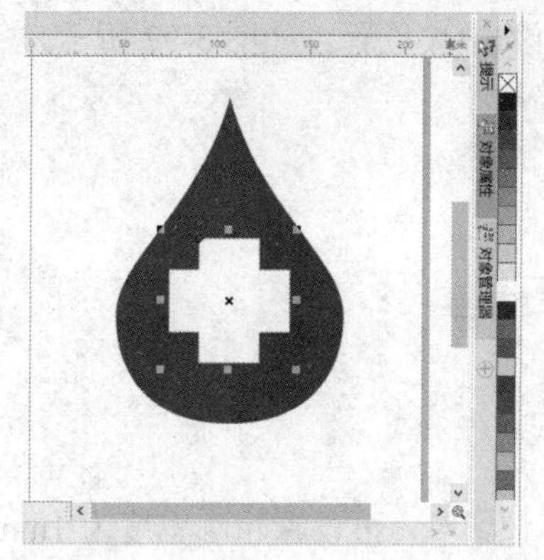

图 3-93　设置十字图形的填充颜色

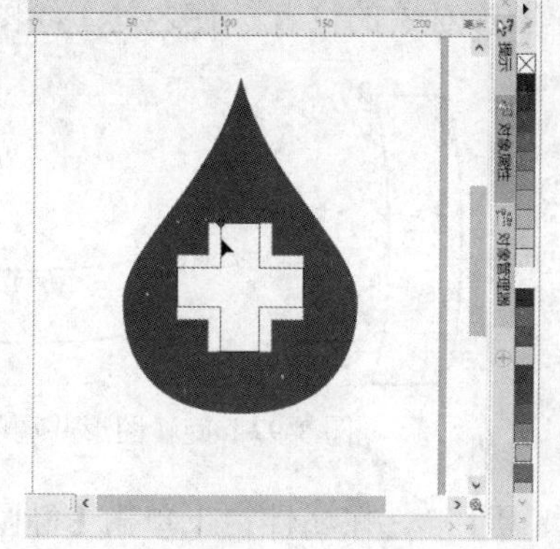

图 3-94　修改十字图形的形状

3.7.5　上机练习 5：绘制一个盖子平面图

本例先新建一个文件，使用【流程图形状工具】绘制一个图形对象并进行旋转，作为盖子围边图形，然后绘制一个与围边图形一样长度的椭圆形作为盖面图形，并为这两个图形对象设置填充颜色，接着使用【基本形状工具】绘制一个半圆环图形，将它转换为曲线对象，使用【形状工具】修改半圆环图形，以作为盖提手图形，最后设置盖提手图形的填充颜色即可完成盖子平面图的绘制。

操作步骤

1 启动 CorelDRAW X7 应用程序，单击【新建】按钮，通过【创建新文档】对话框新建一个文件，如图 3-95 所示。

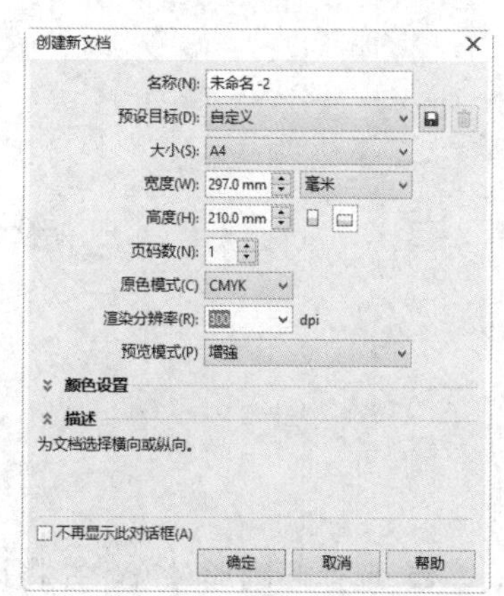

图 3-95　新建文件

2 在工具箱中选择【流程图形状工具】，然后在属性栏的【完美形状】列表框中选择一个形状，设置轮廓宽度为 1mm，在绘图页面中绘制如图 3-96 所示的图形对象。

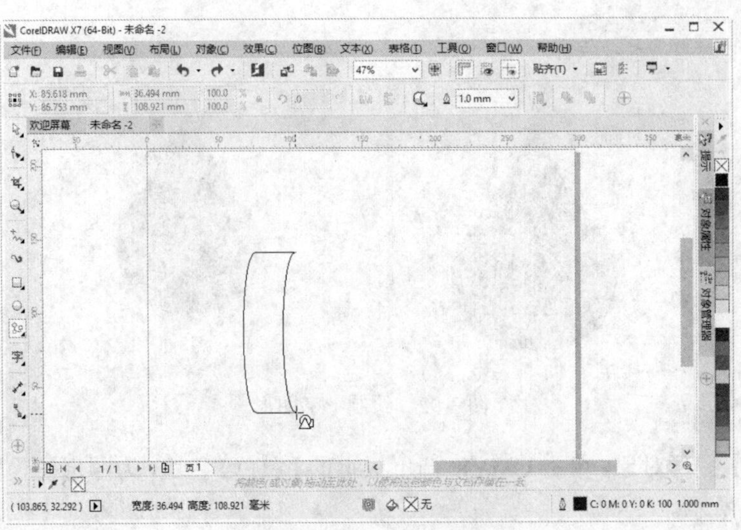

图 3-96　绘制预设的流程图形

3 使用【选择工具】，选择图形对象并显示旋转框，然后逆时针旋转图形，使图形水平排列，接着适当调整图形对象的位置，使之处于绘图页面的中央位置，如图 3-97 所示。

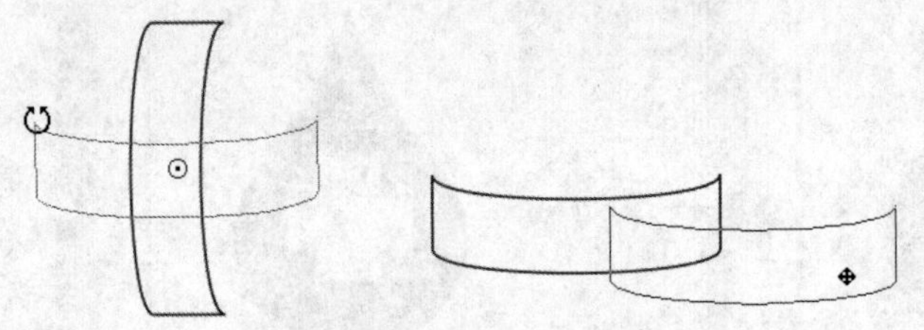

图 3-97　旋转图形并调整位置

4 选择【椭圆形工具】，在属性栏上单击【椭圆形】按钮，再设置轮廓宽度为 1mm，接着在现有图形左上角的节点上向右上方拖动鼠标，绘制出一个与现有图形一样长度的椭圆形，如图 3-98 所示。

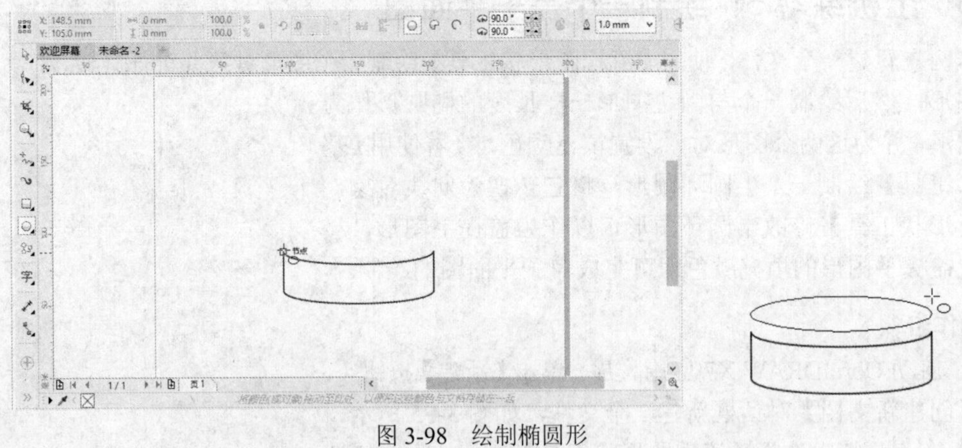

图 3-98　绘制椭圆形

5 选择椭圆形对象，并将该对象移到流程图形的上方，使两个图形组合成盖子的围边和盖面，接着设置两个图形对象的填充颜色为【粉色】，如图 3-99 所示。

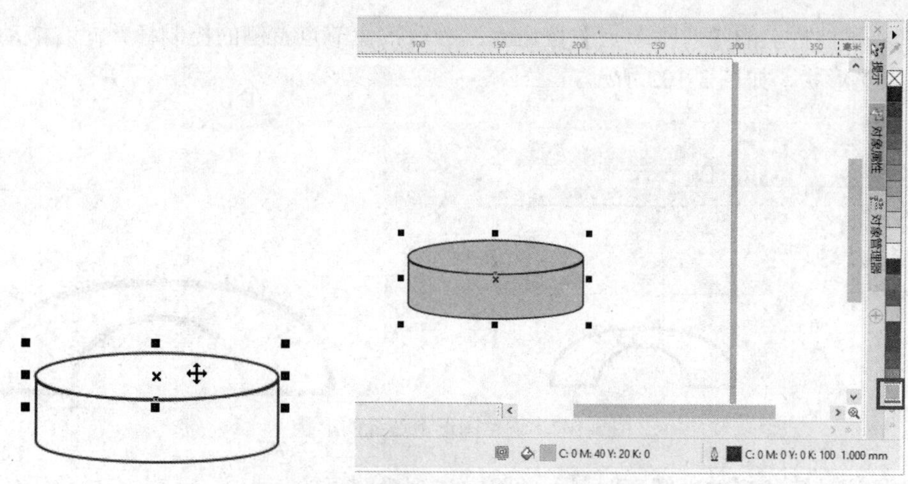

图 3-99　调整椭圆形位置并设置填充颜色

6 选择【基本形状工具】，再选择半圆环形状，并设置轮廓宽度为 1mm，然后在绘图页面上方绘制一个半圆环图形，如图 3-100 所示。

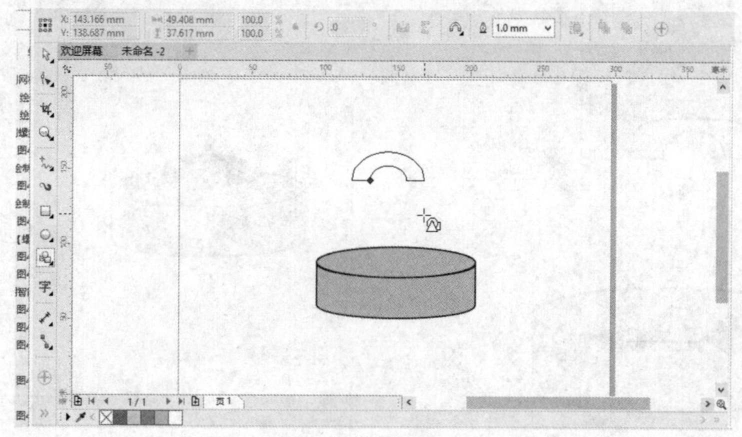

图 3-100　绘制半圆环图形

7 选择半圆环图形对象，选择【对象】|【转换为曲线】命令，然后选择【形状工具】，再选择半圆环图形上边缘中间的节点，并向下拖动调整节点的位置，如图 3-101 所示。

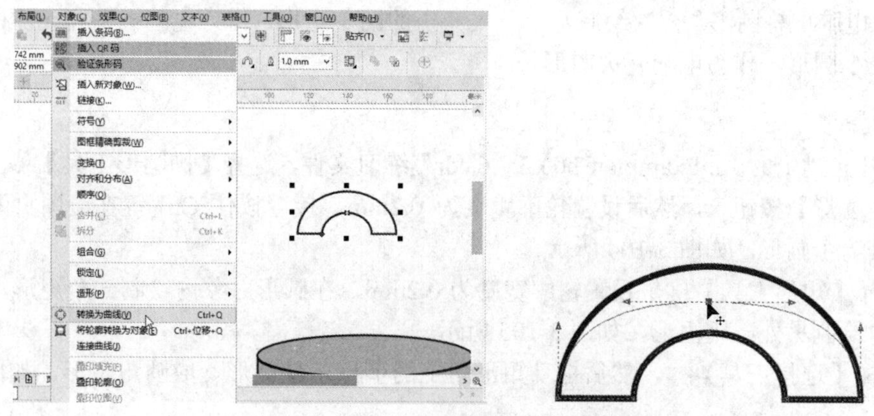

图 3-101　将图形转换为曲线并调整节点位置

8 单击属性栏上的【对称节点】按钮，然后按住节点右侧的控制杆并向右拖动，调整图形上边缘的形状，如图 3-102 所示。

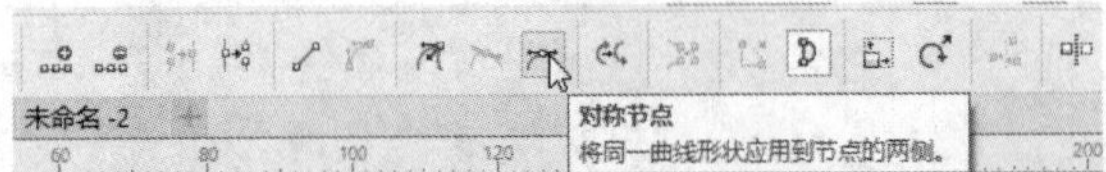

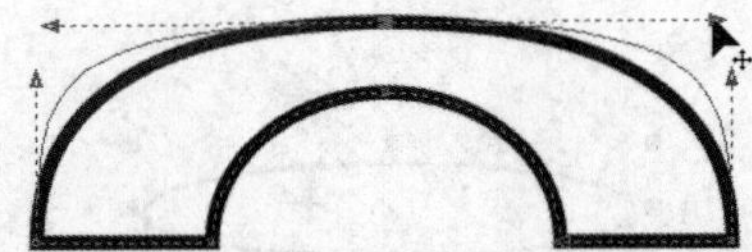

图 3-102　调整图形上边缘的形状

9 选择调整形状后的半圆环图形，并将它移到椭圆形的正上方，使之变成盖子的盖提手图形，然后设置该图形的填充颜色为【红色】，如图 3-103 所示。

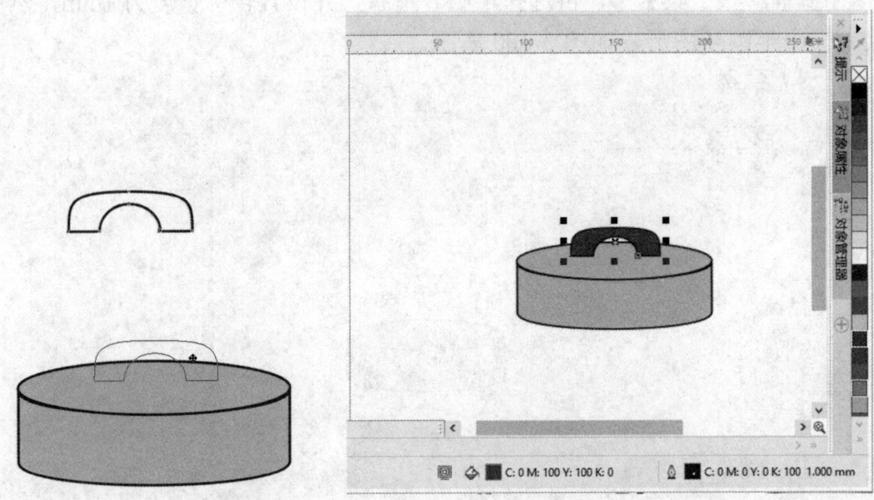

图 3-103　调整图形位置并设置填充颜色

3.7.6　上机练习 6：绘制简单的电脑图标

本例先绘制一个较大的圆形图形，再分别绘制两个矩形，然后修改其中一个矩形为圆角矩形，以作为电脑屏幕图形，再次绘制两个一大一小的两个矩形，作为电脑机箱和光驱图形，最后绘制两个小圆形，作为电脑开关图形。

操作步骤

1 打开光盘中的“..\Example\Ch03\3.7.6.cdr”练习文件，选择【椭圆形工具】，按下属性栏的【椭圆形】按钮，然后设置轮廓宽度为 0.2mm，接着按住 Ctrl 键在绘图页面上方移动鼠标绘制一个圆形，如图 3-104 所示。

2 选择【矩形工具】，设置轮廓宽度为 0.2mm，在圆形对象内绘制一个矩形，然后在矩形对象内绘制另外一个矩形，如图 3-105 所示。

3 选择【选择工具】，然后拖动矩形角上的节点，使矩形变成圆角矩形，如图 3-106 所示。

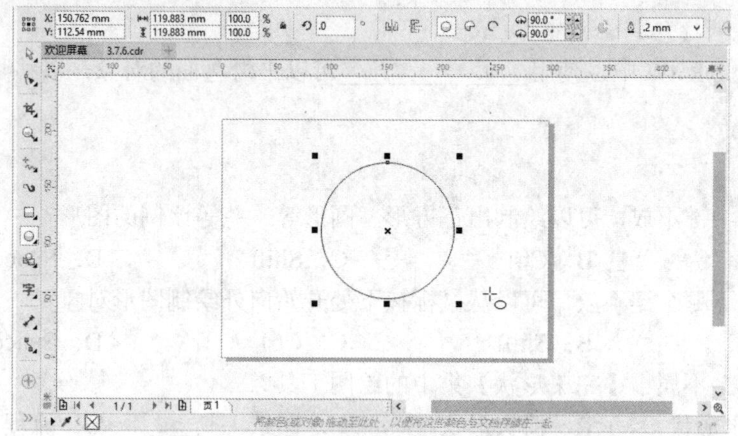

图 3-104　绘制一个圆形

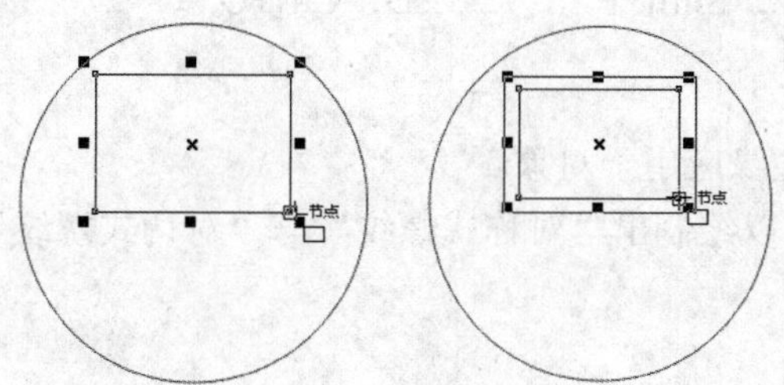

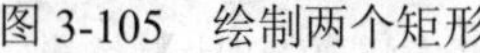
图 3-105　绘制两个矩形

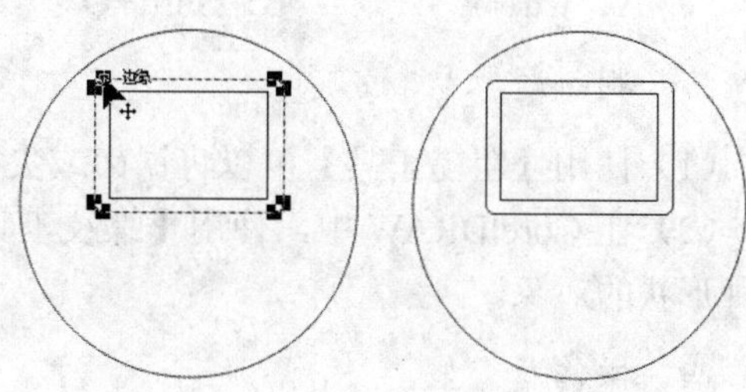

图 3-106　修改其中一个矩形为圆角矩形

4 选择【矩形工具】，设置轮廓宽度为 0.2mm，然后在圆形内的下方绘制一个较大的矩形，接着在该矩形右上方绘制一个小矩形，如图 3-107 所示。

5 选择【椭圆形工具】，按下属性栏的【椭圆形】按钮，设置轮廓宽度为 0.2mm，然后按住 Ctrl 键在较大的矩形左上方绘制两个圆形，即可完成整个图标的绘制，如图 3-108 所示。

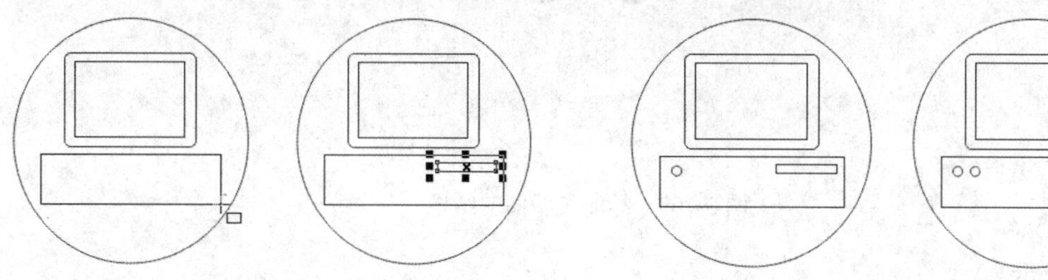
图 3-107　绘制一大一小的两个矩形　　　　图 3-108　绘制两个小的圆形

3.8　评测习题

一、填充题

（1）在 CorelDRAW 中，可以绘制带有圆角、扇形角或__________的矩形或正方形。

（2）____________可以通过沿对角线拖动鼠标的方式来绘制椭圆或圆形。

（3）使用【星形工具】能够根据设置的【点数或边数】与__________两项属性来确定星形

的形状。

（4）在 CorelDRAW 中，使用______________可以平滑弯曲的对象，以移除锯齿状边缘，并减少其节点数量。

二、选择题

（1）按住哪个键不放，可以绘制出正方形、圆形等一些等比例的图形？（　　）

A．Alt　　B．Ctrl　　C．Shift　　D．Space

（2）按住以下哪个键不放，可以从鼠标按下处开始向外绘制图形对象？（　　）

A．Alt　　B．Shift　　C．Ctrl　　D．Space

（3）以下哪个不属于【完美形状】集中的绘图工具？（　　）

A．基本形状　　B．箭头形状　　C．图纸工具　　D．流程图形状

（4）以下哪项快捷键可以快速将图形转成曲线？（　　）

A．Ctrl+P　　B．Shift+Q　　C．Shift+P　　D．Ctrl+Q

三、判断题

（1）使用【粗糙工具】可以将锯齿或尖突的边缘应用于对象。（　　）

（2）在 CorelDRAW 中，使用【螺纹工具】可以绘制出“对称式螺纹”与“对切式螺纹”两种形状的对象。（　　）

四、操作题

使用【基本形状工具】、【椭圆形工具】、【流程图工具】和【螺纹工具】绘制出如图 3-109 所示带有时尚发型的笑脸图。

图 3-109　绘制笑脸图的结果

操作提示：

（1）打开光盘中的“..\Example\Ch03\3.8.cdr”练习文件，使用【基本形状工具】绘制出一个笑脸图形。

（2）使用【椭圆形工具】在笑脸图两个圆形对象上分别绘制两个较小的圆形，并设置填充颜色为【黑色】。

（3）使用【流程图工具】并选择形状，然后在笑脸图左上方绘制图形。

（4）将图形转换为曲线，再使用【形状工具】修改图形的形状。

（5）使用【螺纹工具】在图形内绘制一个螺纹图形即可。

第 4 章　设置图形轮廓线与填充

学习目标

CorelDRAW X7 不仅提供了强大的绘图工具，也提供了各式各样的填充工具。本章将介绍各种设置轮廓线的方法和相关填充工具的使用，包括轮廓笔工具、智能填充工具、编辑填充工具、交互式填充工具、网状填充工具等。

学习重点

☑ 设置轮廓线和轮廓色
☑ 使用各种功能填充纯色
☑ 使用智能填充工具
☑ 通过编辑填充应用各种填充效果
☑ 使用交互式填充工具
☑ 使用网状填充工具

4.1　设置轮廓线

对于使用 CorelDRAW 创建的对象，都可以使用不同方法去设置其轮廓线。可以对轮廓线作颜色填充，调整其宽度与样式、转换轮廓线，以及将轮廓线清除等。

4.1.1　显示轮廓工具栏

在默认的工作区中，用于设置轮廓的相关工具并没有显示在工具箱中，因此需要显示轮廓展开工具栏，以便后续可以通过工具箱选择设置轮廓的相关工具。

单击工具箱下方的【快速自定义】按钮⊕，然后在打开的列表框中选择【轮廓展开工具栏】复选框即可，如图 4-1 所示。

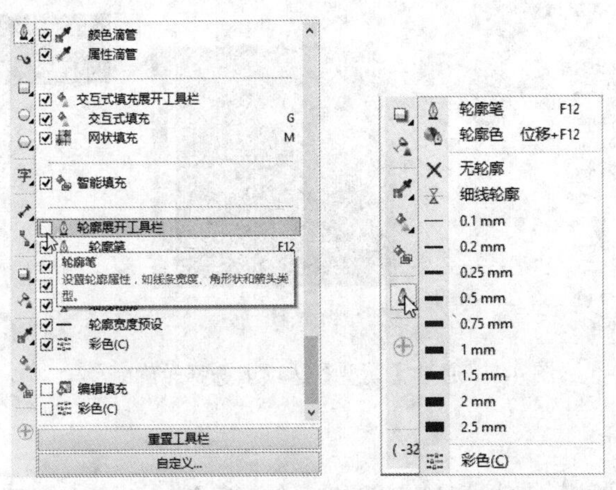

图 4-1　显示轮廓展开工具栏并查看工具

如果要在工具箱中显示【编辑填充】和【彩色】工具，可以打开【快速自定义】列表框，再选择【编辑填充】和【彩色】复选框，如图 4-2 所示。

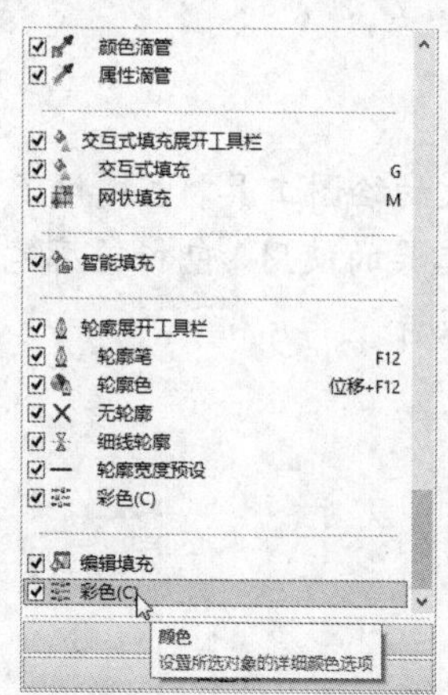

图 4-2　在工具箱中显示【编辑填充】和【彩色】工具

4.1.2　使用轮廓色工具

在工具箱中选择【轮廓色工具】，即可打开【轮廓颜色】对话框。该对话框分别由【模型】、【混合器】和【调色板】三个选项卡组成，在实际应用中，可以依据具体情况选择合适的颜色选择方式给图形轮廓添加任意颜色。

1.【模型】选项卡

默认情况下，当选择【轮廓色工具】后，即可打开如图 4-3 所示的【轮廓颜色】对话框的【模型】选项卡（按 Shift+F12 键可以打开【轮廓颜色】对话框）。

如果要在该选项卡下选择所需的颜色，可以先移动对话框中的滑动轴，调整颜色的色系，然后在左侧颜色面板的所需颜色位置处单击鼠标即可。另外，也可以直接输入 C、M、Y、K 数值来设置颜色。

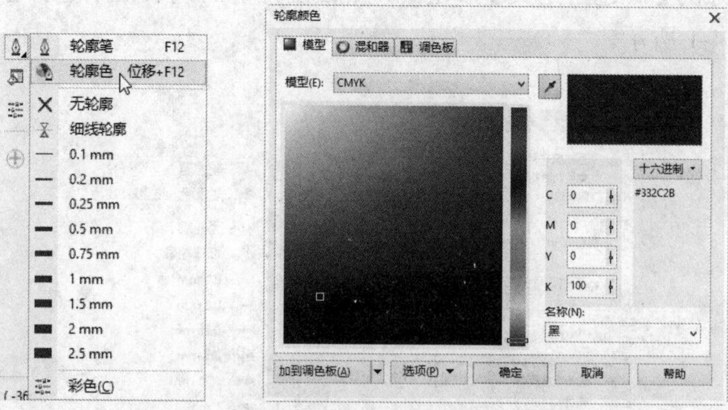

图 4-3　通过【模型】选项卡选择轮廓颜色

2.【混合器】选项卡

在【混合器】选项卡中，可以通过拖动色环上的黑色三角形来变更颜色，如图 4-4 所示。

如果想调整颜色亮度，可以拖动色环上的白色圆点，如图 4-5 所示。

在该选项卡左下方的 5 行色块显示区中，第 1 行色块显示的是与当前所选颜色相近的其他颜色，第 2 至第 5 行色块则显示的是色环上其他白色圆点所在的颜色。

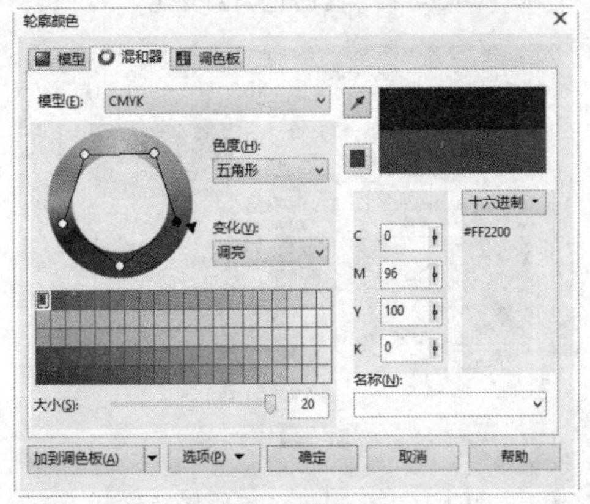

图 4-4 变更颜色

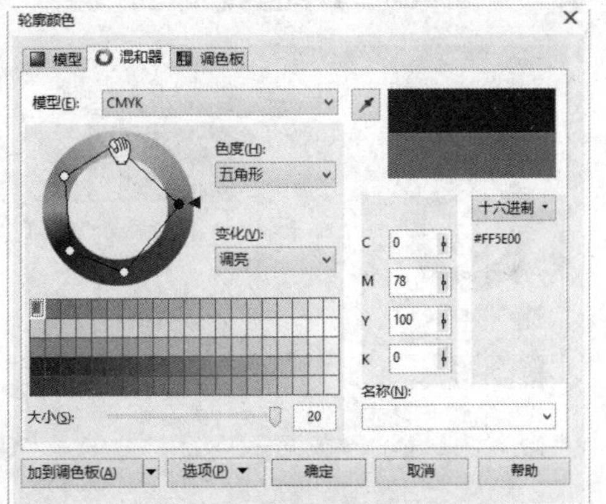

图 4-5 调整颜色亮度

【混合器】选项卡的其他选项说明如下。

- 色度：该下拉列表框分别提供了【主色】、【补色】、【三角形 1】、【三角形 2】、【矩形】及【五角形】6 种色调选项，通过选择不同的选项，可以指定各种颜色之间的差异。
  - ➢【五角形】：为默认色调。
  - ➢【主色】：色调只有一个黑色圆点，如图 4-6 所示。
  - ➢【补色】：色调有黑色与白色两个圆点，如图 4-7 所示。
  - ➢【三角形 1】/【三角形 2】：色调都为一个黑色圆点与两个白色圆点，如图 4-8 所示。
  - ➢【矩形】：色调为一个黑色圆点与三个白色圆点，如图 4-9 所示。

图 4-6 【主色】色调

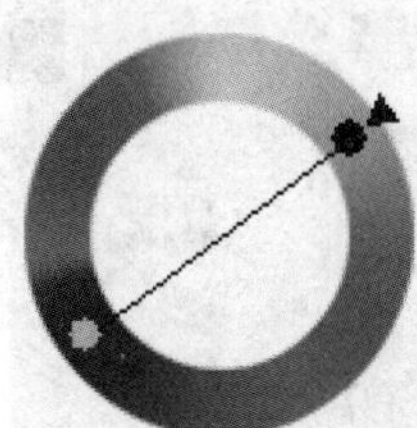
图 4-7 【补色】色调

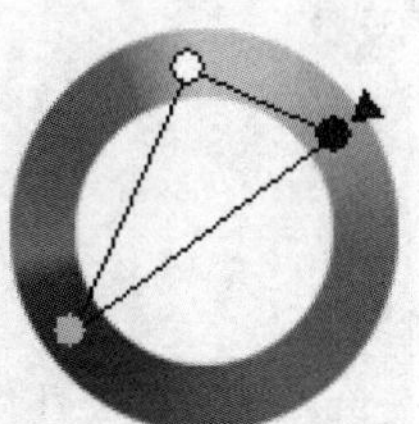
图 4-8 【三角形 1】色调

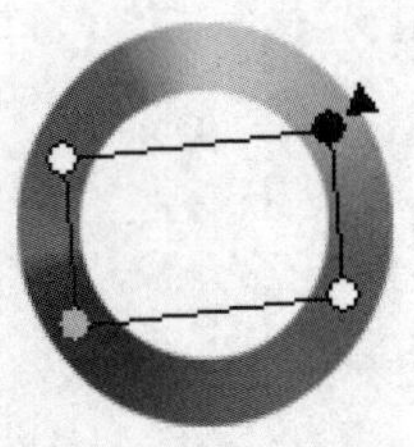
图 4-9 【矩形】色调

- 变化：该下拉列表框分别提供了【无】、【冷色调】、【暖色调】、【暗调】、【亮调】以及【降低饱和度】6 种变化选项，通过选择不同的选项，可以设置颜色的变化程度。例如，当指定颜色为绿色时，选择【冷色调】选项时色块显示如图 4-10 所示；当选择【暖色调】选项时，则色块显示如图 4-11 所示。
- 大小：拖动此滑块或直接在数值框中输入数值，可以调整颜色显示的量。例如，当设置该数值为 10 时，色块显示区中将只显示 10 种相近的颜色，如图 4-12 所示。

3. 【调色板】选项卡

在【调色板】选项卡中可以通过选择所需的调色板来选择颜色，然后调整颜色滑块来设置颜色的深浅，如图 4-13 所示。

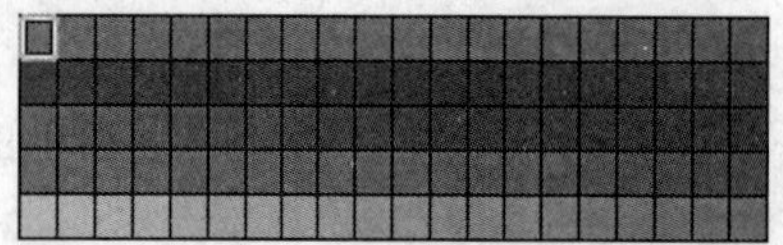

图 4-10 【冷色调】变化

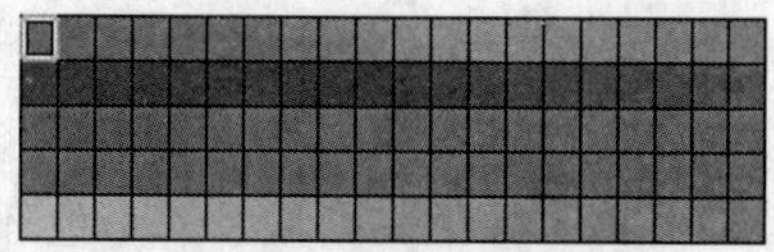

图 4-11 【暖色调】变化

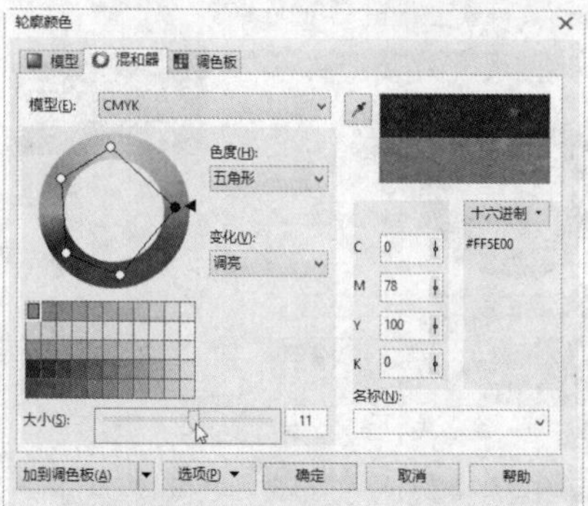

图 4-12 调整颜色显示量

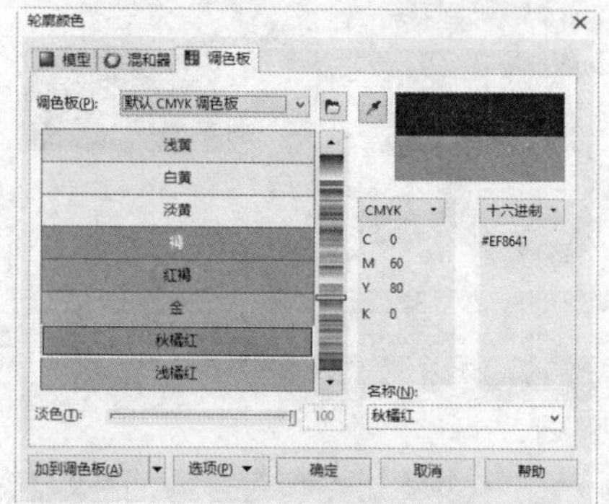

图 4-13 通过调色板选择颜色

4.1.3 轮廓笔工具

在工具箱中单击【轮廓笔工具】，可以打开【轮廓笔】对话框（按 F12 键同样可以打开【轮廓笔】对话框）。在该对话框中可以设置轮廓线的颜色、宽度、样式和箭头样式等，如图 4-14 所示。

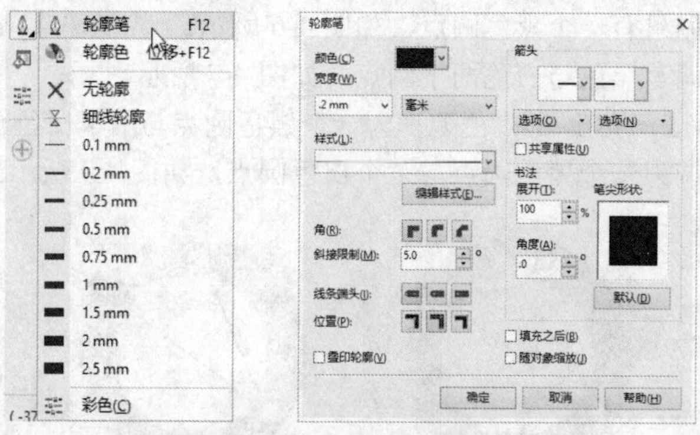

图 4-14 打开【轮廓笔】对话框

【轮廓笔】对话框的说明如下。

- 颜色：可以为轮廓线更改各种不同的颜色。
- 宽度：在左侧的下拉列表中可以选择合适的宽度，也可以直接输入宽度值来更改轮廓线的宽度。如果选择【无】选项，则会去除图形轮廓效果，并使该对话框不可用。在右侧的下拉列表中则可以设置宽度的单位。
- 样式：该下拉列表中提供了多种线条样式以供使用者选择，单击该下拉列表下方的【高级按钮】，可以打开【编辑线条样式】对话框。在该对话框中可以通过拖动滑块来调整点与点之间的间距，以定义出更适合需求的线条样式。
- 斜接限制：通过在该文本框中直接输入数值，可以调整线段夹角的尖角长度，其取值范围为 0.1~179.9。在默认情况下，该值为 5 度，如图 4-15 所示即为该默认设置下绘制出的梯形，如果将其值改为 120，则得到如图 4-16 所示效果。

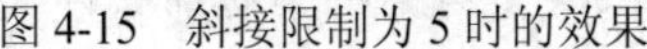

图 4-15　斜接限制为 5 时的效果　　　　图 4-16　斜接限制为 120 时的效果

- 角：在该组合框中共提供了尖锐角、圆弧角及斜截角三种边角效果，使用此功能可将轮廓线的转折位置编辑成三种不同样式的效果。如图 4-17 所示即为选择三种不同边角后的效果。

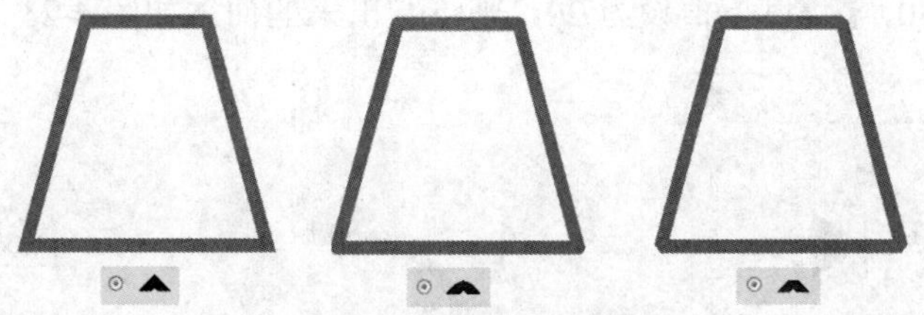

图 4-17　三种不同边角效果

- 线条端头：在该组合框中共提供了三种线条端头样式，第一种为程序默认的方形端头，第二种是将线段延长并显示为圆角端头，第三种则是将线段延长并显示为方形端头，如图 4-18 所示即为选择三种不同线条端头后的效果。

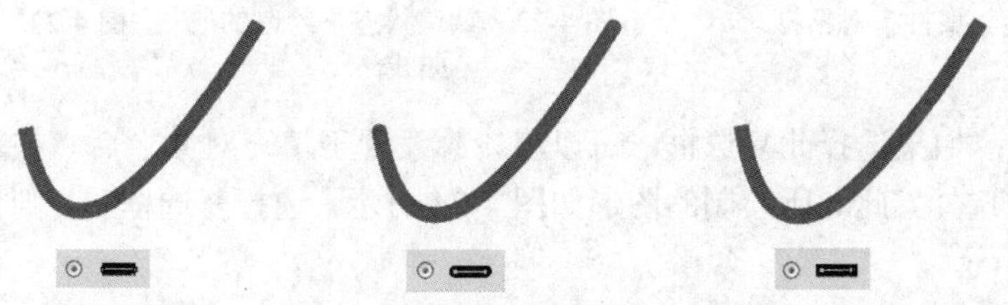

图 4-18　三种不同线条端头效果

- 箭头：在该组合框中可以通过箭头样式选择器，更改线段两端箭头样式，为线段选择不同起始与结束箭头样式后的效果，如图 4-19 所示。
- 【选项】按钮：单击该按钮会打开【选项】菜单，如图 4-20 所示。

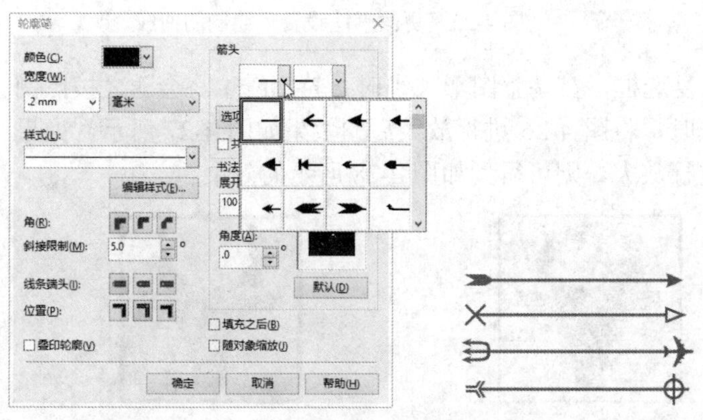

图 4-19　选择不同箭头样式后的效果

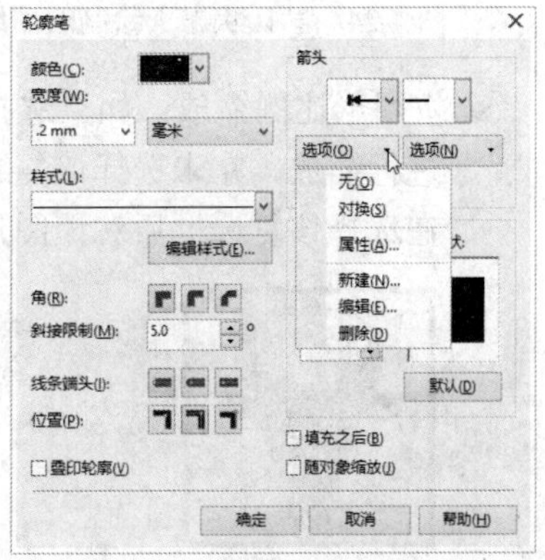

图 4-20　【选项】菜单

➢【无】：选择【无】选项，将去除已选择的箭头样式。

➢【对换】：选择【对换】选项，将对线段起始与结束箭头样式进行对换。

➢【新建】：选择【新建】选项，将打开【箭头属性】对话框，在该对话框中可以对箭头样式进行设置，以得到所需的新箭头样式，如图 4-21 所示。

➢【编辑】：选择【编辑】选项，可以在【编辑箭头尖】对话框中对箭头样式进行编辑。

➢【删除】：选择【删除】选项，可以将所选箭头样式进行删除。

- 书法：在该组合框中编辑线段转折处的形态样式。在【展开】选项中可更改轮廓笔与纸面的夹角，而在【角度】选项中则可更改笔尖与纸面的竖直线的夹角。在默认状态下，【展开】值为 100，【角度】值为 0，则绘制出来的曲线如图 4-22 所示；如果将【展开】值设为 30，【角度】值设为 20，则绘制出来的曲线如图 4-23 所示。

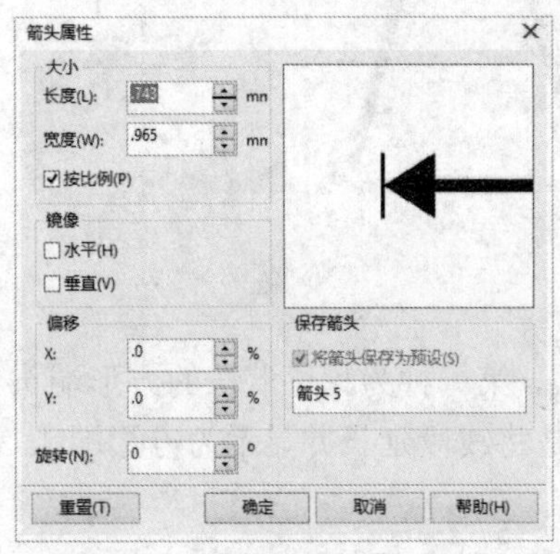

图 4-21 【箭头属性】对话框

图 4-22 默认状态下绘制的曲线

图 4-23 更改书法设置后绘制的曲线

- 后台填充：如果选择此复选框，可以将轮廓线置于填充对象之后。在默认情况下该复选框未被选择，此时所绘制的图形如图 4-24 所示，选择复选框后，则样式会更改为如图 4-25 所示。

图 4-24 默认状态下绘制的曲线

图 4-25 更改书法设置后绘制的曲线

- 按图形比例缩放：如果选择此复选框，在调整图形大小时，轮廓线也将会随之按比例进行缩放。在未选择该复选框时，将图 4-26 进行放大后的效果如图 4-27 所示，如果在选择该复选框后对该图形进行放大，则可得到如图 4-28 所示的效果。

图 4-26 原始图形

图 4-27 轮廓未按比例进行缩放

图 4-28 轮廓按比例进行缩放

动手操作　让画框更加美观

1 打开光盘中的“..\Example\Ch04\4.1.3.cdr”练习文件，选择页面中除花草插图对象的所有对象，然后在工具箱中选择【轮廓笔工具】，打开【轮廓笔】对话框后，设置轮廓颜色为【洋红】，如图 4-29 所示。

2 在【轮廓笔】对话框中设置角、斜接限制、线条端头和位置的选项，然后单击【确定】按钮，如图 4-30 所示。

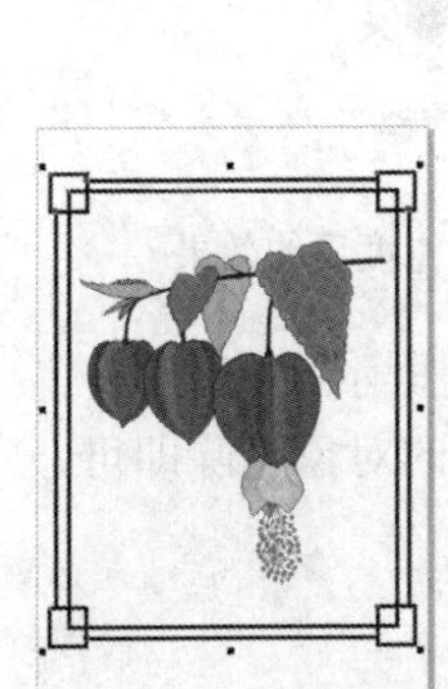

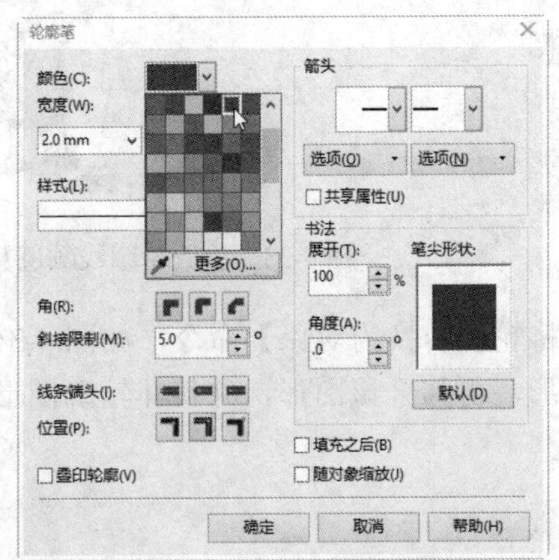

图 4-29　选择对象并设置轮廓颜色

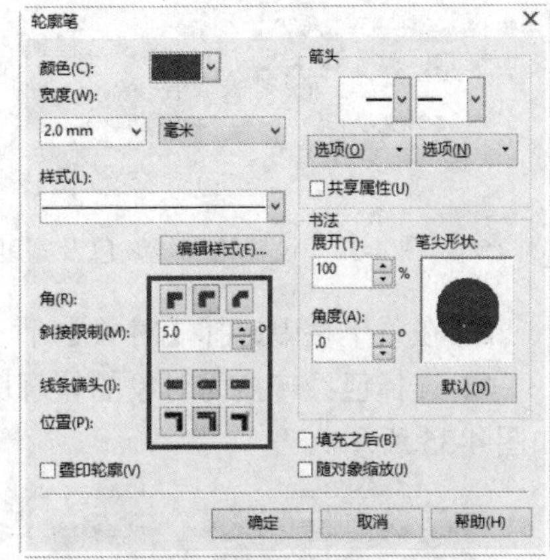

图 4-30　设置其他轮廓选项

3 返回绘图窗口后，选择画框内的矩形对象，再打开【轮廓笔】对话框，设置轮廓线条为虚线样式，单击【确定】按钮，如图 4-31 所示。

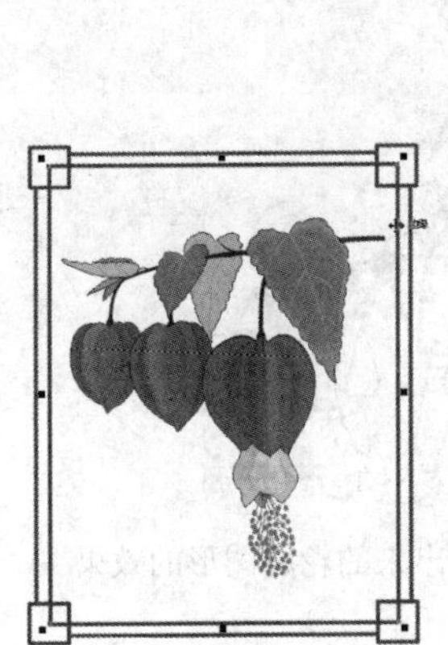

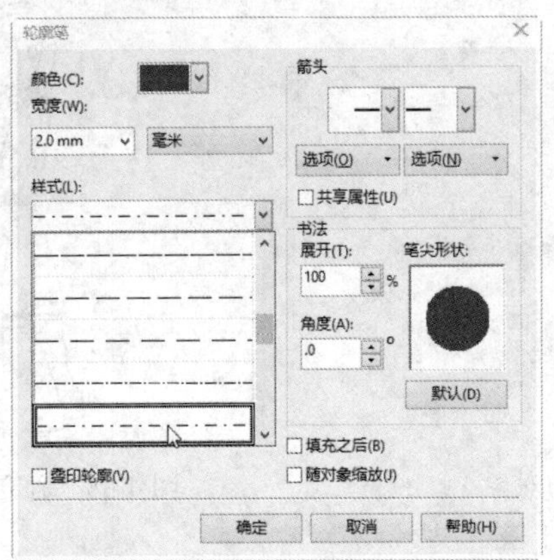

图 4-31　设置矩形对象的轮廓线样式

4.1.4　将轮廓转换为对象

在创作作品时，有时需要对图形的轮廓线单独进行编辑，此时可以将轮廓线转换为对象，以方便单独对轮廓线进行编辑处理。

动手操作　将插画转换成轮廓图

1 打开光盘中的“..\Example\Ch04\4.1.4.cdr”练习文件，然后按 Ctrl+A 键将所有对象选中，在工具箱中选择【轮廓笔工具】，在打开的【轮廓笔】对话框中更改轮廓线的颜色为【红色】，宽度为 1.0mm，如图 4-32 所示。修改完后单击【确定】按钮，得到如图 4-33 所示效果。

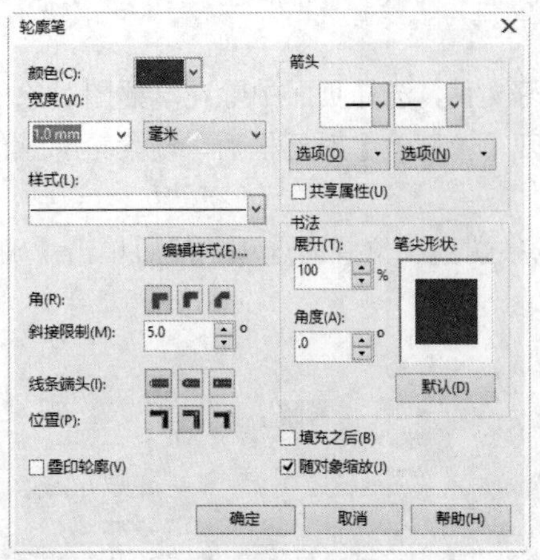

图 4-32　设置轮廓线颜色及宽度

图 4-33　更改轮廓线颜色及宽度后的效果

2 在菜单栏中选择【对象】|【将轮廓转换为对象】命令，如图 4-34 所示。

3 选择已经转换为对象的轮廓图形，再移开该图形，并将非轮廓图形的对象删除即可，如图 4-35 所示。

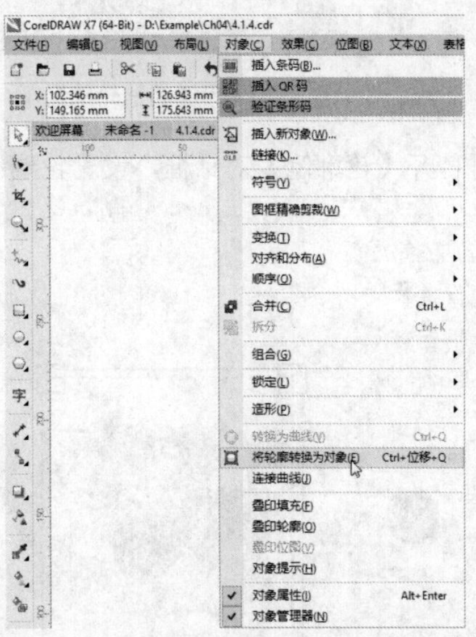

图 4-34　将轮廓转换为对象

图 4-35　独立出来的轮廓图形的效果

4.2　纯色填充

为图形填充纯色的方法有很多种，其中包括使用调色板、泊坞窗、智能填充工具、滴管工具等方法。

4.2.1　使用调色板

通过用户界面右侧的【默认 CMYK 调色板】(CorelDRAW X7 默认使用的色彩模式为 CMYK 模式)，可以快速地为绘图填充标准色。只要选择要填充的对象，然后将鼠标移至色块上，即会显现颜色的名称，单击即可将指定颜色填充至对象，如图 4-36 所示。

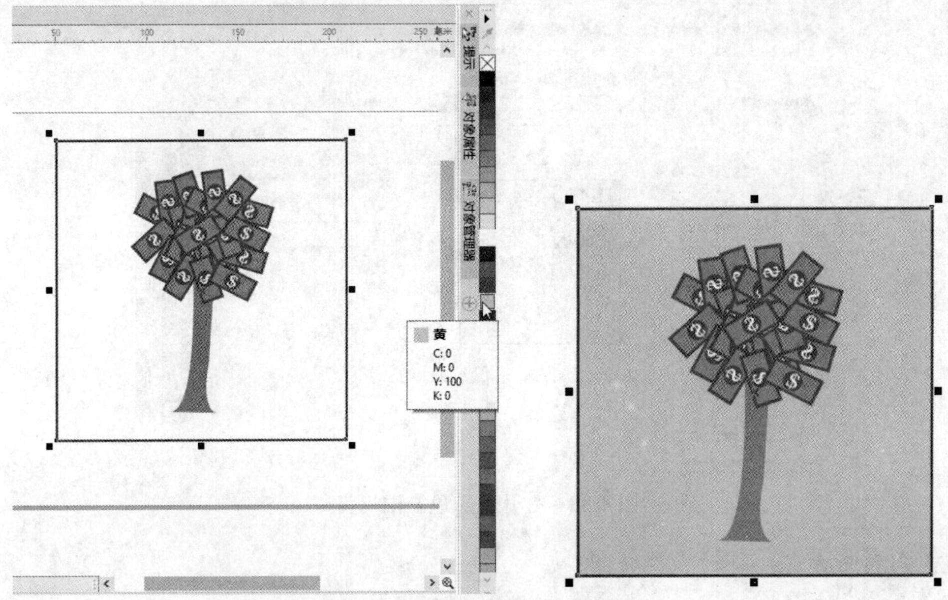

图 4-36　使用调色板填充纯色

选择【窗口】|【调色板】命令，从打开的子菜单中选择其他色彩模式或类型的调色板，所选择的调色板同样显示在界面的右侧，而原来默认显示的调色板仍显示不变，就是说可以同时打开多个调色板，如图 4-37 所示。

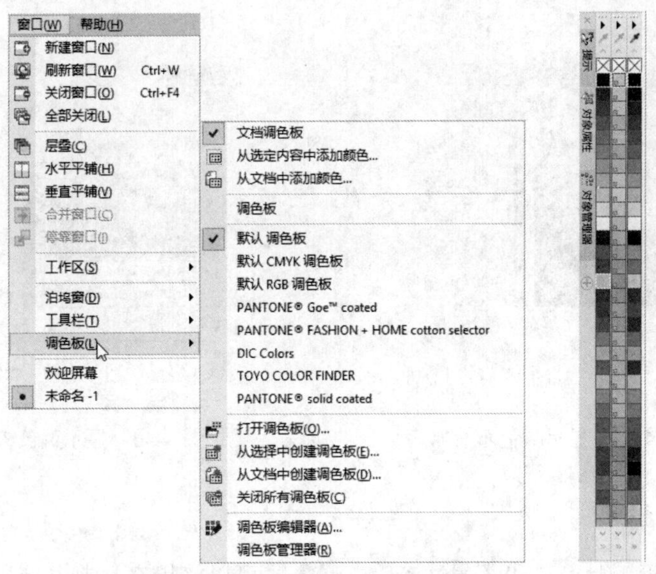

图 4-37　添加其他调色板

4.2.2　使用颜色泊坞窗

1. 打开【颜色】泊坞窗

使用【颜色】泊坞窗可以在为图形填充颜色的同时，同步观察填充后的效果。

在工具箱中选择【颜色工具】，即可打开【颜色】泊坞窗，如图 4-38 所示。如果工具箱中没有显示【颜色工具】，则可以通过【快速自定义】列表框选择显示该工具。

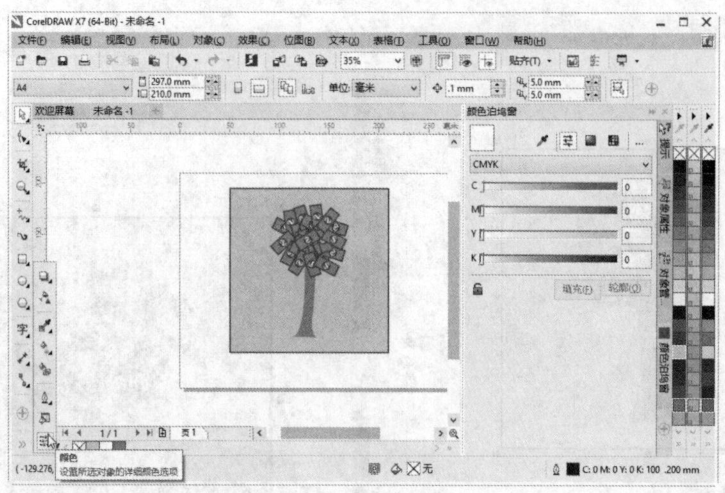

图 4-38　打开【颜色】泊坞窗

2. 色彩显示方式

【颜色】泊坞窗共提供了三种色彩显示方式。

（1）在默认情况下，该面板将显示颜色滑块，以拖动滑块或直接输入数值来调节颜色。

（2）单击面板右上方【显示颜色查看器】按钮，即可直接在颜色面板的所需颜色位置处单击鼠标来选择需要的颜色，如图 4-39 所示。

（3）单击面板右上方【显示调色板】按钮，可以直接在该调色板中选择需要的颜色，如图 4-40 所示。

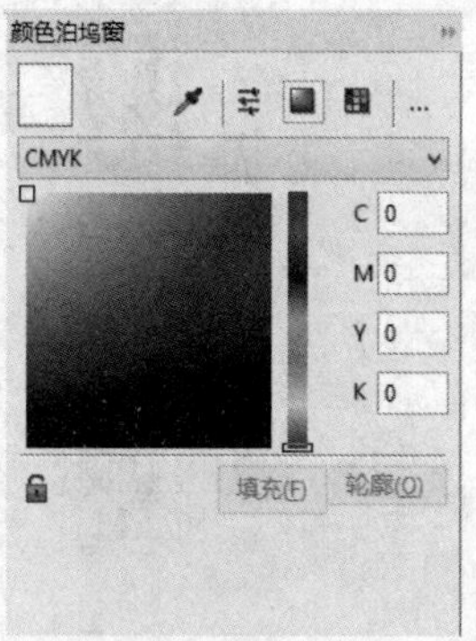

图 4-39　显示颜色查看器

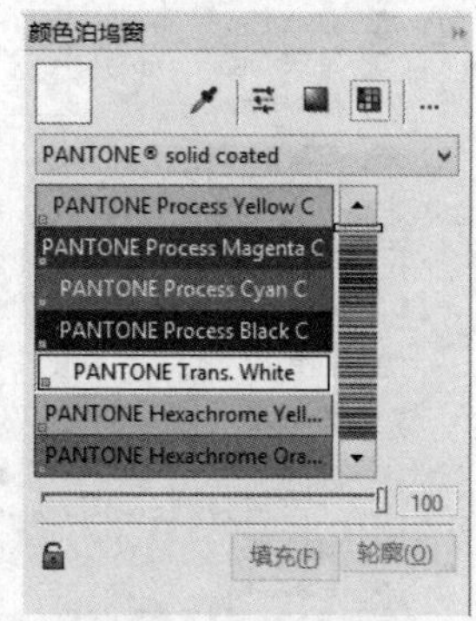

图 4-40　显示调色板

4.2.3　滴管工具

通过【颜色滴管工具】和【属性滴管工具】可以将填充复制并应用到另一个对象。

使用【颜色滴管工具】可以吸取电脑屏幕上的颜色或者对象的颜色；使用【属性滴管工具】可以复制对象的颜色、变换与效果等属性。当复制颜色或属性后，就可以通过这两个工具的【应用颜色】功能，将颜色或属性应用到目标对象上。

动手操作　使用颜色滴管工具快速填色

1 打开光盘中的“..\Example\Ch04\4.2.3.cdr”练习文件，在工具箱中选择【颜色滴管工具】，然后在页面的图形对象上单击以获取该颜色，如图 4-41 所示。获取颜色后，可以从

【颜色】泊坞窗中查看颜色的属性，如图 4-42 所示。

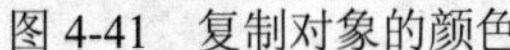
图 4-41　复制对象的颜色

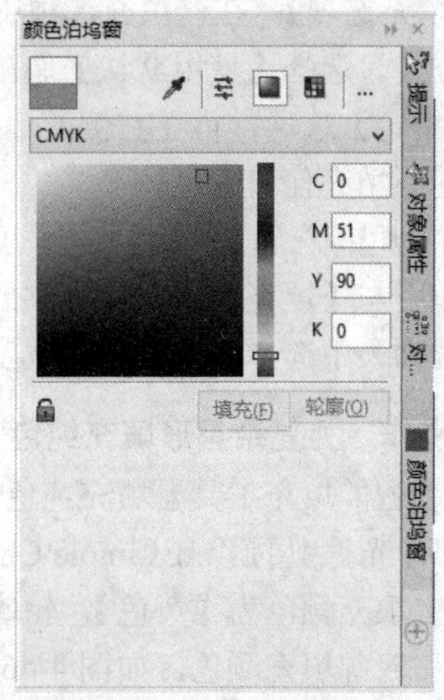

图 4-42　查看颜色的属性

2 此时【颜色滴管工具】的属性栏中的【应用颜色】按钮会处于激活状态，鼠标指针变成应用颜色的状态。在需要填充颜色的对象上单击，即可将复制的填充应用到对象，如图 4-43 所示。

3 应用一次填充后，还可以对其他对象应用相同的填充。将鼠标指针移动到其他对象上单击，即可应用填充到对象。如果想要结束应用填充，可以单击【应用颜色】按钮，或者选择其他工具。为图形对象应用填充的结果如图 4-44 所示。

图 4-43　应用复制到的填充颜色

图 4-44　为对象应用填充的结果

4.2.4　智能填充工具

使用【智能填充工具】不仅可以对任何封闭的对象进行填充，还可以对不同图形重叠产生的交叉区域进行色彩与轮廓的填充，这是其他填充工具无法比拟的。

在工具箱中选择【智能填充工具】，可以打开如图 4-45 所示的属性栏。

图 4-45　智能填充工具的属性栏

在属性栏左侧提供了【填充选项】，在右侧则提供了【轮廓】选项，其主要功能如下。

- 【填充选项】：在该填充选项中共提供了【使用默认】、【指定】和【无填充】三种填充方式。选择【使用默认】选项，可使用 CMYK 调色板中的当前颜色进行填充；选择【指定】选项，可在右侧的填充色下拉列表中选择合适的颜色；如果选择【无填充】，则不填充任何颜色。
- 【轮廓】：在轮廓选项中提供了【使用默认】、【指定】和【无填充】三种填充方式，其作用与【填充选项】所提供的填充方式基本相同，如有需要，还可在【轮廓宽度】下拉列表中选择合适的轮廓宽度。

动手操作　为复杂星形填充纯色

使用【智能填充工具】填充纯色的步骤如下。

1 打开光盘中的“..\Example\Ch05\4.2.4.cdr”练习文件，选择【智能填充工具】，在属性栏中指定填充颜色为【黄色】，轮廓宽度为 1mm、轮廓颜色为【紫色】，接着分别为图形最边缘区域和轮廓填充颜色，如图 4-46 所示。

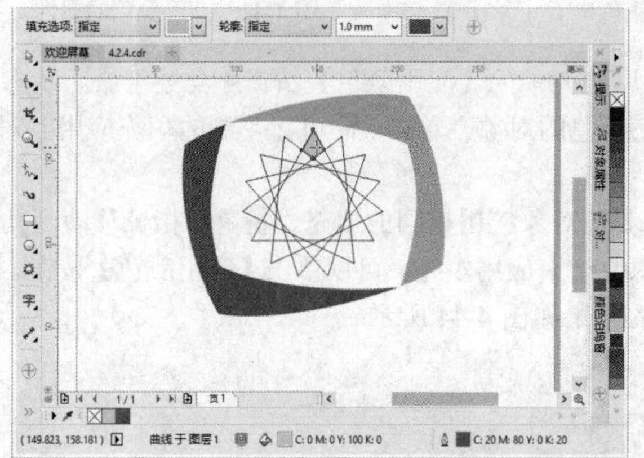

图 4-46　为图形最边缘区域填充颜色

2 更改填充颜色为【紫色】，轮廓选项为【无】，为图形第二层区域填充颜色，如图 4-47 所示。

图 4-47　为图形第二层区域填充颜色

3 依照上述方法，继续为图形中其他区域填充指定颜色，最终效果如图 4-48 所示。

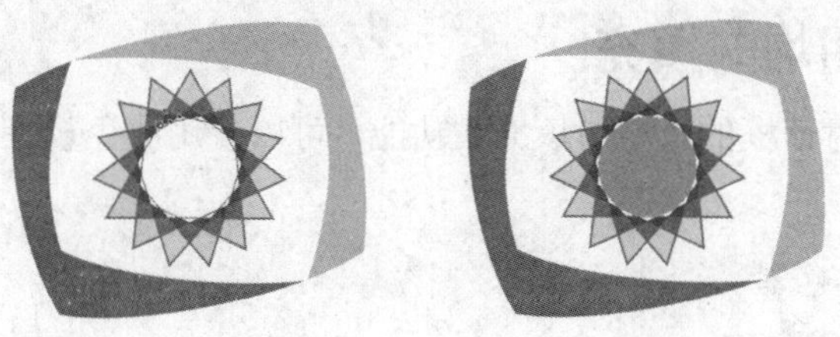

图 4-48　为图形其他区域填充颜色后的效果

使用【智能填充工具】为图案重叠产生的交叉区域填充色彩，表面上是为其进行填充，其实所产生的填充区域是可以移动的。使用【选择工具】移动填充区域后，将发现重叠交叉区域又恢复至原始效果，如图 4-49 所示。

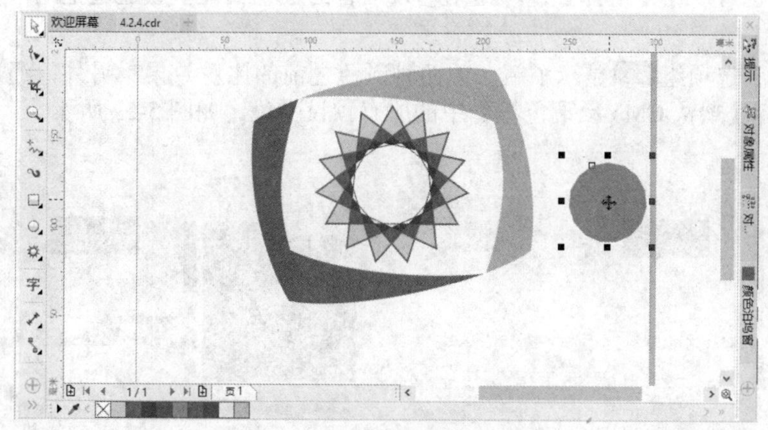

图 4-49　移动填充区域后的结果

4.3　应用编辑填充

在 CorelDRAW X7 中，将原来旧版本的【均匀填充工具】、【渐变填充工具】、【图样填充工具】、【底纹填充工具】和【PostScript 填充工具】都集合在【编辑填充】功能中，并且在此功能中将原来的【图样填充工具】分为【向量图样填充】、【位图图样填充】和【双色图样填充】功能。

要使用【编辑填充】功能，可以先选择对象，然后在工具箱中选择【编辑填充工具】，在【编辑填充】对话框中选择填充类型，再设置相关填充选项即可，如图 4-50 所示。

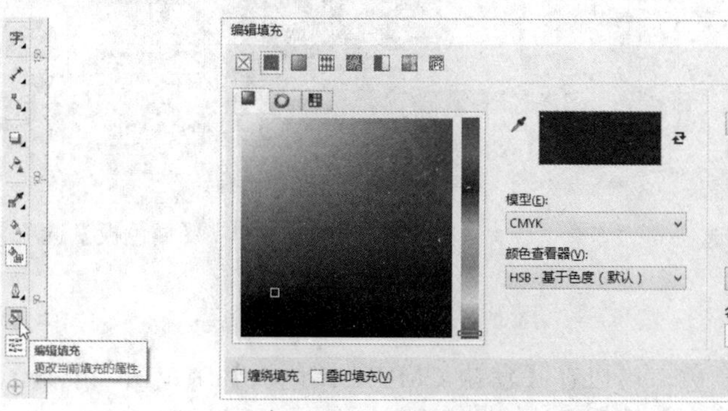

图 4-50　打开【编辑填充】对话框

4.3.1 设置并应用均匀填充

使用【编辑填充】对话框的【均匀填充】功能，可以使用颜色模型和调色板来选择或创建纯色。

1. 使用【模型】选色器

默认状态下，在【编辑填充】对话框中按下【均匀填充】按钮■后，对话框的选项卡中自动显示【模型】选色器。

动手操作 使用【模型】选色器填充对象

1 选择一种颜色模式，然后选择一种色系，并移动指标至颜色面板中单击即可快速选定颜色。

2 此外，也可以在【组件】选项组中输入准备的颜色属性值或通过拖动滑杆来确定填充颜色，如图 5-51 所示。

3 【参考】选项组显示了新、旧两种颜色之前的比对效果。另外，通过【名称】下拉列表可以选择【默认 CMYK 调色板】中的所有预设颜色，如图 5-52 所示。

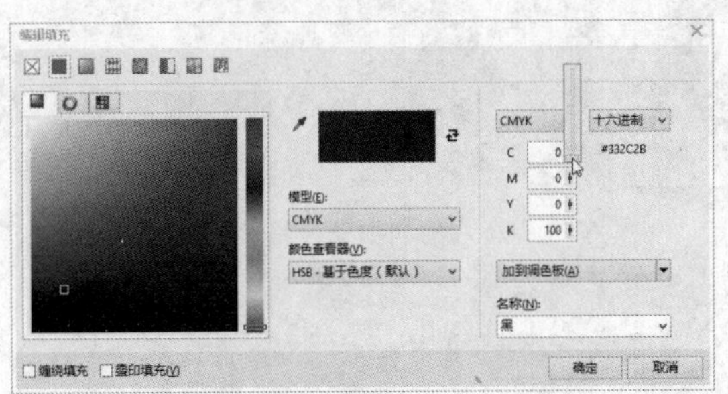

图 5-51 通过组件滑杆设置颜色

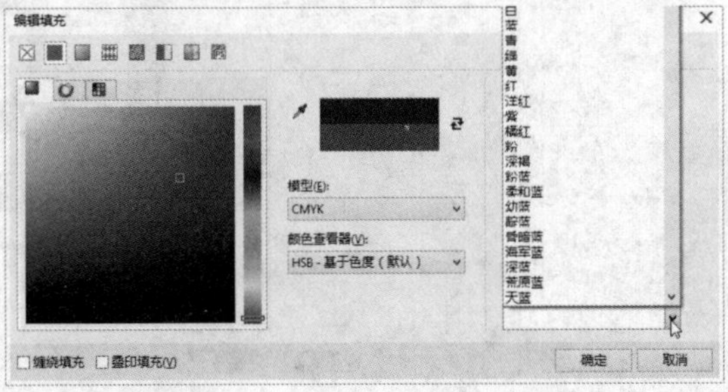

图 5-52 通过名称选择预设的颜色

4 完成设置后单击【确定】按钮，即可将颜色均匀填充至当前对象中。

2. 使用混合器和调色板

如果要进行深入的颜色设置，可以切换至如图 5-53 所示的【混合器】选项卡，以及如图 5-54 所示的【调色板】选项卡，进行相应的设置。

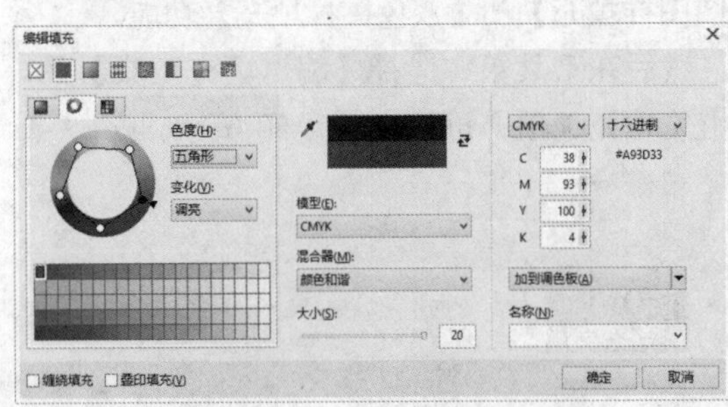

图 5-53 【混合器】选项卡

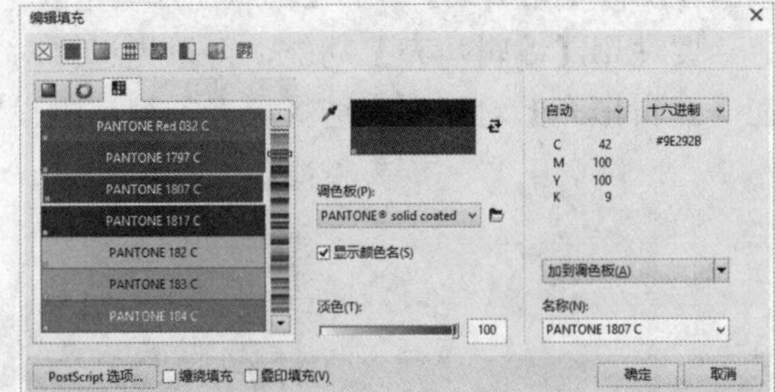

图 5-54 【调色板】选项卡

3. 删除填充

如果要取消对象的填充颜色，可以在【默认 CMYK 调色板】中单击☒按钮，或者在【编辑填充】对话框中单击【无填充】按钮☒，如图 5-55 所示。

图 5-55　删除填充

4.3.2　设置并应用渐变填充

使用【编辑填充】对话框的【渐变填充】功能，可以创建线性渐变、椭圆形渐变、圆锥形渐变和矩形渐变等类型的渐变填充。

默认状态下，在【编辑填充】对话框中按下【渐变填充】按钮后，对话框即可显示【渐变填充】选项卡。

【渐变填充】选项卡的属性项目说明如下。

- 【填充挑选器】：从个人或公共库中选择填充。
- 【类型】：用于设置渐变类型，即前面提到的四种渐变填充类型，选择任一渐变方式，其渐变效果都会相应地在该对话框右侧的填充挑选器显示出来，如图 4-56 所示。

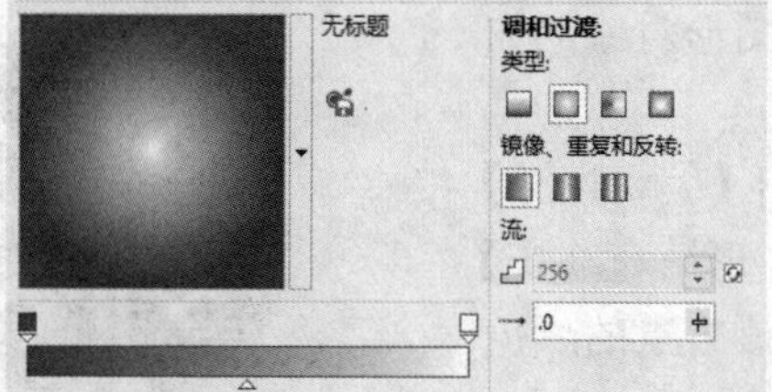

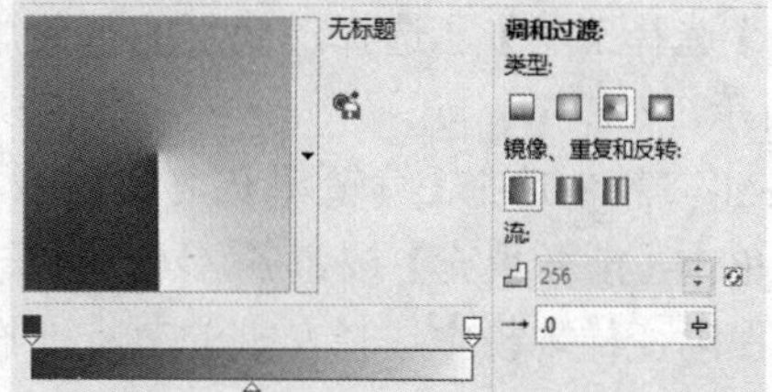

图 4-56　选择填充类型

- 【变换】：用于指定渐变中心的大小、位置、倾斜与旋转等属性。如图 4-57 所示为倾斜 0 度和倾斜 60 度的效果对比。

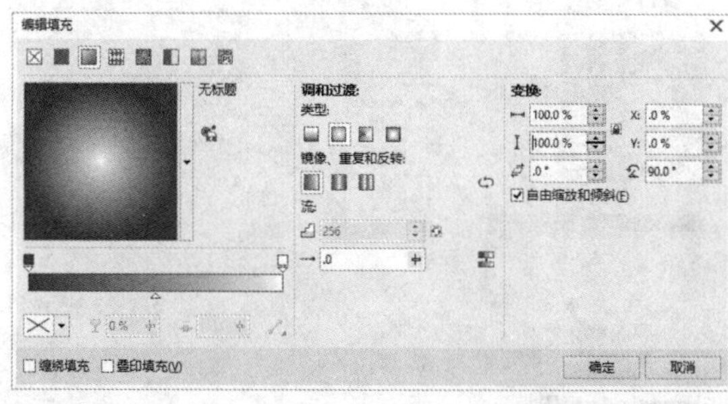

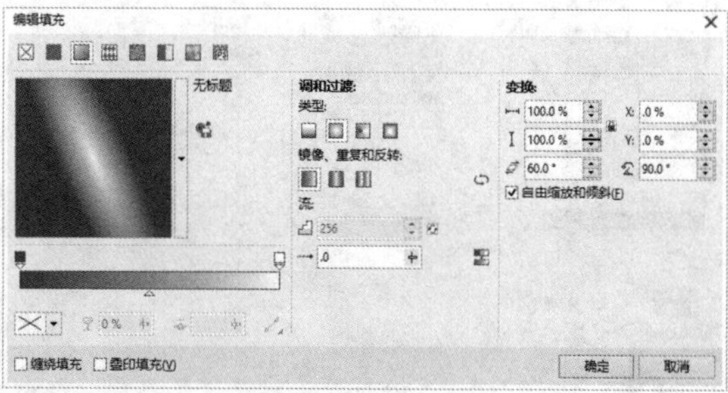

图 4-57　设置倾斜选项的效果对比

- 【镜像、重复和反转】：设置渐变填充的镜像、重复和反转的效果。
- 【流】：用于设置渐变色的步长值和加速。

➢【步长值】：用于设置打印质量，在默认情况下，该值处于锁定状态。

➢【加速】：指定渐变填充从一个颜色调和到另一个颜色的速度。

- 【平滑】：在渐变填充节点间创建更平滑的颜色过渡。
- 【渐变颜色样本栏】：通过样本栏选中节点，然后打开【节点颜色】列表框，再选择一种颜色，即可为渐变设置节点的颜色，如图 4-58 所示。

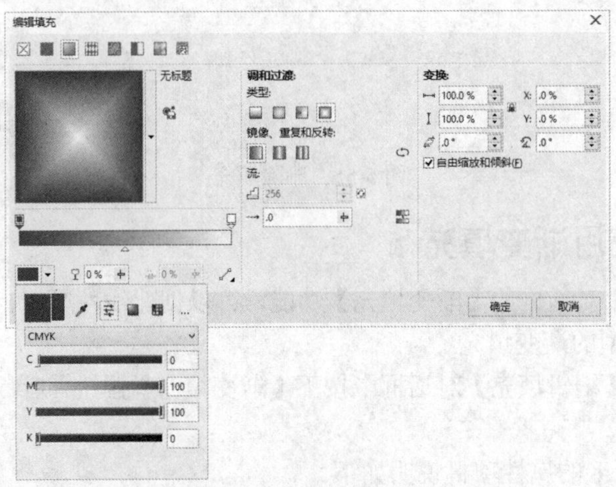

图 4-58　设置渐变节点颜色

动手操作　为 Logo 图形填色

1 打开光盘中的“..\Example\Ch04\4.3.2.cdr”练习文件，然后使用【选择工具】选择最底层的黄色矩形图形对象，如图 4-59 所示。

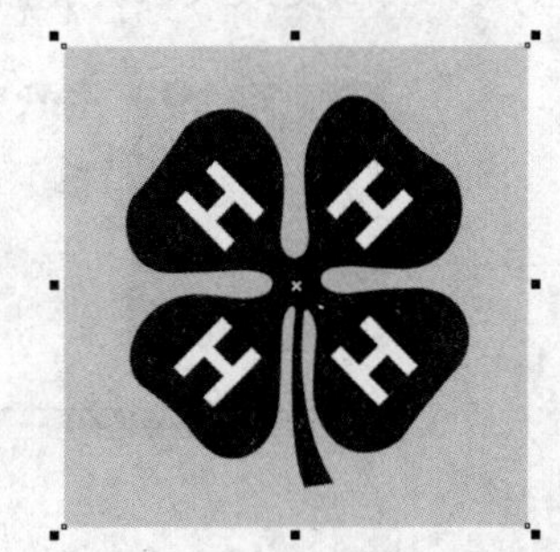

图 4-59　选择要填充颜色的对象

2 在工具箱中选择【编辑填充工具】，打开【编辑填充】对话框后单击【渐变填充】按钮，然后单击【矩形填充渐变】按钮，在渐变样本栏中选择左端的节点，设置该节点的颜色为【绿色】，如图 4-60 所示。

3 选择渐变样本栏右端的节点，再设置该节点的颜色为【黄色】，如图 4-61 所示。

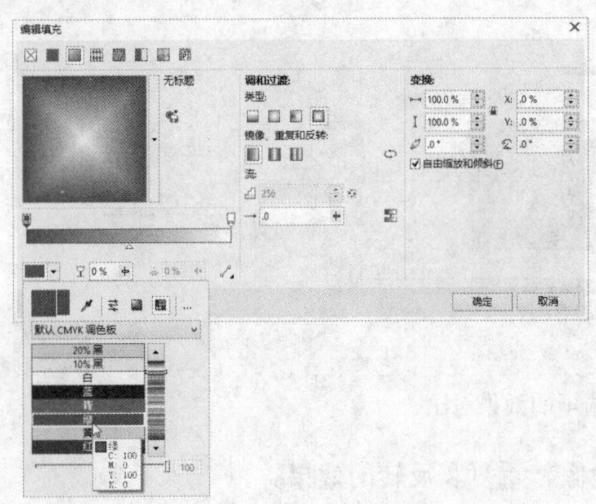

图 4-60　设置渐变其中一个节点的颜色

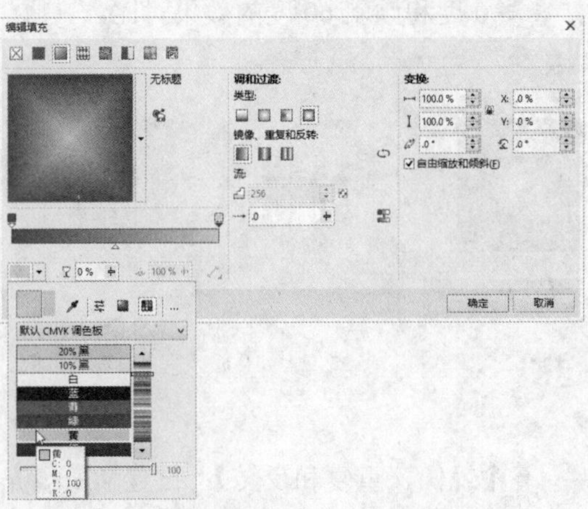

图 4-61　设置渐变另外一个节点的颜色

4 在【变换】栏中设置填充高度和填充宽度为 120%，再单击【确定】按钮，如图 4-62 所示。

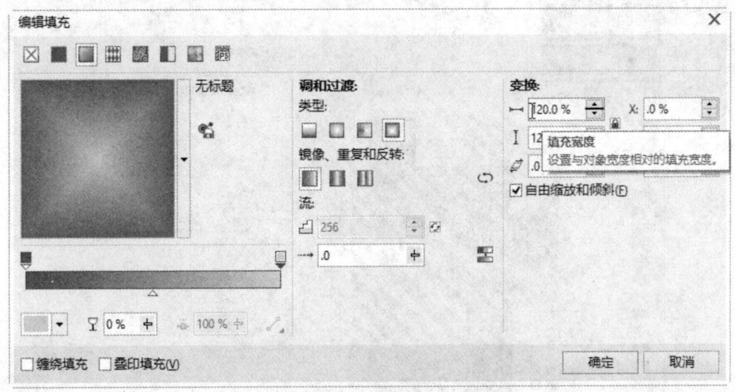

图 4-62　设置填充高度和宽度

5 返回绘图页面后，选择 Logo 图中的叶子图形对象，再打开【编辑填充】对话框的【渐变填充】选项卡，然后单击【圆锥形渐变填充】按钮，通过设置节点颜色设置从黑色到红色的渐变颜色，最后单击【确定】按钮，如图 4-63 所示。

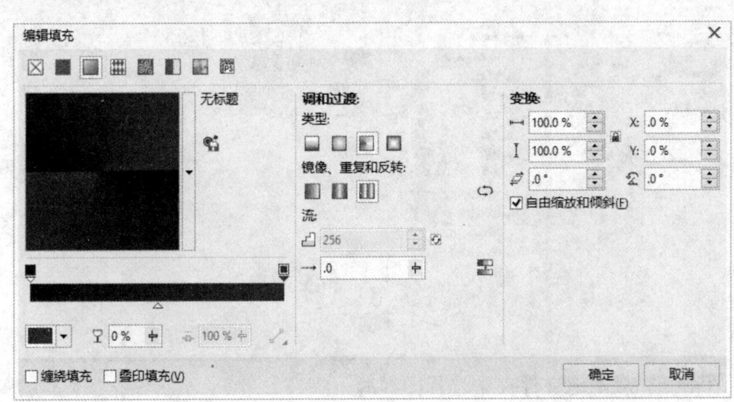

图 4-63　为叶子图形对象填充渐变颜色

4.3.3　设置并应用图样填充

应用图样填充，可以为图形填充各式各样的图案花纹或位图效果。在【编辑填充】对话框中包含了三种图样填充类型，它们分别为【向量图样填充】、【位图图样填充】和【双色图样填充】。

1. 向量图样填充

向量图样填充允许从个人和公共库中选择向量图样，如图 4-64 所示。

如果想要导入本地的向量图样源，可以在填充库中单击【浏览】按钮，然后选择向量文件，例如 CDR 文件，再单击【打开】按钮即可，如图 4-65 所示。

当导入向量图样源后，可以将当前图样保存为新源。只需单击填充挑选器右侧的【另存为新】按钮，然后在打开的【保存图样】对话框中设置名称、标签、分类等选项，再单击【OK】按钮即可，如图 4-66 所示。

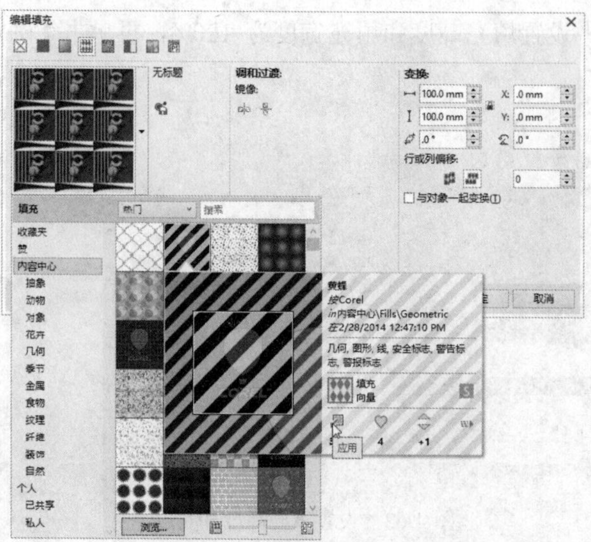

图 4-64　从公共库中选择并应用向量图样

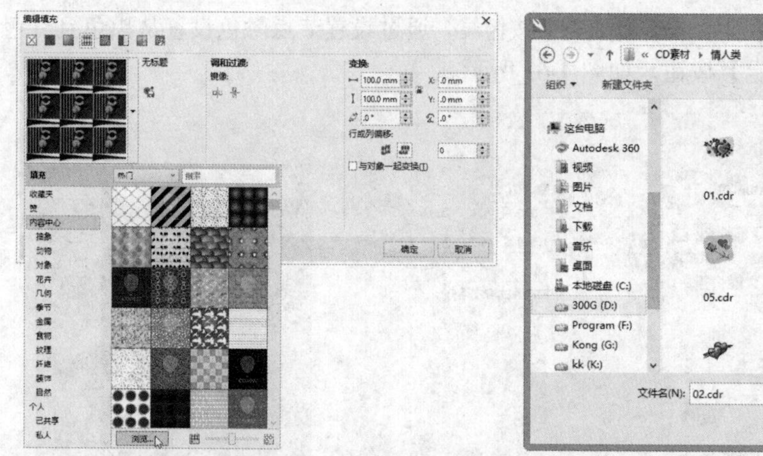
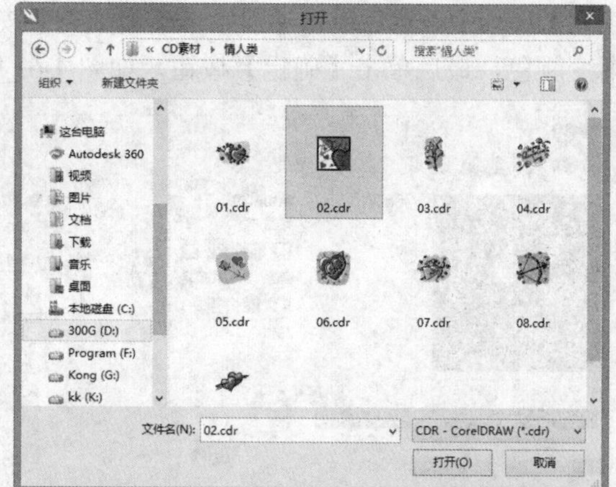

图 4-65　从本地文件夹中选择图样源

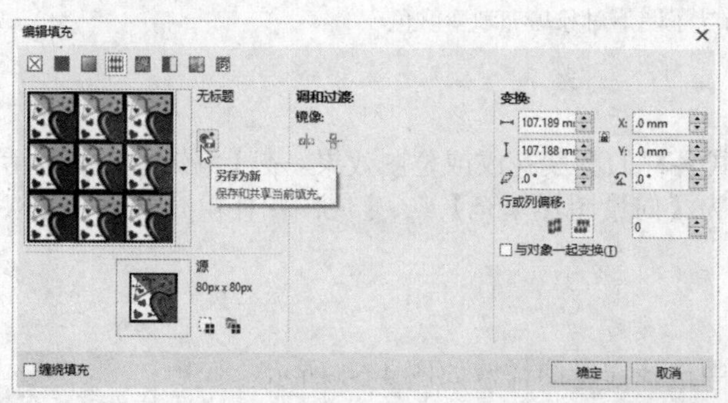

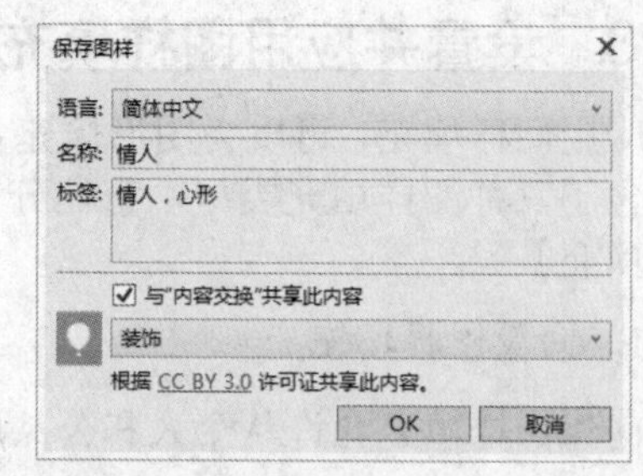

图 4-66　保存为新图样

2. 位图图样填充和双色图样填充

应用位图图样填充的方法跟应用向量图样填充的方法一样，可以从公共库或本地文件夹中指定图样。不同的是向量图样指定图样源时需要选择向量文件为源文件，而位图图样的图样源则要求选择位图文件为源文件，如 JPG、BMP、PNG 等格式的文件，如图 4-67 所示。

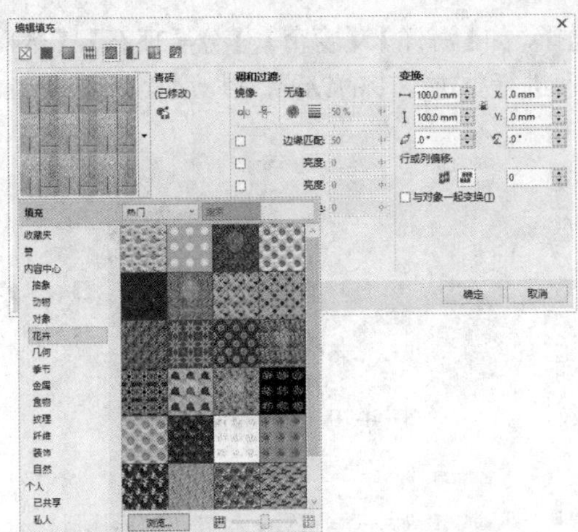

图 4-67 指定位图文件为图样源

双色图样填充可以从公共库中选择不同类型的双色图样，然后可以通过修改组成图样的两种颜色来修改图样的外观，如图 4-68 所示。

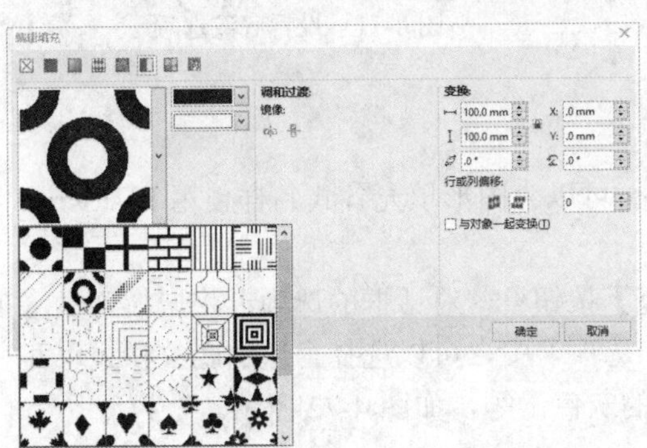

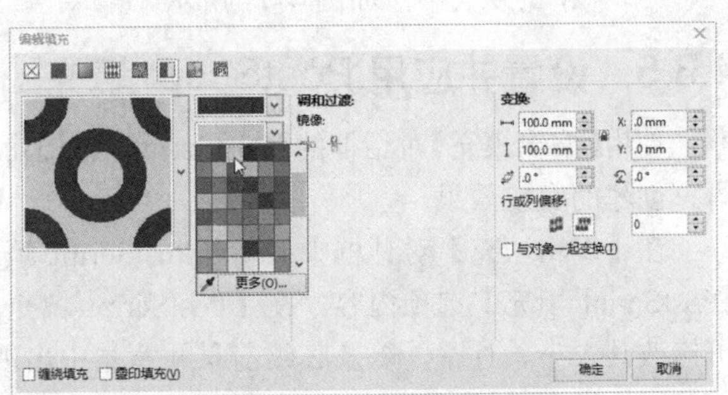

图 4-68 选择图样类型并修改颜色

4.3.4 设置并应用底纹填充

使用【编辑填充】对话框的【底纹填充】功能，可以为图形填充各式各样的底纹效果，如图 4-69 所示。

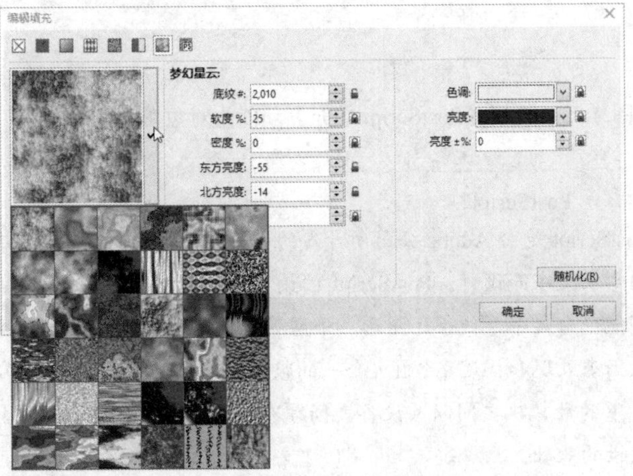

图 4-69 使用【底纹填充】功能为对象填充各种底纹

【底纹填充】选项卡提供了多种纹理图案供用户选择，如【海洋】、【窗帘】、【分层理石】、【梦幻星云】及【菱形】等。在该选项卡右侧，还可对纹理进行更进一步的设置，以改变纹理效果。

- 样品【底纹库】：在该列表框中可选择纹理库的类型，单击列表框右侧的【保存底纹】按钮+，可将修改后的底纹样式保存至底纹库中；单击列表框右侧的【删除底纹】按钮-，可将当前所选择的底纹样式删除。
- 【底纹挑选器】：在挑选器中，可以打开底纹列表框，然后通过底纹样式的预览缩图查看底纹效果并选择底纹。
- 【变换】按钮：单击该按钮，可以打开【变换】对话框，在其中可以设置调和过渡、变换、偏移等选项，如图 4-70 所示。
- 【选项】按钮：单击该按钮，可以打开【底纹选项】对话框，在其中可以编辑底纹图案的分辨率和宽度大小，如图 4-71 所示。

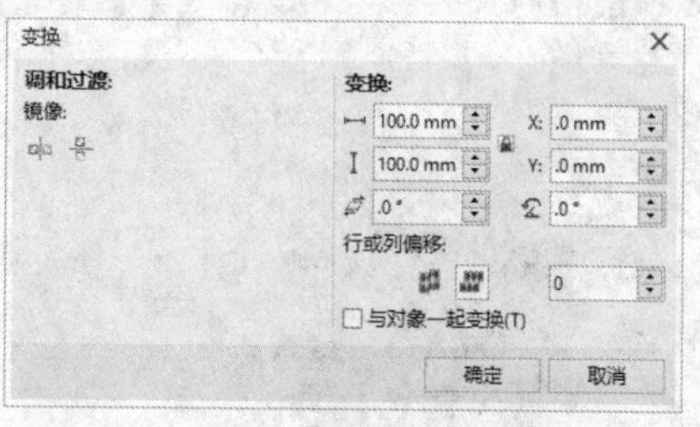

图 4-70　设置变换选项

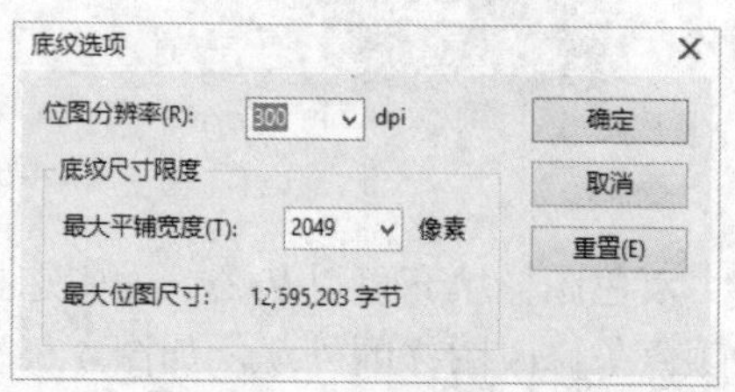

图 4-71　设置底纹选项

4.3.5　设置并应用 PostScript 填充

使用【编辑填充】对话框的【PostScript 填充】功能，可以为图形填充各式各样使用 PostScript 语言创建的底纹效果。

在【编辑填充】对话框中按下【PostScript 填充】按钮，对话框的选项卡将切换到显示【PostScript 填充】选项内容。在【PostScript 填充】选项卡中，可以选择合适的底纹样式，并可修改其大小、行宽，以及底纹前景和背景中出现的灰色量等，如图 4-72 所示。

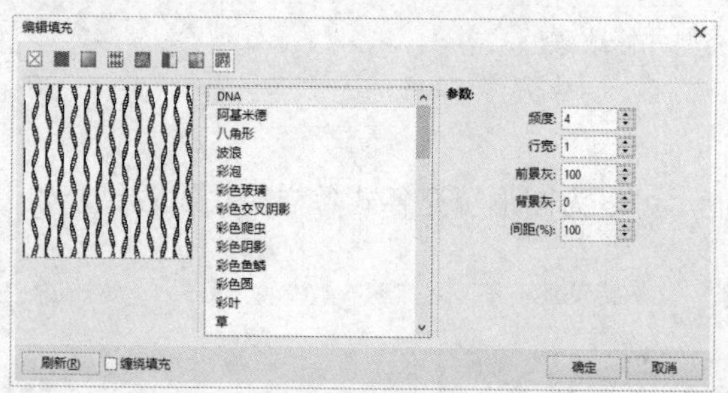

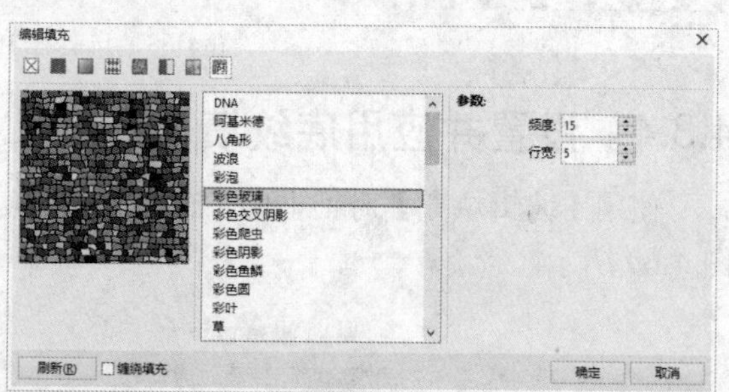

图 4-72　使用【PostScript 填充】功能为对象填充各种底纹

问：什么是 PostScript？

答：PostScript 是由 Adobe 公司所开发的一种桌面系统向输出设备输出的界面语言，专门为描述图形及文字而设计。PostScript 的最大特点是能够综合处理文字和图形。在一页印刷品中，可能包含文字、线条、图形、平网等各种元素，PostScript 则将这些信息形式用一种计算机数据来表现和描述，为图文合一的版面处理提供了可能。有了 PostScript 这个标准，不同生产厂家的计算机之间以及设备之间才有可能进行数字化数据交换，它是彩色桌面出版系统开放性的基础。

4.4 其他填充方式

下面将分别介绍“交互式填充”和“网状填充”两种方式的使用方法及相关技巧。

4.4.1 交互式填充

在 CorelDRAW X7 中，使用【交互式填充工具】可直观地对图形进行颜色的多样化填充（如均匀填充、渐变填充、图样填充等），无须使用对话框来完成填充的任务。

使用【交互式填充工具】对图形进行填充时，可以随时观察到应用于图形中的各种填充效果，非常方便实用。

【交互式填充工具】综合了【填充工具组】中的多种类型的填充工具，完全能够满足各种不同的颜色填充需求。在工具箱中选择【交互式填充工具】后，即可打开相应的属性栏。当单击属性栏中的【均匀填充】、【渐变填充】、【向量图样填充】、【位图图样填充】、【双色图样填充】按钮后，属性栏将出现对应的设置项目，如图 4-73 所示。

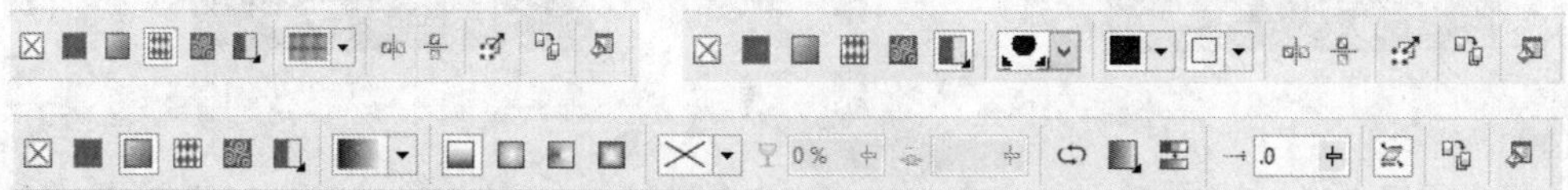

图 4-73 【交互式填充工具】属性栏

选择图形对象，或者选择【交互式填充工具】，再使用该工具在对象上单击选中对象，然后在属性栏中单击【均匀填充】、【渐变填充】、【向量图样填充】、【位图图样填充】、【双色图样填充】按钮的任一按钮，设置对应的属性即可填充对象，如图 4-74 所示。

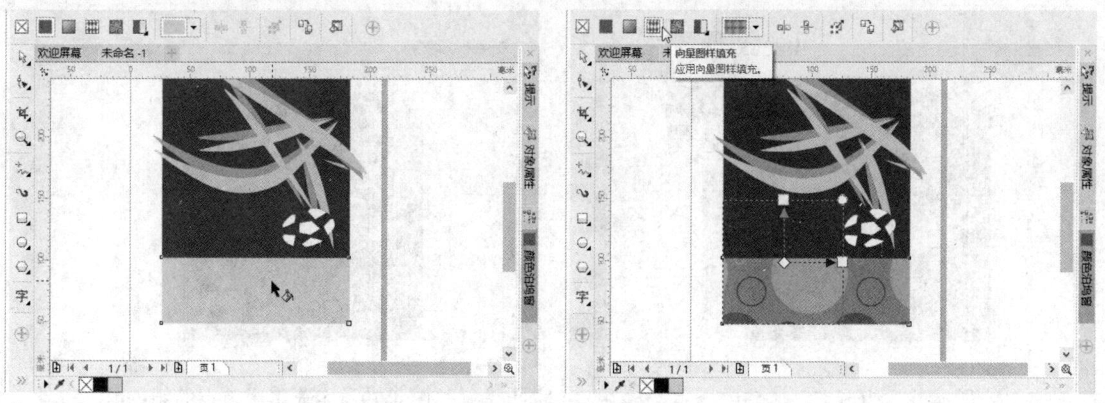

图 4-74 使用交互式填充工具填充对象

4.4.2 网状填充

使用【网状填充工具】可以对图形进行多种混合颜色的填充。

选择【网状填充工具】按钮，可以打开如图 4-75 所示的属性栏，在该属性栏中可以设置网格的大小（即行数和列数），并能通过添加与删除节点进一步编辑填充网状。

图 4-75 【网状填充工具】属性栏

动手操作 使用【网状填充工具】填充图形

1 在工具箱中选择【网状填充工具】，再选择对象，此时默认自动生成 2 行 2 列的网状效果，如图 4-76 所示。

2 如果需要设置网格大小，可以在属性栏中设置直接输入行列数值，或者通过单击上下三角形按钮增加或减少行列数，如图 4-77 所示。

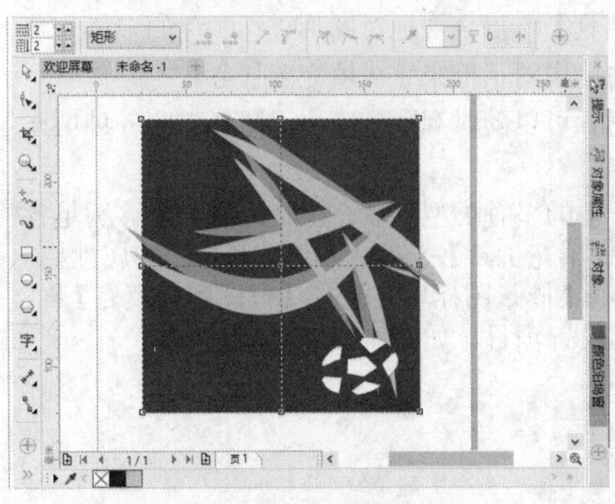

图 4-76 选择对象　　图 4-77 设置网状行列

3 在网状上选择需要填充颜色的节点，在属性栏中打开【网状填充颜色】列表框，并选择一种颜色即可，如图 4-78 所示。如果想要为其他节点设置填充颜色，使用相同的方法操作即可，如图 4-79 所示。

图 4-78 为节点添加颜色

图 4-79 填充多个节点的颜色

4.5 技能训练

下面通过多个上机练习实例，巩固所学的技能。

4.5.1 上机练习 1：为卡通动物设置轮廓并填色

本例将为卡通动物所有图形对象设置轮廓的宽度和颜色，再为动物部分图形对象填充纯色，然后为动物头部和双角图形对象填充渐变颜色，最后为动物的下巴填充纯色。

1 打开光盘中的“..\Example\Ch04\4.5.1.cdr”练习文件，按 Ctrl+A 键选择所有对象，如图 4-80 所示。

2 在工具箱中选择【轮廓笔工具】，打开【轮廓笔】对话框后，设置轮廓宽度为 1.5mm，然后单击【确定】按钮，如图 4-81 所示。

图 4-80　选择所有对象

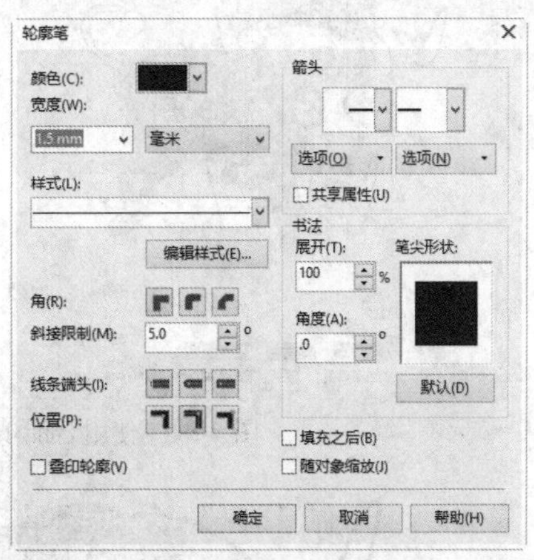

图 4-81　设置轮廓的宽度

3 在工具箱中选择【轮廓色工具】，打开【轮廓颜色】对话框后选择【模型】选项卡，然后在颜色挑选器上选择一种颜色，再单击【确定】按钮，如图 4-82 所示。

4 按住 Shift 键选择卡通动物【牛】的两个鼻子图形对象，再打开属性栏的【轮廓宽度】列表框，选择【无】选项，如图 4-83 所示。

图 4-82　设置轮廓颜色

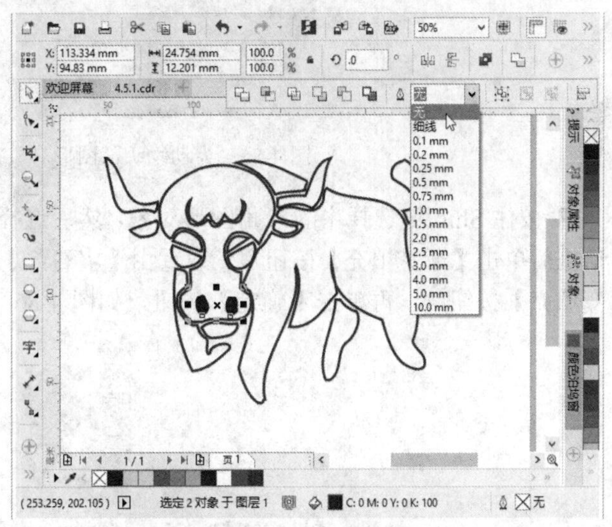

图 4-83　设置个别图形对象无轮廓

5 在工具箱中选择【智能填充工具】，然后设置填充选项为【指定】，再选择一种颜色，在图形对象上单击应用填充颜色，如图 4-84 所示。

6 选择卡通动物【牛】的头部图形对象，然后在工具箱中选择【编辑填充工具】，打开【编辑填充】对话框后单击【渐变填充】按钮，设置渐变样本栏中两个色标的颜色，在填充挑选器中单击设置渐变的位置，最后单击【确定】按钮，如图 4-85 所示。

图 4-84　使用智能填充工具为部分对象填充颜色

图 4-85　为动物头部图形对象设置渐变颜色

7 按住 Shift 键选择牛的双角图形对象，然后选择【编辑填充工具】，打开【编辑填充】对话框后单击【渐变填充】按钮，设置由【宝石红】颜色到白色的渐变，接着单击【椭圆形渐变填充】按钮，再单击【确定】按钮，如图 4-86 所示。

图 4-86　选择双角图形并填充渐变颜色

8 选择牛的下巴图形对象，然后在用户界面右侧的 CMYK 调色板中单击【粉】颜色方块，为下巴图形应用粉色填充，如图 4-87 所示。

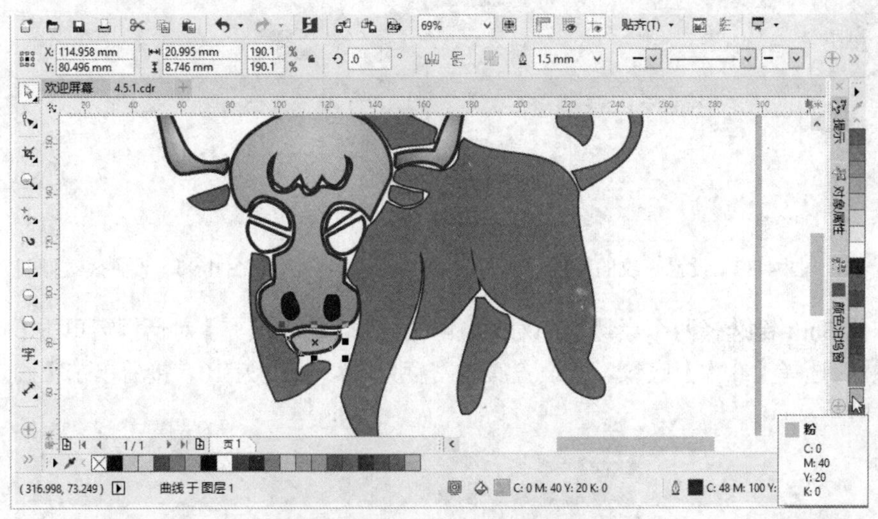

图 4-87　选择下巴图形并填充粉色

4.5.2　上机练习 2：为物体插画填充底纹和颜色

本例将分别为插画中的桌面和桌边图形对象应用底纹填充，然后为插画中的桌脚应用渐变填充，再使用【交互式填充工具】修改插画的瓶身填充颜色。

操作步骤

1 打开光盘中的“..\Example\Ch04\4.5.2.cdr”练习文件，选择插画中的桌面图形对象，然后选择【编辑填充工具】，打开【编辑填充】对话框后单击【底纹填充】按钮，接着选择【底纹库】为【样品 9】，再通过底纹挑选器选择【红木】底纹，如图 4-88 所示。

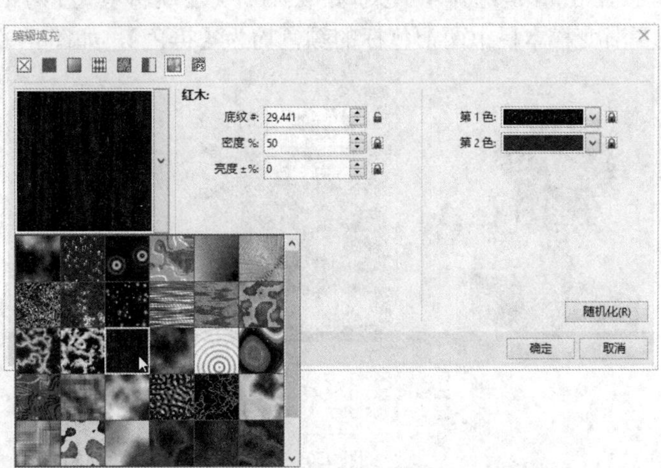

图 4-88　为台面图形选择填充底纹

2 选择底纹后，设置底纹第 1 色为【棕色】、第 2 色为【专红】，如图 4-89 所示。

3 在【编辑填充】对话框中单击【变换】按钮，打开【变换】对话框后设置倾斜为 60 度，再单击【确定】按钮，如图 4-90 所示。

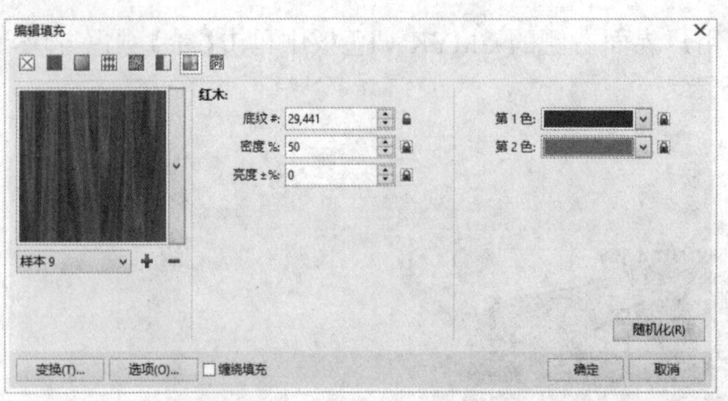

图 4-89　设置底纹的颜色

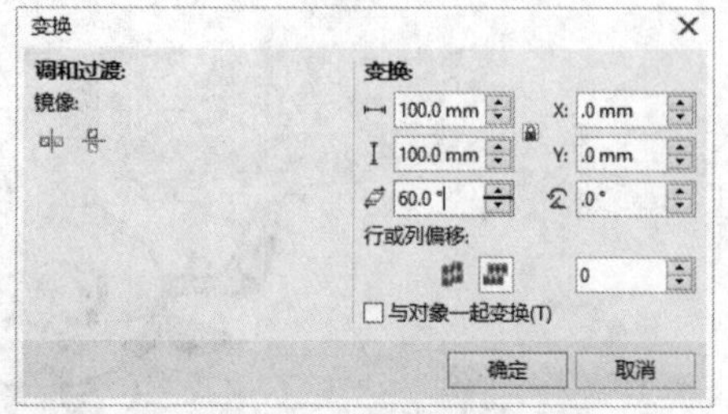

图 4-90　设置底纹倾斜角度

4 按住 Shift 键选择两个桌边图形对象，再次打开【编辑填充】对话框后单击【底纹填充】按钮，然后选择【红木】底纹，并设置底纹密度为 50、亮度为 10，接着单击【确定】按钮，如图 4-91 所示。

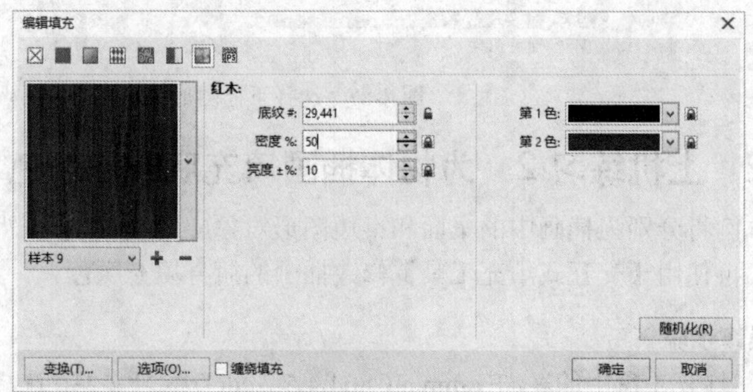

图 4-91　为桌边图形应用底纹填充

5 按住 Shift 键选择 4 个桌脚，然后打开【编辑填充】对话框，单击【渐变填充】按钮，接着设置渐变样本栏中两个色标的颜色均为【橙色】，如图 4-92 所示。

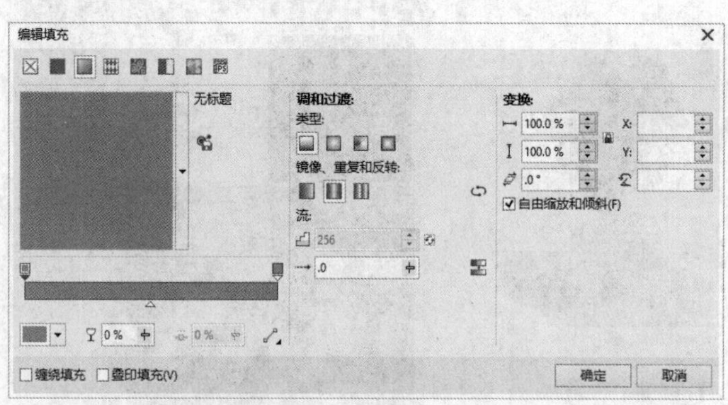

图 4-92　选择桌脚对象并编辑填充

6 在渐变样本栏中间处单击添加一个色标，然后设置该色标的颜色为【浅黄】，接着设置填充宽度和填充高度为 120%，再单击【确定】按钮，如图 4-93 所示。

7 在工具箱中选择【交互式填充工具】，然后选择插画中的花瓶瓶身图形对象，再单击【椭圆形渐变填充】按钮，将渐变中心移到瓶身中央处，如图 4-94 所示。

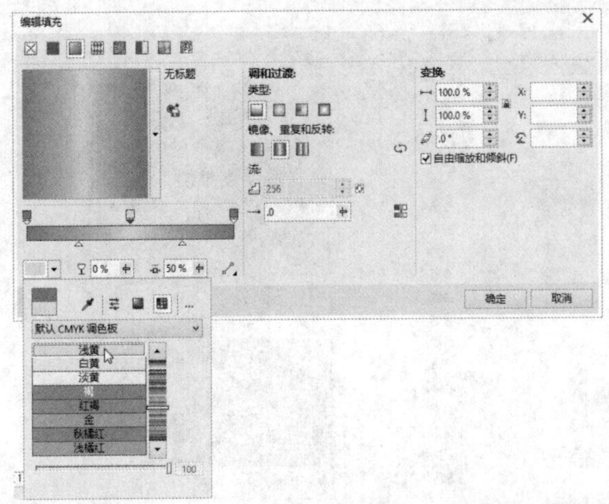
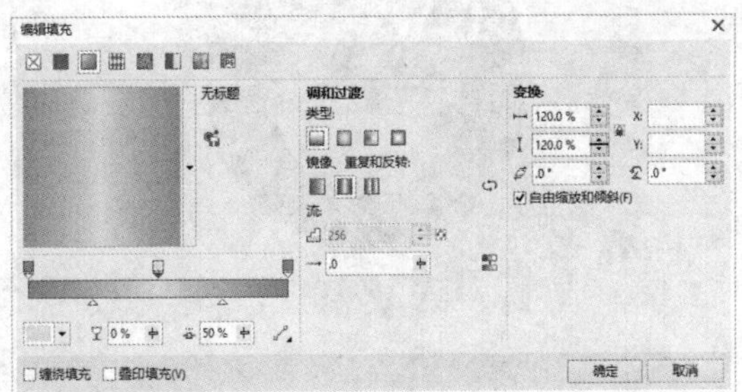

图 4-93　编辑渐变颜色并应用

图 4-94　设置瓶身图形对象的渐变填充

4.5.3　上机练习 3：为狮子插画填充图样和渐变

本例将先使用【交互式填充工具】为狮子插画的毛发图形对象应用位图填充，再旋转填充方向并编辑填充，然后使狮子头部图形对象应用渐变填充，并适当设置渐变填充的效果。

操作步骤

1 打开光盘中的“..\Example\Ch04\4.5.3.cdr”练习文件，在工具箱中选择【交互式填充工具】，然后选择狮子插画的毛发图形对象，如图 4-95 所示。

2 在属性栏中单击【位图图样填充】按钮，接着打开【填充挑选器】，再单击【浏览】按钮，如图 4-96 所示。

3 打开【打开】对话框后，选择“..\Example\Ch04\多彩图.jpg”素材图像，再单击【打开】按钮，如图 4-97 所示。

4 指定填充位图后，返回绘图页面中，再按住填充控件中的旋转手柄，逆时针旋转填充，如图 4-98 所示。

图 4-95　选择毛发图形对象

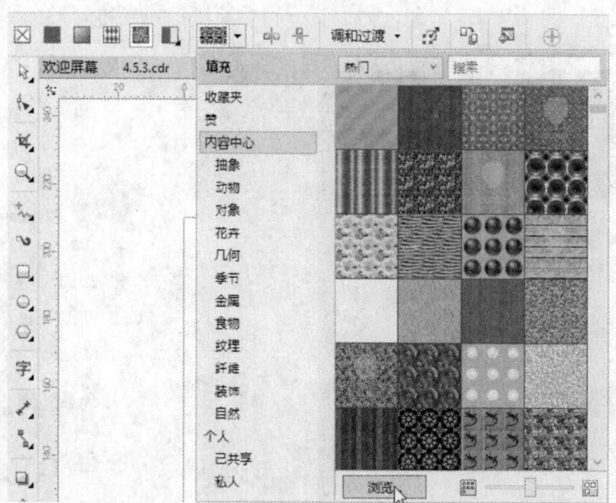

图 4-96　打开填充挑选器并浏览位图

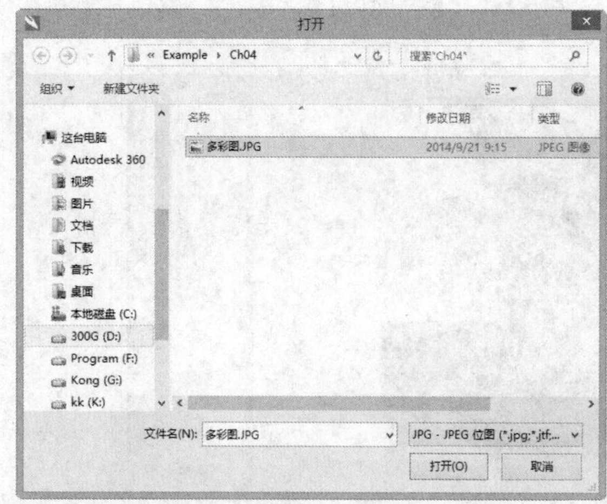

图 4-97　指定作为图样的位图

图 4-98　旋转位图图样

5 在属性栏上单击【编辑填充】按钮，打开【编辑填充】对话框后，单击【径向调和】按钮，如图 4-99 所示。

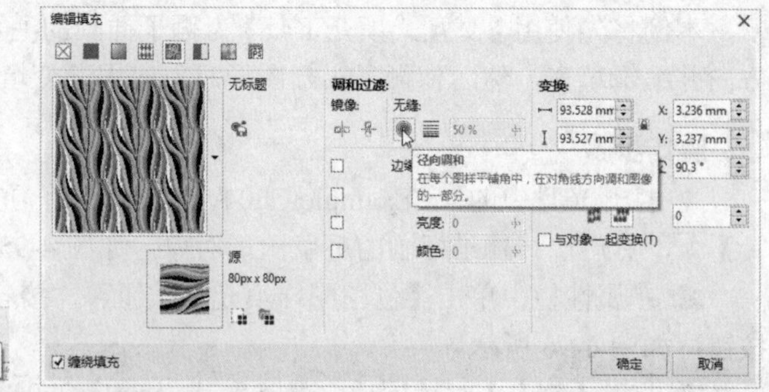

图 4-99　编辑填充的调和过渡选项

6 在【编辑填充】对话框中设置填充宽度和填充高度均为 110%，再选择【边缘匹配】复选框，以改善毛发图形的位图图样填充效果，最后单击【确定】按钮，如图 4-100 所示。

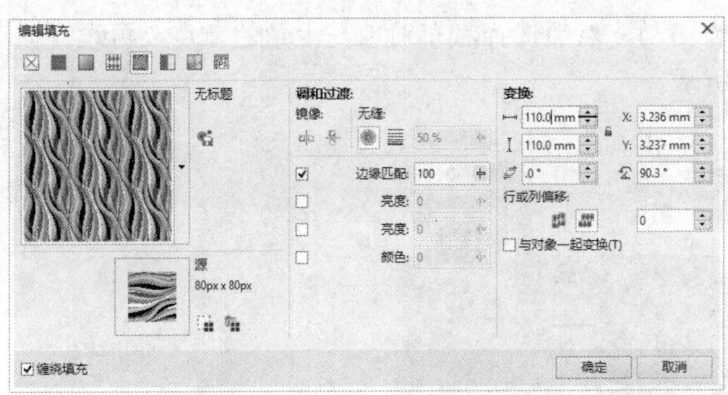

图 4-100　设置填充的边缘匹配和填充大小选项

7 选择【交互式填充工具】，然后选择狮子插画的头部图形对象，设置渐变颜色并单击【椭圆形渐变填充】按钮，如图 4-101 所示。

图 4-101　为狮子头部图形对象应用渐变填充

4.5.4　上机练习 4：使用网状填充制作多彩背景

本例将使用【网状填充工具】为作为背景的矩形对象进行填充处理。在本例中，将分成 4×4 规格的网状，分别为绘图页面中汽车图形周边的节点设置不同的颜色，以产生多彩背景的效果。

操作步骤

1 打开光盘中的“..\Example\Ch04\4.5.4.cdr”练习文件，在工具箱中选择【网状填充工具】，然后选择绘图页面中的矩形对象，如图 4-102 所示。

图 4-102　为矩形对象应用网状填充

2 在属性栏中设置网格的大小为 4×4，然后选择汽车对象左上角的节点，再设置该节点的填充颜色为【黄色】，如图 4-103 所示。

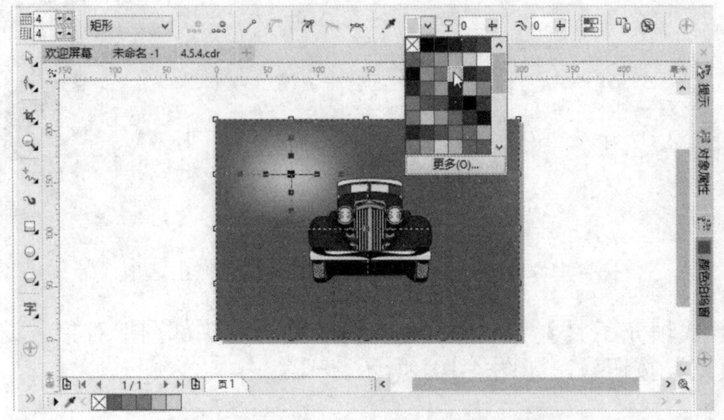

图 4-103　设置第一个节点的填充颜色

3 选择汽车对象右上角的节点，设置该节点的填充颜色为【粉色】，接着设置填充颜色的透明度为 50，如图 4-104 所示。

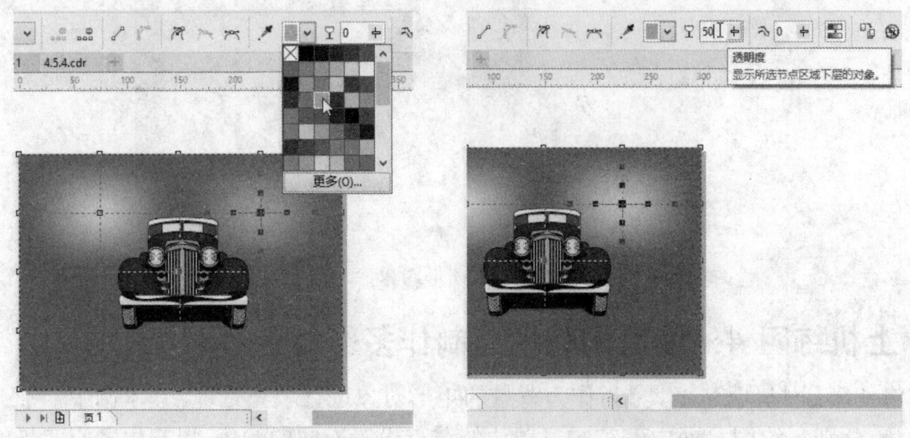

图 4-104　设置第二个节点的填充颜色

4 使用上述步骤的方法，分别设置其他左下方节点和右下方节点的颜色为【绿色】和【青色】，如图 4-105 所示。

图 4-105　设置第三和第四个节点的填充颜色

5 选择汽车图形对象下方的节点并向上移动，再选择汽车图形对象上方的节点并向下移动，调整节点的位置，如图 4-106 所示。

图 4-106　调整节点的位置

6 分别选择调整位置后的两个节点，并设置节点的颜色为【白色】和【红色】，结果如图 4-107 所示。

图 4-107　设置第五和第六个节点的填充颜色

4.5.5　上机练习 5：为人物插画填充颜色和图样

本例将先使用【智能填充工具】分别为人物插画的帽子、头发、围巾、鞋子、身体等图形对象填充纯色，再使用【颜色滴管工具】为眼睛对象填充纯色，然后使用【交互式填充工具】为上衣图形对象填充双色图样，接着使用【编辑填充工具】为裤子图形对象填充渐变颜色，最后为帽子上的线条对象设置轮廓颜色。

操作步骤

1 打开光盘中的“..\Example\Ch04\4.5.5.cdr”练习文件，选择【智能填充工具】，然后设置指定颜色为【宝石红】，接着使用该工具在人物插画的帽子对象上单击填充颜色，如图 4-108 所示。

2 在帽子对象上单击右键，并从弹出的菜单中选择【顺序】|【向后一层】命令，以显示位于下层的帽子线条对象，如图 4-109 所示。

3 使用步骤 1 的方法，使用【智能填充工具】分别为人物插画的帽沿、头发、围巾和鞋子对象填充不同的颜色，如图 4-110 所示。

4 在【智能填充工具】的属性栏中设置颜色为【沙黄】，然后分别为人物露出衣服外的身体图形对象填充该颜色，接着选择脸部填充对象并单击右键，再选择【顺序】|【到页面背面】命令，以显示作为嘴巴的线条对象，如图 4-111 所示。

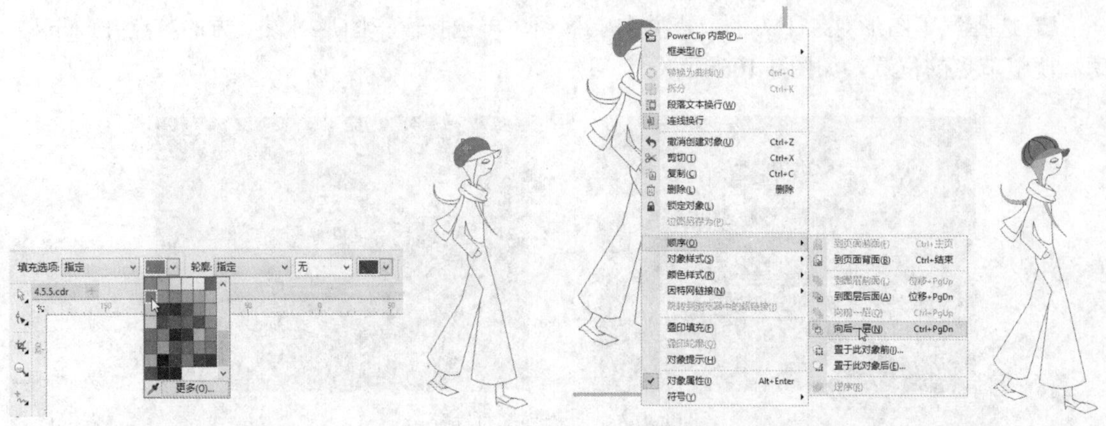

图 4-108　为帽子对象填充颜色　　图 4-109　调整填充对象的顺序

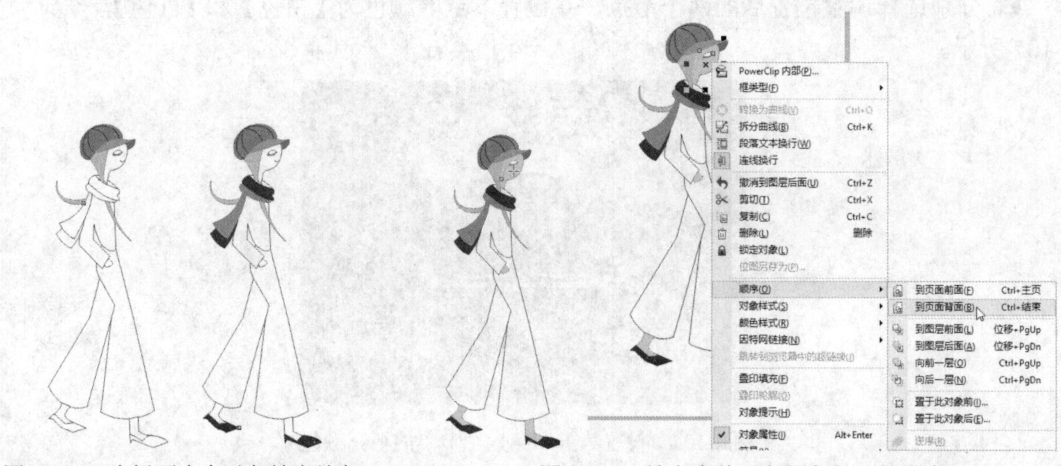

图 4-110　为插画多个对象填充纯色　　图 4-111　填充身体对象颜色并调整顺序

5 选择【颜色滴管工具】，然后在围巾对象上单击选择颜色，接着在眼皮图形对象上单击应用选择的颜色，如图 4-112 所示。

6 在属性栏中单击【选择颜色】按钮，然后在围巾对象另一部分中单击选择颜色，再放大绘图页面显示，接着在眼睫毛对象中单击填充颜色，如图 4-113 所示。

图 4-112　为眼皮图形对象填充颜色　　图 4-113　为眼睫毛图形对象填充颜色

7 选择【交互式填充工具】，再选择上衣图形对象，然后单击属性栏的【双色图样填充】按钮，接着选择一种图样，设置双色为【洋红】和【香蕉黄】，如图 4-114 所示。

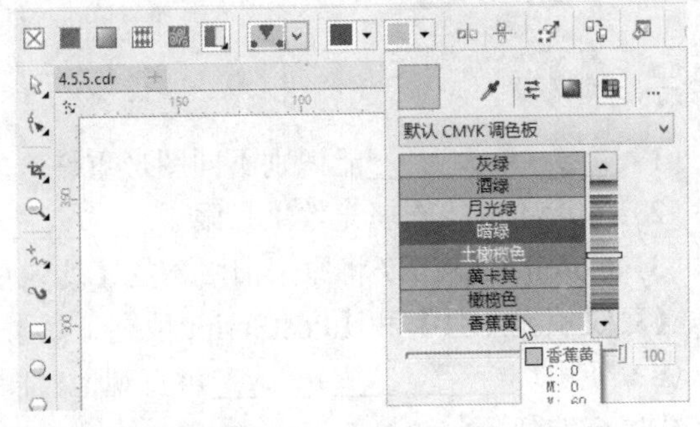

图 4-114　为上衣应用双色图样填充

8 选择图样填充的中点，然后将它拖到上衣图形对象的中央，接着按住缩放手柄并缩小填充范围，如图 4-115 所示。

9 使用【选择工具】选择裤子图形对象，打开【编辑填充】对话框，单击【渐变填充】按钮，接着设置【豪华红】到【沙黄】的渐变颜色，如图 4-116 所示。

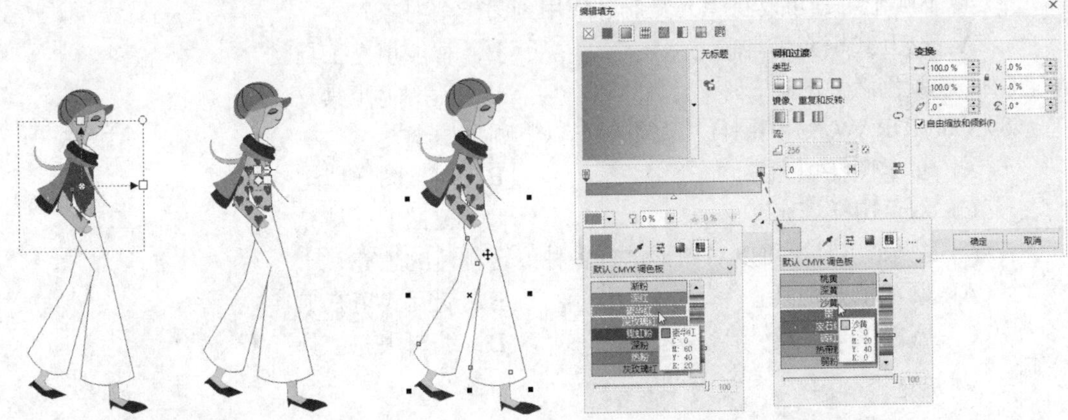

图 4-115　编辑双色图样填充效果　　　　图 4-116　为裤子图形对象应用渐变颜色

10 选择帽子对象上的线条对象，然后在工具箱中选择【轮廓色工具】，打开【轮廓颜色】对话框后选择一种轮廓颜色，单击【确定】按钮，最后查看插画的效果，如图 4-117 所示。

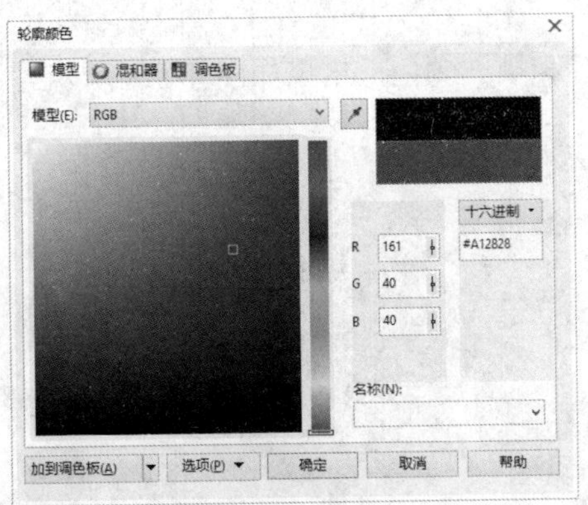

图 4-117　设置帽子线条的轮廓颜色

4.6 评测习题

一、填充题

（1）______________能识别不同图形重叠产生的交叉区域而进行色彩与轮廓填充。

（2）图形轮廓线的填充效果只限于______________填充。

（3）CorelDRAW X7 将原来旧版本的【均匀填充工具】、【渐变填充工具】、【图样填充工具】、【底纹填充工具】和【PostScript 填充工具】都集合在______________功能中。

（4）使用___________________可直观地对图形进行颜色的多样化填充，无须使用对话框来完成填充的任务。

二、选择题

（1）使用【交互式填充工具】的【渐变填充】功能时，不能设置哪种渐变类型？（　）

A．线性渐变填充　　B．射线渐变填充

C．椭圆形渐变填充　　D．矩形渐变填充

（2）以下哪个工具可以将填充复制并应用到另一个对象？（　）

A．交互式填充工具　　B．智能填充工具

C．颜色滴管工具　　D．轮廓笔工具

（3）CorelDRAW X7 的图样填充不包含以下哪个填充？（　）

A．星云图样填充　　B．向量图样填充

C．双色图样填充　　D．位图图样填充

（4）下面哪个工具不可以对图形进行多种混合颜色的填充？（　）

A．网状填充工具　　B．交互式填充工具

C．智能填充工具　　D．编辑填充工具

三、判断题

（1）使用【智能填充工具】不仅可对任何封闭的对象进行填充，还可对不同图形重叠产生的交叉区域进行色彩与轮廓的填充。（　）

（2）【网状填充工具】综合了【填充工具组】中的多种类型的填充工具，完全能够满足各种不同的颜色填充需求。（　）

四、操作题

为电脑图标插画设置轮廓和填充颜色，结果如图 4-118 所示。

图 4-118　为电脑图标插画填充颜色

操作提示：

（1）打开光盘中的“..\Example\Ch04\4.6.cdr”练习文件，选择插画中最大的圆形对象，再选择【轮廓笔工具】，并设置轮廓宽度为【无】。

（2）选择最大的圆形对象，并通过界面右侧的调色板为对象填充【深黄】颜色。

（3）选择【智能填充工具】，分别为电脑显示器围边区域和主机部分填充不同的颜色。

（4）选择电脑图标插画的电脑显示器屏幕图形对象，再打开【编辑填充】对话框，设置【宝石红】到【白色】的渐变颜色，再设置【椭圆形渐变填充】类型，最后单击【确定】按钮。

第 5 章　对象的编辑、管理和造形

学习目标

简单的绘图较难完成优秀作品的创作，因此熟练地掌握图形对象的各种操作方法，合理地组织和管理对象，是完成优秀作品创作的基本功。本章将介绍 CorelDRAW X7 中对象的编辑与管理以及造形方法。

学习重点

☑ 选择与全选对象
☑ 使用手绘选择工具
☑ 复制与再制对象
☑ 移动、编辑与变换对象
☑ 排列、对齐与分布对象
☑ 组合、合并与造形对象

5.1　选择与全选对象

在 CorelDRAW 中，对图形对象进行操作前必须先将其选择，因为它的编辑处理只对目前选择的对象起作用。

5.1.1　选择工具

1. 选择对象的方法

使用【选择工具】可以对文件中的图形对象进行多种方法的选择操作，其中包括点选、框选、加选与减选等。选择对象方法的说明如下：

（1）点选：是指单击选择单个对象。

（2）框选：如果要一次选择相邻的多个对象，可以使用拉出矩形框的方式来选择多个对象，如图 5-1 所示。但框选时要注意，只有完全处于选框内的对象才能被选择。

图 5-1　框选到对象

（3）加选与减选：如果要同时选择两个以上的对象，而目标对象又不是处于相邻的关系，此时只要按住 Shift 键不放，再单击目标对象，即可进行加选或减选操作。对于未被选择的图形，按住 Shift 键单击即可将其加选；而对于已被选择的图形，按住 Shift 键单击即可实现减选处理，如图 5-2 所示。

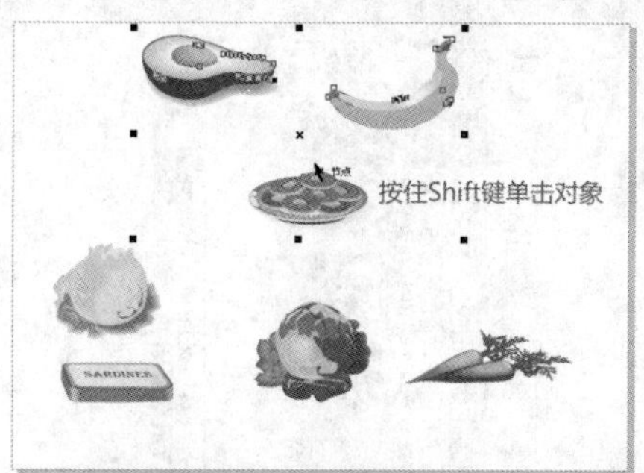

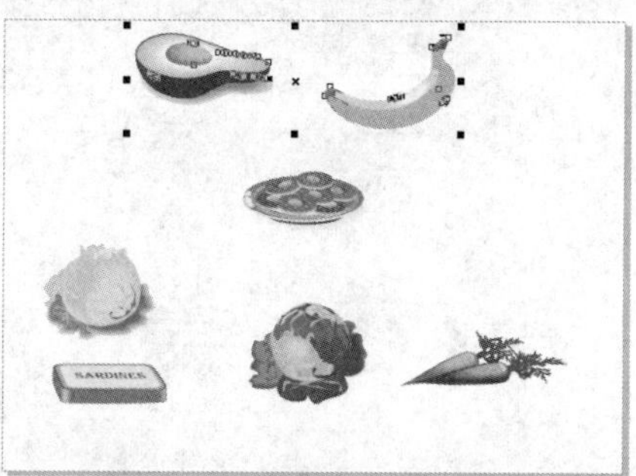

图 5-2　减选对象

问：怎样快速地切换到【选择工具】？

答：无论当前选择哪种工具，按键盘空格键都可以快速切换到【选择工具】，再次按空格键则切换到原来使用的工具。

2. 搭配键盘选择对象

如果文件中存在多个对象，并且要选择的对象处于某个对象下方，则可以通过键盘方便地选择对象。

首先选择【选择工具】，然后连续按键盘 Tab 键，可以从最下方的对象开始依次向前选择对象，如图 5-3 所示。如果连续按 Shift+Tab 键，则可以从最上方开始向后选择对象。当多个对象重叠时，按住 Alt 键连续单击鼠标左键，可以顺序向下选择对象，直到选择所需要的对象为止。

图 5-3　按 Tab 键选择下方的对象

5.1.2　对象管理器

使用【对象管理器】泊坞窗可以方便地组织和管理对象，特别是在文件中存在多页面的情况下，其便捷性更为突出。

1. 选择单个对象

在菜单栏选择【窗口】|【泊坞窗】|【对象管理器】命令，打开【对象管理器】对话框

后在对话框相应页面下方选择所需对象即可，如图 5-4 所示。选择对象后绘图窗口将自动显示对象所在页面。

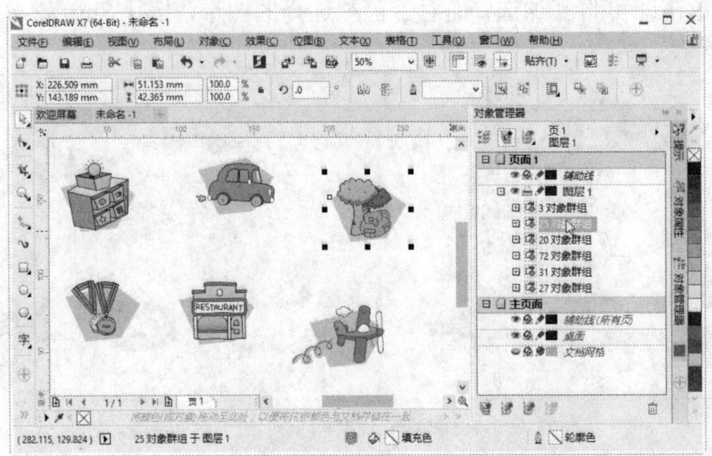

图 5-4 使用【对象管理器】泊坞窗选择单个对象

2. 选择多个对象

使用【对象管理器】泊坞窗也可以执行选择多个对象的操作。首先打开【对象管理器】泊坞窗，然后按住 Ctrl 键，再分别左键单击对象名称，即可同时选择相应对象，如图 5-5 所示。需要注意的是，只有同一页面中的对象才能被同时选择。

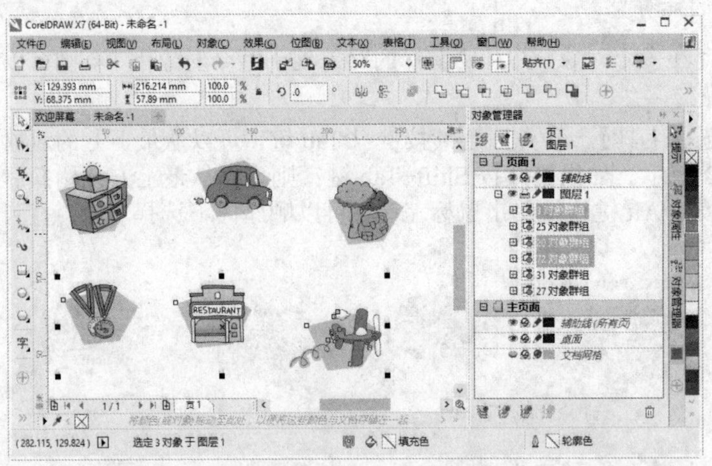

图 5-5 使用【对象管理器】泊坞窗选择多个对象

5.1.3 选择所有对象

如果要同时选择所有对象，除了参照选择多个对象的操作外，也可以在菜单栏选择【编辑】|【全选】|【对象】命令，或者按 Ctrl+A 键，如图 5-6 所示。

如果想同时选择所有文本、辅助线、节点，而不是所有对象，可以在菜单栏打开【编辑】|【全选】子菜单，然后选择相应命令即可。

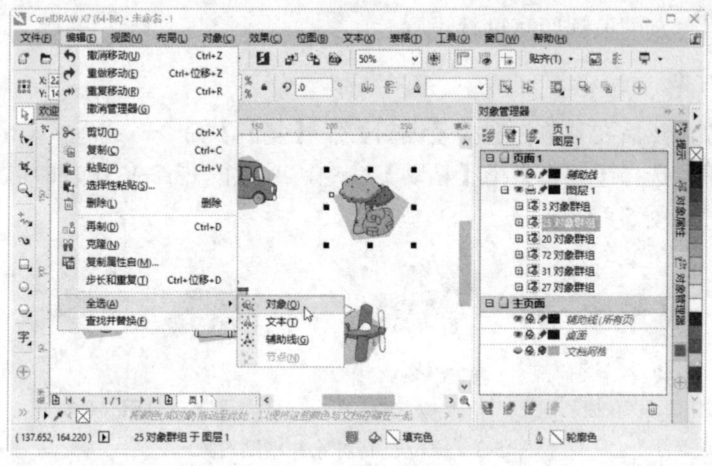

图 5-6　通过菜单全选对象

5.1.4　手绘选择对象

在 CorelDRAW X7 中，可以使用矩形或不规则形状的选择区域框选对象。矩形框选需要使用【选择工具】，不规则形状框选则需要使用【手绘选择工具】。

选择【手绘选择工具】，然后在要选择的对象的周围拖动绘出选择区域框，包含在选择区域框内的对象将被选择到，如图 5-7 所示。如果对象只有一部分被选择区域圈中，则不会选择该对象。

（1）如果要选择只有一部分被选择区域圈中的对象，可以在拖动的同时按住 Alt 键。

（2）如果要使选择区域成为规则形状，可以在拖动的同时按住 Ctrl 键。

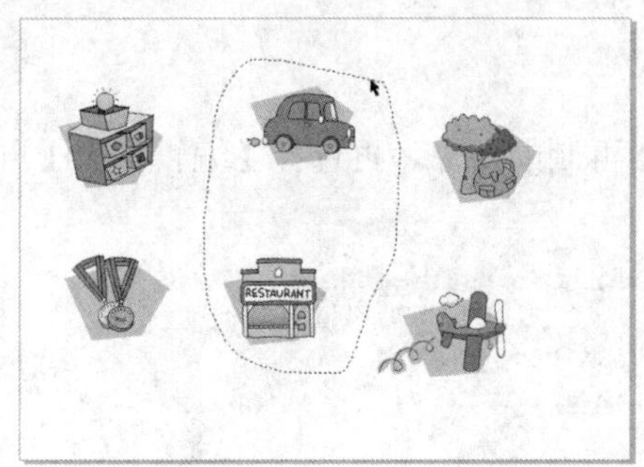

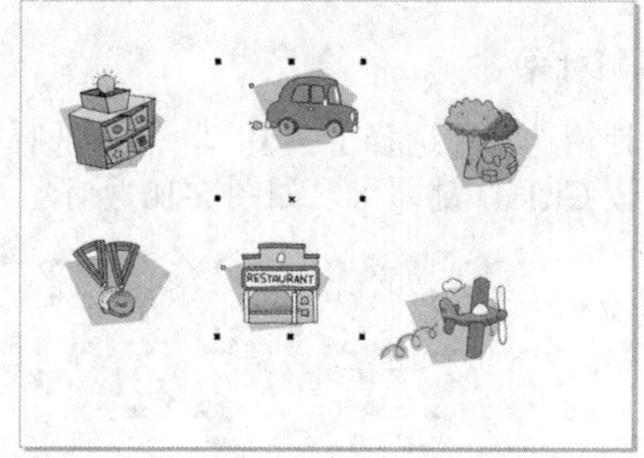

图 5-7　使用手绘选择工具框选对象

5.2　复制与再制对象

选择对象后，可以通过复制和再制的方式，快速创建相同的对象。

5.2.1　复制与再制对象

“复制”与“再制”具有共同的目的，就是创建一个完全相同的副本对象，但两者之间有区别。

（1）复制也就是创建对象的副本，在 CorelDRAW X7 中分为原位复制和移动复制。

（2）再制与复制相似，不过它增加了对象副本的偏移距离。在进行再制时，可以在【选择工具】属性栏中对再制的偏移距离进行设置。

1. 原位复制对象

先选择该对象，然后在菜单栏选择【编辑】|【复制】命令，或者按 Ctrl+C 键即可。复制对象后，在菜单栏选择【编辑】|【粘贴】命令，或者按 Ctrl+V 键，即可将对象副本粘贴在对象原来位置，如图 5-8 所示。

图 5-8　原位复制对象并粘贴对象

2. 移动复制对象

使用【选择工具】选择对象，按住左键将其拖动至适当位置再按右键，待光标下方出现“+”图示后松开左键即可，如图 5-9 所示。

图 5-9　移动复制对象

3. 再制对象

在工具箱选择【选择工具】，然后选择需要再制的对象，再选择【编辑】|【再制】命令，或者按 Ctrl+D 键即可，如图 5-10 所示。

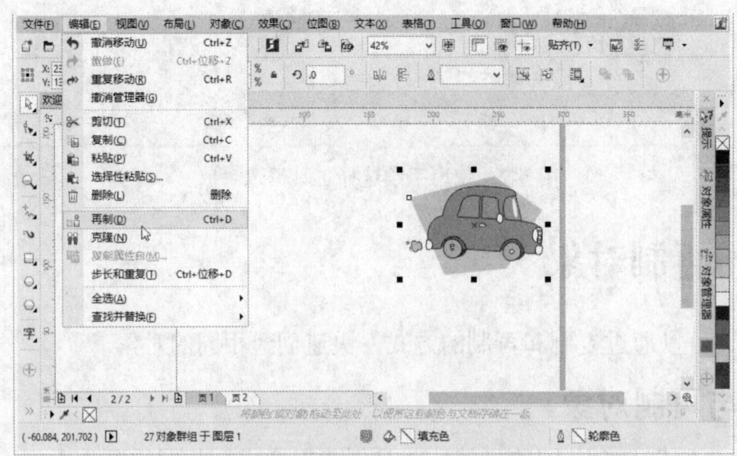

图 5-10　选择对象并执行再制

此时打开【再制偏移】对话框，在对话框中设置水平偏移和垂直偏移的数值，然后单击【确定】按钮即可，如图 5-11 所示。

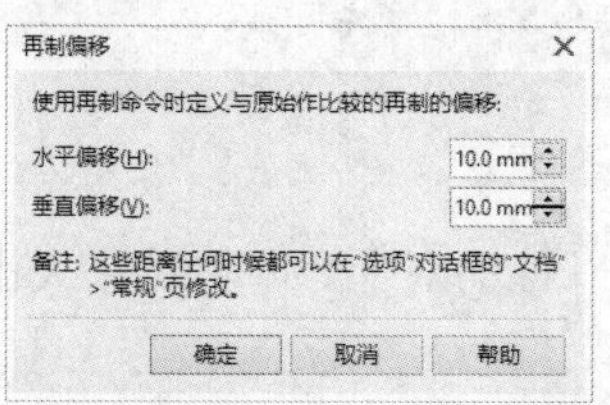

图 5-11　设置偏移距离再制对象

5.2.2　重复复制对象

使用【步长和重复】功能可以同时创建对象的多个副本，并且可以在创建时确定副本的偏移距离和偏移方向，从而极大地提高了用户的工作效率。

动手操作　快速创建规范的重复对象

1 打开光盘中的"..\Example\Ch05\5.2.2.cdr"练习文件，然后在工具箱选择【选择工具】，单击选择要复制的对象，如图 5-12 所示。

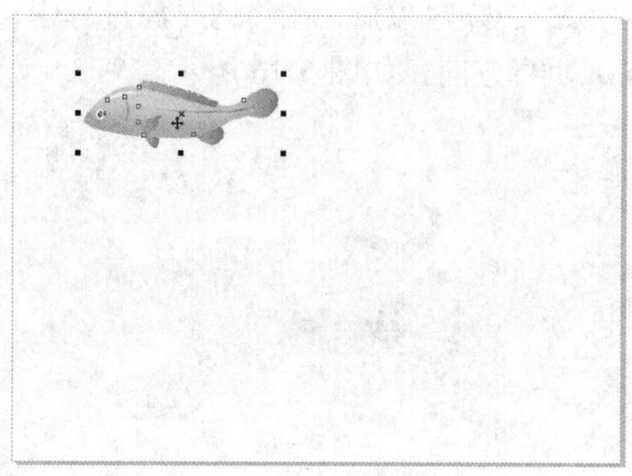

图 5-12　要复制的对象

2 在菜单栏选择【编辑】|【步长和重复】命令，或者按 Ctrl+Shift+D 键，打开【步长和重复】泊坞窗。

3 在【份数】微调框中输入对象副本的数量，然后在【水平设置】栏的【偏移选项】下拉列表框中选择【偏移】项，在【距离】微调框中输入水平偏移距离。使用同样方法设置【垂直设置】，设置完毕后单击【应用】按钮，如图 5-13 所示。复制的结果如图 5-14 所示。

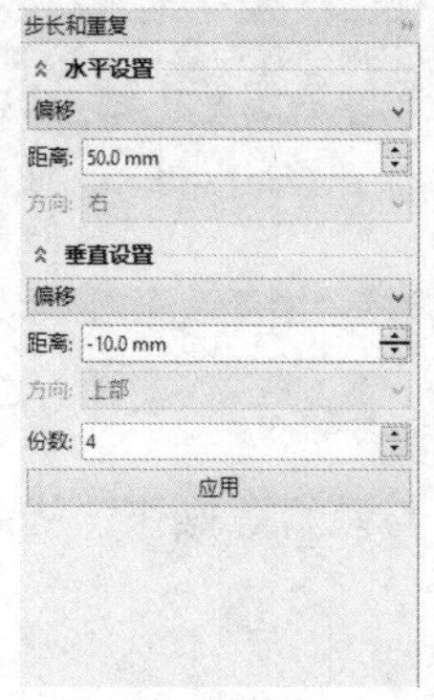

图 5-13　设置【步长和重复】选项

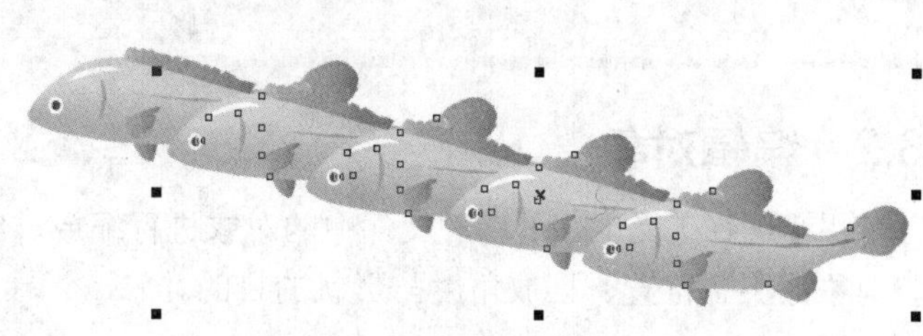

图 5-14　重复复制产生的对象

设置偏移距离时，距离值为正数表示向右（水平）或向下（垂直）偏移，负数表示向左或向上偏移。

在【偏移选项】下拉列表框选择项目时，【偏移】选项是指对象副本的中心点相对于对象中心点的偏移；【对象之间的偏移】是指对象副本相对于对象的间隔距离；【无偏移】则不产生偏移。

5.3 对象编辑和变换

使用【选择工具】不仅可以选择对象，还可以移动对象、调整对象大小、旋转与倾斜对象，以及镜像对象等操作。

5.3.1 移动对象

使用【选择工具】选择对象后，可以通过拖动的方式移动对象。

动手操作 移动对象

1 选择对象后，将鼠标指针移到选中的对象上，当显示✢图示时，按住对象并向任意方向拖动，即可移动选中的对象，如图 5-15 所示。

2 选择对象后，在移动对象过程中，按住 Ctrl 键或 Shift 键，可以限制移动方向为水平方向或垂直方向，如图 5-16 所示。

图 5-15 任意移动对象

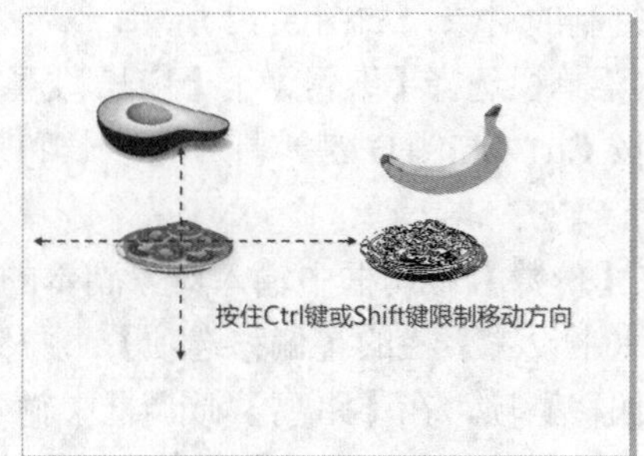

图 5-16 显示移动对象的方向

用户也可以使用键盘方向键移动对象。先使用【选择工具】单击选中对象，然后按键盘方向键，即可以控制对象向 4 个方向移动。

5.3.2 编辑对象

使用【选择工具】可以对文件中的对象进行缩放、旋转、翻转与倾斜等操作，从而实现调整对象大小、位置、摆放角度与形状的目的。

1. 拉宽对象

使用【选择工具】选择对象，将光标移至右侧中间的调整点上，当光标变成↔状态后，按下左键不放并往右边拖动，可以拉宽对象，如图 5-17 所示。

2. 缩放对象

使用【选择工具】选择对象，将光标移至右上角的调整点上，将光标变成⤢状态后，往左下方拖动可以缩小对象，往右上方拖动则可以扩大对象，如图 5-18 所示。

3. 从中心向外缩放对象

使用【选择工具】选择对象，将光标移至右上角的调整点上，按住 Shift 键不放并往右上方拖动或左下方拖动，可以中心为基准等比例向四周扩大对象或缩小，如图 5-19 所示，此时光标变成了⌘状态。

图 5-17 拉宽对象

图 5-18 扩大对象

图 5-19 以中心向外扩大或缩小对象

4. 翻转对象

使用【选择工具】选择对象，然后移动光标至对象左侧中间的调整点上，按住 Ctrl+Shift 键不放并往右侧拖动，可以在保持对象比例不变的情况下水平翻转对象，如图 5-20 所示的结果。

图 5-20 翻转对象

5. 旋转对象

保持对象的选中状态，使用【选择工具】再次单击（在没有选择对象时，则可以双击对象），原来的调整点变成了弧形的箭头状，表示该对象正处于旋转模式。将光标移至右上角处，当光标变成“O”状态后，往左方或右方拖动可以旋转对象，如图 5-21 所示。

图 5-21 旋转对象

(1) 旋转对象后，可以通过【选择工具】的属性栏查看旋转的角度。

(2) 旋转对象时按住 Shift 键，可以边旋转边等比缩放对象。

(3) 旋转对象时按住 Alt 键则可以边旋转边倾斜对象。

6. 倾斜对象

保持对象的选中状态，使用【选择工具】再次单击，使其进入旋转模式。其中 4 个↔图示为倾斜点，拖动可以调整对象倾斜度。首先将光标移至对象上方中的上倾斜点上，当光标变成“⇌”状态时，往右边或左边拖动倾斜对象，如图 5-22 所示。

图 5-22 倾斜对象

问：在翻转对象的方法中，按住 Ctrl 键和 Shift 键的作用是什么？

答：按住 Shift 键是为了保持对象的比例不变，而按 Ctrl 键是为了限制对象翻转所处的位置。

5.3.3 镜像对象

镜像对象操作可以垂直或水平翻转对象，翻转后的对象与原对象产生垂直或水平方向的镜像对称。在【选择工具】属性栏中，可以快速对选择的对象进行水平或垂直镜像操作，大大提高编辑图形对象效率。

要镜像对象时，在工具箱选择【选择工具】，单击选中对象，然后执行下列操作。

(1) 如果要水平镜像对象，在选择工具属性栏中单击【水平镜像】按钮，如图 5-23 所示。水平镜像后的对象如图 5-24 所示。

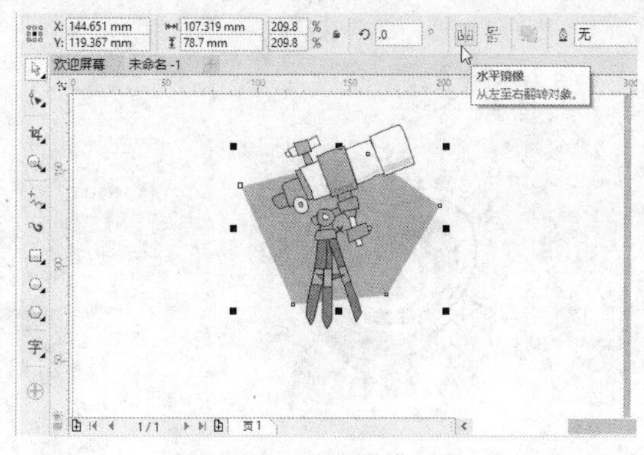

图 5-23 水平镜像对象

图 5-24 水平镜像后的结果

（2）如果要垂直镜像对象，在选择工具属性栏中单击【垂直镜像】按钮即可，如图 5-25 所示。

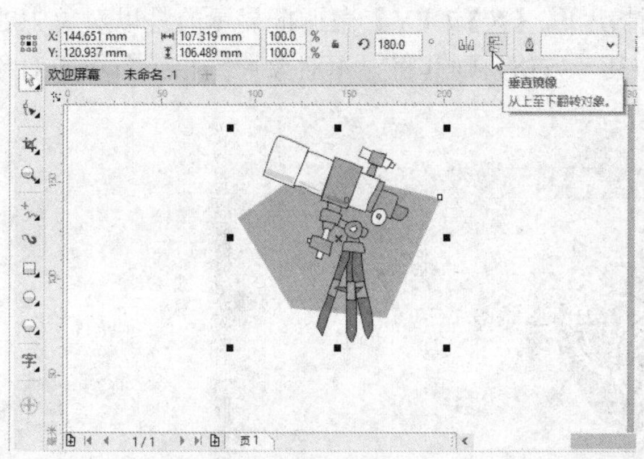

图 5-25 垂直镜像对象

5.3.4 精确变换对象

CorelDRAW 提供了【变换】泊坞窗功能，在该泊坞窗中，可以精确地控制对象的移动、旋转、镜像、缩放以及倾斜等操作。

1. 打开【变换】泊坞窗

方法 1 选择【对象】|【变换】命令，从打开的子菜单中选择任意命令，均可打开【变换】泊坞窗，如图 5-26 所示。

方法 2 选择【窗口】|【泊坞窗】|【变换】命令，在打开的子菜单中选择任意命令，均可打开【变换】泊坞窗，如图 5-27 所示。

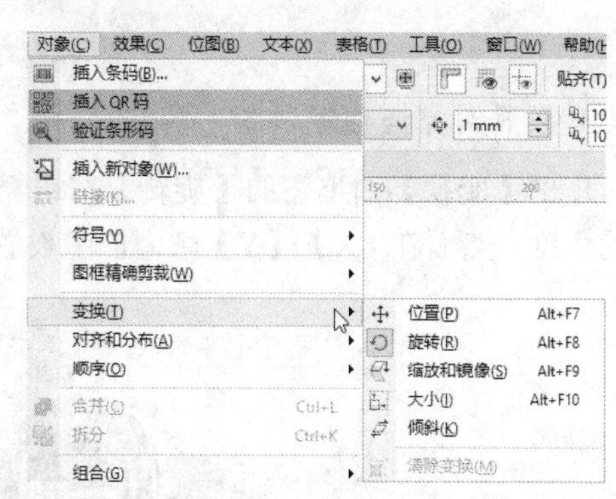

图 5-26 通过【对象】菜单打开【变换】泊坞窗

2. 变换对象位置

选中要变换的对象，打开【变换】泊坞窗并单击【位置】按钮，在【位置】面板中的【X（水平）】/【Y（垂直）】微调框用于显示和设置对象的水平和垂直移动距离，在微调框中输入合适数值，然后单击【应用】按钮即可，如图 5-28 所示。

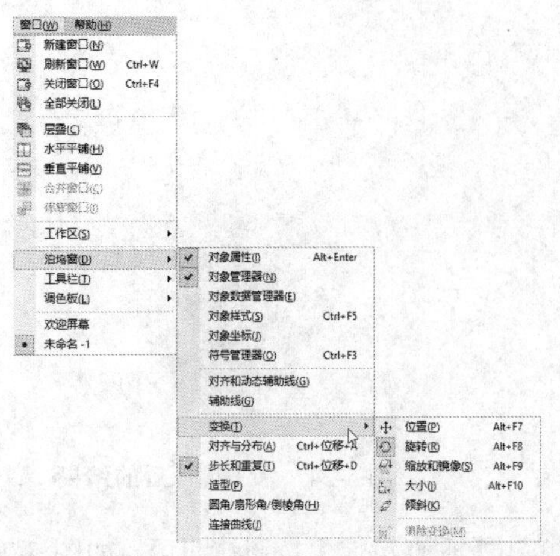

图 5-27　通过【窗口】菜单打开【变换】泊坞窗　　　　图 5-28　设置参数并应用位置设置

在选择了【相对位置】复选框的情况下，【X】/【Y】微调框显示的是以对象中心为原点的相对位置，单击【相对位置】下方的某一方格，则其将显示对象周围相应节点距对象中心的距离，如图 5-29 所示。

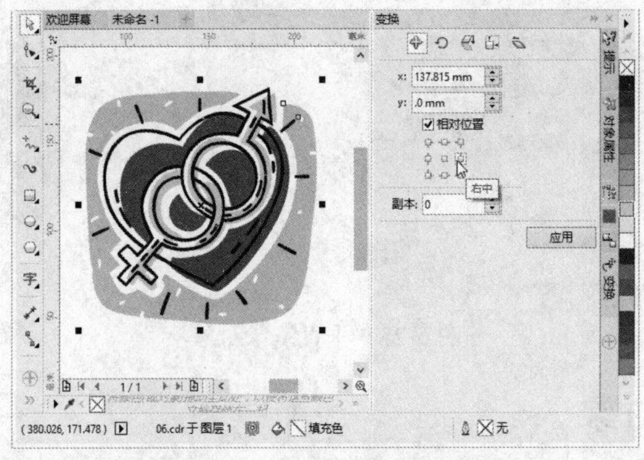

图 5-29　应用相对位置设置

3. 旋转对象与创建副本

单击【变换】泊坞窗的【旋转】按钮，打开【旋转】面板。在【旋转】微调框中输入旋转的角度，然后在【X】/【Y】微调框中设置中心点的位置，接着单击【应用】按钮，如图 5-30 所示。

图 5-30　旋转对象

如果在【副本】微调框中输入副本数值，可以将变换应用于指定数量的副本，且保存原版本对象不变，即在创建应用旋转设置的副本对象，如图 5-31 所示。

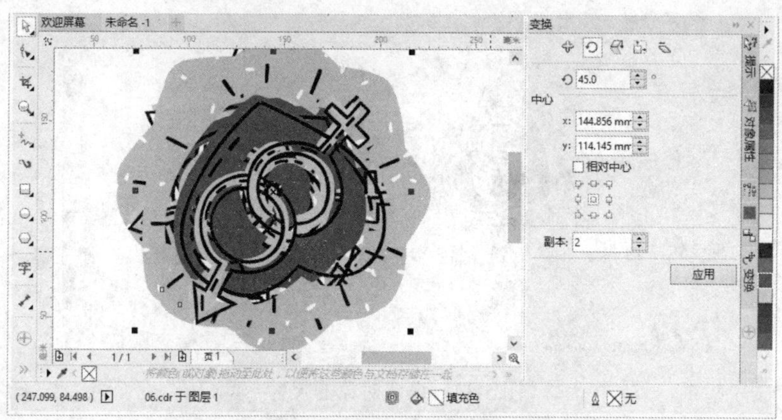

图 5-31　创建应用旋转的副本

4. 缩放和镜像

单击【变换】泊坞窗的【缩放和镜像】按钮，打开【缩放和镜像】面板。

如果要水平/垂直镜像对象，只需按下【水平镜像】按钮或【垂直镜像】按钮，然后在【X】/【Y】微调框中输入镜像时的对象缩放比例，再单击【应用】按钮即可，如图 5-32 所示。

如果取消选择【按比例】复选框，则调整对象比例时将允许不按比例调整。单击【按比例】下方的某一方格，则将以其对应节点为基点进行缩放和镜像对象。

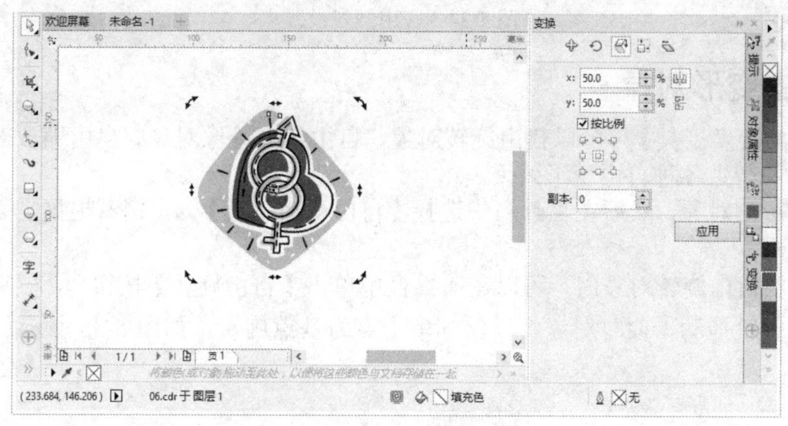

图 5-32　应用水平镜像设置

5. 指定对象尺寸

单击【变换】泊坞窗的【大小】按钮，打开【尺寸】面板。在【X】/【Y】微调框中设置对象的宽度/高度，也可以选择是否按比例调整对象，以及以某一节点为基点缩放对象，如图 5-33 所示。

6. 倾斜对象

单击【变换】泊坞窗的【倾斜】按钮，打开【倾斜】面板。在【X】/【Y】微调框中设置水平和垂直方向倾斜的角度，接着可以选择【使用锚点】复选框，再单击选项下方某一方格，则可以选择以相应节点为基点倾斜对象，如图 5-34 所示。

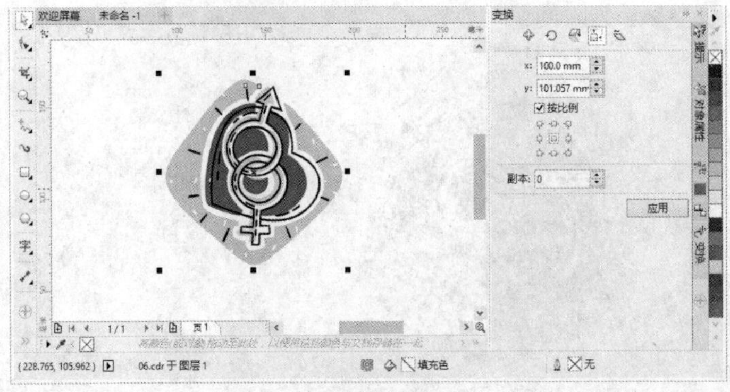

图 5-33　设置对象的尺寸

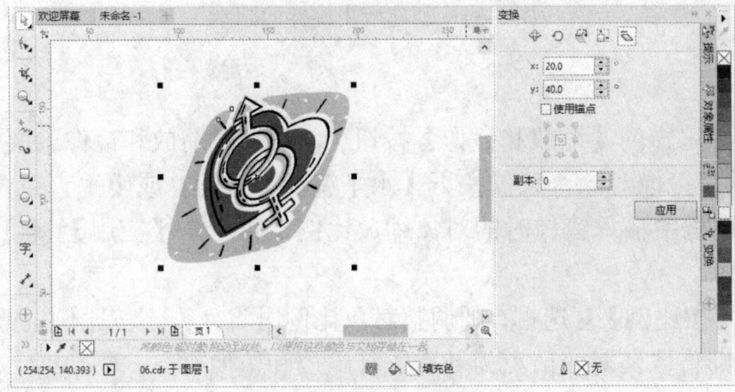

图 5-34　应用倾斜设置

5.3.5　自由变形对象

使用【自由变换工具】可以自由旋转对象、自由角度镜像对象、自由缩放对象及自由倾斜对象，使对象产生各种自由变形效果。

选中要变形的对象，然后在工具箱中选择【自由变换工具】，接着根据需要执行下列的操作：

（1）如果要自由旋转对象时，可以在属性栏中单击【自由旋转】按钮，然后在绘图窗口任意按住鼠标左键拖动，此时对象将以鼠标单击点为基点旋转，如图 5-35 所示。

图 5-35　自由旋转对象

（2）如果要自由镜像对象时，可以在工具属性栏中单击【自由镜像】按钮，然后在绘图窗口的任意位置按住鼠标左键拖动，此时对象将以鼠标单击点为基点产生自由角度镜像，如图 5-36 所示。

图 5-36　自由镜像对象

（3）如果要自由缩放对象，可以在工具属性栏中单击【自由缩放】按钮，然后在绘图窗口任意位置按住鼠标左键拖动，此时对象将以鼠标单击点为基点自由缩放，如图 5-37 所示。

图 5-37　自由缩放对象

（4）如果要自由倾斜对象，可以在工具属性栏中单击【自由倾斜】按钮，然后在绘图窗口任意位置按住鼠标左键拖动，此时对象将以鼠标单击点为基点自由，如图 5-38 所示。

图 5-38　自由倾斜对象

（5）如果在【自由变形工具】属性栏中进行变形对象操作："X"/"Y"数值框用于设置对象的位置；数值框用于设置对象的宽度和高度；【水平镜像】按钮/【垂直镜像】按钮用于水平/垂直镜像对象；数值框用于设置对象的旋转角度；"水平倾斜角度"/"垂直倾斜角度"数值框用于设置对象水平/垂直倾斜角度。

5.3.6 裁剪与擦除对象

1. 裁剪对象

剪裁对象可以将文件中多余的区域删除，只留下指定的区域，从而使对象内容更符合实际的需要。

在工具箱选择【裁剪工具】，然后在绘图窗口合适的地方按住左键拖动，使拖动产生的裁剪框完全包围要保留的对象，接着松开左键。此时裁剪框以外的页面范围将会呈阴暗效果，如图 5-39 所示。当确定裁剪范围后，双击裁剪框内任意位置即可裁剪对象，结果如图 5-40 所示。

图 5-39 拖动产生裁剪框

图 5-40 裁剪后的对象

2. 编辑裁剪框

创建裁剪框后，可以移动、旋转裁剪框以及调整其大小，从而使创建的裁剪框更加适合图像剪裁的需要。

（1）如果要移动裁剪框，只需将鼠标移至裁剪框内部，按住左键拖动鼠标即可，如图 5-41 所示。

（2）如果要旋转裁剪框，使用鼠标左键单击裁剪框，此时裁剪框 4 个角节点将显示双向箭头形状，如图 5-42 所示。将鼠标移至任一角上，待光标变成圆弧箭头形状，按住鼠标左键拖动，即可旋转裁剪框，如图 5-43 所示。

图 5-41 移动裁剪框

图 5-42 进行旋转状态

图 5-43 旋转裁剪框

（3）如果要调整裁剪框大小，只需将鼠标移至裁剪框边缘的空心方形节点上，按住左键拖动鼠标即可，如图 5-44 所示。

图 5-44　拖动调整裁剪框大小

3. 擦除对象

擦除对象的操作可以将对象任意多余部分擦除，鼠标拖动的轨迹上的对象都会被擦除。另外，此功能还能实现分割对象的目的。

使用【选择工具】单击选中要进行擦除操作的对象，然后在工具箱选择【橡皮擦工具】，在属性栏的【橡皮擦厚度】微调框中输入橡皮擦的宽度，接着在对象要擦除的位置按住左键拖动，即可擦除对象多余部分，如图 5-45 所示。

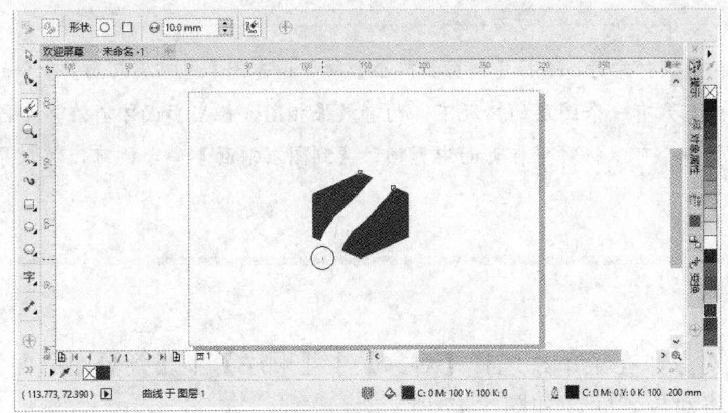

图 5-45　使用橡皮擦工具擦除对象

除了设置橡皮擦宽度外，也可以在擦除工具属性栏中设置橡皮擦的形状，按下【圆形笔尖】按钮或【方形笔尖】，可以使橡皮擦笔尖切换成对应的形状。

5.4　排列与管理对象

为了更好地管理和应用各种对象，在创作作品时，可以适当对各种对象进行排列、对齐、组合、合并和拆分等操作。

5.4.1　置顶与置底对象

对象创建的先后决定了其在页面中的顺序，越先绘制的对象其层级越低，当两个对象重叠时，层级高的对象将覆盖在低层级对象的上方。为此，可以重新调整对象的层级，可以选择将对象置顶或者置底。

1. 置顶对象

选中图形对象，然后选择【对象】|【顺序】|【到页面前面】命令，或者按 Ctrl+Home 键，即可将对象置顶，如图 5-46 所示。

图 5-46　设置对象置顶

问：置顶对象时，选择【到页面前面】命令和选择【到图层前面】命令的效果相同吗？

答：在只有一个图层的情况下，两者效果相同，但当页面中存在多个图层时，【到页面前面】命令可以将对象在页面中置顶，【到图层前面】命令则可以将对象在其所在图层中置顶。

2. 置底对象

选中目标图形对象，在菜单栏选择【对象】|【顺序】|【到页面后面】命令，或者按 Ctrl+End 键，即可将对象置底，如图 5-47 所示。

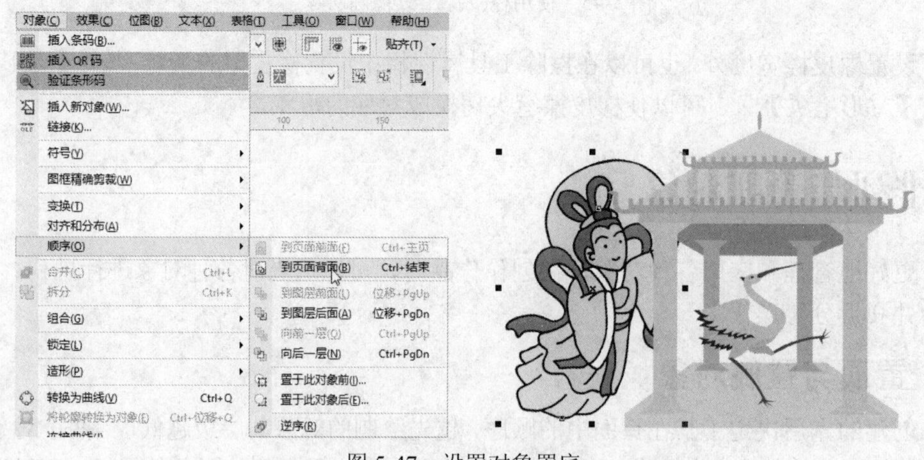

图 5-47　设置对象置底

3. 使用快捷菜单

在选中对象后，可以右键单击对象，然后在打开的快捷菜单中选择【顺序】|【到页面后面】命令或【到页面前面】命令，从而将对象置底或置顶，如图 5-48 所示。

图 5-48　使用快捷菜单置底或置顶对象

5.4.2　对齐与分布对象

CorelDRAW 提供了多种对齐方式，包括“左对齐、右对齐、顶端对齐、底端对齐、水平居中对齐、垂直居中对齐”等。

只要先选择两个以上的对象，然后选择【对象】|【对齐和分布】|【对齐与分布】命令，即可打开如图 5-49 所示的【对齐与分布】泊坞窗，在该泊坞窗中可以设置多项对齐与分布方式。

图 5-49　打开【对齐与分布】泊坞窗

1. 对齐对象

在【对齐与分布】泊坞窗中可以设置以下对齐方式：

- 水平对齐：只向水平方向对齐对象，包括“左、居中、右”3 种对齐方式。
- 垂直对齐：只向垂直方向对齐对象，包括“顶端、居中、底端”3 种对齐方式。
- 对齐对象到：可以选择“活动对象、页面边缘、页面中心、网格、指定点”5 种对齐方式，以不同的对象作为对齐的参照物。

动手操作　对齐对象

1 选择全部要对齐的对象，再打开【对齐与分布】泊坞窗，在【对齐】选项区根据需要单击一个对齐方式的按钮，或者依次单击水平与垂直对齐方式的按钮，例如，分别单击【水平居中对齐】按钮与【垂直居中对齐】按钮框，即可将选定的对象进行水平居中和垂直居中对齐，如图 5-50 所示。

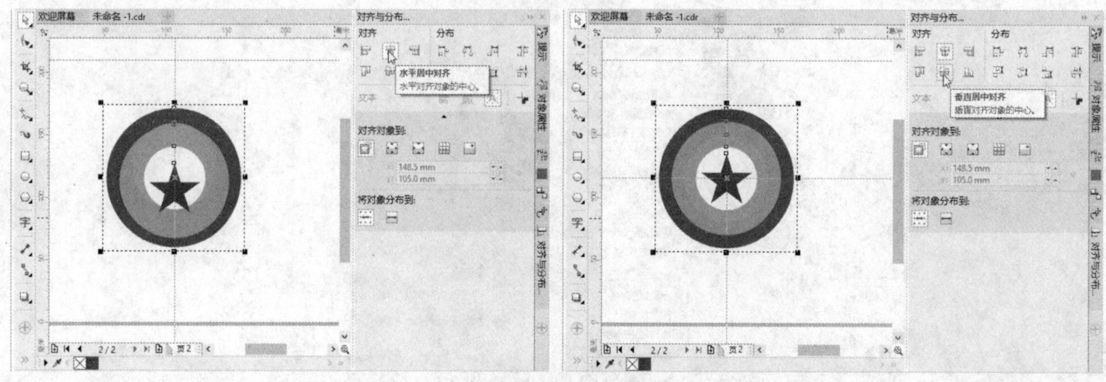

图 8-50　水平居中和垂直居中对齐对象

2 如果要设置对象对齐的指定参照物，可以选择全部对象并打开【对齐与分布】泊坞窗，然后依照需要单击【活动对象】按钮、【页面边缘】按钮、【页面中心】按钮、【网格】按钮和【指定点】按钮，然后使用上面的方法单击对应的对齐按钮即可。例如，先单击【页面边缘】按钮，再单击 【左对齐】按钮，对象随即依页面的左边边缘靠左对齐，如图 5-51 所示。

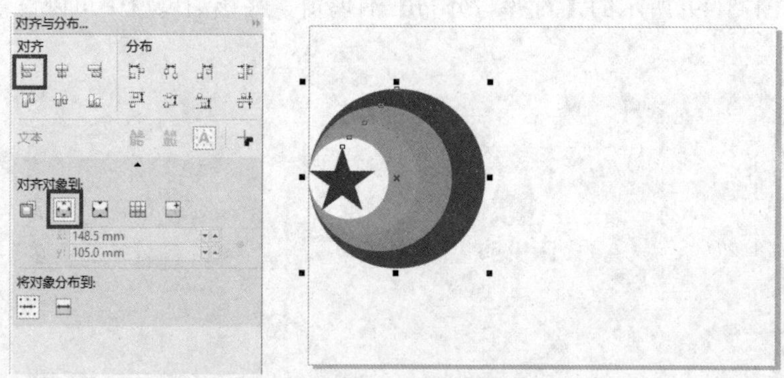

图 5-51　靠页面边缘左对齐对象

2. 分布对象

分布对象可以调整对象在页面或选定范围内的分布位置，例如，以等间隔来放置对象等。分布对象与对齐对象相似，也可以在【对齐与分布】泊坞窗的【分布】选项区中选择不同的分布方式，如图 5-52 所示。

【分布】选项区中各个按钮的作用。

（1）将对象分布到

- 选定的范围：在选择的范围内分布对象。
- 页面的范围：在页面范围内分布对象。

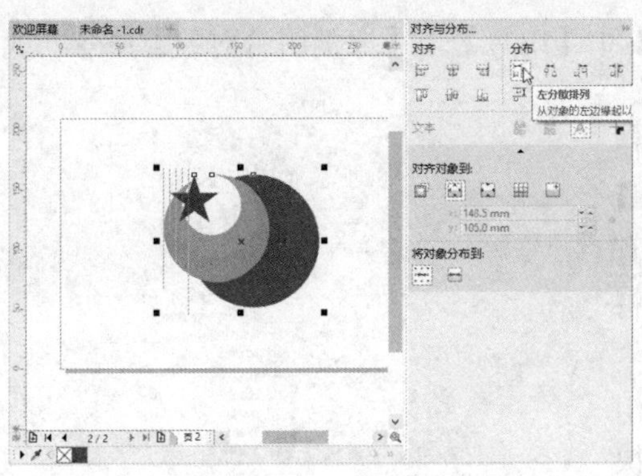
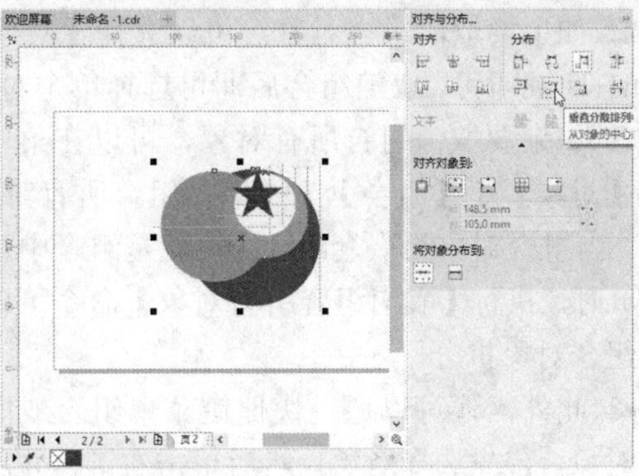

图 5-52　设置对象的【分布】选项

（2）水平方向

- 左分散排列：以对象的左边界为对象分布的基点。
- 水平分散排列中心：以对象的水平中点为分布基点。
- 水平分散排列间距：以指定的间距水平分布对象。
- 右分散排列：以对象的右边界为分布的基点。

（3）垂直方向

- 顶部分散排列：以对象的上边界为分布的基点。
- 垂直分散排列中心：以对象的垂直中点为分布基点。
- 垂直分散排列间距：以指定的间距垂直分布对象。
- 底部分散排列：以对象的下边界为分布的基点。

5.4.3　组合与取消组合

组合对象可以多个复杂的对象编组为一个单一的对象，可以对组合后的结果同时进行变换、复制与删除等编辑操作。组合后的对象虽然为一个整体，但相互之间相对独立，在有需要时可以取消组合，将对象分离为独立的个体。

动手操作　组合与取消组合对象

1 如果要组合或取消组合对象，首先使用【选择工具】选择要组合的对象，然后在菜单栏选择【对象】|【组合】|【组合对象】命令，或者按 Ctrl+G 键，即可组合对象，如图 5-53 所示。

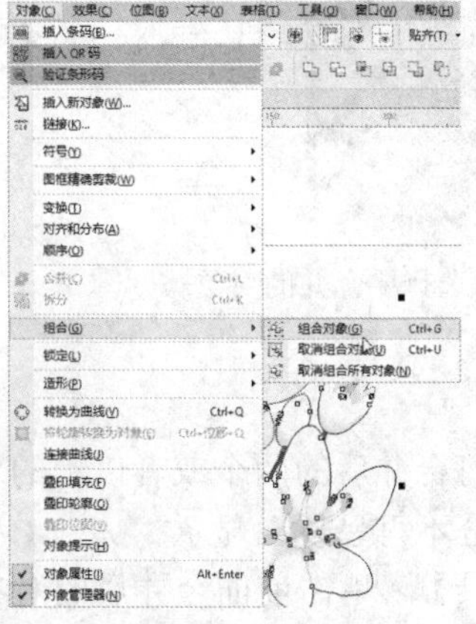

图 5-53　选择对象并进行组合

2 如果要取消组合对象，可以选择【对象】|【组合】|【取消组合对象】命令，或者按 Ctrl+U 键即可。取消组合后即可选择单个对象。

3 如果要取消组合所有对象，可以在菜单栏选择【对象】|【组合】|【取消组合所有对象】命令，当组合对象为嵌套组合（也就是组合中还有组合）时，执行【取消组合所有对象】命令可以将所有组合对象拆分。

4 此外，还可以通过快捷键菜单组合或取消组合对象。首先选择对象，然后单击右键，并从快捷菜单中选择【组合对象】命令或【取消组合对象】命令、【取消组合所有对象】命令，如图 5-54 所示。

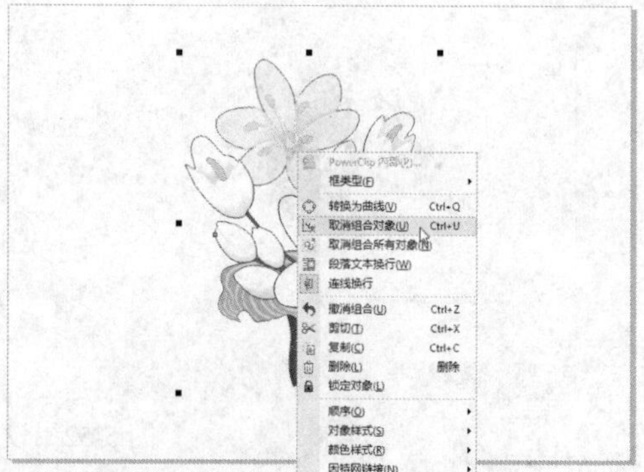

图 5-54　通过快捷菜单取消组合对象

5.4.4 合并与拆分对象

合并对象操作可以将多个对象合并为一个整体。原始对象若是彼此重叠，重叠区域将被移除，并以剪贴的形式存在，其下面的对象将不被掩盖。另外，也可以将合并后的对象拆分为多个对象，并将保持在空间上的分离。

1. 合并对象

合并对象是将两个以上的对象合并，作为一个独立的对象进行编辑，但各个轮廓是相对独立的。合并后的对象会自动套用最后被选择的对象属性。例如，选择一个黄色的矩形后再选择一个红色的圆形，对其进行合并处理，最后黄色的矩形将会呈红色显示。而相交的部分会以反白的状态呈现。使用这一特性，可以绘制一些圆环等掏空的形状。

使用【选择工具】选择要合并的对象，如图 5-55 所示。此时可以执行以下任一方法合并对象：

（1）选择【对象】|【合并】命令。

（2）在属性栏中单击【合并】按钮。

（3）按 Ctrl+L 键。

合并后相交的部分变成反白，如图 5-56 所示。

图 5-55　选择要合并的对象

图 5-56　合并后的结果

2. 拆分对象

拆分对象可以将合并后的两个或者以上的对象恢复原貌。拆分后的对象保持原来的对象属性，而且相交的部分不再呈反白显示。

使用【选择工具】单击前面合并后的对象，如图 5-57 所示。此时可以执行以下任一方法拆分对象：

（1）选择【对象】|【拆分】命令。

（2）按 Ctrl+K 键。

（3）在属性栏中单击【拆分】按钮。

此时相交的部分不再反白，而图形中的“信封”对象也失去了原来的颜色，如图 5-58 所示。

图 5-57　选择要拆分的对象

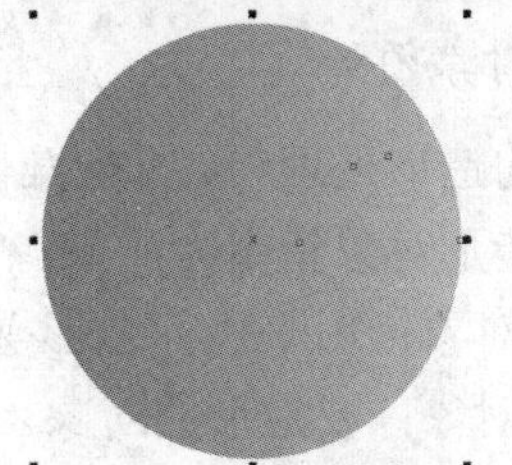

图 5-58　拆分对象后的结果

5.5　为对象进行造形

在 CorelDRAW X7 中，可以通过接合和交叉对象来创建不规则形状。CorelDRAW 几乎可以对任何对象（包括克隆、不同图层上的对象以及带有交叉线的单个对象）进行接合或交叉，但是不能接合或交叉段落文本、尺度线或克隆的主对象。

5.5.1　关于造形

CorelDRAW 提供了“合并”、“修剪”、“相交”、“简化”、“移除后面对象”、“移除前面对象”和“边界”等 7 种图形造形的功能。

1. 应用造形功能

要使用造形功能，可以打开【对象】|【造形】子菜单，然后通过子菜单选择任一项命令，如图 5-59 所示。当选择【对象】|【造形】|【造型】命令后，可以打开【造型】泊坞窗，通过此泊坞窗也可以进行上述造形处理，如图 5-60 所示。

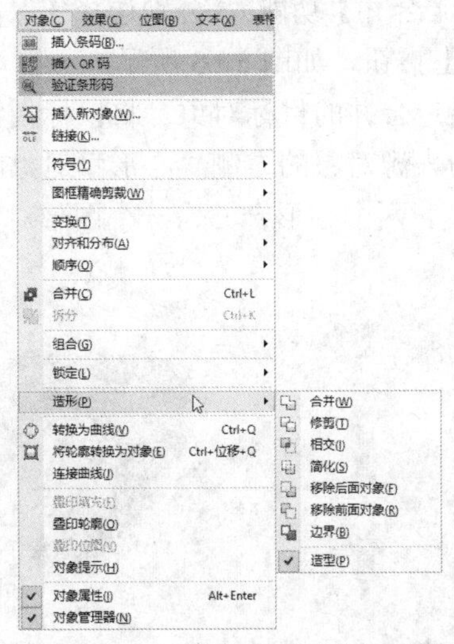

图 5-59　【造形】菜单的各个功能

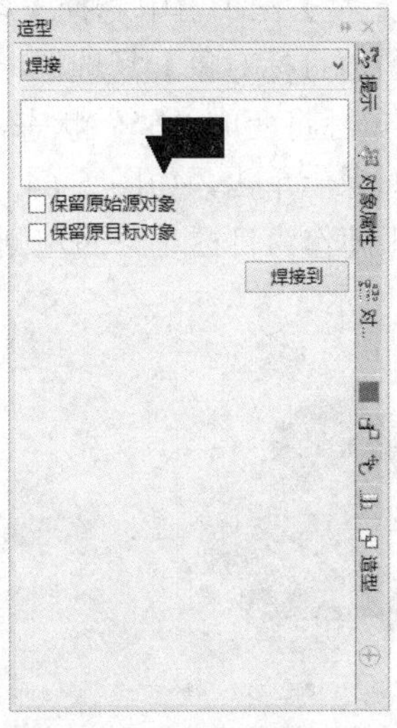

图 5-60　【造型】泊坞窗

除了通过菜单和泊坞窗执行造形操作外，还可以使用【选择工具】属性栏中的造形按钮进行造形对象的操作，如图 5-61 所示。

图 5-61 【选择工具】属性栏中的造形按钮

2. 造形对象须知

在对象的造形处理中，所有操作都是针对“来源对象”与“目标对象”而言的，CorelDRAW 允许用户将造形对象指定为“来源对象”与“目标对象”，从而得到各种造形结果。

- 来源对象：用来执行造形操作的对象。
- 目标对象：要造形的对象。

一般情况下，拖动选择对象时，位于最下方的对象为目标对象，其余的为来源对象。按住 Shift 键逐个单击选择对象时，最后被选择的对象为目标对象，其余的为来源对象。

5.5.2 合并对象

造形中的【合并】功能与 5.4.4 小节所说的【合并】功能有所不同。5.4.4 小节介绍的【合并】功能是将对象合并为具有相同属性的单一对象，而本节介绍的【合并】功能的作用是将对象合并至带有单一填充或轮廓的单一曲线对象中，合并后的对象将保留目标对象的轮廓与填充色。

其中，合并对象是否相交将决定合并结果：

- 有重叠区域：合并后将被焊接起来创建一个只有单一轮廓的新对象。
- 没有重叠区域：合并后生成一个以合并对象合并而成的合并组合，其结果与【组合】命令相同。

但无论合并对象是否相交，合并结果都会采用“目标对象”的填充和轮廓属性。

动手操作 通过合并制作心心相印图形

1 打开光盘中的“..\Example\Ch05\5.5.2.cdr”练习文件，然后选择【对象】|【造形】|【造型】命令打开【造型】泊坞窗。

2 使用【选择工具】单击选择右边的“心形”图形对象，如图 5-62 所示。

3 在【造型】泊坞窗中选择【焊接】选项（即【合并】功能），分别选择【保留原始源对象】与【保留原目标对象】复选框，单击【焊接到】按钮，如图 5-63 所示。

4 此时鼠标将变成“”状态，即表示可以指定合并的目标对象。将鼠标指针移至左侧的“心形”对象上单击，如图 5-64 所示。此时作为来源对象的右侧“心形”对象的填充与轮廓属性，将跟随作为目标对象的左侧“心形”而改变，两个心形合并为一个图形对象，最终结果如图 5-65 所示。

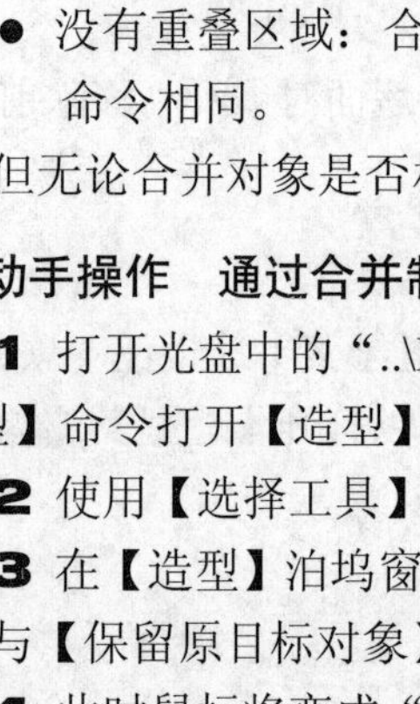

图 5-62 选择合并来源对象

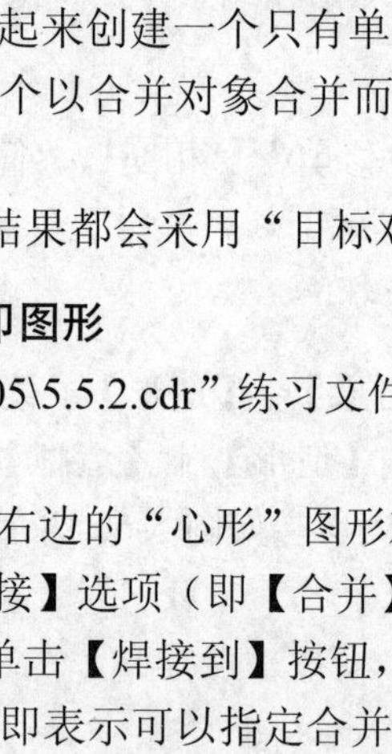

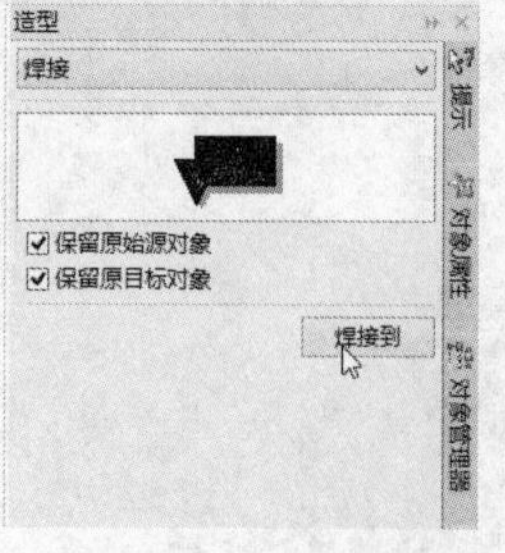

图 5-63 指定保留对象

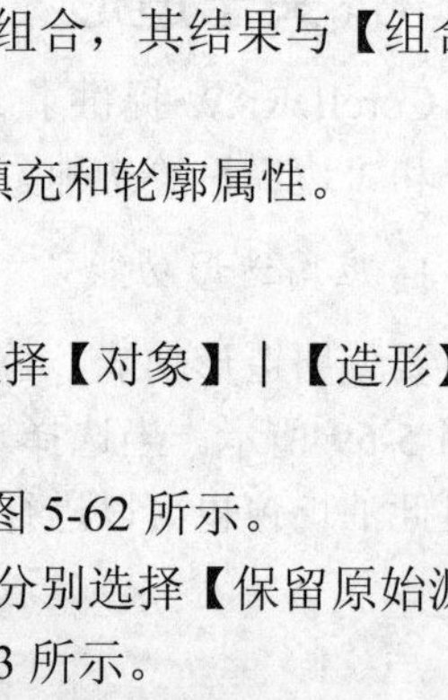

图 5-64 指定合并目标对象

5 由于前面选择了【保留原始源对象】与【保留原目标对象）复选框，此时可以使用【选择工具】拖开新增的合并对象，即可看到原来的两个对象不作任何变更，如图 5-66 所示。

图 5-65 合并后的结果

图 5-66 移开新增合并对象的结果

5.5.3 其他造形应用

1. 修剪对象

【修剪】功能主要通过移除重叠的对象区域来创建形状。此命令几乎可以修剪任何对象，但是不能修剪段落文本、尺度线、组合或者不重叠的对象。

CorelDRAW 允许以不同的方式修剪对象。例如，可以将前面的对象用作源对象来修剪它后面的对象，也可以用后面的对象来修剪前面的对象，还可以移除重叠对象的隐藏区域，以便绘图中只保留可见区域。

动手操作 修剪对象

1 选择修剪的来源图形对象（笑脸对象），如图 5-67 所示。

2 在【造型】泊坞窗中选择【修剪】选项，再选择【保留原始源对象】复选框，并单击【修剪】按钮。

3 当鼠标将变成“”状态，即在“矩形”图形对象上单击指定目标对象，如图 5-68 所示。此时目标对象中的重叠区域将被来源对象修剪掉，由于保留了来源对象，原来的笑脸图形对象还在，当移开修剪后的对象时，才可看到结果，如图 5-69 所示。

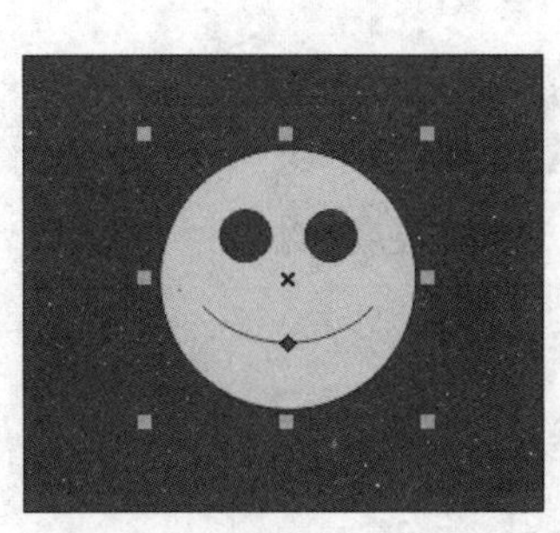

图 5-67 选择修剪的来源对象

图 5-68 指定修剪的目标对象

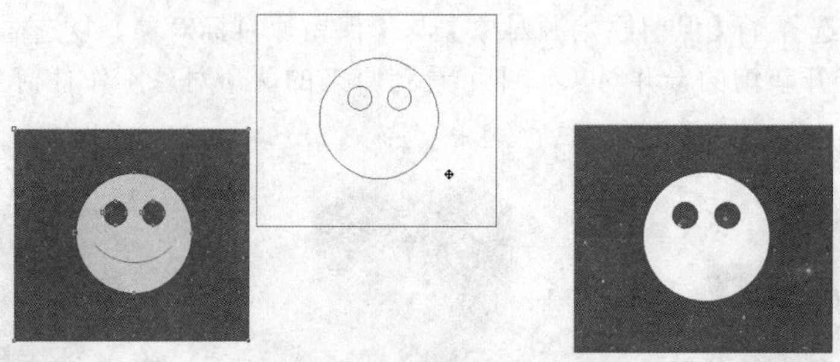

图 5-69　修剪图形对象的结果

2. 相交对象

【相交】功能可以将两个或者多个对象的重叠部分生成一个新对象。相交的新对象属性将由目标对象来决定。与【修剪】操作方法相同，【相交】可以指定保留的对象，也可以全不保留。如图 5-70 所示为原来的重叠的两个图形对象，通过【相交】功能处理后的结果如图 5-71 所示（以小“矩形”为目标对象）。

图 5-70　原来重叠的图形对象

图 5-71　相交造形处理后的结果

3. 简化对象

使用【简化】功能可以删除多重图形的重叠区域，但位于最上面的对象形状不作任何改变，而下面所有对象均会被删除重叠部分，并保持对象原有属性。由于该项修整命令不分来源对象与目标对象，因此也就没有保留此两项对象的设置。

如图 5-72 所示为原来的重叠的两个图形对象，通过【简化】功能处理后的结果如图 5-73 所示（使用此功能前，需要先选择两个重叠的图形对象）。

图 5-72　原来重叠的图形对象

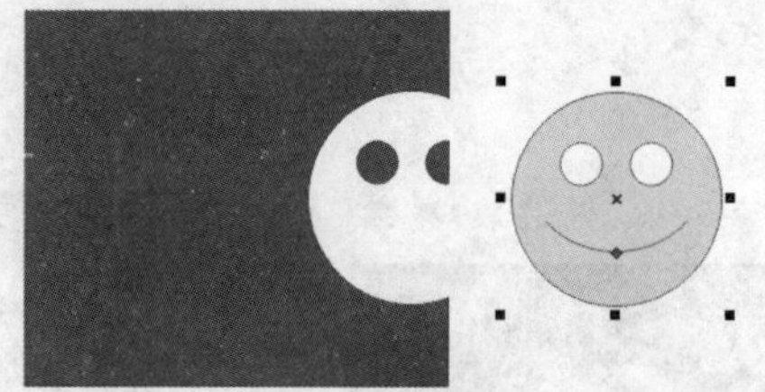

图 5-73　简化造形处理后的结果

4. 移除后面对象

【移除后面对象】功能可以通过前面的对象移除后面的对象和重叠区域，并且会保留前面对象的剩余部分。

如图 5-74 所示为原来的重叠的两个图形对象，通过【移除后面对象】功能处理后的结果如图 5-75 所示（使用此功能前，需要先选择两个重叠的图形对象）。

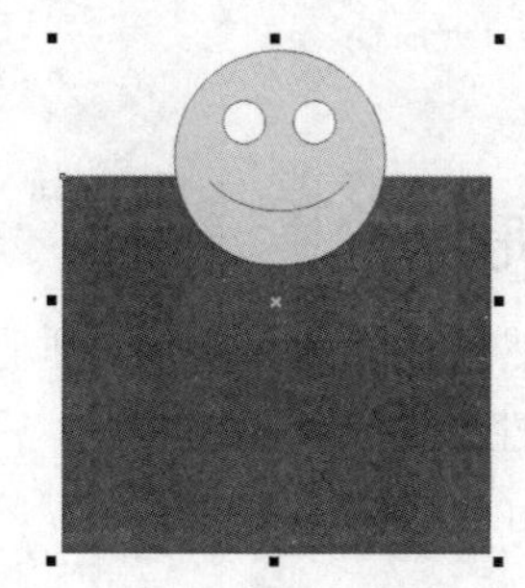
图 5-74　原来重叠的图形对象

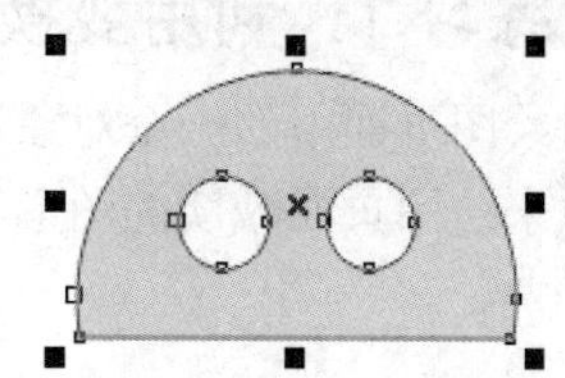
图 5-75　移除后面对象后的结果

5. 移除前面对象

【移除前面对象】与【移除后面对象】功能相反，可以将下层对象减去上层对象的重叠部分，下层对象不变，且保留上层对象剩余的部分。

如图 5-76 所示为原来的重叠的两个图形对象，通过【移除前面对象】功能处理后的结果如图 5-77 所示（使用此功能前，需要先选择两个重叠的图形对象）。

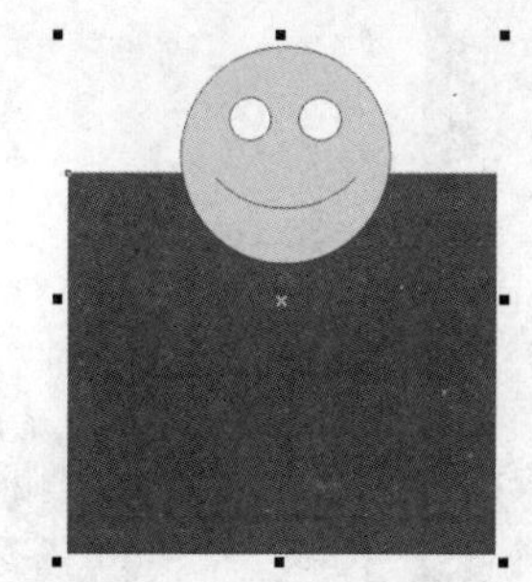
图 5-76　原来重叠的图形对象

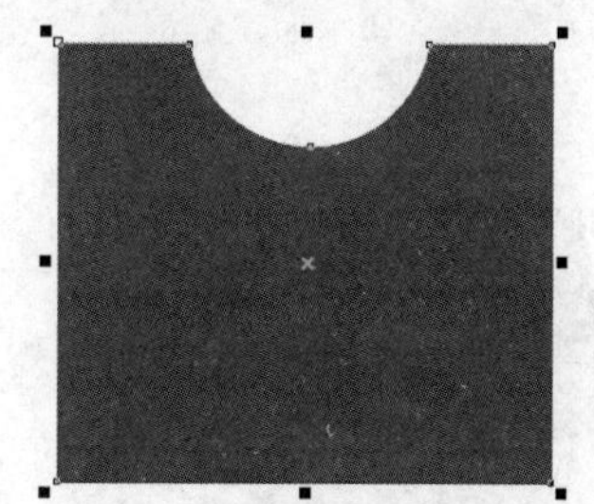
图 5-77　移除前面对象后的结果

6. 边界

【边界】功能可以将两个或多个重叠对象的轮廓线合并成一个对象，合并后的对象将轮廓恢复默认的属性样式。

如图 5-78 所示为原来的重叠的两个图形对象，通过【边界】功能处理后的结果如图 5-79 所示（使用此功能前，需要先选择两个重叠的图形对象）。

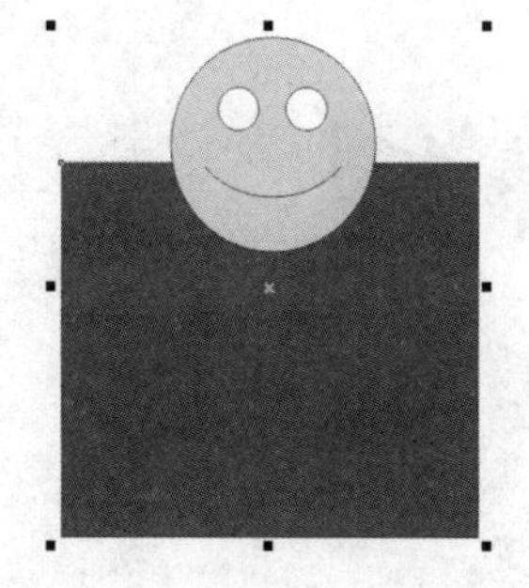
图 5-78　原来重叠的图形对象

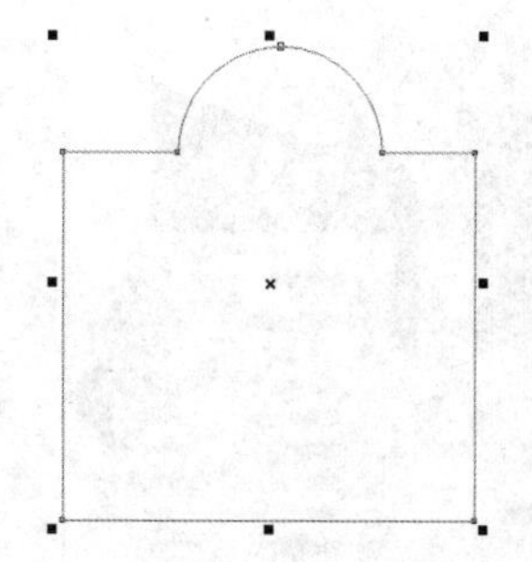
图 5-79　边界处理对象后的结果

5.6 技能训练

下面通过多个上机练习实例，巩固所学技能。

5.6.1 上机练习 1：利用变换制作特殊图形

本例将先对绘图页面中的一个对象进行旋转处理，然后通过水平镜像、垂直镜像、变换位置等处理，将原来绘图页面减淡的图形制作成特殊的特性效果。

操作步骤

1 打开光盘中的“..\Example\Ch05\5.6.1.cdr”练习文件，选择【选择工具】，再双击左下方的组合对象，显示旋转框后，按住控制点顺时针旋转对象，如图 5-80 所示。

2 使用【选择工具】框选页面的所有对象，再选择【对象】|【变换】|【镜像】命令，打开【变换】泊坞窗后设置镜像的【相对位置】选项，然后输入副本数量为 1，按下【水平镜像】按钮，接着单击【应用】按钮，将镜像产生的副本对象水平向左移开，如图 5-81 所示。

图 5-80 旋转对象

图 5-81 应用镜像并移开对象

3 按 Ctrl+A 键选择所有对象，再单击右键并选择【组合对象】命令，如图 5-82 所示。

4 选择步骤 3 组合的对象，打开【变换】泊坞窗，然后单击【缩放和镜像】按钮，设置相对位置和副本数量并按下【垂直镜像】按钮，接着单击【应用】按钮，如图 5-83 所示。

图 5-82 选择【组合对象】命令

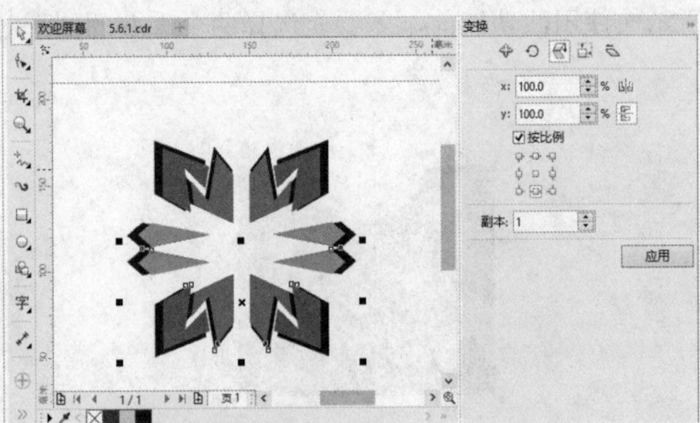

图 5-83 组合对象并垂直镜像对象

5 选择垂直镜像生成的对象，在【变换】泊坞窗中单击【位置】按钮，分别设置相对位置和副本数量，然后在【y】微调框中输入 66.5mm，并单击【应用】按钮，调整对象的垂直位置，如图 5-84 所示。

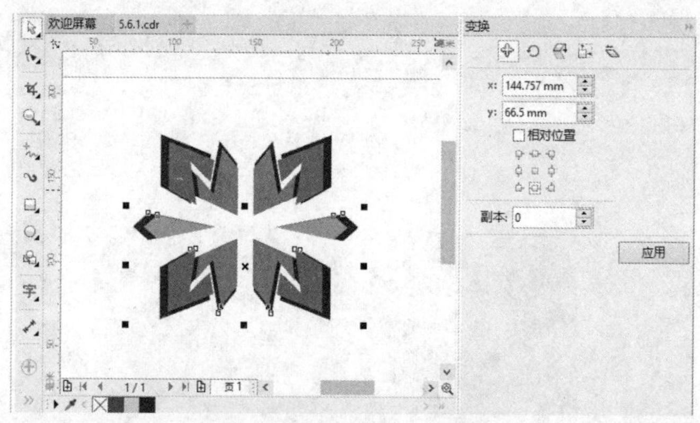

图 5-84 调整对象的位置

5.6.2 上机练习 2：制作心形镂空的徽标图形

本例先使用绘图工具绘制一个圆形对象和心形对象，然后将心形对象转换为曲线，并使用【形状工具】修改心形的形状，再对齐圆形和心形对象，接着放大心形对象并进行【修剪】造形处理，制作出圆形中有一个心形镂空形状，最后缩小原来的心形对象并更改填充颜色。

操作步骤

1 打开光盘中的“..\Example\Ch05\5.6.2.cdr”练习文件，选择【椭圆形工具】，在绘图页面上绘制一个无轮廓圆形对象，再填充【橘红色】，如图 5-85 所示。

2 选择【基本形状工具】，然后选择【心形】完美形状，在圆形上按住 Ctrl 键拖动鼠标，绘制一个无轮廓的心形对象，再填充为【黄色】，如图 5-86 所示。

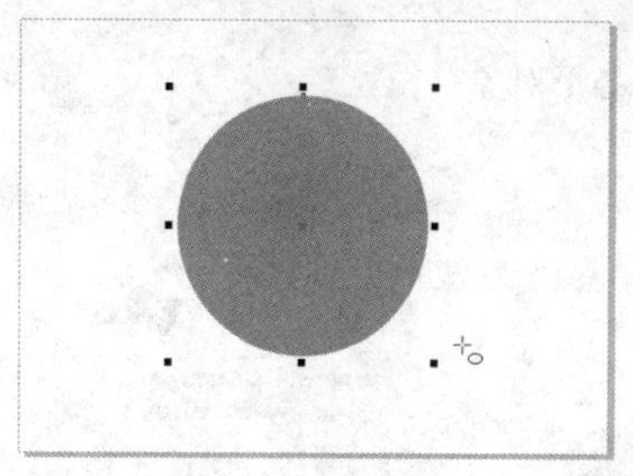

图 5-85 绘制圆形对象

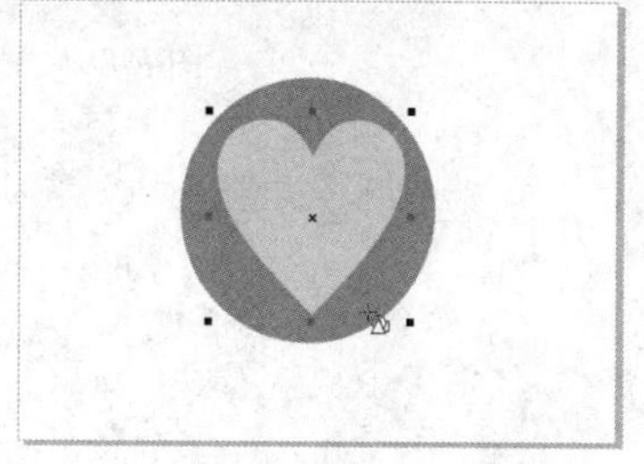

图 5-86 绘制心形对象

3 选择心形对象，选择【对象】|【转换为曲线】命令，然后选择【形状工具】，并选择心形对象下端的节点，接着拖动节点的控制手柄，调整曲线形状，如图 5-87 所示。

4 选择圆形对象和心形对象，打开【对齐与分布】泊坞窗，然后按下【活动对象】按钮，分别单击【水平居中对齐】按钮和【底端对齐】按钮，以对齐选中的两个对象，如图 5-88 所示。

5 选择【选择工具】，然后选中心形对象，按住 Ctrl 键向外拖动节点，扩大心形对象，接着打开【造型】泊坞窗，选择造形方式为【修剪】，再选择【保留原始源对象】复选框，单击【修剪】按钮，最后选择圆形对象作为目标对象，如图 5-89 所示。

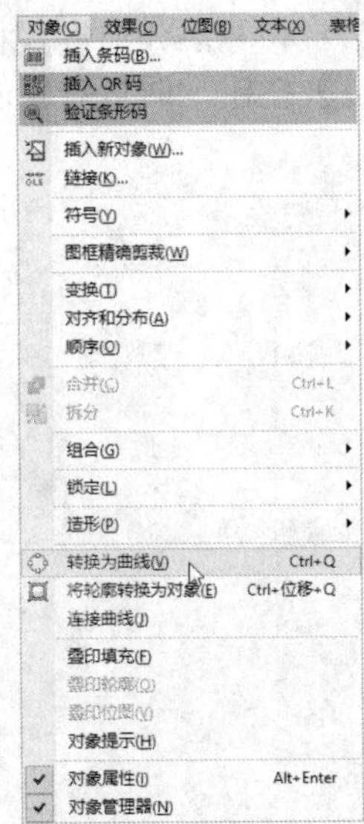

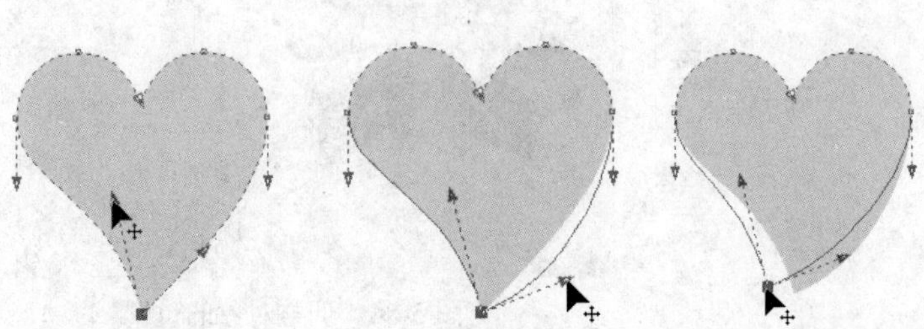

图 5-87　将心形转换为曲线并修改形状

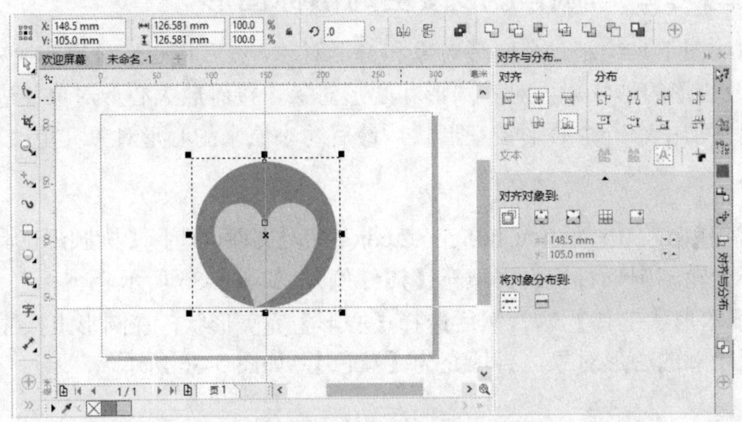

图 5-88　对齐圆形和心形对象

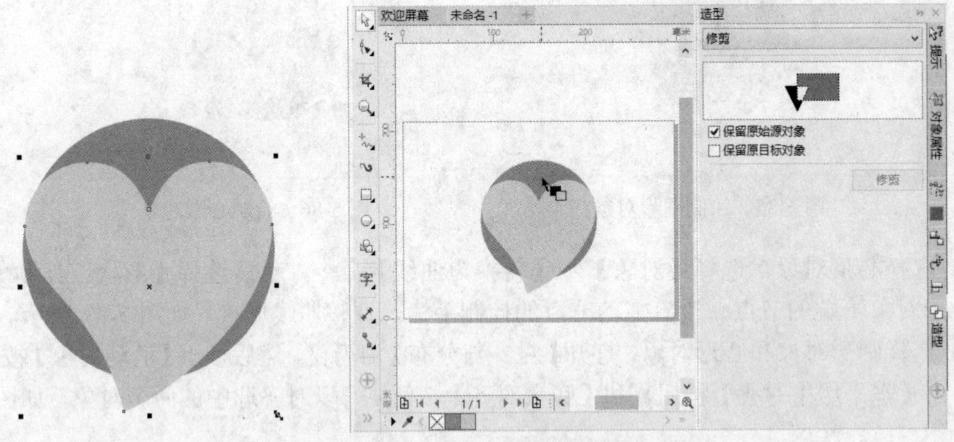

图 5-89　放大心形对象并执行修改造形

6 完成造形处理后，选择心形对象，按住 Ctrl 键缩小该对象，然后通过用户界面的 CMYK 调色板将心形对象的填充颜色更改为【洋红】，如图 5-90 所示。

图 5-90　缩小心形对象并更改填充颜色

5.6.3　上机练习 3：制作漂亮的艺术花朵图形

本例先将绘图页面上的所有对象进行组合，通过【旋转】变换方式创建多个旋转对象副本，以构成花朵的基本图形，然后绘制一个圆形对象，再创建大小不一的两个副本，接着进行【逆序】排列，最后将所有圆形对象放置在花朵中心位置并对齐。

操作步骤

1 打开光盘中的“..\Example\Ch05\5.6.3.cdr”练习文件，选择绘图页面上的所有对象，再单击右键并选择【组合对象】命令，如图 5-91 所示。

2 选择组合的对象并打开【变换】泊坞窗，单击【旋转】按钮，然后分别设置旋转角度为 30 度、相对位置为【左下】、副本为 11，单击【应用】按钮，如图 5-92 所示。

3 在工具箱中选择【椭圆形工具】，然后在绘图页面中绘制一个无轮廓的圆形对象，并填充【深褐】颜色，如图 5-93 所示。

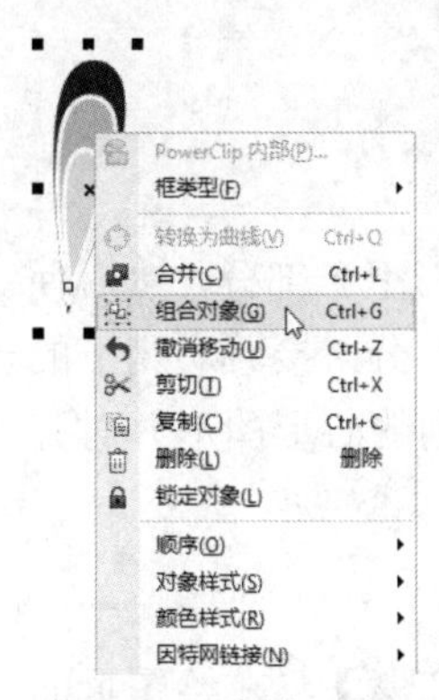

图 5-91　组合对象

图 5-92　旋转变换对象

图 5-93　绘制一个圆形对象

4 选择圆形对象并打开【变换】泊坞窗，单击【大小】按钮，然后设置 X 和 Y 的数值均为 20mm，再设置副本数量为 2，单击【应用】按钮，如图 5-94 所示。

5 选择所有的圆形对象，再单击右键并从打开的菜单中选择【顺序】|【逆序】命令，翻转圆形对象的排列顺序，然后分别修改圆心对象副本的颜色，如图 5-95 所示。

6 选择构成花朵图形的所有对象，单击右键并选择【组合对象】命令，使用相同的方法组合所有圆形对象，然后选择圆形组合对象和花朵组合对象，并打开【对齐与分布】泊坞窗，接着依次按下【活动对象】按钮、【水平居中对齐】按钮和【垂直居中对齐】按钮，对齐所有组合对象，制作出漂亮的花朵图形，如图 5-96 所示。

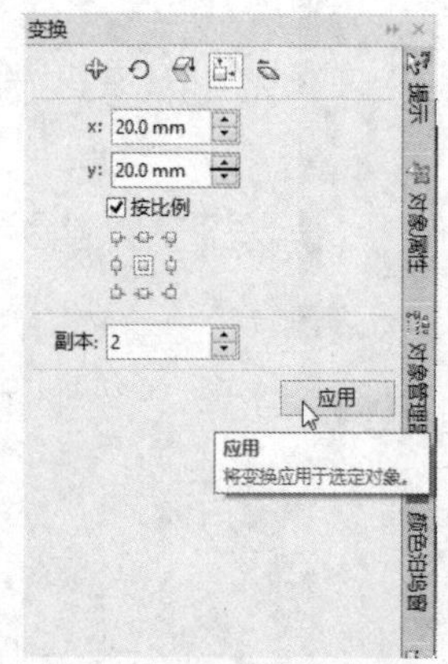

图 5-94　应用大小变换设置

图 5-95　逆序排列所有圆形对象

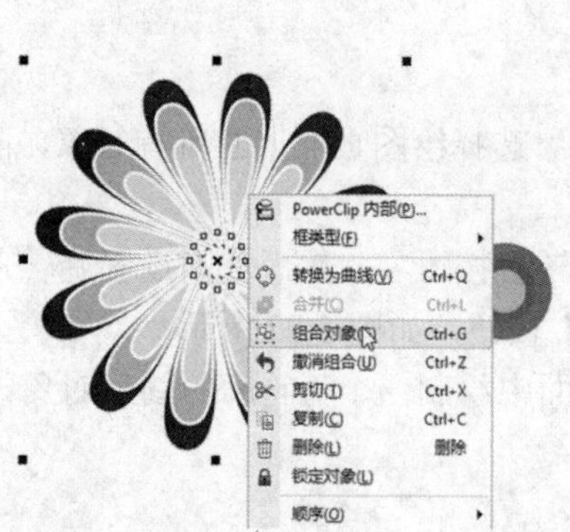

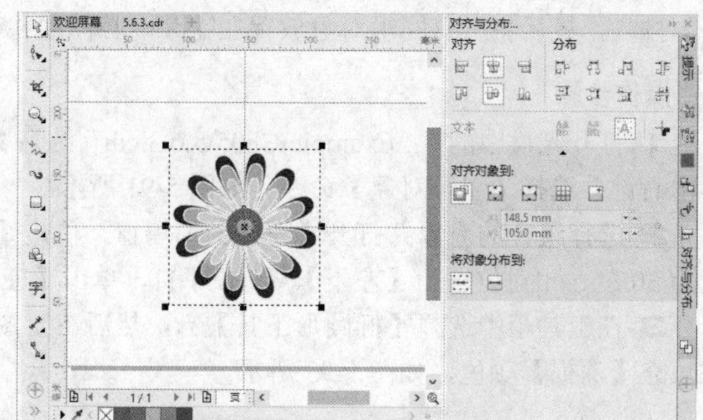

图 5-96　组合对象并对齐对象

5.6.4　上机练习 4：制作创意十足的心形图案

本例先在绘图页面上绘制一个竖直的矩形，使用【转动工具】转动矩形上半部分，然后使用【吸引工具】和【涂抹工具】处理矩形，使用【橡皮擦工具】擦除多余部分，接着对剩下的图形对象进行水平镜像处理，构成一个特殊效果的心形，最后绘制一个规则的心形图形并对齐所有图形对象。

操作步骤

1 打开光盘中的“..\Example\Ch05\5.6.4.cdr”练习文件，使用【矩形工具】在绘图页面上绘制一个无轮廓的矩形，再设置填充颜色为【红色】，如图 5-97 所示。

2 选择矩形对象，在工具箱中选择【转动工具】，在属性栏中设置工具属性，然后将工具的中心对齐矩形右上角的节点，再长按鼠标，使矩形对象产生转动效果，如图 5-98 所示。

3 选择【吸引工具】，在属性栏中设置工具属性，然后在如图 5-99 所示的位置上按下鼠标，以吸引矩形对象进行造形。

4 选择【涂抹工具】，在属性栏中设置工具属性，然后在矩形进行吸引造形的位置上拖动鼠标进行涂抹处理，以产生如图 5-100 所示的效果。

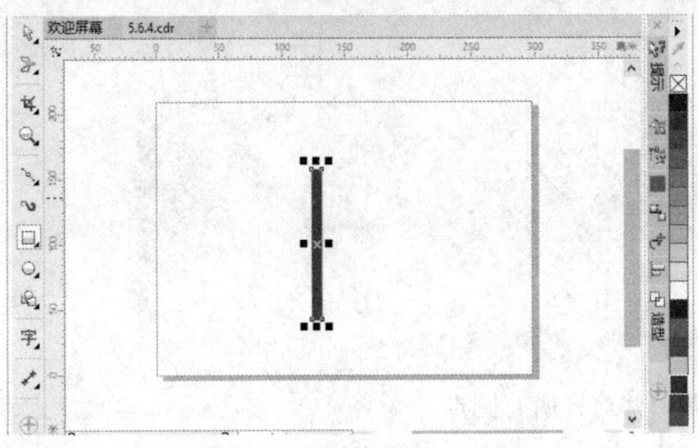

图 5-97　绘制矩形对象

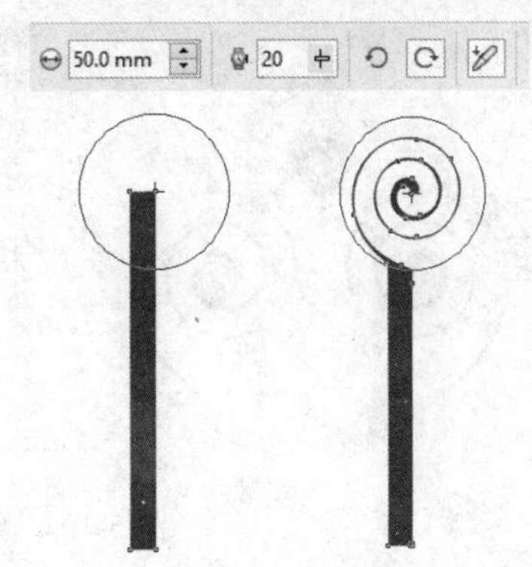

图 5-98　对矩形进行转动造形处理

图 5-99　使用吸引工具处理图形

图 5-100　使用涂抹工具处理图形

5 选择【橡皮擦工具】，然后设置工具属性，使用该工具擦除原矩形对象中多余的部分，如图 5-101 所示。

6 选择图形对象并打开【变换】泊坞窗，按下【缩放和镜像】按钮，然后设置副本数量为 1，并按下【水平镜像】按钮，接着单击【应用】按钮，如图 5-102 所示。

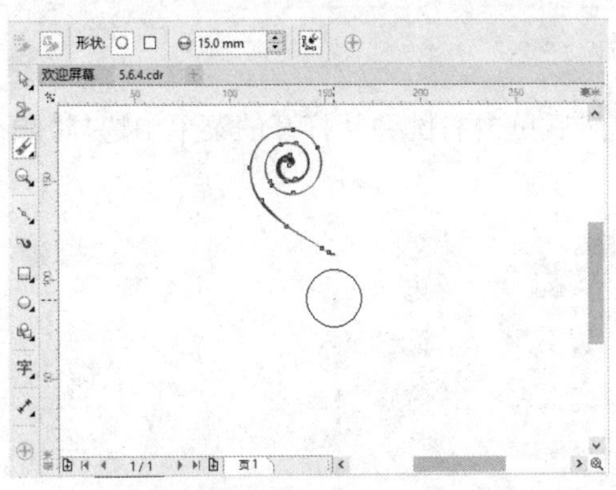

图 5-101　擦除图形多余部分

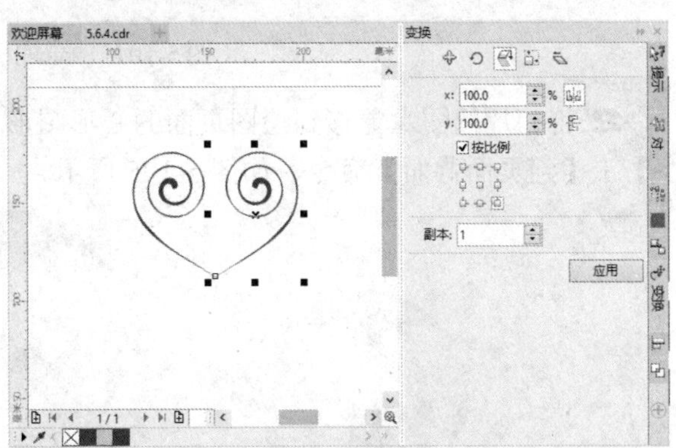

图 5-102　水平镜像变换图形

7 组合绘图页面上的所有图形对象，选择【基本形状工具】，然后在属性栏中选择【心形】完美形状，接着绘制一个无轮廓的心形图形，设置填充为【红色】，最后选择所有对象，通过【对齐与分布】泊坞窗对齐对象，如图 5-103 所示。

图 5-103　绘制心形图形并对齐所有图形

5.6.5　上机练习 5：制作简单的相片镶嵌效果

本例先导入相片位图到绘图窗口，再调整相片的位置和排列顺序，然后使用心形图形作为源对象对相片位图对象进行相交造形处理，接着适当缩小造形后的相片对象。

操作步骤

1 打开光盘中的“..\Example\Ch05\5.6.5.cdr”练习文件，选择【文件】|【导入】命令，打开【导入】对话框，选择“..\Example\Ch05\BB.jpg”素材文件，然后单击【导入】按钮，接着在绘图窗口中拖出位图大小框，以导入相片位图，如图 5-104 所示。

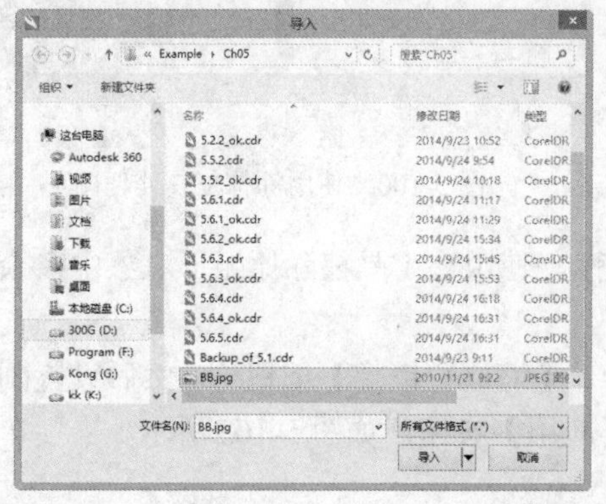

图 5-104　导入相片位图对象

2 将相片位图对象移到绘图页面的心形图形上，然后单击右键并从打开的菜单中选择【顺序】|【到页面背面】命令，如图 5-105 所示。

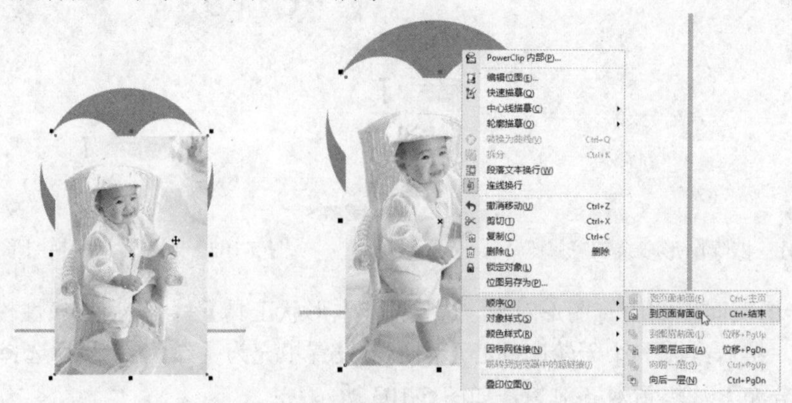

图 5-105　调整位图的位置和排列顺序

3 选择洋红色的心形图形对象，再打开【造型】泊坞窗并选择【相交】造形选项，然后选择【保留原始源对象】复选框，单击【相交对象】按钮，接着单击选择相片位图对象，如图 5-106 所示。

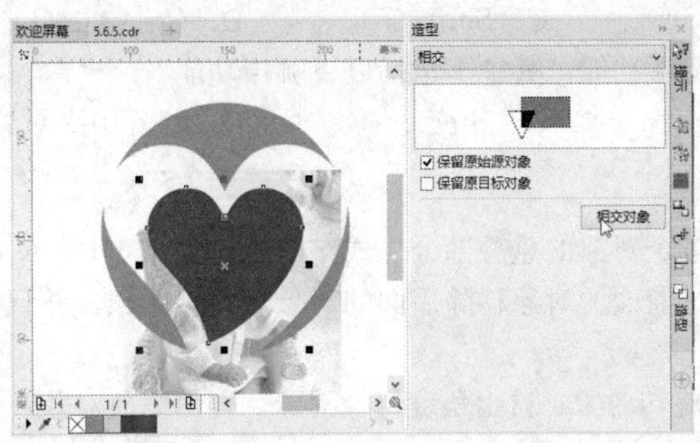

图 5-106 使用相交造形处理

4 进行相交造形处理后，选择造形后的相片位图对象，并按住 Ctrl 键缩小对象，使之好像镶嵌在心形图形相框一样，如图 5-107 所示。

图 5-107 缩小相片位图对象

5.7 评测习题

一、填充题

（1）使用【选择工具】可以对文件中的图形对象进行多种方法的选择操作，其中包括____________、框选和加选。

（2）在 CorelDRAW X7 中，可以使用矩形或不规则形状的选择区域框选对象，其中不规则形状框选需要使用______________________。

（3）复制就是创建对象的副本，在 CorelDRAW X7 中分为原位复制和____________。

二、选择题

（1）选择对象后，在移动对象过程中，按住哪个键可以限制移动方向为水平方向或垂直方向？（ ）

A．Alt 键　　B．Tab 键

C．Ctrl 键或 Shift 键　　D．F2 键

（2）CorelDRAW 提供了多种对齐方式，其中不包括以下哪种对齐方式？（　）

A．左对齐　　B．缩进对齐　　C．水平居中对齐　　D．底端对齐

（3）在 CorelDRAW 中，组合对象的快捷键是什么？（　）

A．Ctrl+G　　B．Ctrl+U　　C．Shift+G　　D．Ctrl+Alt+G

（4）CorelDRAW 提供了多种图形造形功能，其中不包括以下哪项功能？（　）

A．合并　　B．修剪　　C．相交　　D．移除中央对象

三、判断题

（1）【修剪】功能可以将两个或者多个对象的重叠部分生成一个新对象。（　）

（2）【移除后面对象】功能可以通过前面的对象移除后面的对象和重叠区域，并且会保留前面对象的剩余部分。（　）

（3）使用【自由变换工具】可自由旋转对象、自由角度镜像对象、自由缩放对象及自由倾斜对象，使对象产生各种自由变形效果。（　）

四、操作题

在绘图页面的圆形对象上绘制一条水平直线，再设置直线的终止箭头样式为【飞机】、轮廓宽度为 10mm，然后使用【橡皮擦工具】擦除多余部分，接着将线条轮廓转换为对象，最后通过造形功能制作如图 5-108 所示的图标图形效果。

图 5-108　本章操作题的结果

操作提示：

（1）打开光盘中的“..\Example\Ch05\5.7.cdr”练习文件，在【工具】面板上选择【2 点线工具】，然后在圆形对象上绘制一条水平直线。

（2）设置直线的轮廓宽度为 10mm，再打开【终止箭头】列表框，选择【飞机】箭头样式。

（3）选择【橡皮擦工具】，然后使用此工具擦除线条制作飞机箭头外的其他部分。

（4）选择飞机箭头对象，再选择【对象】|【将轮廓转换为对象】命令。

（5）选择飞机图形对象，再打开【造型】泊坞窗，然后选择【修剪】造形功能，接着单击【修剪】按钮后选择圆形对象，进行造形处理。

第 6 章　制作交互式图形特效

学习目标

交互式特效是 CorelDRAW 的一大特色，许多奇特艳丽的图形效果都是通过这些特效功能来实现的。本章将详细介绍使用特效工具或功能创建交互式特效的方法，其中包括调和效果、轮廓效果、变形效果、封套效果、立体化效果、阴影效果以及透明度效果等。

学习重点

☑ 制作调和效果
☑ 制作轮廓效果
☑ 制作阴影效果
☑ 制作变形效果
☑ 制作封套效果
☑ 制作立体化效果
☑ 制作透明度效果

6.1　制作调和效果

调和效果就是在两个或多个对象之间建立形状和颜色的渐变过渡，使起始对象过渡为结束对象（如从一个红色的矩形过渡为一个蓝色的圆形）的渐变效果。调和时产生的渐变由 CorelDRAW 自动生成，并且受对象的颜色、外形、位置、排列次序等因素的影响。

6.1.1　直线调和

直线调和是显示形状和大小从一个对象到另一个对象的渐变。其中，中间对象的轮廓和填充颜色在色谱中沿直线路径渐变，并且它的轮廓会显示厚度和形状的渐变。

动手操作　制作图形直线调和效果

1 打开光盘中的“..\Example\Ch06\6.1.1.cdr”练习文件，选择绘图页面上的飞机图形并执行复制和粘贴操作，然后将粘贴生成的另一个飞机图形水平移到绘图页面左侧，接着按住 Ctrl 键缩小左侧的飞机图形，如图 6-1 所示。

图 6-1　复制并粘贴图形再调整位置和大小

2 选择绘图页面左侧的飞机图形对象，再通过 CMYK 调色板为图形填充【粉色】，如图 6-2 所示。

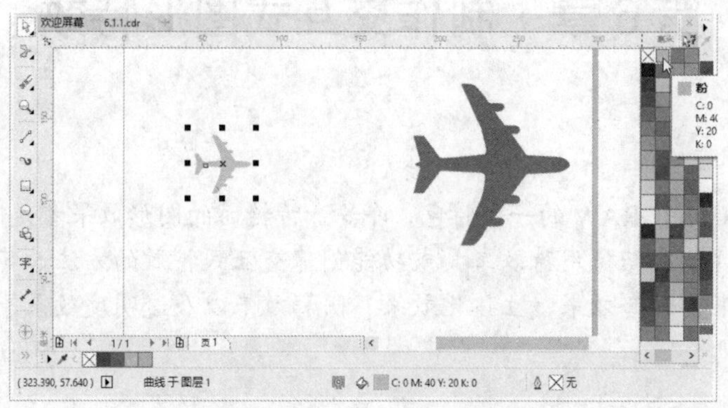

图 6-2　为飞机图形填充颜色

3 选择绘图页面右侧的飞机图形对象，再选择【轮廓笔工具】，打开【轮廓笔】对话框后设置轮廓颜色为【深褐】、轮廓宽度为 1mm，然后单击【确定】按钮，如图 6-3 所示。

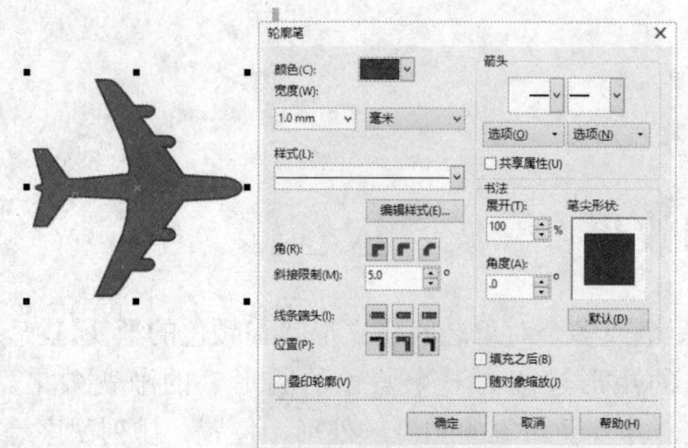

图 6-3　设置飞机图形的轮廓属性

4 在工具箱中选择【调和工具】，然后将鼠标移到左侧较小的飞机图形上，接着按住鼠标并拖到右侧较大的飞机图形上，创建直线调和效果，如图 6-4 所示。

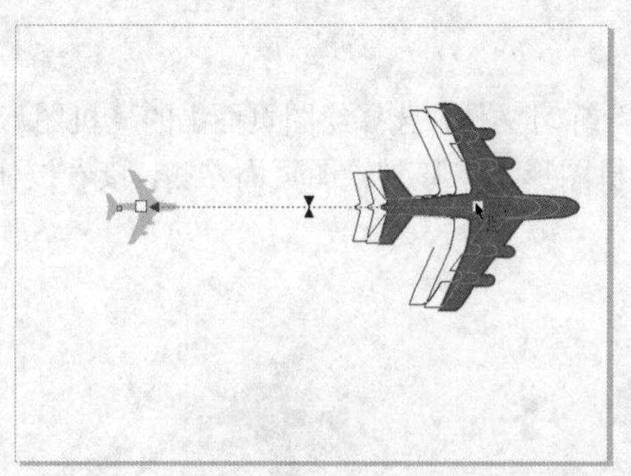

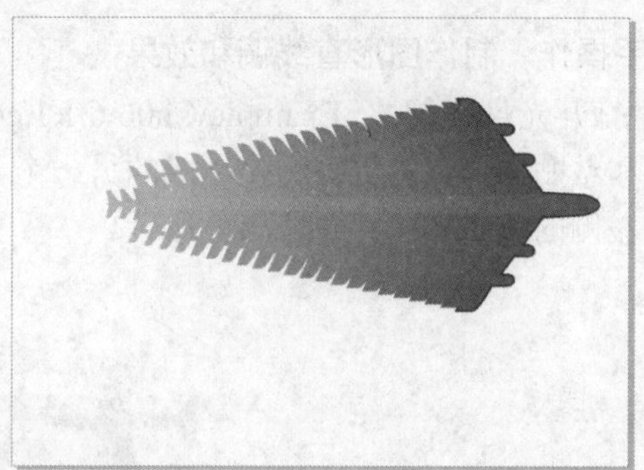

图 6-4　创建直线调和效果

5 选择最右侧的飞机图形对象并单击鼠标右键，然后从菜单中选择【顺序】|【到页面前面】命令，调整该图形的排列顺序，如图 6-5 所示。

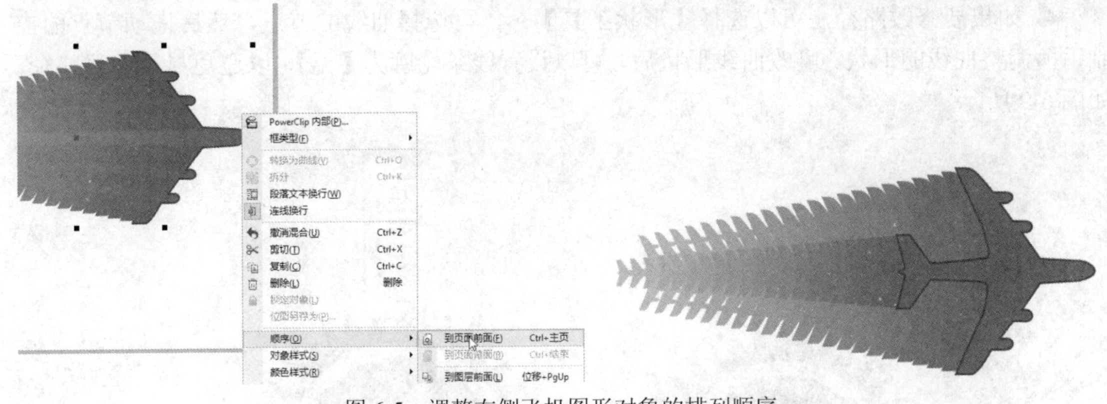

图 6-5　调整右侧飞机图形对象的排列顺序

6.1.2　沿路径调和

沿路径调和可以将一个或者多个对象，沿着一条或多条路径进行结合调和。完成调和处理后，还允许使用【形状工具】对路径的形状进行编辑，从而调整调和效果。

动手操作　制作 S 形路径调和效果

1 打开光盘中的“..\Example\Ch06\6.1.2.cdr”练习文件，然后在工具箱中选择【贝塞尔工具】，接着在两个小圆形对象之间绘制一条曲线，如图 6-6 所示。

2 在工具箱中选择【调和工具】，然后选择左侧的圆形对象，并拖动鼠标至右侧的圆形对象上，创建直线调和效果，如图 6-7 所示。

图 6-6　绘制一条曲线

图 6-7　创建直线调和效果

3 在属性工具栏上单击【路径属性】按钮，然后在打开的列表框中选择【新路径】命令，接着使用鼠标单击绘图区上的曲线，使图形沿着曲线调和，如图 6-8 所示。

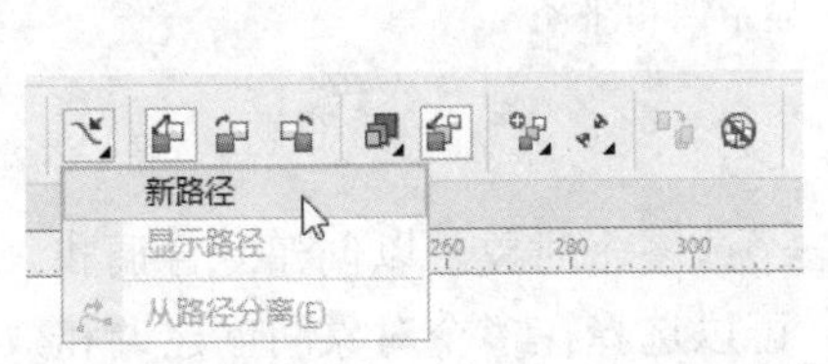

图 6-8　沿路径调和图形

4 如果要修改路径，可以选择【形状工具】，再选择曲线的节点，然后拖动节点的控制手柄调整曲线的形状。修改曲线形状后，可以设置线条轮廓为【无】，以避免显示曲线路径，如图 6-9 所示。

图 6-9　调整路径曲线形状和轮廓宽度

沿路径调和后，如果要查看调和路径，可以在调和工具属性栏单击【路径属性】按钮，在打开的列表框中选择【显示路径】命令即可。如果要将调和对象和路径分离，可以在如图 6-10 所示的列表框中选择【从路径分离】命令，分离后的调和对象将恢复沿路径调和前的状态。

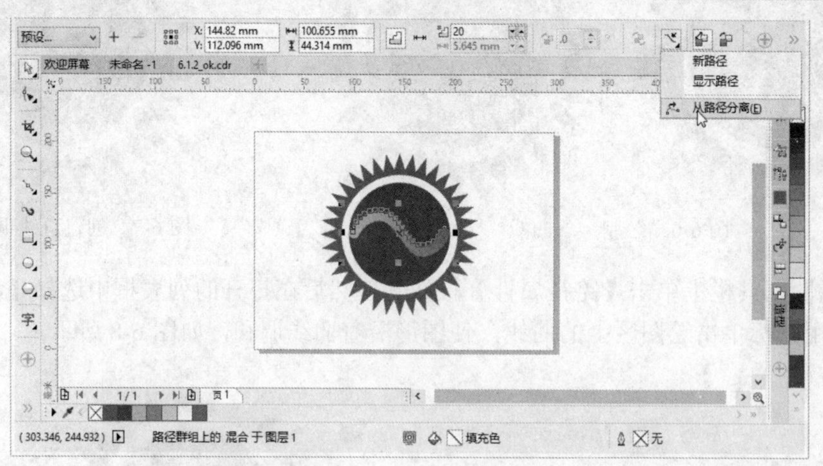

图 6-10　显示调和路径

6.1.3　复合调和效果

在 CorelDRAW 中，可以向调和中添加一个或多个对象，以创建复合调和。

因此，除了建立两个对象之间的调和外，可以选择在多个对象间创建调和效果，从而实现多个对象间的渐变过渡。

在工具箱中选择【调和工具】，为两个图形对象创建直线调和，然后选择调和图形并拖到另一个图形上，创建第二个直线调和，接着使用相同的方法，为其他图形对象创建调和，这些直线调和组合起来就变成了一个复合调和的效果，如图 6-11 所示。

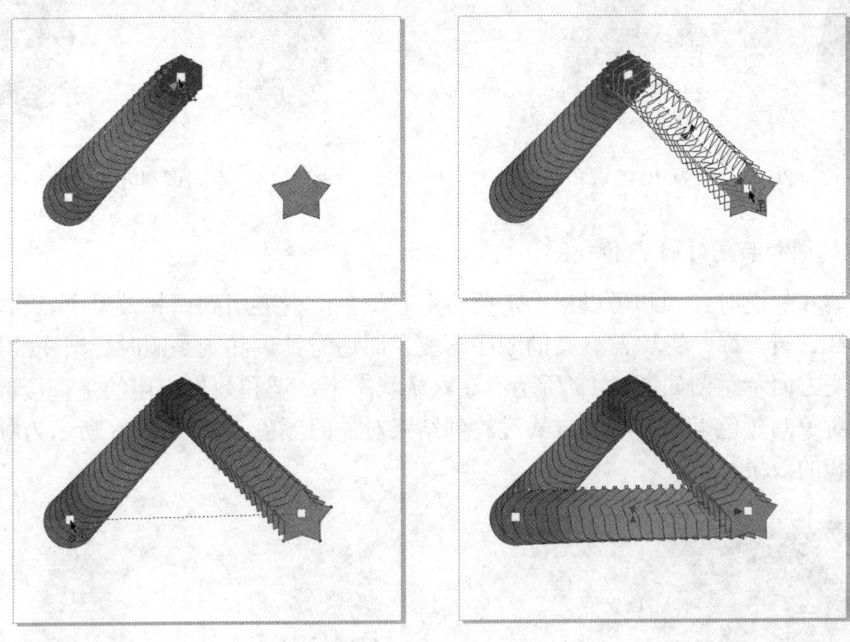

图 6-11　创建复和调和效果

6.1.4　设置调和属性

创建调和对象后，可以根据需要设置和修改调和属性，从而获得满足设计需求的个性化调和效果。通过如图 6-12 所示的【调和工具】属性栏，可以设置包括步长、调和方向、颜色渐变、对象/颜色加速、起始/结束对象属性、路径属性以及各种杂项调和选项。

图 6-12　【调和工具】的属性栏

1. 设置调和步长

调和步长是指调和起始和结束对象之间的中间对象数量，调和步长越高，起始和结束对象之间的过渡就越平滑。默认情况下调和步长是 20，可以设置 1~999 之间的数值。

选择【调和工具】，然后在【步长偏移量】增量框中输入步长数值，并按下 Enter 键即可设置调和步长。如图 6-13 所示是步长为 20 与步长为 30 的调和结果对比。

2. 设置调和方向

一般情况下，对象的调和方向为 0，也就是说调和起始对象向结束对象过渡时并没有产生旋转过渡效果。可以根据需要顺时针或逆时针旋转中间对象，使其旋转过渡。调和方向取值范围为−360 度（顺时针旋转一圈）至 360 度（逆时针旋转一圈）。

使用【调和工具】创建调和效果，然后在【调和方向】框输入调和方向数值，接着按 Enter 键即可设置调和方向。如图 6-14 所示为调和方向为 0 时和调和方向为 120 时的效果。

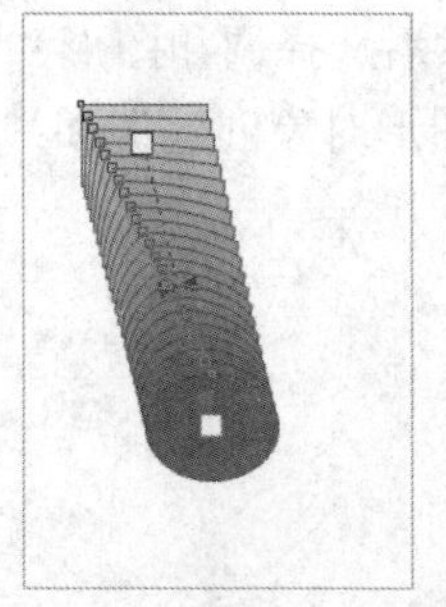
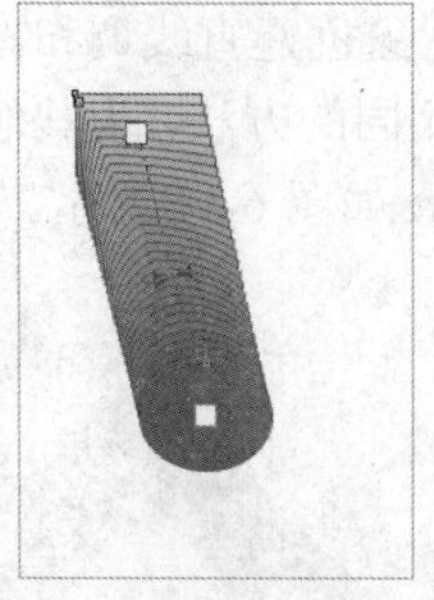

图 6-13　步长为 20 与步长为 30 的调和结果对比

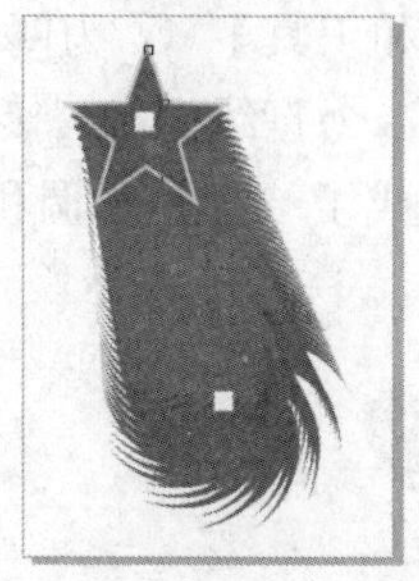
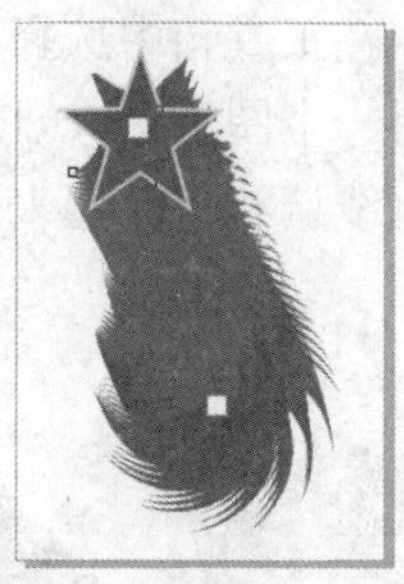

图 6-14　不同调和方向的效果对比

3. 顺时针调和与逆时针调和

顺时针调和与逆时针调和可以根据需要将七彩颜色渐变应用到调和效果中。顺时针调和是按照红、橘红、黄、绿、青、蓝、紫的顺序渐变；而逆时针调和则是顺时针渐变的反向渐变。其中颜色渐变方向示意图如图 6-15 所示。在默认状态下，调和效果应用的是直接调和模式，也就是起始对象的颜色以最接近的方式过渡到结束对象的颜色。如图 6-16 所示为顺时针调和和逆时针调和的效果。

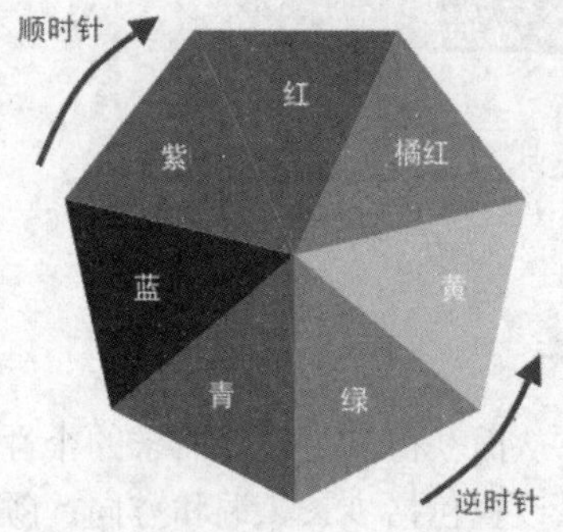

图 6-15　颜色渐变方向示意图

图 6-16　顺时针调和和逆时针调和的效果

【调和工具】不能作用于使用位图、底纹、图样或 PostScript 填充的对象。

4. 设置对象和颜色加速

默认情况下，调和起始对象向结束对象过渡方式为匀速过渡。可以设置调和时对象和颜色的加速度，通过调整加速度来改变对象在调和路径上的分布和颜色变化，如图 6-17 所示。

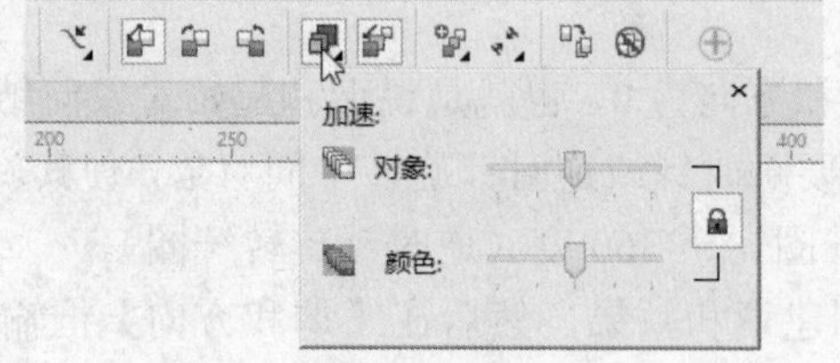

图 6-17　设置对象和颜色加速

如图 6-18 所示为调整不同的对象加速和颜色加速后的效果对比。

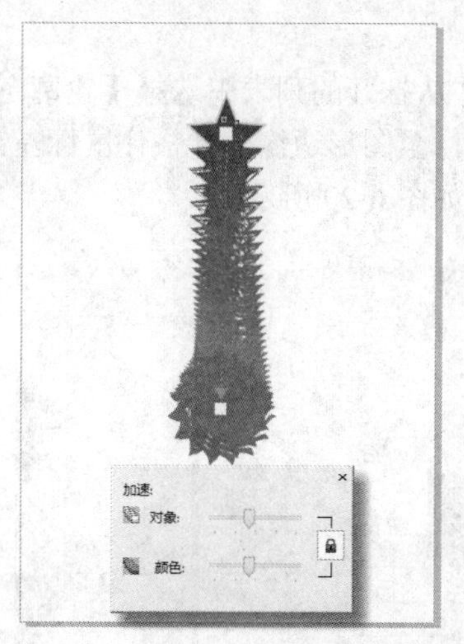

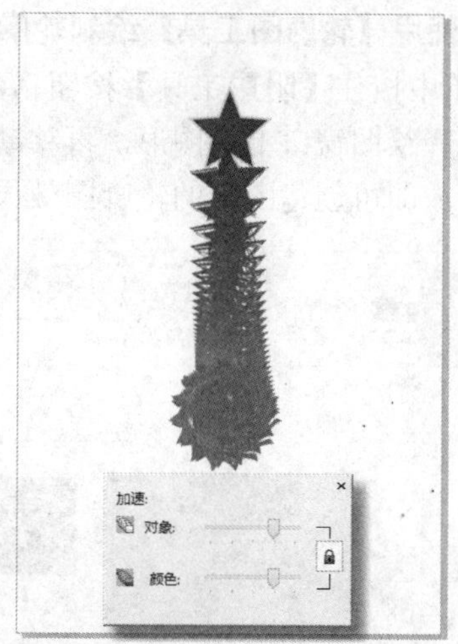

图 6-18　调整不同的对象加速和颜色加速后的效果对比

5. 清除调和

如果想要将当前的调和效果去除，可以选择调和对象，然后在属性栏中单击【清除调和】按钮，如图 6-19 所示。清除调和只会清除调和产生的中间对象，而调和的起始对象、结束对象以及调和路径都将保留。

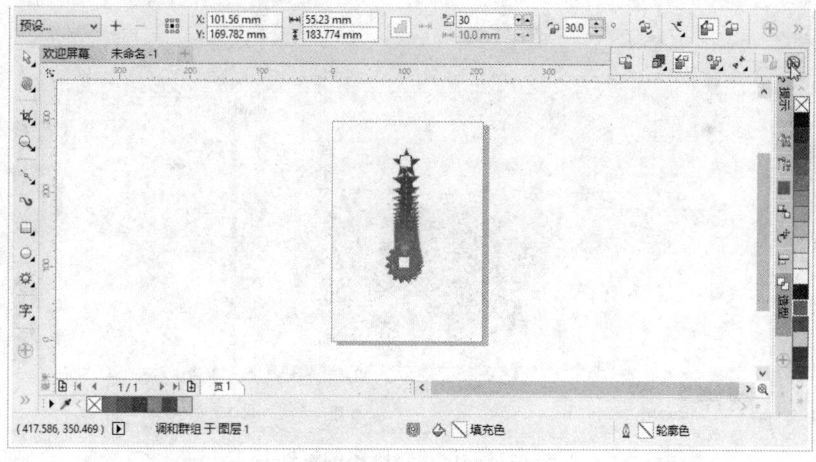

图 6-19　清除调和

6.2　制作轮廓效果

轮廓效果是指通过在对象轮廓外部或内部增加一系列同心线圈，从而产生的一种放射形层次效果。CorelDRAW 允许选择向内或向外扩展轮廓，还可以在轮廓图工具属性栏中对轮廓效果的各参数进行设置。

6.2.1　轮廓图工具

使用【轮廓图工具】可以勾画对象的轮廓线，从而创建一系列渐进到对象内部或外部的轮廓，使图形有一种类似三维的特殊效果。

动手操作　使用【轮廓图工具】绘制轮廓

1 在工具箱中按住【阴影工具】按钮，并从打开的列表中选择【轮廓图工具】，接着使用该工具选择绘图窗口上的图形，再移动鼠标至图形边缘，并按住鼠标左键并往外拖动，到一定距离后释放即可创建图形的轮廓图效果，如图 6-20 所示。

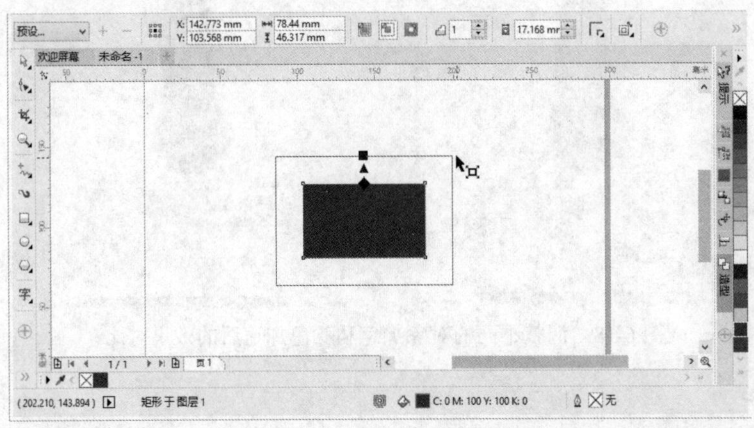

图 6-20　创建对象轮廓图

2 在属性工具栏中设置轮廓图步长，再设置轮廓色和填充颜色，调整轮廓图的效果，如图 6-21 所示。

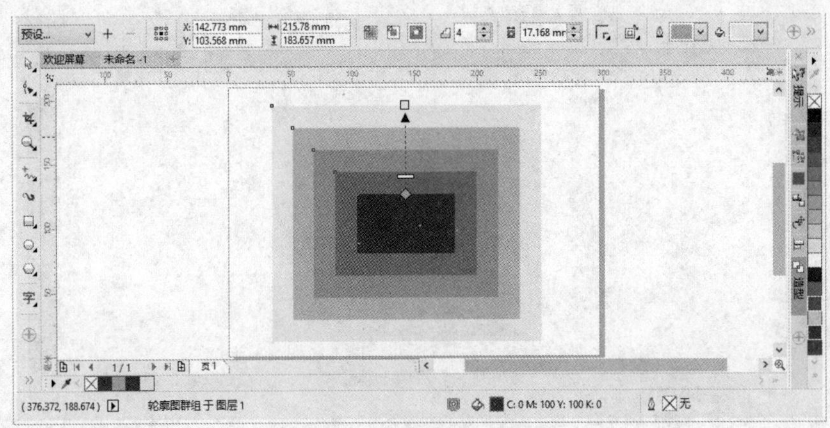

图 6-21　设置轮廓图的属性

6.2.2　轮廓图属性说明

创建轮廓图后，可以通过【轮廓图工具】的工具属性栏设置包括轮廓的扩展方向、步长、偏移量、颜色渐变、轮廓色和填充色等参数，以及对象和颜色加速等属性。

有关轮廓图属性设置项目的说明如下。

- 【到中心】：单击此按钮可以向对象中心产生轮廓效果，如图 6-22 所示。但此效果不能设置轮廓图的步长值，只能设置偏移量。
- 【内部轮廓】：单击此按钮可以向对象中心产生轮廓效果。它与【到中心】的区别是：轮廓图的偏移量优先于步长值。如果偏移量过大，则系统还没执行步长值时，就已经到达对象的中心了。

- 【外部轮廓】：单击此按钮可以向对象的外侧产生轮廓效果，如图 6-23 所示。

图 6-22 【到中心】轮廓效果

图 6-23 【外部轮廓】的轮廓效果

- 【轮廓图步长】：用于设置产生轮廓线的数量，其取值范围是 1~999。如图 6-24 所示的步长为 4，如果将步数设置为 7 并按 Enter 键，即可得到如图 6-25 所示的结果。

图 6-24 步长为 4 的轮廓效果

图 6-25 步长为 7 的轮廓效果

- 【轮廓图偏移】：用于设置轮廓线之间的距离，数值越大，轮廓范围越广。如图 6-26 所示的轮廓图偏移为 2mm，如果将其设置为 6mm，即可出现如图 6-27 所示的结果。

图 6-26 轮廓图偏移为 2mm 的效果

图 6-27 轮廓图偏移为 6mm 的效果

- 【轮廓圆角】：可以选择设置斜接角、圆角和斜切角。
- 【轮廓色】：用于设置设置线性轮廓色、顺时针轮廓色、逆时针轮廓色等颜色渐变效果。
- 【轮廓颜色】：设置对象轮廓的颜色，默认状态下为黑色。
- 【填充色】：主要用于设置对象填充的颜色，默认状态下以对象当前填充颜色为准。此颜色必须在【到中心】或者【向内】状态下方可明显查看到。
- 【对象和颜色加速】：设置轮廓图渐变时对象和颜色的加速度，通过调整加速度来改变轮廓图的颜色变化，如图 6-28 所示为效果对比。

图 6-28　设置对象和颜色加速后的效果对比

6.3　制作阴影效果

CorelDRAW 允许为对象添加阴影，并模拟光源照射对象时产生阴影的效果。

6.3.1　阴影工具

使用【阴影工具】可以为对象添加阴影，并可以调整阴影的透明度、颜色、位置以及羽化程度。当对象外观改变时，阴影的形状也随之变化。

动手操作　使用【阴影工具】创建阴影效果

1 在工具箱中选择【阴影工具】，再单击选择对象，接着按住鼠标左键并向外拖动，即可创建阴影效果，如图 6-29 所示。

2 打开工具属性栏的【合并模式】列表框，然后选择相关选项，以设置阴影颜色与下层对象颜色的调和方式，如图 6-30 所示。

图 6-29　创建阴影效果

图 6-30　设置合并模式

6.3.2　阴影属性说明

为对象添加阴影效果后，使用【阴影工具】单击对象即可显示如图 6-31 所示的工具属性栏。

图 6-31 【阴影工具】的属性栏

【阴影工具】属性栏各个设置项目说明如下：

- 【阴影偏移】：用于设置阴影的具体坐标，通过更改数值产生的效果与使用鼠标直接调节所产生的效果相似，但通过【阴影偏移】增量框可以精确定位。
- 【阴影角度】：用于设置阴影的角度，除了在输入框中直接键入数值外，还可以单击右侧的滑块按钮，即会出现调节滑块，拖动滑块可以快速调节角度。其取值范围是-360~360，当数值为【0、360、-360】度时，阴影效果不存在。如图 6-32 所示是阴影角度为 90 和阴影角度为 120 的效果。
- 【阴影延展】：用于设置阴影的长短。
- 【阴影淡出】：用于设置阴影的淡化程度。

图 6-32 不同阴影角度的效果

- 【阴影的不透明度】：用于设置阴影的不透明度，取值范围是 0~100。当数值为 0 时，阴影效果为完全透明；当数值为 100 时，阴影效果为完全不透明。
- 【阴影羽化】：用于设置阴影的羽化效果，取值范围是 0~100。当数值为 0 时，无羽化效果。数值越大，产生的阴影效果越模糊。如图 6-33 所示是阴影羽化为 5 和羽化为 20 的效果。

图 6-33 不同阴影羽化的效果

- 【阴影羽化方向】：单击此按钮可以打开如图 6-34 所示的【羽化方向】列表框，在此可以选择不同的阴影羽化方向，如图 6-35 所示是羽化方向为【向内】和羽化方向为【向外】的效果。

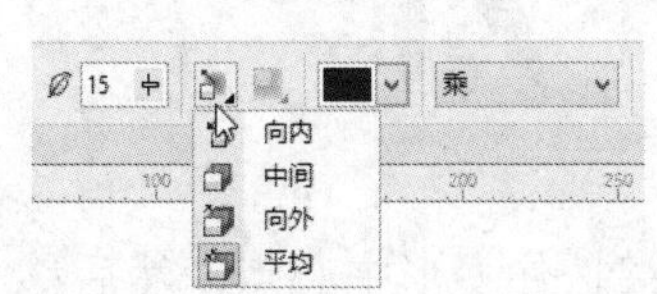

图 6-34 【羽化方向】选项列表

图 6-35 【向内】羽化和【向外】羽化

- 【阴影羽化边缘】：当阴影羽化方向为非【平均】状态时，单击此按钮可以打开如图 6-36 所示的【羽化边缘】面板，在此可以选择羽化边缘的方式。
- 亮度 【阴影度操作】：当文件中有两个或以上的阴影效果重叠时，可以使用此下拉表框选择合适的叠加方式。默认状态为【乘】。
- 【阴影颜色】：单击此下拉列表框可以选择阴影的颜色，默认状态下的阴影颜色为【黑色】，将其阴影颜色更改为紫色后的效果如图 6-37 所示。

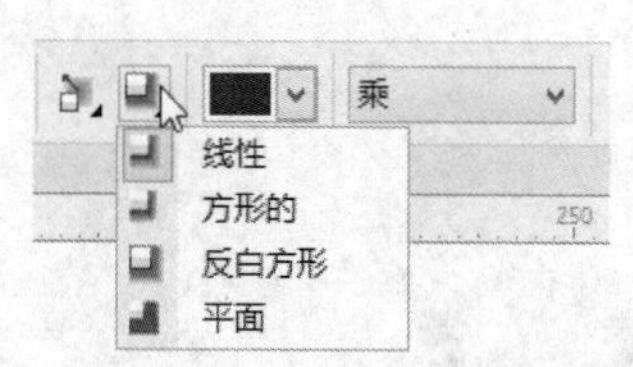

图 6-36　【羽化边缘】选项列表

图 6-37　修改阴影颜色后的结果

6.4　制作变形效果

CorelDRAW X7 中的变形效果分为 3 种类型：

- 推拉变形：使对象的边缘向内推进，或者向外拉伸。
- 拉链变形：使对象边缘产生锯齿状，就像拉开的拉链一样。
- 扭曲变形：旋转扭曲对象从而产生漩涡状的效果。

6.4.1　推拉变形

推拉变形可以产生两种变形效果，包括使对象边缘向内推进的效果，或者使对象边缘向外拉伸的效果。

动手操作　推拉变形

1 在工具栏选择【变形工具】，然后在属性栏中单击【推拉变形】按钮，接着用鼠标左键按住对象中心点并移动，即可使对象产生推拉变形效果，如图 6-38 所示。

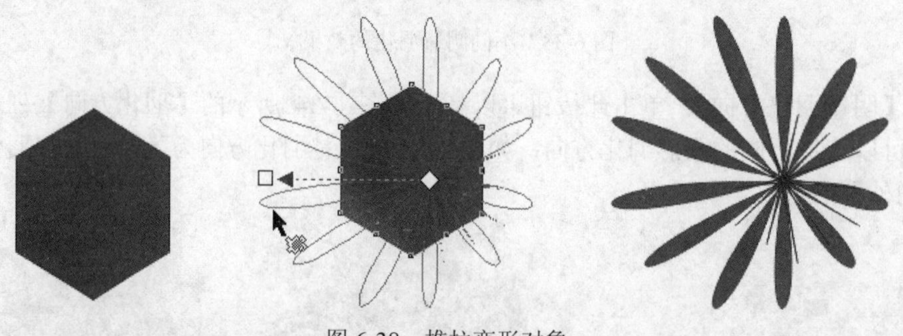

图 6-38　推拉变形对象

2 变形对象后，可以调整变形中心点的位置。使用鼠标左键按住变形中心点，然后移动即可，如图 6-39 所示。

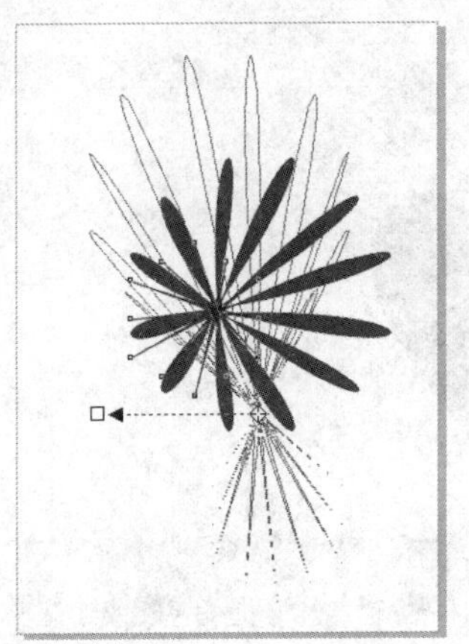
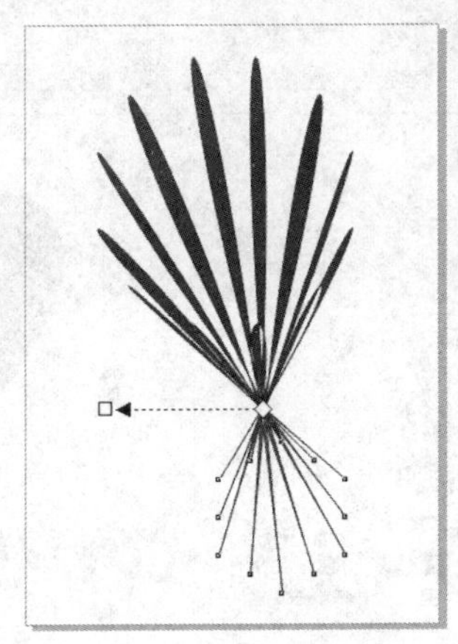

图 6-39　调整变形中心点

3 如果需要对变形后的对象调整细节形状，可以通过工具属性栏调整变形的属性，本例调整推拉振幅为 50，结果如图 6-40 所示。

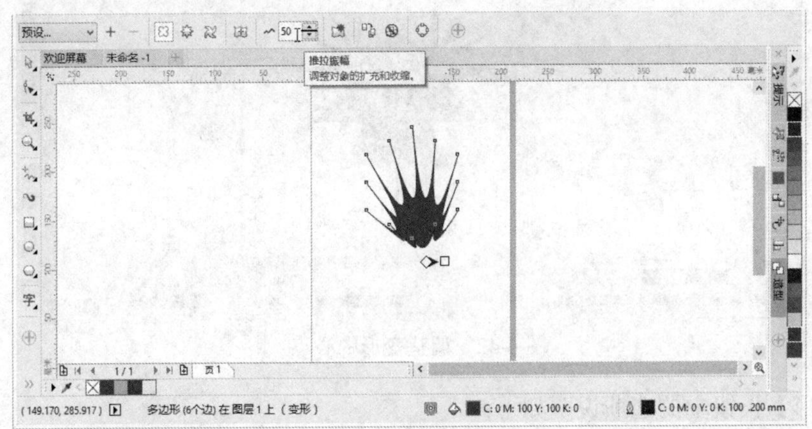

图 6-40　调整推拉振幅

问：【推拉振幅】选项有什么作用？

答：【推拉振幅】主要用于设置拖拉的变形程度，其取值范围是-200~200，数值越小，图形越细窄。

6.4.2　拉链变形

拉链变形可以使对象边缘发生锯齿状的形变，从而使对象产生类似拉链上锯齿的效果。

动手操作　拉链变形

1 在工具箱中选择【变形工具】，在属性栏上单击【拉链变形】按钮，使用鼠标选择绘图区上的对象，然后按住鼠标左键拖动，即可通过拉链变形的方式变形对象，如图 6-41 所示。

2 如果要移动变形中心，可以选择变形后的对象的变形中心点，然后按住鼠标左键拖动即可移动中心点，如图 6-42 所示。

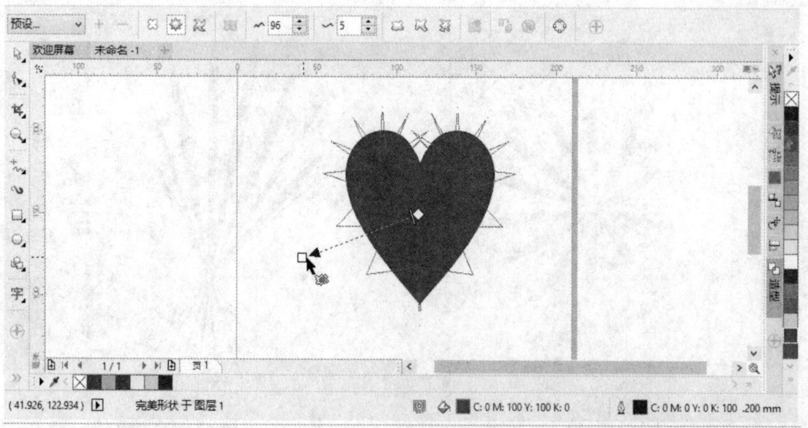

图 6-41　拉链变形对象

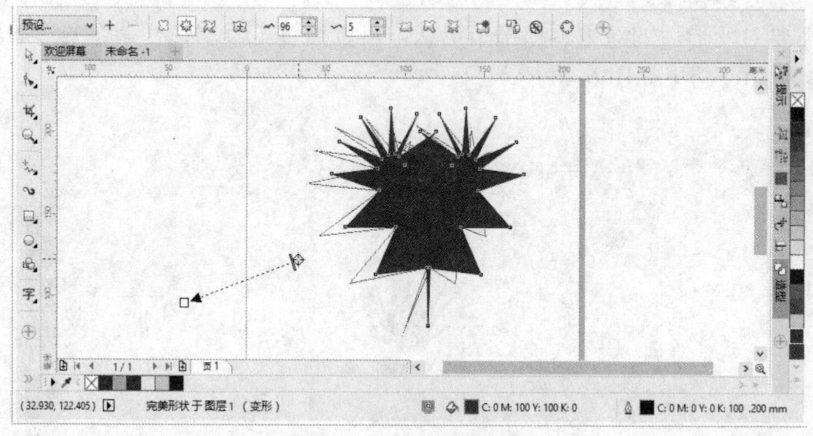

图 6-42　调整变形中心点

【拉链变形】按钮中的选项说明如下：

- 【拉链失真振幅】：用于设置拉链变形的幅度，取值范围是 0~100。如图 6-43 所示是拉链失真振幅为 100 和拉链失真振幅为 10 的效果对比。
- 【拉链失真频率】：用于设置拉链变形的频率，取值范围是 0~100。如图 6-44 所示是拉链失真频率为 10 和拉链失真频率为 50 的效果对比。

图 6-43　不同拉链振幅的效果对比

图 6-44　不同拉链失真频率的效果对比

- 【随机、平滑、局部变形】：通过按下此三个按钮的其中一个，可以使对象产生不同的变形效果。其效果分别如图 6-45 所示。

图 6-45　不同类型的变形效果

6.4.3　扭曲变形

扭曲变形可以使对象旋转扭曲，产生漩涡状的扭曲效果。通过控制对象顺时针或逆时针扭曲以及控制对象的扭曲程度，可以产生不同效果的扭曲变形。

动手操作　扭曲变形

1 在工具箱中选择【变形工具】，在属性栏上按下【扭曲变形】按钮，再使用鼠标选择绘图区上的对象，然后拖动，即可通过扭曲的方式变形对象，如图 6-46 所示。

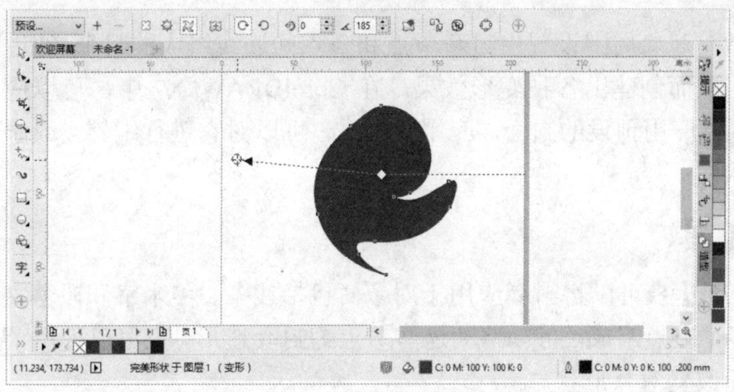

图 6-46　扭曲变形对象

2 选择扭曲变形的控制杆端点，然后移动到水平方向的左边，调整扭曲变形的效果，如图 6-47 所示。

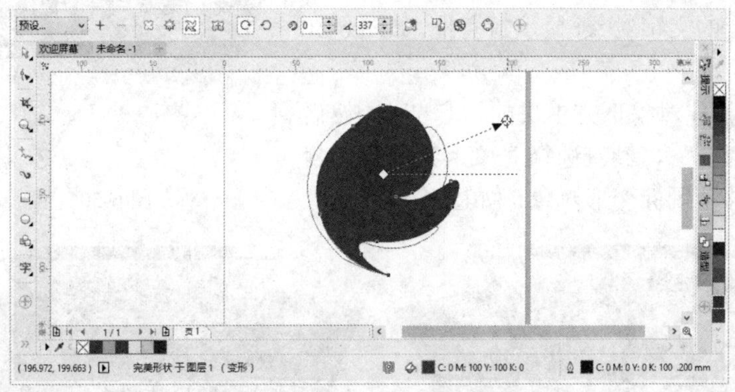

图 6-47　调整扭曲变形效果

【扭曲变形】按钮中的选项说明如下：

- 【逆、顺时针旋转】：设置对象沿逆时针或者顺时针的方向扭曲。

- 【完全旋转】：用于精确设置变形的幅度，取值范围为 0~9，数值越大，旋转的幅度越明显，如图 6-48 所示是完全旋转为 0 和完全旋转为 2 的效果。
- 【附加角度】：用于精确设置变形的旋转数量，取值范围为 0~359。当数值为 0 时，对象不作任何旋转处理。如图 6-49 所示是附加角度为 100 度和附加角度为 200 度的效果。

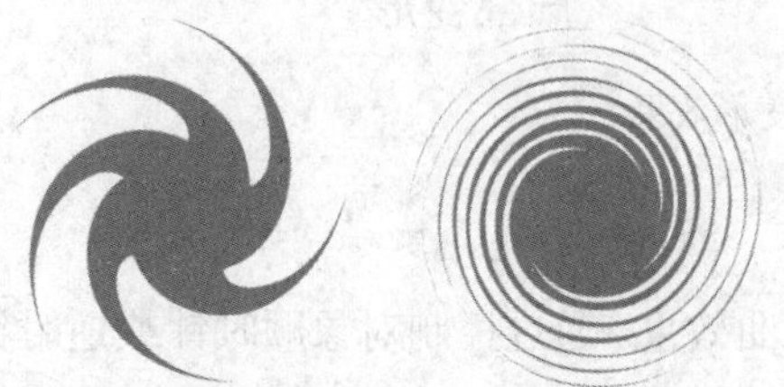

图 6-48　不同完全旋转属性的效果

图 6-49　不同附加角度属性的效果

6.5　制作封套效果

封套效果是指在对象周围设置由封套节点和节点间连线组成的封套，通过对套封的调整来改变对象的形状，从而创建出各种变形效果。在 CorelDRAW X7 中，可以应用符合对象形状的基本封套，也可以应用预设的封套。应用封套后，可以对它进行编辑，或添加新的封套来继续改变对象的形状。

6.5.1　封套工具

使用【封套工具】可以将封套应用于对象（包括线条、美术字和段落文本框）来进行变形处理。封套由多个节点组成，可以移动这些节点为封套造形，也可以使用节点的控制手柄修改封套形状，从而改变对象形状。

动手操作　制作 Logo 的文字效果

1 打开光盘中的“..\Example\Ch06\6.5.1.cdr”练习文件，在工具箱中选择【封套工具】，然后用鼠标单击绘图页面上的文字对象，显示封套框，如图 6-50 所示。

图 6-50　显示封套框

2 使用鼠标按住对象下方中央的封套节点，然后向上移动鼠标变形对象，接着选择对象上方中央的封套节点，并向上移动鼠标变形对象，如图 6-51 所示。

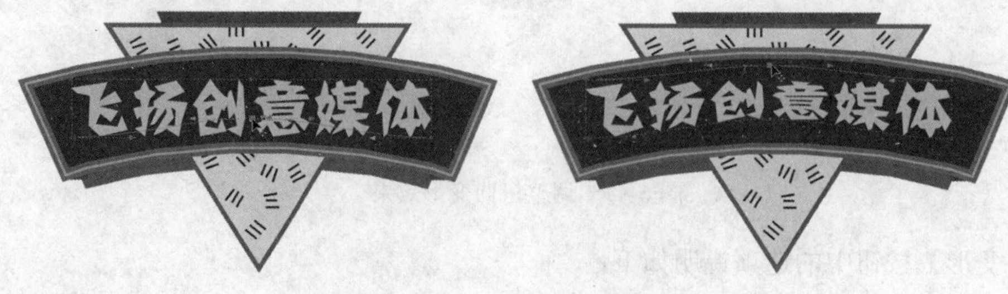

图 6-51　移动上下边缘中央封套节点

3 使用相同的方法，分别选中左下角和右下角的封套节点，并向下移动节点，如图 6-52 所示。

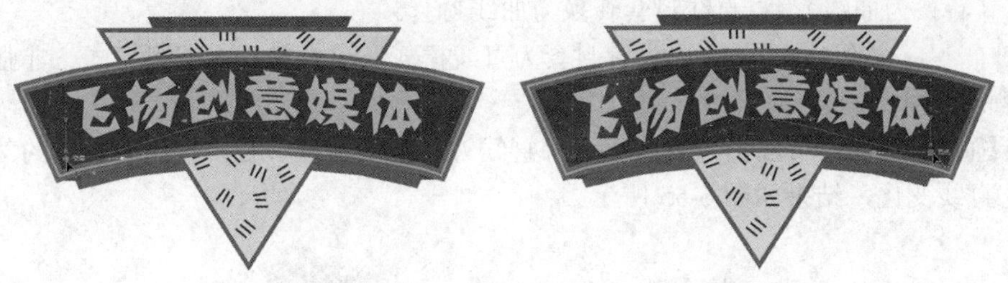

图 6-52 移动左下角和右下角的封套节点

4 分别选择左上角节点和右上角节点，然后按住控制手柄并向下移动，调整封套的形状，如图 6-53 所示。

如果不是处于【非强制】模式下，还可以配合以下按键编辑封套以进行特殊的变形操作：

（1）按住 Ctrl 键拖动节点，可以将相邻节点沿相同方向移动相等距离。

（2）按住 Shift 键拖动节点，可以将相邻节点沿相反方向移动相等距离。

（3）同时按住 Ctrl+Shift 键，则可以同时移动四个角或者四条边上的全部节点。

（4）在【非强制】模式下，按住 Ctrl 键限制节点可以使节点的移动限制于水平或者垂直方向内。

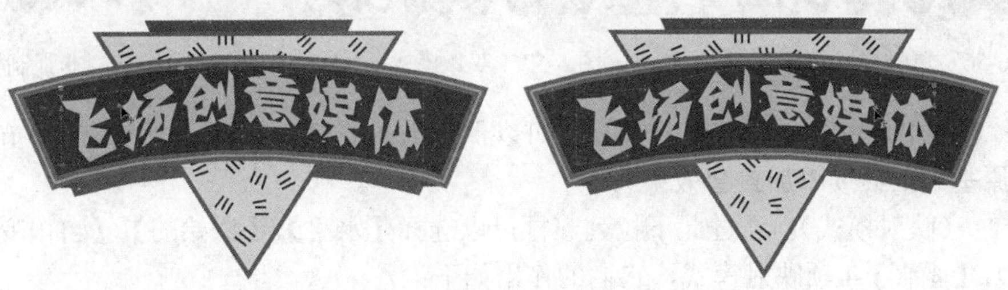

图 6-53 调整节点控制手柄进行变形对象

6.5.2 封套属性说明

创建封套效果后，即可通过如图 6-54 所示的工具属性栏对选择的对象进行封套设置，其中包括调整节点、切换封套与映射模式等。

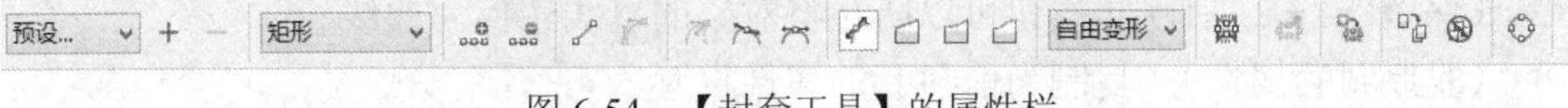

图 6-54 【封套工具】的属性栏

【封套工具】属性栏中的选项的说明如下：

- 矩形（选取模式）：设置封套选取框的模式。
- （添加与删除节点）：为现有的封套框添加和删除节点。
- （直线与曲线之间的切换）：可以将封套框由曲线转换为直线，或由直线转换为曲线。

- （切换节点属性）：可以设置节点的突尖、平滑和属性。
- （转换为曲线）：将直线封套转换为曲线封套。
- （封套模式）：可以设置封套为直线模式、单弧模式、双弧模式、非强制模式 4 种模式。
  - 【直线模式】：可以沿垂直或水平等直线方向拖动封套节点，使封套控制的某一边呈直线变化，结果如图 6-55 所示。

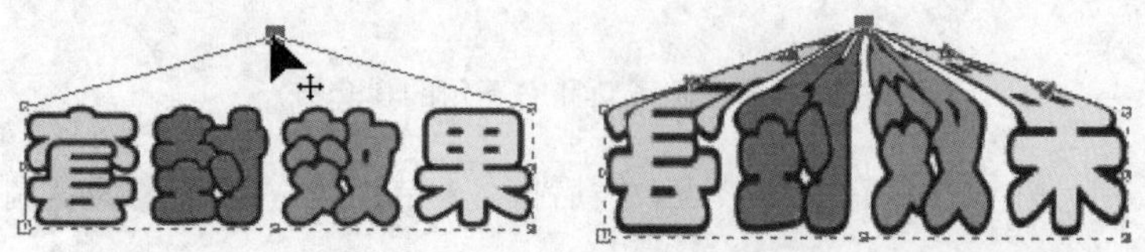

图 6-55　直线模式的封套效果

  - 【单弧模式】：可以沿垂直或水平等直线方向拖动封套节点，使封套控制的某一边呈单弧式变化，结果如图 6-56 所。
  - 【双弧模式】：可以沿垂直或水平等直线方向拖动封套节点，使封套控制的某一边呈“S”型变化，结果如图 6-57 所示。
  - 【非强制模式】：可以创建任意的套封变形效果，释放鼠标后的结果如图 6-58 所示。

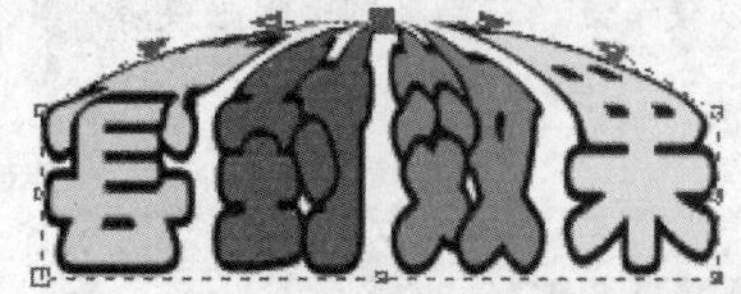

图 6-56　单弧模式

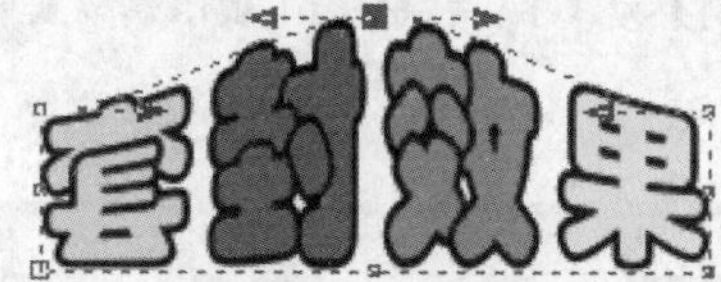

图 6-57　双弧模式

图 6-58　非强制模式

- （添加新封套）：单击此按钮后，可以保留当前的封套效果，并将虚线与节点还原，在原基础上继续添加封套效果。
- 自由变形（映射模式）：通过此下拉列表框可以选择【水平】、【原始的】、【自由变形】（默认）、【垂直】4 项映射模式，它们的作用如下：
  - 【水平】：延展对象以适合封套的基本尺度，然后水平压缩对象以适合封套的形状。
  - 【原始】：将对象选择框的角控制杆映射到封套的角节点。其他节点沿对象选择框的边缘线性映射。
  - 【自由变形】：将对象选择框的角控制杆映射到封套的角节点。
  - 【垂直】：延展对象以适合封套的基本尺度，然后垂直压缩对象以适合封套的形状。
- （保留线条）：启用此按钮可以防止将对象的直线转换为曲线。
- （复制封套属性）：复制当前封套的属性设置。
- （创建封套自）：单击此按钮可以将当前对象根据文件中的某个对象的形状创建封套效果。
- （清除封套）：删除封套效果。

6.6　制作立体化效果

在 CorelDRAW 中，通过创建立体模型，可以使对象具有三维效果。

6.6.1 立体化工具

在 CorelDRAW X7 中，可以使用【立体化工具】为对象创建出立体化效果。其效果就是在原有对象基础上，向定义的点投射多条线段来创建纵深效果，从而使对象产生三维立体效果。

动手操作 使用【立体化工具】创建立体化效果

1 在工具箱中选择【立体化工具】，用鼠标单击选择对象，再按住鼠标左键拖动，即可创建立体模型，如图 6-59 所示。

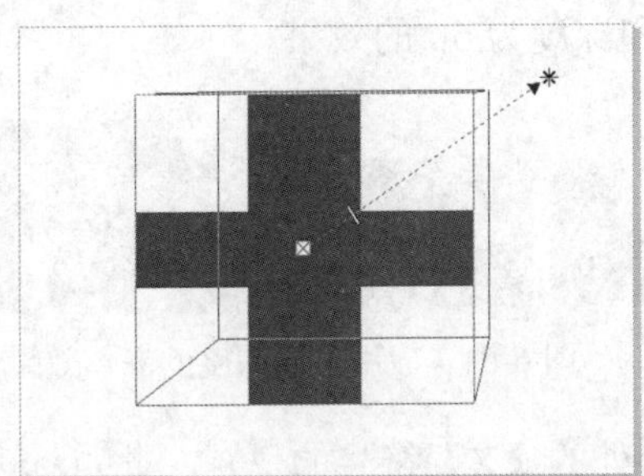

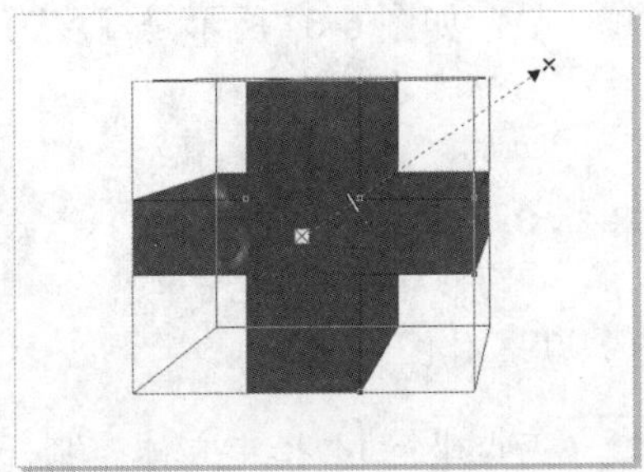

图 6-59 创建立体模型

2 如果要增加立体的深度，可以选择对象立体模型控制杆上的【深度】节点，然后向外拖动，如图 6-60 所示。

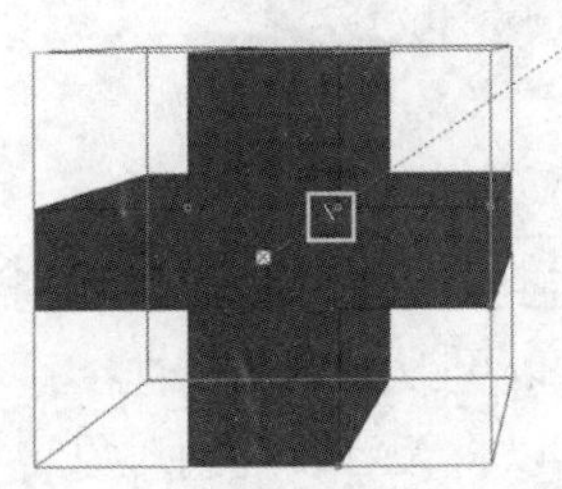

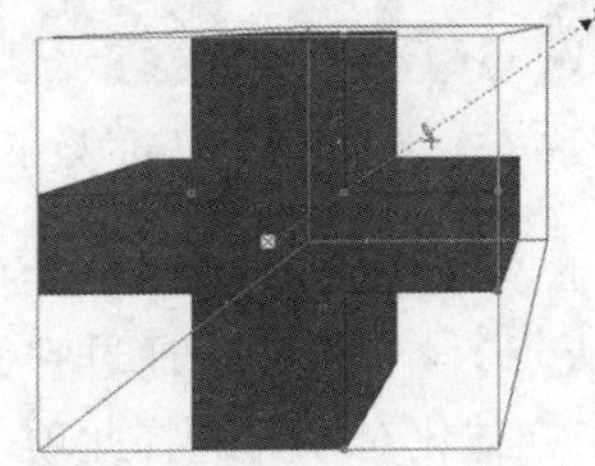

图 6-60 增加立体的深度

3 如果要调整立体效果的偏移位置，可以使用鼠标左键按住对象立体模型的控制杆外端点，然后移动端点即可，如图 6-61 所示。

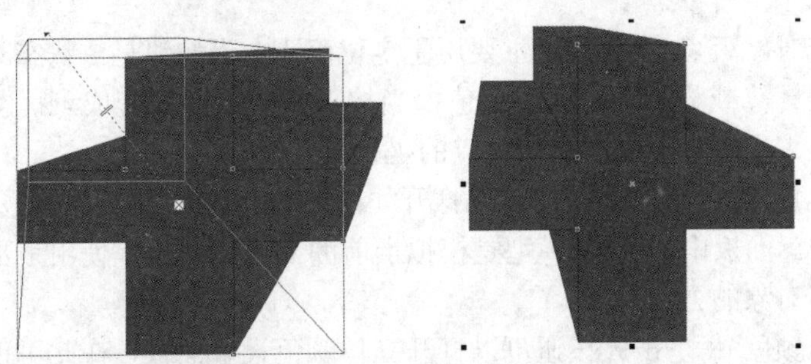

图 6-61 调整立体的偏移

6.6.2 立体化属性说明

为对象创建立体效果后，即会出现如图 6-62 所示的工具属性栏，在此可以设置调整各种立体效果。

图 6-62 【立体化工具】的属性栏

【立体化工具】属性栏中的设置项目说明如下。

- （立体化类型）：单击可打开类型列表，用于设置立体化效果的类型，如图 6-63 所示。
- （深度）：用于设置立体化效果深浅程度，取值范围为 1~99。数值越大，拉伸的程度越明显。如图 6-64 所示是深度为 20 和深度为 50 的效果。

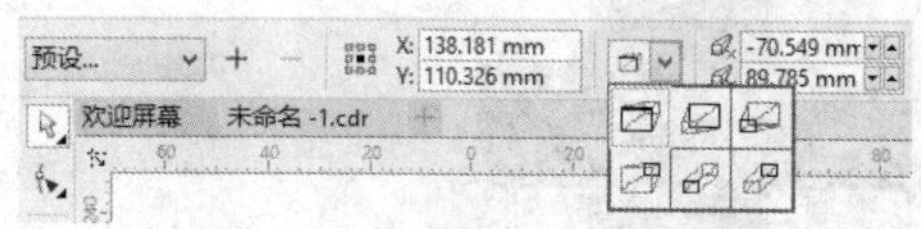

图 6-63 应用立体化类型列表

图 6-64 应用不同深度的立体效果

- （灭点坐标）：指定立体控制杆终点处的【X】符号的位置，此点称为灭点。除了在属性栏中通过更改 X、Y 的值来准备定位灭点坐标外，还可以使用鼠标拖动进行手动调整，如图 6-65 所示为不同灭点坐标的效果。

图 6-65 不同灭点坐标的效果

- （灭点属性）：此下拉列表中提供了【灭点锁定到对象】、【灭点锁定到页面】、【复制灭点，自...】、【共享灭点】4 个选项，通过它们可以更改灭点的属性：
  - 【灭点锁定到对象】：双击立体化对象并选择此项，可以将灭点锁定到对象。
  - 【灭点锁定到页面】：双击立体化对象并选择此项，可以将灭点锁定到页面。
  - 【复制灭点，自...】：双击要改变灭点的立体化对象并选择此项，可以复制对象。
  - 【共享灭点】：双击立体化对象，并选择要共享其灭点的立体化对象，可以为两个立体对象设置一个灭点。
- （页面或对象灭点）：此按钮主要用于定位灭点。当按钮呈状态时，可以相对于对象中心点来计算或显示灭点的坐标值；当按下按钮后即会变成状态，此时则会以页面坐标原点来进行计算或者显示灭点的坐标值。
- （立体化旋转）：单击此按钮可以打开如图 6-66 所示的面板，主要用于设置对象立体化的方向。面板中的“3”模型是模拟当前的立体化对象，使用手形拖动该模型，即可随意旋转对象的方向。
- （立体化颜色）：单击此按钮可以打开立体颜色设置面板，在此可以选择【使用对象填充】、【使用纯色】、【使用递减的颜色】3 项。其中【使用递减的颜色】填充的效果如图 6-67 所示。
- （立体化倾斜）：单击此按钮可打开立体化倾斜设置面板，主要用于将斜边添加到立体效果中。选择【使用斜角修饰边】复选框后，即可通过【斜角修饰边深度】与【斜角修饰边角度】两项来指定立体修饰边的效果。如图 6-68 所示为设置斜角修饰边的效果。除了直接输入数值调整斜角修饰边外，使用鼠标拖动缩略图中的节点，可以手动调整斜角修饰边的属性，如图 6-69 所示。

图 6-66　旋转立体模型　　　　图 6-67　调整填充颜色的效果

- （立体化照明）：使立体对象产生一种有灯光照射的效果。单击该按钮后，即打开如图 6-70 所示的面板。通过单击、、三个按钮可以为对象添加三种类型的光线效果。添加光线效果后，在右侧的缩略图中可以移动相应光线类型的图标，并可通过【强度】滑块调整该光线的强弱程度。如图 6-17 所示为设置光线效果后的效果。

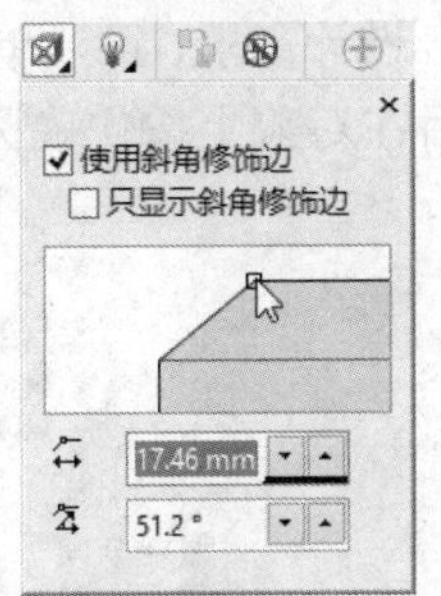

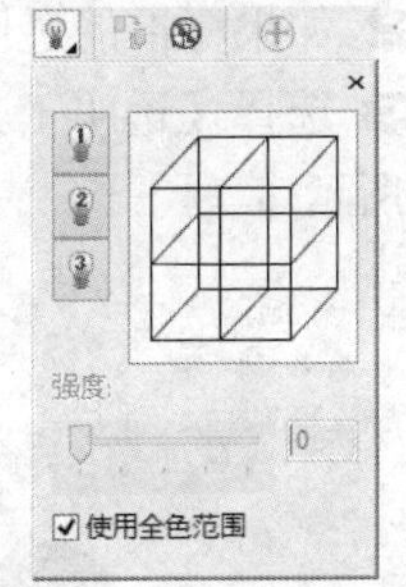

图 6-68　应用斜角修饰边　　　　图 6-69　手动调整斜角修饰边　　　　图 6-70　立体化照明面板

- 【复制立体化属性】：复制对象的立体化效果属性设置。
- （清除立体化）：清除选定对象的立体化效果。

图 6-71　添加照明的立体效果

6.7　制作透明度效果

透明度效果就是指通过改变对象的透明度，使其成为透明或半透明显示效果。

6.7.1　透明度工具

使用【透明度工具】可以创建对象的透明度效果。在创建透明效果时，可以设置透明度类型、选择色彩混合模式、调整渐变透明角度和边缘的大小以及控制透明效果的扩展距离，除此之外还可以在透明工具属性栏中对其他一些透明属性进行设置。

动手操作　使用【透明度工具】创建透明度效果

1 选择【透明工具】，再选择对象，在工具属性栏上设置透明度类型，如设置透明度类型为【均匀透明度】，然后设置开始透明度即可，如图 6-72 所示。

图 6-72　设置倒影的标准透明度

2 如果标准的透明效果不符合设计需求，可以单击【清除透明度】按钮删除透明效果。

3 选择【透明工具】，然后在对象上按住鼠标左键拖动，可以创建渐变透明度，如图 6-73 所示。

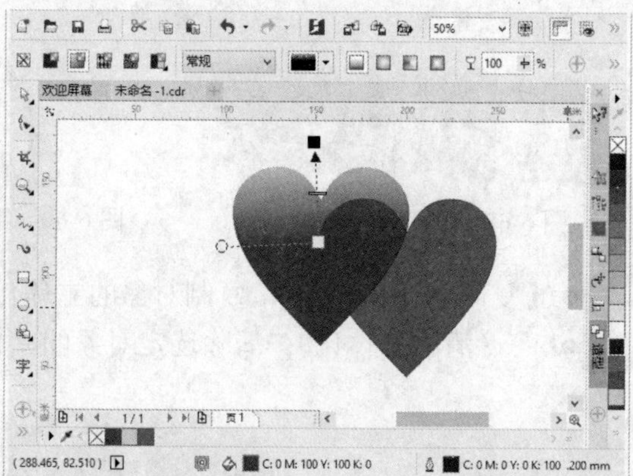

图 6-73　创建渐变透明效果

6.7.2　透明度属性说明

【透明度工具】提供了【无透明度】、【均匀透明度】、【渐变透明度】、【向量图样透明度】、【位图图样透明度】、【双色图样透明度】6 种透明度类型，这些透明度类型都可以通过属性栏设置，如图 6-74 所示。

图 6-74　【均匀透明度】类型的属性栏

下面以【均匀透明度】类型的属性栏做扼要说明：

- （合并模式）：打开下拉列表框可以选择透明对象的合并模式（即与下层对象重叠的效果），如图 6-75 所示是透明度操作为【差异】和【饱和度】的效果。

图 6-75　设置合并模式

- （透明度挑选器）：打开列表框，选择一个预设的透明度，如图 6-76 所示。
- （透明度）：指定对象的透明程度，取值范围是 0~100，数值越大，透明的效果越明显。当设置为 0 时，对象无任何透明效果；当设置为 100 时，对象则完全透明至消失。
- （透明目标）：用于指定透明的目标对象，分别为全部、填充、轮廓三个选项。默认状态下为全部，即对选择对象的全部内容添加透明效果。
- （冻结透明度）：单击此按钮能够启用【冻结】特性，可以固定透明对象的内部，使用者可以将透明度移动至其他位置。未启用【冻结】特性后移动透明对象的结果如图 6-77 所示，启用【冻结】特性后的结果如图 6-78 所示。

图 6-76　选择预设的透明度

图 6-77　禁止冻结的效果

图 6-78　启用冻结的效果

- （编辑透明度）：单击【编辑透明度】按钮可以打开【编辑透明度】对话框，通过对话框编辑透明的属性（使用方法和【编辑填充】对话框类似），如图 6-79 所示。

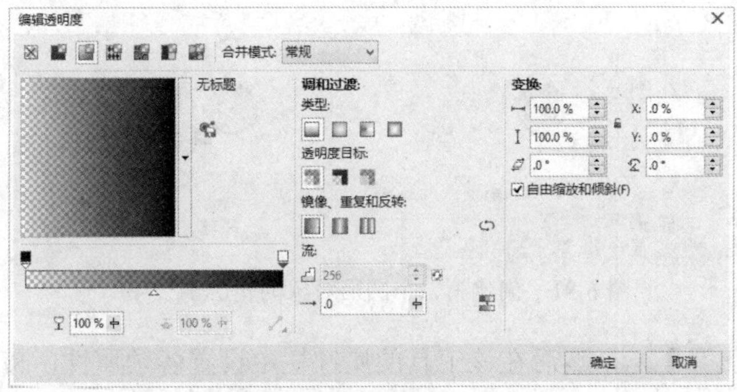

图 6-79　【编辑透明度】对话框

6.8 技能训练

下面通过多个上机练习实例，巩固所学技能。

6.8.1 上机练习 1：制作彩色的游乐园徽标图形

本例将使用简单的图形制作色彩丰富的游乐园徽标。先使用【轮廓图工具】为两个圆形对象制作轮廓图效果，再使用【调和工具】制作两个圆形对象之间的直线调和，然后将现有的标题形状对象放置到调和图上并添加阴影效果，接着绘制一个笑脸图形，并设置轮廓颜色和填充颜色，最后输入游乐园名称文字。

操作步骤

1 打开光盘中的“..\Example\Ch06\6.8.1.cdr”练习文件，选择【轮廓图工具】，然后在属性栏上设置轮廓图工具属性，其中填充色为【淡黄色】，接着用鼠标左键按住其中一个圆形对象边缘再往内移动鼠标，创建轮廓图效果，如图 6-80 所示。

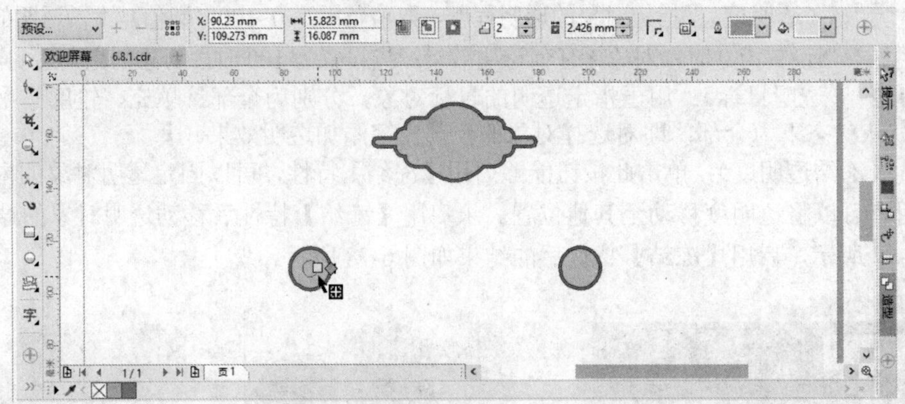

图 6-80　创建第一个圆形对象的轮廓图效果

2 使用步骤 1 的方法，为绘图页面右侧的圆形对象创建轮廓图效果，如图 6-81 所示。

图 6-81　创建第二个圆形对象的轮廓图效果

3 选择【调和工具】，然后在该工具的属性栏中设置各项属性，接着在左侧圆形对象上按住鼠标左键并拖到右侧圆形对象上，创建直线调和效果，如图 6-82 所示。

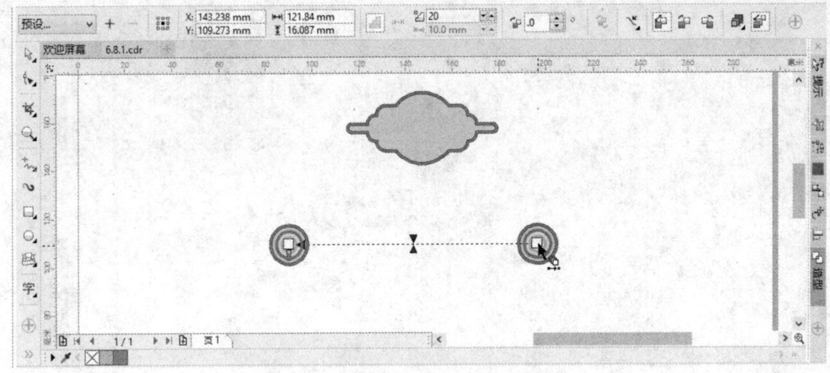

图 6-82　创建两个圆形对象的调和效果

4 选择调和对象，然后在【调和工具】属性栏上单击【顺时针调和】按钮，更改调和效果，如图 6-83 所示。

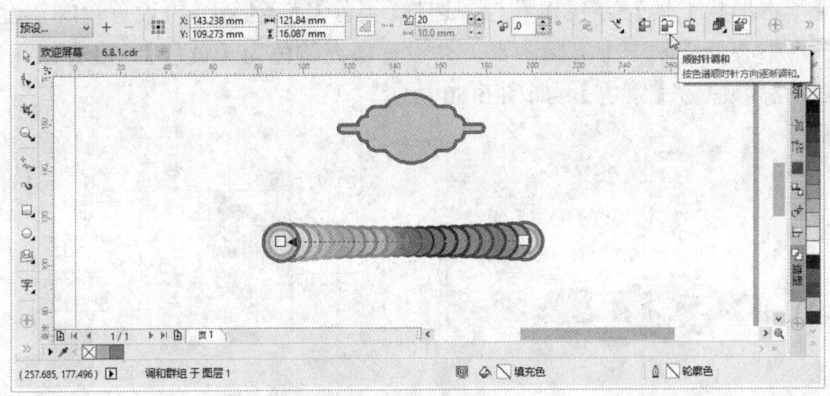

图 6-83　更改调和效果

5 选择绘图页面上方的标题图形对象，将该对象移到两个圆形调和图形之间，然后在标题对象上单击鼠标右键，再选择【顺序】|【到页面前面】命令，调整对象的排列顺序，如图 6-84 所示。

6 选择【阴影工具】，然后在属性栏中设置工具属性，再按住标题图形对象中心并向外拖动，创建阴影效果，接着设置阴影的颜色为【深褐】，如图 6-85 所示。

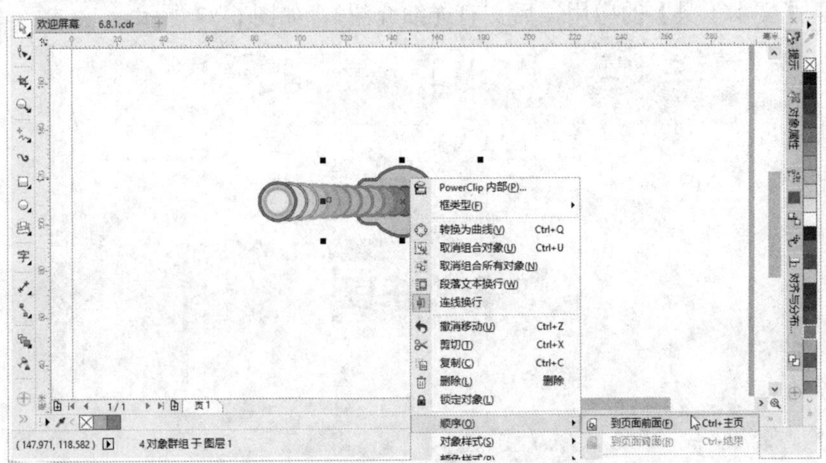

图 6-84　调整标题图形对象的位置和排列顺序

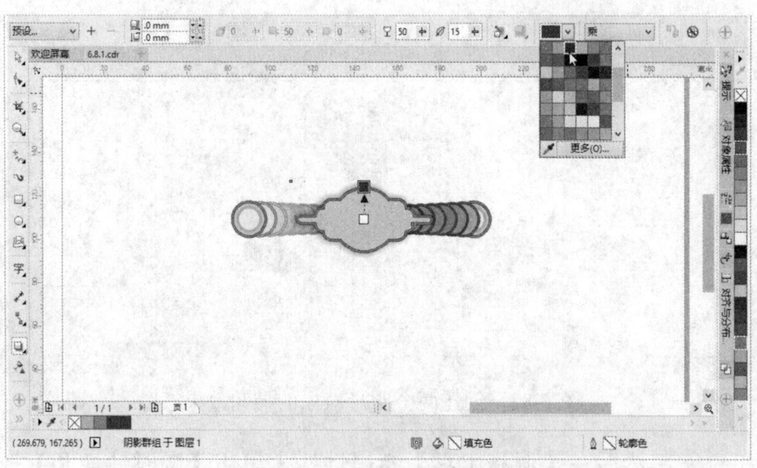

图 6-85　创建标题图形对象的阴影效果

7 选择【基本形状工具】，在属性栏中选择【笑脸】完美形状，再设置轮廓宽度为 0.5mm，然后在标题图形中心处绘制一个笑脸图形，并设置填充颜色为【黄色】，接着打开【轮廓笔】对话框，设置轮廓颜色为【紫色】，如图 6-86 所示。

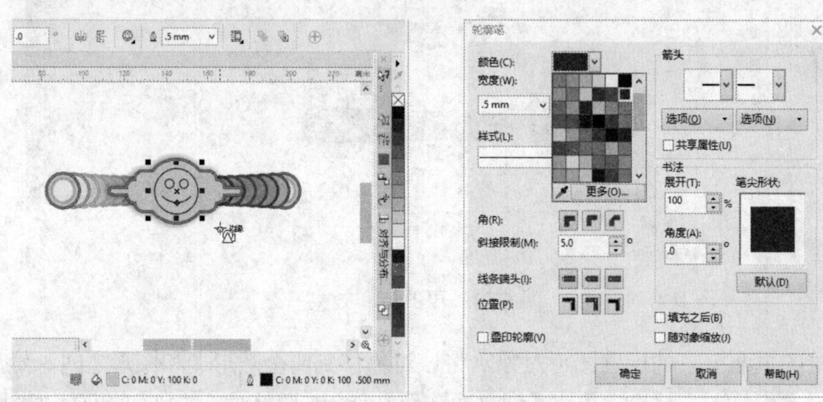

图 6-86　绘制笑脸图形并设置颜色

8 在工具箱中选择【文本工具】，在属性栏中设置文本属性，接着在徽标图形下方输入文本（关于【文本工具】的应用，后文有详细介绍），如图 6-87 所示。

图 6-87　在徽标图下方输入文本

6.8.2 上机练习 2：制作动感的游乐园徽标文本

本例先为游乐园徽标文本设置轮廓宽度和轮廓颜色，然后使用【轮廓图工具】制作文本的轮廓图效果，接着使用【立体化工具】创建文本的立体效果，并设置立体部分的渐变颜色。

操作步骤

1 打开光盘中的“..\Example\Ch06\6.8.2.cdr”练习文件，选择徽标的文本对象，再选择【轮廓笔工具】，设置轮廓宽度为 1mm、轮廓颜色为【橙色】，如图 6-88 所示。

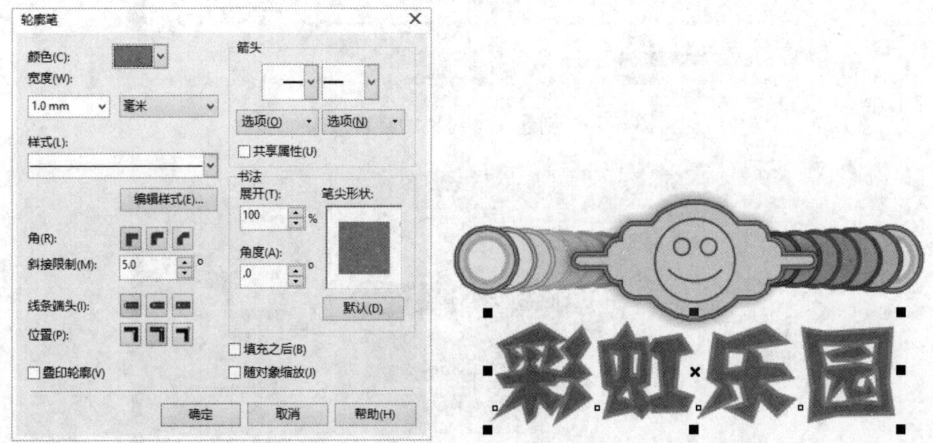

图 6-88　设置文本的轮廓

2 选择【轮廓图工具】，然后在属性栏上设置轮廓图工具属性，其中轮廓色为【黄色】、填充色为【绿色】，接着按住鼠标左键将文本中心向外拖动，创建文本的轮廓图效果，如图 6-89 所示。

图 6-89　创建文本的轮廓图效果

3 选择【立体化工具】，然后选择文本对象，用鼠标左键按住文本对象后垂直往下拖动鼠标，创建文本对象的立体效果，如图 6-90 所示。

4 选择立体化对象，在属性栏中设置深度为 40，然后打开【立体化颜色】面板，单击【使用递减的颜色】按钮，设置从【黄色】到【红色】的渐变颜色，如图 6-91 所示。

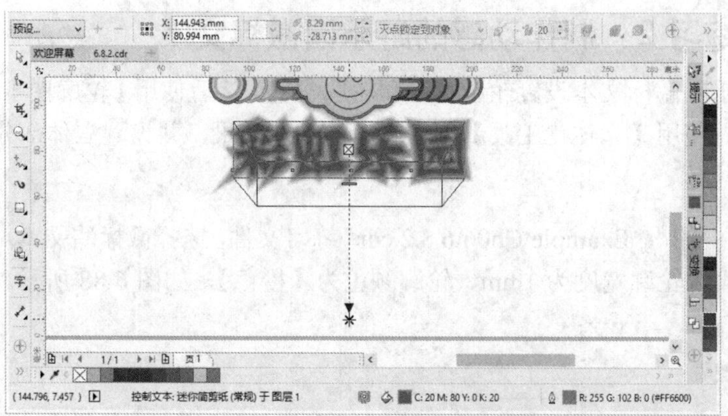

图 6-90　创建文本对象的立体效果

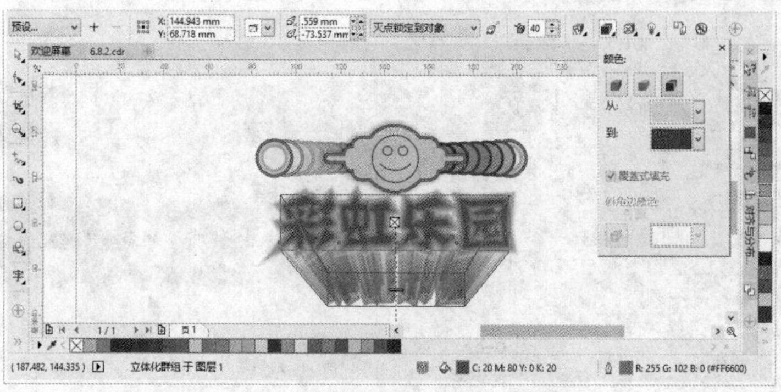

图 6-91　设置立体化颜色效果

6.8.3　上机练习 3：制作创意十足的圆形装饰图

本例将绘制一大一小的两个圆形对象，并设置不同填充颜色和水平居中对齐，然后使用【调和工具】创建两个圆形的调和效果，再调整对象和颜色加速，通过旋转创建副本的方法，制作多个调和对象的副本构成一个圆形图案，最后在图案中心处绘制一个圆心对象并设置渐变透明效果。

操作步骤

1 打开光盘中的“..\Example\Ch06\6.8.3.cdr”练习文件，选择【椭圆形工具】，然后在绘图页面中绘制一个无轮廓的圆形对象，再设置填充颜色为【紫色】，接着绘制另一个较小的圆形，并设置填充颜色为【粉色】，如图 6-92 所示。

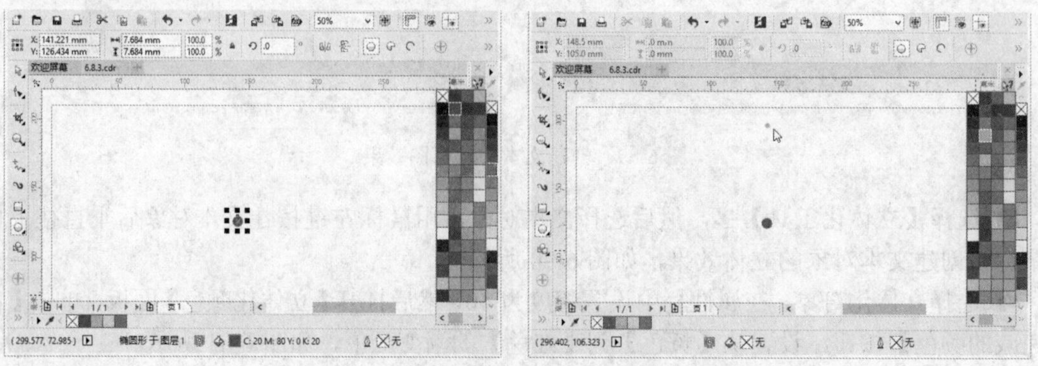

图 6-92　绘制两个圆形对象并设置填充颜色

2 选择两个圆形对象，然后打开【对齐与分布】泊坞窗，设置两个圆形对象水平居中对齐，如图 6-93 所示。

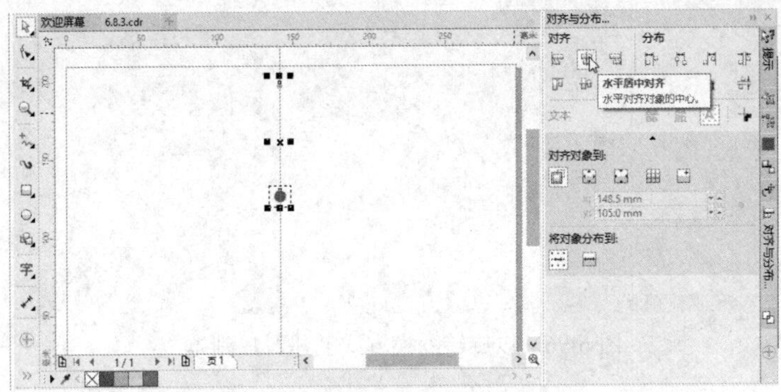

图 6-93 水平居中对齐两个圆形对象

3 选择【调和工具】，在属性栏中设置工具属性，然后在较大的圆形对象上按住鼠标左键，将其拖到较小的圆形对象上，如图 6-94 所示。

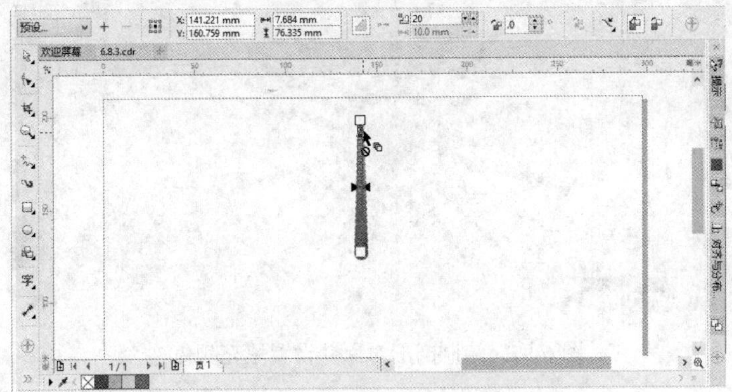

图 6-94 创建连个圆形对象的调和效果

4 选择调和对象，再单击【对象和颜色加速】按钮，设置如图 6-95 所示的对象和颜色加速。

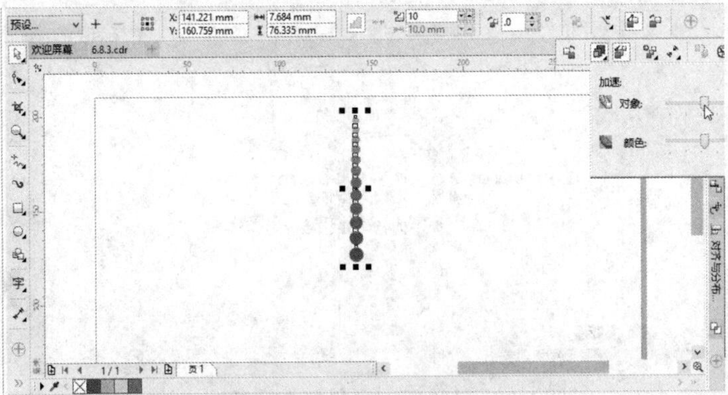

图 6-95 设置对象和颜色加速

5 选择调和的圆形对象，打开【变换】泊坞窗，然后设置旋转角度为 15 度，再分别设置相对位置和中心点的 Y 位置（设置为 100mm），接着单击【应用】按钮，如图 6-96 所示。

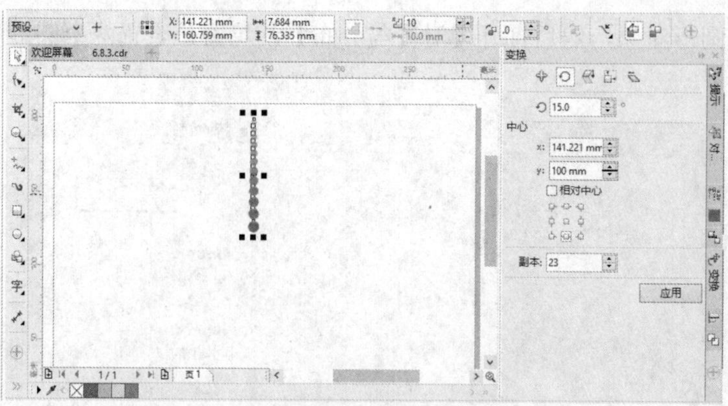

图 6-96　以旋转变换方式创建对象副本

6 选择【椭圆形工具】，然后在旋转对象后产生的图案中心处绘制一个无轮廓的圆形对象，并设置填充颜色为【紫色】，如图 6-97 所示。

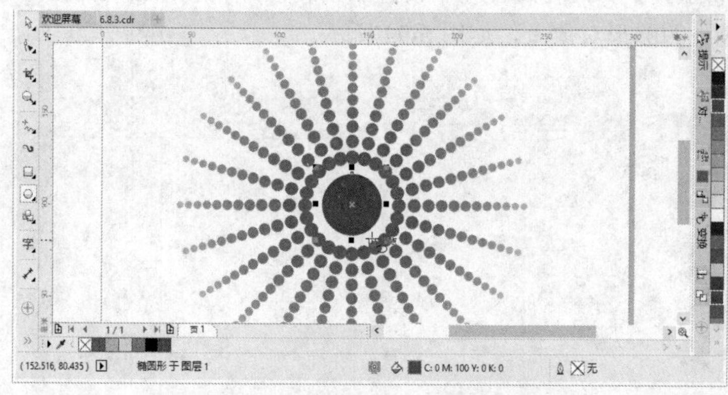

图 6-97　绘制圆形对象并设置填充颜色

7 选择【透明度工具】，然后选择位于中心的圆形对象，为该对象设置渐变透明度，并设置透明类型为【椭圆形渐变透明度】，如图 6-98 所示。

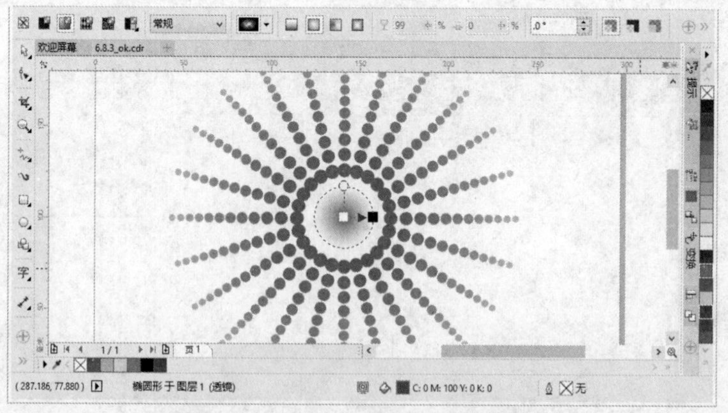

图 6-98　为圆形对象设置渐变透明度

6.8.4　上机练习 4：制作抽象的风帆图公司徽标

本例将先绘制一个椭圆形对象并进行封套变形处理，然后使用【流程图形状工具】绘制一个预设的流程图图形对象，使用【变形工具】创建流程图的变形效果，使之变成风帆的帆的形状，再次绘制一个椭圆形对象并进行变形处理，接着通过复制并粘贴的方式创建一个被变形后的图形对象，再对齐进行二次变形处理，最后输入公司名称文本。

操作步骤

1 打开光盘中的“..\Example\Ch06\6.8.4.cdr”练习文件，选择【椭圆形工具】，然后在绘图页面中绘制一个无轮廓的椭圆形，在设置填充颜色为【橙色】，如图 6-99 所示。

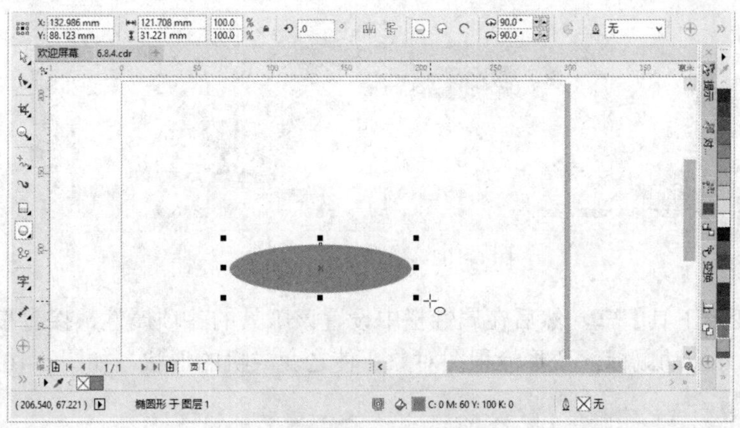

图 6-99 绘制一个椭圆形对象

2 选择【封套工具】，再选择椭圆形对象，然后在属性栏中打开【预设列表】列表框并选择【下推】选项，接着选择封套框下边缘中间的节点，删除该节点，如图 6-100 所示。

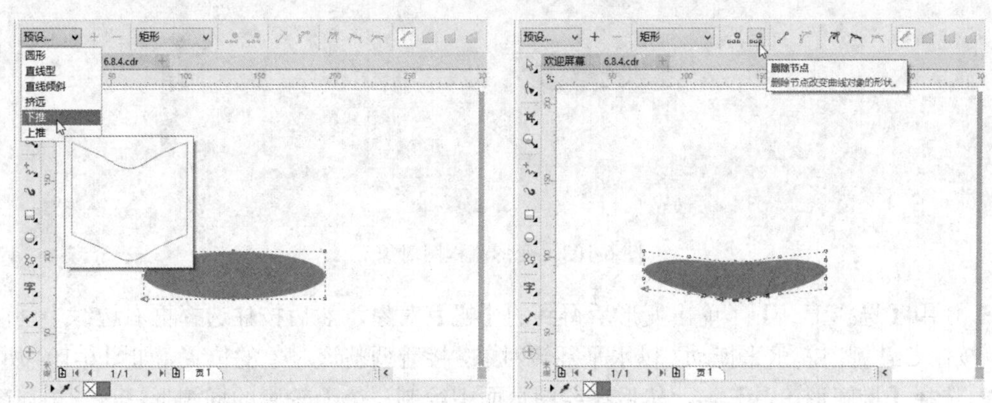

图 6-100 应用预设封套并删除节点

3 使用鼠标选择封套框右上角的节点并向上移动，再拖动该节点的控制手柄调整封套框形状，如图 6-101 所示。

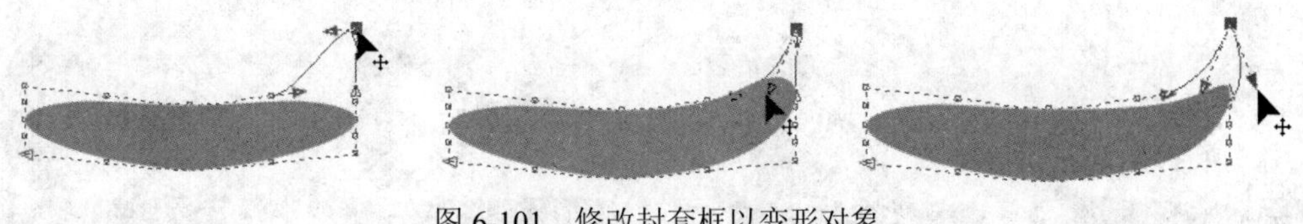

图 6-101 修改封套框以变形对象

4 选择【流程图形状工具】，然后在属性栏的【完美形状】列表框中选择预设形状，设置轮廓宽度为【无】，接着在绘图页面中绘制流程图图形并设置填充颜色为【青色】，如图 6-102 所示。

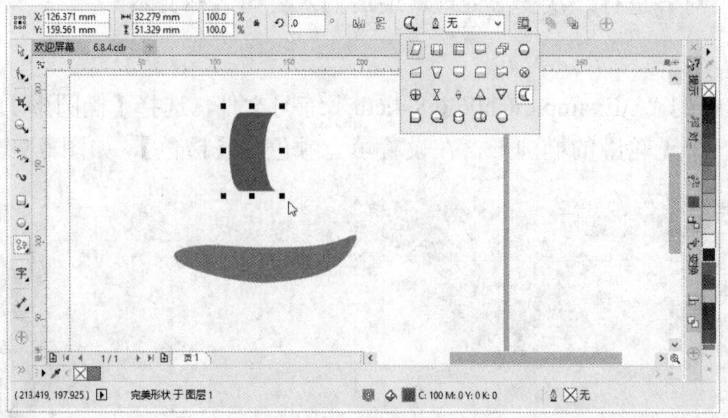

图 6-102　绘制流程图对象

5 选择【变形工具】，然后在属性栏中设置该工具的各项属性，接着按住流程图右上方的角点并右下方拖动鼠标，变形流程图对象，使之变成帆的形状，如图 6-103 所示。

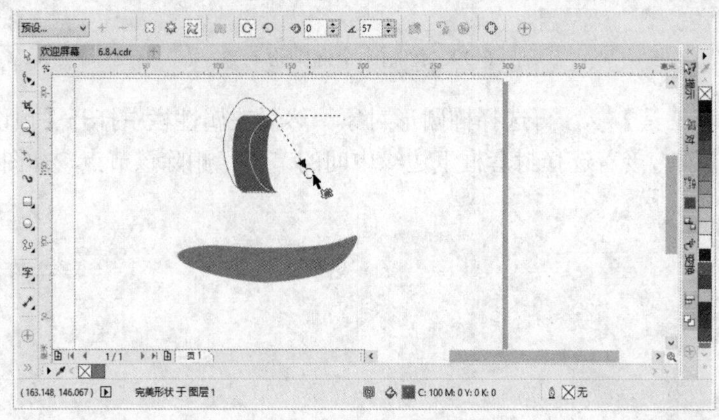

图 6-103　变形流程图对象

6 使用【选择工具】单击变形后得到的【帆】对象，然后按住选择框右边缘中间的节点，再按住 Ctrl 键向左水平拖动，以水平翻转对象，接着调整该对象的位置，如图 6-104 所示。

7 选择【椭圆形工具】，然后在绘图页面中绘制一个无轮廓的椭圆形，设置填充颜色为【紫色】，接着使用【变形工具】并通过【扭曲变形】的方式变形椭圆形，如图 6-105 所示。

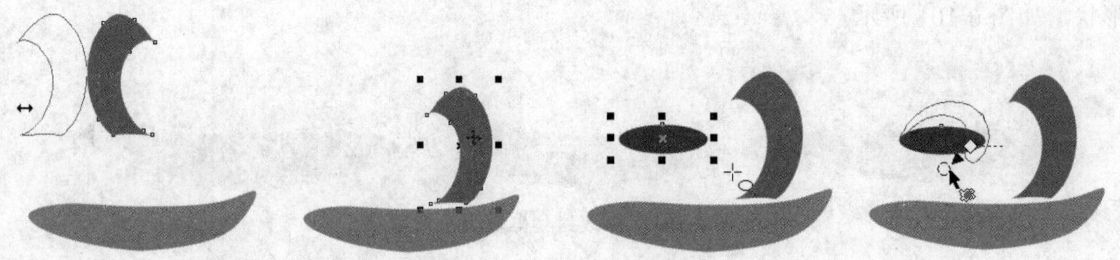

图 6-104　水平翻转对象并调整位置　　　图 6-105　绘制椭圆形对象并变形

8 选择变形后的椭圆形对象并依次按 Ctrl+C 键和 Ctrl+V 键，创建出另一个图形副本对象，然后选择【变形工具】并单击属性栏的【添加新的变形】按钮，对图形副本对象进行二次变形处理，如图 6-106 所示。

图 6-106　创建图形副本并进行二次变形处理

9 分别调整图形对象的位置，然后选择【文本工具】并设置文本属性，接着在图形下方输入公司名称文本，完成徽标的设计，如图 6-107 所示。

图 6-107　调整图形对象的位置并输入文本

6.8.5　上机练习 5：制作个性化的 T 恤印花图案

本例将先创建两个圆形对象，使用【透明度工具】为圆形对象设置渐变透明度效果，然后使用【调和工具】创建两个圆形对象之间的调和，再设置对象和颜色加速并应用【环绕调和】预设调和效果，接着通过旋转创建副本的方式，制作个性化的印花图案。

操作步骤

1 打开光盘中的“..\Example\Ch06\6.8.5.cdr”练习文件，使用【椭圆形工具】在 T 恤图形对象上绘制一个无轮廓的圆形，再设置填充颜色为【洋红】，选择【透明度工具】，设置圆心对象的渐变透明效果，如图 6-108 所示。

2 选择圆形对象并依次按 Ctrl+C 键和 Ctrl+V 键创建圆形对象副本，然后将圆形副本对象移到上方，再等比例缩小该对象，接着打开【编辑填充】对话框，设置圆形对象的颜色为【橘红】，如图 6-109 所示。

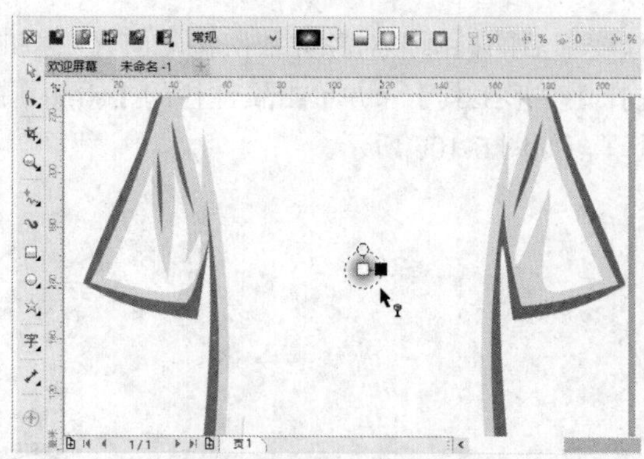

图 6-108　绘制图形并创建渐变透明效果

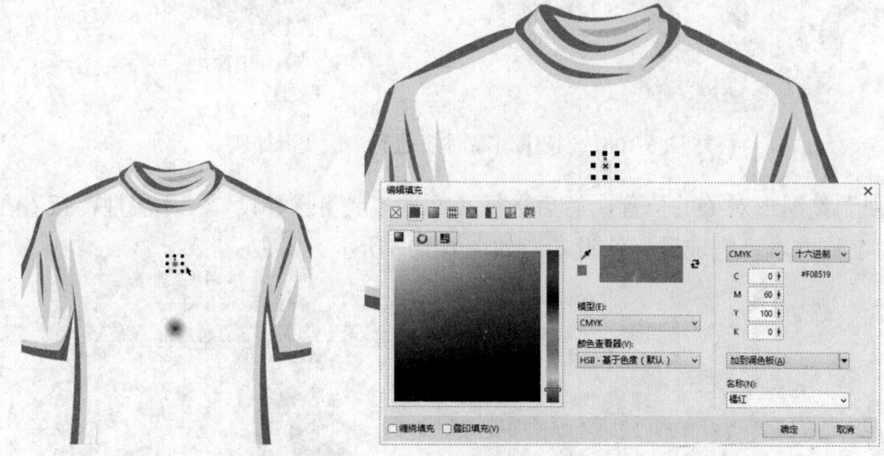

图 6-109　绘制另一个圆形对象并更改填充颜色

3 选择【调和工具】，在属性栏中设置工具属性，然后在较大的圆形对象上按住鼠标左键并拖到较小的圆形对象上，如图 6-110 所示。

4 选择调和对象，设置调和对象的步长为 5，再单击【对象和颜色加速】按钮，设置对象和颜色加速，如图 6-111 所示。

图 6-110　创建调和效果

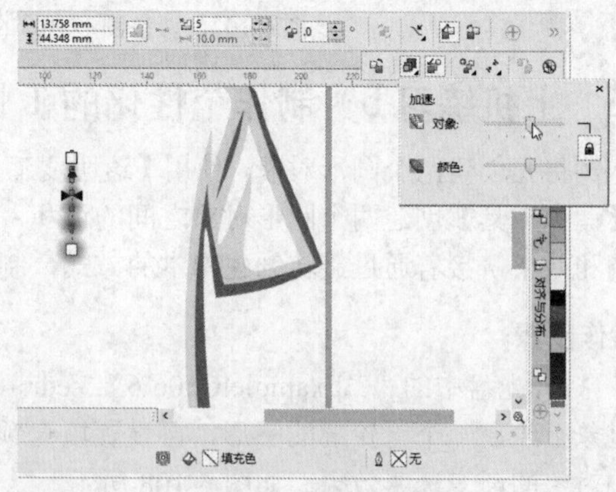

图 6-111　设置调和效果

5 选择调和对象，在【调和工具】的属性栏上打开【预设列表】列表框，再选择【环绕调和】选项，应用预设调和效果，如图 6-112 所示。

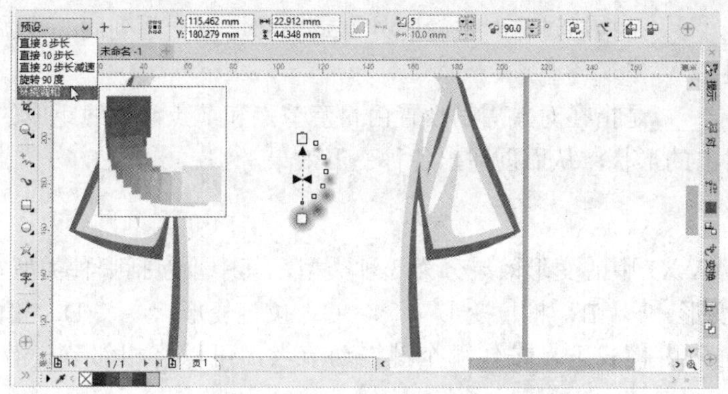

图 6-112　应用预设调和效果

6 选择调和对象，打开【变换】泊坞窗，然后设置旋转角度为 45 度，再分别设置相对位置和中心点位置，接着单击【应用】按钮，如图 6-113 所示。

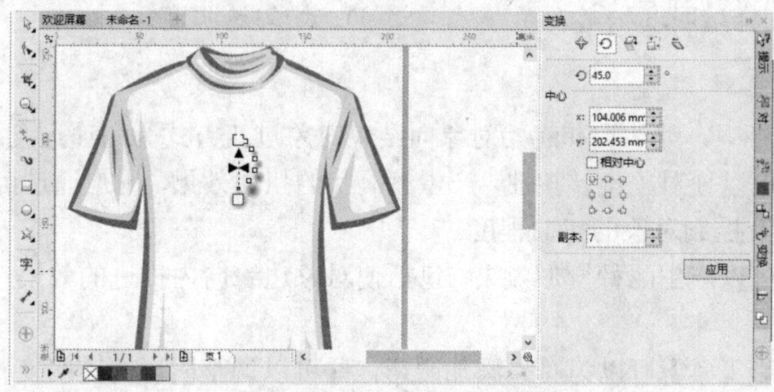

图 6-113　旋转创建对象副本

7 选择所有调和对象，然后将对象移到 T 恤图的中央位置，作为该 T 恤的印花图案，如图 6-114 所示。

图 6-114　调整图案对象的位置

6.9　评测习题

一、填充题

（1）＿＿＿＿＿＿＿就是在两个或多个对象之间建立形状和颜色的渐变过渡，使起始对象过渡为结束对象的渐变效果。

（2）____________是指通过在对象轮廓外部或内部增加一系列同心线圈，从而产生的一种放射形层次效果。

（3）____________是指在对象周围设置由封套节点和节点间连线组成的封套，通过对封套的调整来改变对象的形状，从而创建出各种变形效果。

二、选择题

（1）CorelDRAW X7 中的变形效果分为 3 种类型，其中不包括哪种类型？（　　）

A．倾斜变形　　B．推拉变形　　C．拉链变形　　D．扭曲变形

（2）在【非强制】模式下，按住哪个键拖动节点，可以将相邻节点沿相同方向移动相等距离？（　　）

A．Tab　　B．Alt　　C．Shift　　D．Ctrl

（3）【透明度工具】提供了 6 种透明度类型，其中不包括以下哪种类型？（　　）

A．位图图样透明度　　B．双色图样透明度

C．三色图样透明度　　D．均匀透明度

三、判断题

（1）在调和效果中，默认调和起始对象向结束对象过渡方式为匀速过渡。（　　）

（2）扭曲变形可以使对象旋转扭曲，产生漩涡状的扭曲效果，用户通过可以控制对象顺时针或逆时针扭曲以及控制对象的扭曲程度。（　　）

（3）推拉变形可以产生两种变形效果，包括使对象边缘向内推进的效果，或者使对象边缘向外拉伸的效果。（　　）

（4）使用【阴影工具】可以为对象添加阴影，并可以调整阴影的透明度、颜色、位置，但不可以调整阴影的羽化程度。（　　）

四、操作题

为文本对象创建步长为 3 的轮廓图效果，再创建深度为 50，并具有从【黄色】到【洋红】渐变颜色的立体化效果，结果如图 6-115 所示。

图 6-115　为文本制作轮廓图和立体化效果

操作提示：

（1）打开光盘中的“..\Example\Ch06\6.9.cdr”练习文件，在【工具】面板中选择【轮廓图工具】。

（2）选择文本对象，然后在属性栏上设置轮廓图步长为 3、填充色为【黄色】，接着按住鼠标左键将文本中心向外拖动，创建文本的轮廓图效果。

（3）选择【立体化工具】，然后选择文本对象，并按住文本对象后垂直往下拖动鼠标，创建文本对象的立体效果。

（4）选择立体化对象，在属性栏中设置深度为 50，然后打开【立体化颜色】面板，并单击【使用递减的颜色】按钮，接着设置从【黄色】到【洋红】的渐变颜色。

第 7 章　文本与表格的应用

学习目标

CorelDRAW X7 提供了应用文本和表格的相关功能，利用这些功能可以轻松地为作品添加文本内容，并可以使用表格编排文本内容和其他布局元素。本章将详细介绍在 CorelDRAW 中应用文本和表格制作作品的各种方法。

学习重点

☑ 输入与设置美术字文本
☑ 输入与设置段落文本
☑ 制作文字效果
☑ 创建与编辑表格
☑ 设置表格与单元格的属性

7.1　输入与设置文本

在 CorelDRAW 中，可以输入文本内容，并根据作品的设计要求，适当设置文本的各种属性和排布效果。

7.1.1　输入与编辑美术字

1. 文本分类

在 CorelDRAW X7 中，文本分为美术字和段落这两种类型的文本。

- 美术字文本：以字符为单位，对于输入较少的文字很适用，如文章标题、广告标语等。
- 段落文本：以段落为单位，对于输入较多的文字很适用，如文章正文、产品说明等。

2. 美术字用途

美术字文本作为一种特殊的图形对象，除了可以对其进行字体样式、字体大小等方面的编辑处理外，还可以使用工具箱中的多种工具来对其进行编辑，以制作各种文本类型的艺术效果。因此美术字文本对于制作作品的标题、徽标名称、宣传标语等非常有用。

动手操作　制作插画的标题字

1 打开光盘中的"..\Example\Ch07\7.1.1.cdr"练习文件，然后在工具箱中选择【文本工具】字，并在绘图页面的对象下方单击确定文本输入位置，接着通过键盘输入文本即可，如图 7-1 所示。如果输入过程中需要换行文本，可以按 Enter 键，否则文本不会自动换行。

2 选择步骤 1 中输入的美术字文本对象，然后通过工具属性栏设置文本的属性。其中文本字体为【华文琥珀】、大小为 72pt，如图 7-2 所示。

3 选择输入的美术字，然后在程序界面右边的 CMYK 调色板上选择一种颜色，为文本填充选定的颜色，如图 7-3 所示。

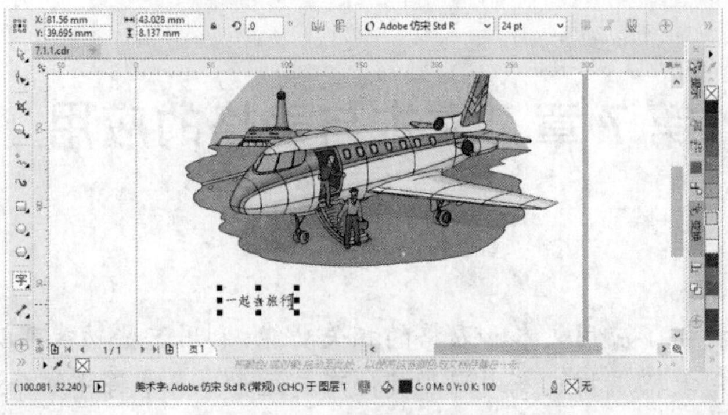

图 7-1　输入美术字

图 7-2　设置文本的属性

图 7-3　为文本填充颜色

4 输入完文字后，可以通过调整文本框四周的控制点来更改文字大小，如图 7-4 所示。

图 7-4　更改文字的大小

7.1.2 输入与调整段落文本

段落文本在编排的属性设置上更加丰富，因此段落文本主要用于呈现大量的文字内容。

输入段落文本的方法与输入美术字文本有所不同。段落文本前需要先创建一个文本框（又称为段落文本框），然后在文本框中添加文本内容。如果输入的段落文字超出了文本框的大小，则多出的部分将会被自动隐藏，如果要将其显示出来，则需要扩大文本框或将其链接至另一个文本框。

动手操作 输入与调整段落文本

1 打开光盘中的“..\Example\Ch07\7.1.2.cdr”练习文件，然后在工具箱中选择【文本工具】字，并在绘图页面的美术字下方单击确定文本框位置，按住鼠标拖出一个文本框，如图 7-5 所示。

图 7-5 创建段落文本的文本框

2 在文本框内输入文本，然后选择输入的文本并设置字体为【华文中宋】、大小为 18pt，如图 7-6 所示。

图 7-6 在文本框内输入文本

3 如果想要缩放文本框，可以选择文本框，然后拖动角点即可缩放文本框，如图 7-7 所示。

4 将光标定位在文本框内，然后单击属性栏的【编辑文本】按钮 abl，打开【编辑文本】对话框，在此更改文本的字体和大小以及其他属性，最后单击【确定】按钮即可，如图 7-8 所示。

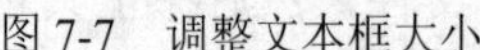
图 7-7　调整文本框大小

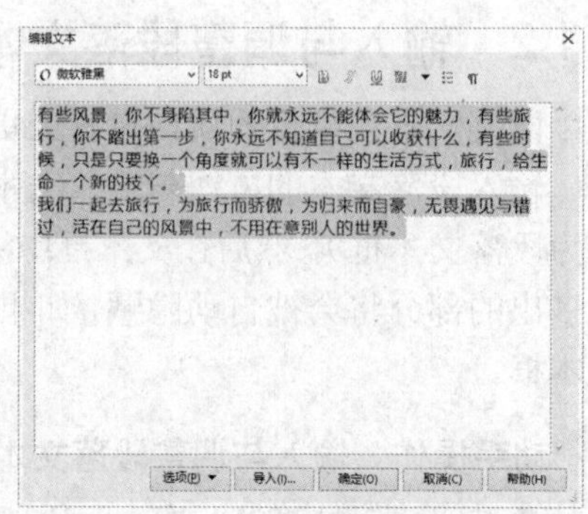

图 7-8　编辑文本

5 编辑文本后，可以在工具箱中选择【选择工具】，然后移动文本框的位置，使之与其他对象对齐，最后的结果如图 7-9 所示。

图 7-9　调整文本框的位置

7.1.3　美术字与段落的转换

美术字文本与段落文本虽然各有特性，但可以实现两者之间的转换，从而满足设计的实际应用需要。

1. 将段落文本转换为美术字

使用【选择工具】选择绘图窗口上的段落文本，然后打开【文本】菜单，在菜单中选择【转换为美术字】命令（或按 Ctrl+F8 键），将选定的段落文本转换为美术字文本即可，如图 7-10 所示。

图 7-10　将段落文本转换为美术字

2. 将美术字转换为段落文本

按 Ctrl+F8 键，或者在【文本】菜单栏中选择【转换为段落文本】命令，如图 7-11 所示。

图 7-11　将美术字转换为段落文本

7.1.4　设置字符和段落属性

除了在属性栏设置美术字和段落文本属性外，还可以通过【文本属性】泊坞窗设置更详细的属性。

1. 打开【文本属性】泊坞窗

在菜单栏中选择【文本】|【文本属性】命令，可以打开【文本属性】泊坞窗。【文本属性】泊坞窗分为【字符】面板、【段落】面板和【图文框】面板。

2. 使用【字符】面板

【字符】面板主要用于设置美术字属性，包括设置文本字体、样式、字体大小、字距、文本背景颜色、文本风格等属性。

关于字符设置项目的说明如下：

- 【脚本】下拉列表框：在该下拉列表框中包含了【所有语言】、【拉丁】、【亚洲】及【中东】4 种脚本，以供使用者选择所需的脚本。
- 【字体列表】下拉列表框：在该下拉列表框中包含了多种英文和中文的字体，可以编辑输入文字的字体样式。
- 【字体样式】下拉列表框：在该下拉列表框中提供了常规、常规斜体、粗体、粗体-斜体 4 种字体类型。当所选的字体只包含了【常规】类型的字体时，其【字体类型】下拉列表框将为灰色不可用状态。例如，文本的字体设置为【华文中宋】时，文本将不能设置字体类型，如图 7-12 所示。

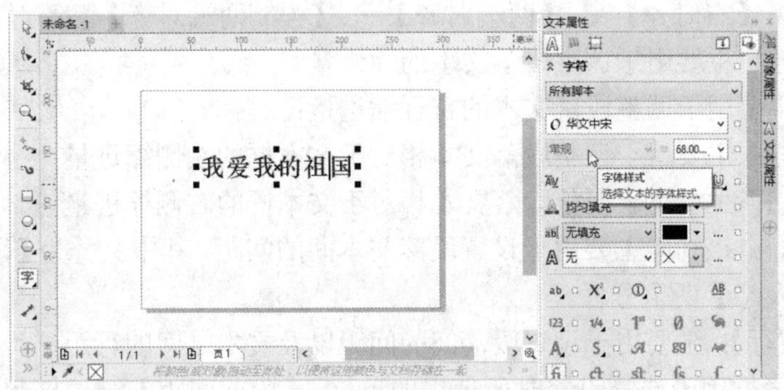

图 7-12　部分字体不支持设置字体样式

- 【字体大小】微调框：该微调框用于调整字体的大小，其取值范围为 0.001pt~3000pt。

- 【下划线】按钮：单击该按钮打开下拉列表框，可以选择一个选项为文本添加下划线，如图 7-13 所示。
- 【字距调整范围】微调框：该微调框用于调整字符间的字距，其调整范围为－100%~1000%。
- 【填充类型】下拉列表框：通过该下拉列表框可以选择填充文本的类型和文本颜色。
- 【背景填充类型】下拉列表框：通过下拉列表框选择填充文本背景的类型和填充颜色。
- 【轮廓样式】下拉列表框：通过该下拉列表框可以设置轮廓宽度和轮廓颜色，如图 7-14。

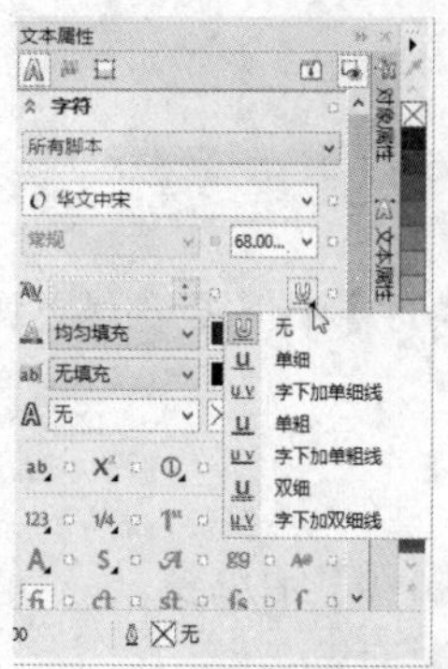
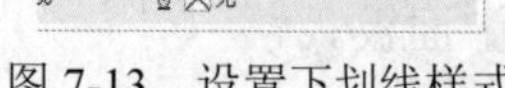

图 7-13 设置下划线样式

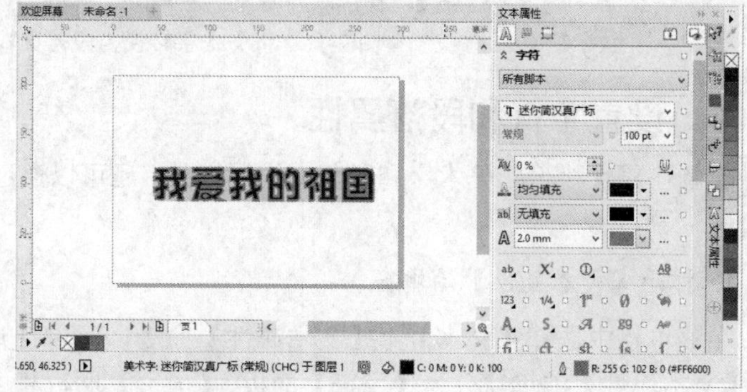

图 7-14 设置文本轮廓样式

- 字符大小写与字符位置：设置字符的大小写形式，以及将选中的文本更改为【上标】或【下标】形式，如图 7-15 至 7-16 所示。
- 【字符样式】栏：设置字符的样式效果。

CorelDRAW ^{X7}

图 7-15 【上标】效果

CorelDRAW $_{X7}$

图 7-16 【下标】效果

3. 使用【段落】面板

【段落】面板可以设置段落文本的对齐方式、间距、缩进量及文本方向等属性，如图 7-17 所示。

【段落】面板的有关设置选项说明如下：

- 【对齐】：该栏包括水平文本对齐的设置项，提供了【无水平对齐】、【左对齐】、【居中】、【右对齐】、【两端对齐】、【强制两端对齐】等对齐方式。
- 【缩进】：该栏主要用于调整段落文本的缩进量。
- 【首行】：主要用于调整段落文本的首行缩进量；
- 【左行缩进】：主要用于调整段落文本相对于文本框的左侧缩进量；
- 【右行缩进】：主要用于调整段落文本相对于文本框的右侧缩进量。
- 【间距】功能：该功能主要用于设置段落文本间的间距，其中又分为【段落与行】和【语言，字符及字】两个分栏。
  - 【段落与行】：主要用于设置段落间的间距以及文本之间的行距，其中【%字符高度】下拉列表框用于选择设置时所使用的单位；【段前间距】微调框用于调整段落前间距；【段后间距】微调框用于调整段落后间距；而【行间距】微调框则用于调整行与行之间的距离。

➢【语言，字符及字】：则主要用于调整语言、字符及单词间的间距。其中【语言间距】微调框主要用于调整不同语言（如中文和英文）间的间距；【字符间距】微调框则主要用于调整字符间的间距；而【字间距】微调框则主要用于调整英文单词间的间距。

4. 使用【图文框】面板

【图文框】面板用于设置文本的边界选项，包括背景颜色、与基线网格对齐、垂直对齐、栏数、文本方向等属性项，如图 7-18 所示。

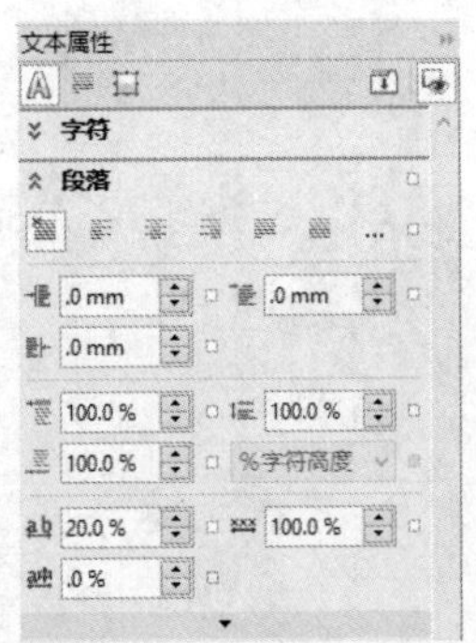

图 7-17 【段落】面板

图 7-18 设置文本的图文框属性

7.1.5 段落的分栏处理

对大量的文本进行编辑排版时，需要对段落文本进行分栏显示，这样便于有规律地显示大量的文本内容，也可以使排版显得更加整齐。

在菜单栏中选择【文本】|【栏】命令，然后通过打开的【栏设置】对话框设置分栏的数目、栏宽以及栏间宽度等项目，即可对段落文本进行分栏处理，如图 7-19 所示。

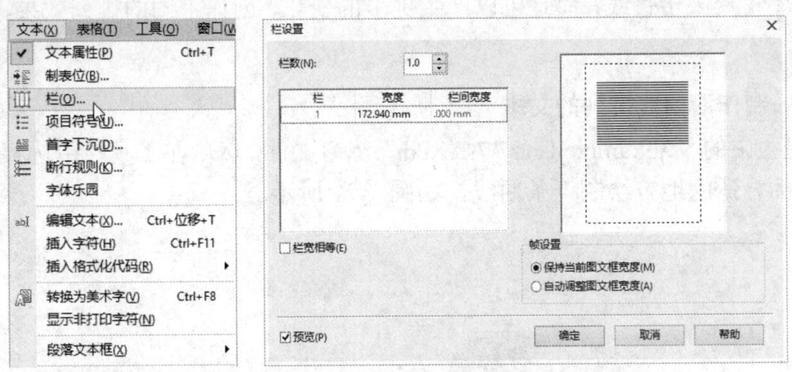

图 7-19 通过【栏设置】对话框设置段落分栏

【栏设置】对话框项目的说明如下。

- 【栏数】：该微调框用于设置分栏时的分栏数，设置后的效果可以在对话框右侧的预览窗口中进行预览。如图 7-20 所示为设置两栏和设置三栏的效果。
- 【宽度】：该栏显示的是分栏后各个分栏的宽度，在某个分栏宽度值上单击，可以通过该微调框调整其宽度。
- 【栏间宽度】：该栏显示的是分栏后各个分栏之间空白区域宽度，在某个栏间宽度值上单击，可通过该微调框调整其栏间宽度。

- 【栏宽相等】：选择该复选框，可以使各个分栏之间的宽度和栏间宽度保持一致。
- 【帧设置】：在该项目下包括【保持当前图文框宽度】和【自动调整图文框宽度】两个单选项，选择【保持当前图文框宽度】单选项可保持当前文本框宽度不会随栏宽和栏间宽度的变化而改变；而选择【自动调整图文框宽度】单选项则可根据栏宽和栏间宽度自动调整文本框的宽度。
- 【预览】：选择该复选框，可以对设置分栏后的效果进行预览。

图 7-20　设置两栏和设置三栏的效果

7.2　制作文字效果

在 CorelDRAW X7 中，可以对文本进行特殊处理，从而制作出包括弯曲、透视、透明等文字特效。

7.2.1　使文本适合路径

CorelDRAW X7 提供的【使文本适合路径】功能，可以将文本依附到不同的路径中，从而使文本的排列不再局限于直线，而是可以产生更多的变化，创作不同的排列效果，如弯曲排列文本。

动手操作　制作沿曲线排列的文本

1 打开光盘中的“..\Example\Ch07\7.2.1.cdr”练习文件，然后在工具栏中选择【手绘工具】，然后在页面合适的地方绘制一条曲线，如图 7-21 所示。

图 7-21　绘制一条曲线

2 在工具箱中选择【文本工具】，并在绘图页面上单击确定文本输入位置，接着通过键盘输入文本，如图 7-22 所示。

图 7-22　输入文本

3 在工具栏中选择【选择工具】，然后同时选中文本和曲线，在菜单栏选择【文本】|【使文本适合路径】命令，即可将文本填入路径，如图 7-23 所示。

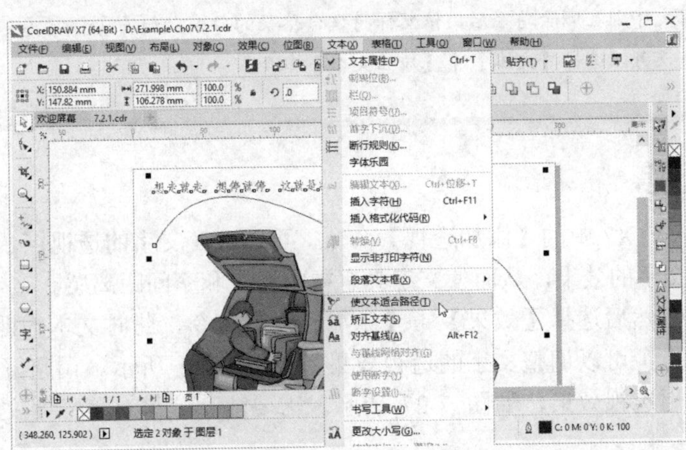

图 7-23　使文本适合路径

4 将文本填入路径后，可以在工具属性栏中设置有关属性，调整文本在路径上的显示效果，如图 7-24 所示。

图 7-24　设置文本属性

5 使用【选择工具】连续单击两下曲线（跟双击不一样）以单独选择曲线，然后按 Delete 键删除曲线，结果如图 7-25 所示。

图 7-25　删除作为路径的曲线

将段落文本填入路径后，如果将路径删除，那么段落文本将恢复到填入路径前的状态。美术字文字则在删除路径后，依然保持适合路径的效果。如果需要恢复美术字合适路径前的状态，可以选择【文本】|【矫正文本】命令。

7.2.2　添加透视

使用 CorelDRAW X7 中的【添加透视】命令，可以改变文字的透视点，模拟出从三维空间中某个角度观察文字的效果，从而使文字具有视觉深度和空间距离感。

选择文本对象，然后选择【效果】|【添加透视】命令，此时文本的四角显示透视点，通过鼠标移动透视点，可以调整文字的透视效果，如图 7-26 所示。调整好透视效果后，按空格键即可确定套用透视效果，如图 7-27 所示。需要注意，只有美术字文本才能制作透视文字效果。

图 7-26　调整文字的透视效果

图 7-27　文字透视的结果

问：什么是透视点？

答：透视点是围绕对象的上下或左右两条边线在有限远处的交会点，如果对透视效果不满意，可以通过拖动透视点进行调整。

7.2.3 制作文本的透明度效果

在正常情况下，输入的文本是不透明的。使用【透明度功能】可以将文本设置具有透明度效果。

选择【透明度工具】，然后选择文本对象，通过属性栏设置透明类型并设置透明度的参数即可制作文本的透明度效果，如图 7-28 所示。

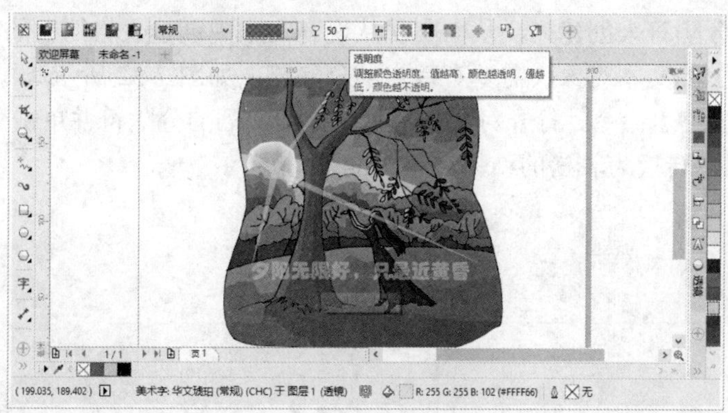

图 7-28　设置文本的透明度效果

7.3 创建与编辑表格

表格除了用于布局版面，还可以用来定位和编排各种绘图元素，使页面上的内容各就其位，产生精美的页面效果。

7.3.1 创建新表格

在 CorelDRAW X7 中，可以向绘图页面中创建新表格，以创建文本和图像的结构布局。创建表格的方法有 3 种，包括通过设置行数和栏数以及单元格的大小来创建表格、使用【表格工具】进行手绘创建表格及从现有的文本中创建表格。

1. 通过设置行数、栏数及单元格大小创建表格

打开【表格】菜单，然后在菜单中选择【创建新表格】命令，打开【创建新表格】对话框后，设置表格的行数、栏数以及宽高，最后单击【确定】按钮，如图 7-29 所示。关闭对话框后，即可在绘图页面上查看新建的表格了，如图 7-30 所示。

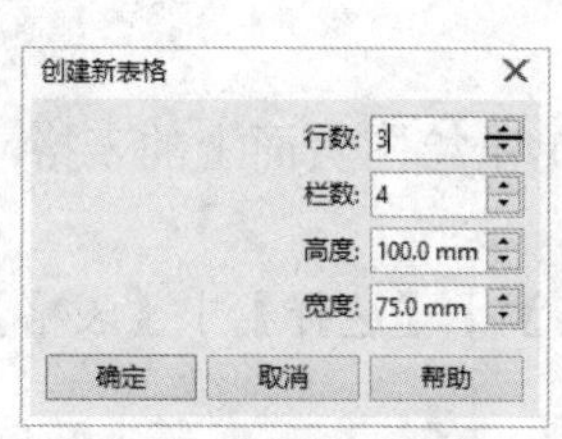

图 7-29　创建新表格

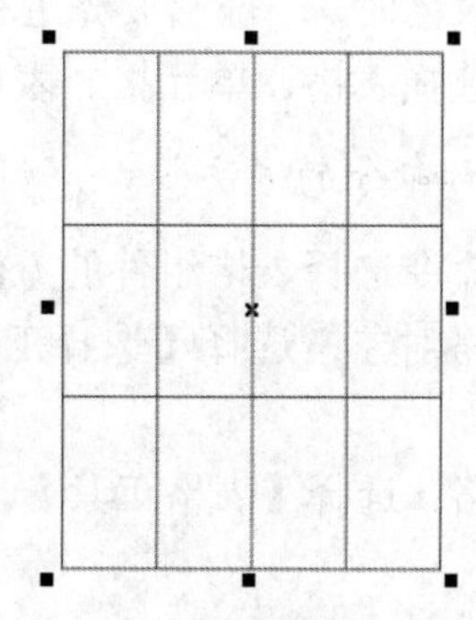

图 7-30　创建表格的结果

2. 使用［表格工具］创建表格

在工具箱中选择【表格工具】，然后在绘图页面上拖动鼠标，以绘制出默认设置几行几列的表格，如图 7-31 所示。

3. 从现有的文本中创建表格

CorelDRAW X7 提供了【将文本转换为表格】的功能，该功能可以根据逗号、制表位、段落和用户自定义的分隔符来创建列，从而实现从现有文本中创建表格的目的。

选择绘图页面上的文本对象（需要有特定的分隔符，如图 7-32 所示），然后选择【表格】|【将文本转换为表格】命令，打开对话框后，选择创建列的分隔符并单击【确定】按钮，如图 7-33 所示。将文本转换为表格的结果如图 7-34 所示。

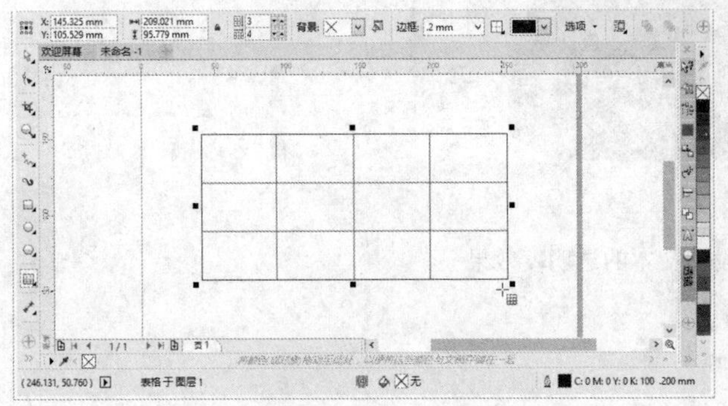

图 7-31　使用表格工具手绘表格

图 7-32　选择文本对象

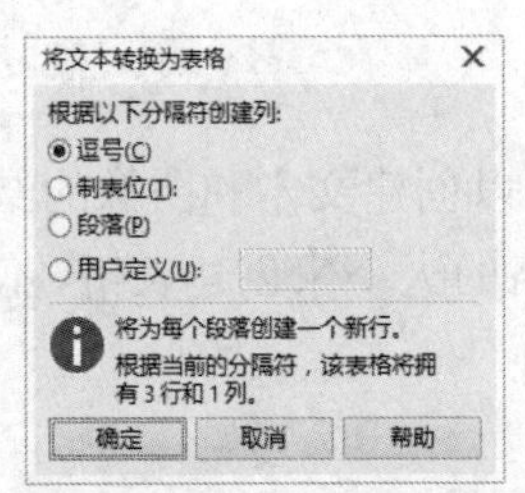

图 7-33　将文本转换为表格

型体号	对应面料	对应定单数量(双)	销售价($)	购货单价(￥)	订货单号
4020-20	黑色纳帕皮	360	US$15.00	￥96.00	HS0775-4
4020-20	米色纳帕皮	120	US$15.00	￥96.00	HS0775-4
4020-20	古铜色珠光牛皮	120	US$15.00	￥98.00	HS0775-4
4020-20	红色纳帕皮	120	US$15.00	￥96.00	HS0775-4

图 7-34　将文本转换为表格的结果

7.3.2　选择表格组件

当需要编辑表格时，一般需要先进行选择表格、表格行、表格栏或表格单元格等操作。因此，下面将介绍选择表格、单元格、表格的行和列的基本方法。

1. 使用工具和命令的方法

通过单击和命令选择表格组件的方法如下：

（1）选择表格对象：选择【选择工具】，接着单击绘图页面上的表格，即可选择表格对象。

（2）选择表格：选择【表格工具】后选择【表格】|【选择】|【表格】命令，结果如图 7-35 所示。

（3）选择单元格：选择【表格工具】后选择【表格】|【选择】|【单元格】命令。

（4）选择行：选择【表格工具】▦，在行中单击，然后选择【表格】|【选择】|【行】命令。

（5）选择列：选择【表格工具】▦，在列中单击，然后单击【表格】|【选择】|【列】命令。

（6）选择所有表格内容：将【表格工具】▦指针悬停在表格的左上角，直到出现对角箭头↘为止，然后单击鼠标左键，如图7-36所示。

型体号	对应面料	对应定单数量(双)	销售价($)	购货单价(￥)	订货单号
4020-20	黑色纳帕皮	360	US$15.00	￥96.00	HS0775-4
4020-20	米色纳帕皮	120	US$15.00	￥96.00	HS0775-4
4020-20	古铜色珠光牛皮	120	US$15.00	￥98.00	HS0775-4
4020-20	红色纳帕皮	120	US$15.00	￥96.00	HS0775-4

图7-35　选择表格的结果

型体号	对应面料	对应定单数量(双)	销售价($)	购货单价(￥)	订货单号
4020-20	黑色纳帕皮	360	US$15.00	￥96.00	HS0775-4
4020-20	米色纳帕皮	120	US$15.00	￥96.00	HS0775-4
4020-20	古铜色珠光牛皮	120	US$15.00	￥98.00	HS0775-4
4020-20	红色纳帕皮	120	US$15.00	￥96.00	HS0775-4

图7-36　选择所有表格内容

（7）使用键盘快捷方式选择表格：将【表格工具】▦指针插入单元格中，然后按Ctrl+A+A（先按Ctrl+A键，然后再按一次A键）键即可。

（8）通过在表格内单击鼠标选择行：将【表格工具】▦指针悬停在要选择的行左侧的表格边框上。在水平箭头➡出现后，单击该边框选择此行，如图7-37所示。

（9）通过在表格内单击鼠标选择列：将【表格工具】▦指针悬停在要选择的列的顶部边框上。在垂直箭头⬇出现后，单击该边框选择此列，如图7-38所示。

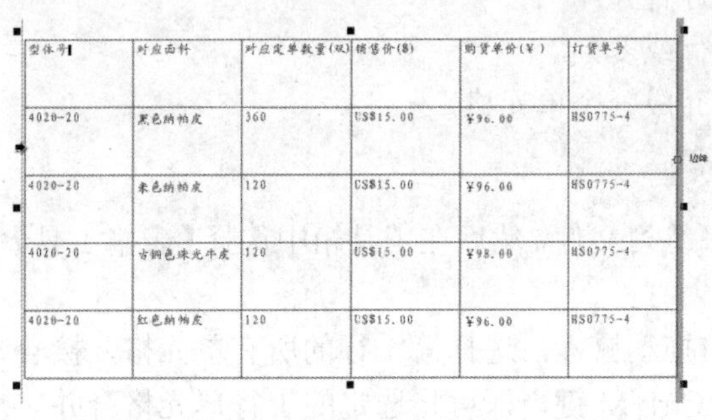

型体号	对应面料	对应定单数量(双)	销售价($)	购货单价(￥)	订货单号
4020-20	黑色纳帕皮	360	US$15.00	￥96.00	HS0775-4
4020-20	米色纳帕皮	120	US$15.00	￥96.00	HS0775-4
4020-20	古铜色珠光牛皮	120	US$15.00	￥98.00	HS0775-4
4020-20	红色纳帕皮	120	US$15.00	￥96.00	HS0775-4

图7-37　选择表格行

型体号	对应面料	对应定单数量(双)	销售价($)	购货单价(￥)	订货单号
4020-20	黑色纳帕皮	360	US$15.00	￥96.00	HS0775-4
4020-20	米色纳帕皮	120	US$15.00	￥96.00	HS0775-4
4020-20	古铜色珠光牛皮	120	US$15.00	￥98.00	HS0775-4
4020-20	红色纳帕皮	120	US$15.00	￥96.00	HS0775-4

图7-38　选择表格列

2. 使用鼠标拖动的方法

除了上述的方法外，还可以通过直接拖动鼠标的方法来选择表格行和表格列，甚至全部表格内容。具体的操作如下：

（1）选择表格行：在表格行左边的第1个单元格上单击，然后向右拖动鼠标选择到表格行，如图7-39所示。

（2）选择表格行：在表格行的上边第1个单元格上单击，然后拖向下动鼠标选择到表格行，如图7-40所示。

（3）选择表格：在表格第1行第1列的单元格上单击，然后将鼠标拖动到表格最后1行和最后1列的单元格上即可，如图7-41所示。

型体号	对应面料	对应定单数量(双)	销售价($)	购货单价(¥)	订货单号
4020-20	黑色纳帕皮	360	US$15.00	¥96.00	HS0775-4
4020-20	米色纳帕皮	120	US$15.00	¥96.00	HS0775-4
4020-20	古铜色珠光牛皮	120	US$15.00	¥98.00	HS0775-4
4020-20	红色纳帕皮	120	US$15.00	¥96.00	HS0775-4

图 7-39　选择表格行

型体号	对应面料	对应定单数量(双)	销售价($)	购货单价(¥)	订货单号
4020-20	黑色纳帕皮	360	US$15.00	¥96.00	HS0775-4
4020-20	米色纳帕皮	120	US$15.00	¥96.00	HS0775-4
4020-20	古铜色珠光牛皮	120	US$15.00	¥98.00	HS0775-4
4020-20	红色纳帕皮	120	US$15.00	¥96.00	HS0775-4

图 7-40　选择表格列

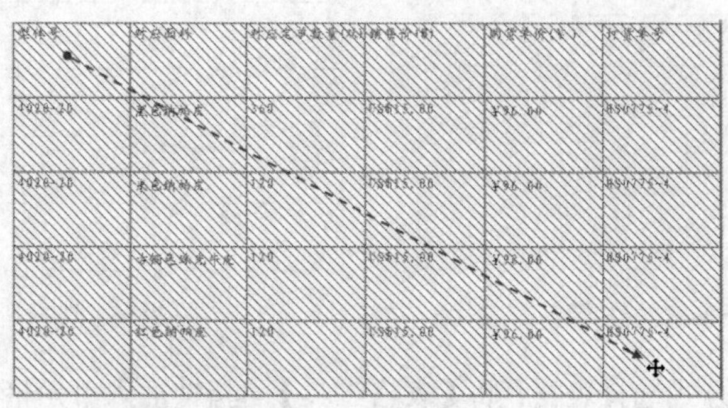

型体号	对应面料	对应定单数量(双)	销售价($)	购货单价(¥)	订货单号
4020-20	黑色纳帕皮	360	US$15.00	¥96.00	HS0775-4
4020-20	米色纳帕皮	120	US$15.00	¥96.00	HS0775-4
4020-20	古铜色珠光牛皮	120	US$15.00	¥98.00	HS0775-4
4020-20	红色纳帕皮	120	US$15.00	¥96.00	HS0775-4

图 7-41　选择表格

7.3.3　合并与拆分单元格

默认创建的表格都以整齐的行列呈现，即每一行或每一列的单元格数都相同。在实际的页面资料编排过程中，过于规整的表格并不能完全符合灵活设计页面元素的需求。因此，需要对表格中某个单元格进行拆分，或对一组单元格进行合并。

（1）拆分单元格可以将一个单元格拆分成多行或多列。

（2）合并单元格可以将多行或多列单元格合并成一个单元格。

动手操作　制作表格的布局

1 打开光盘中的“..\Example\Ch07\7.3.3.cdr”练习文件，然后在工具箱中选择【表格工具】，接着单击绘图页面上的表格，以选定表格。

2 在表格的第 1 个单元格中单击，然后向右拖动鼠标，选择第 1 行的所有单元格，接着单击属性栏上的【合并单元格】按钮或直接按 Ctrl+M 键，即可将选定的 1 行单元格合并，如图 7-42 所示。

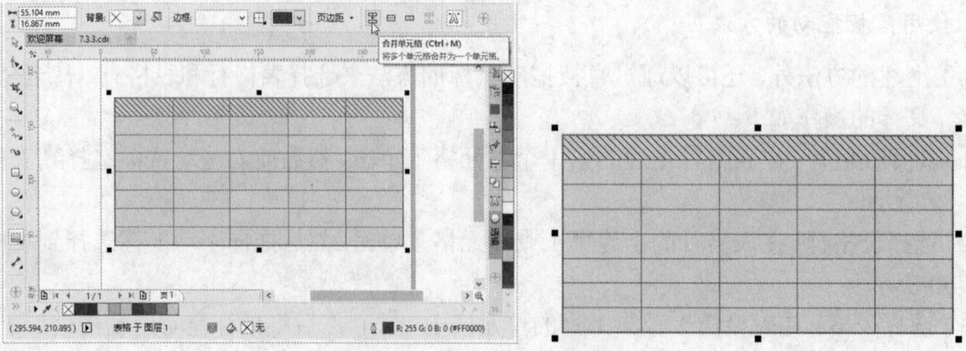

图 7-42　合并第 1 行单元格

3 如果需要将单个单元格拆分成多个单元格，可以将光标定位在单元格内，然后选择【表格】|【选择】|【单元格】命令，如图 7-43 所示。

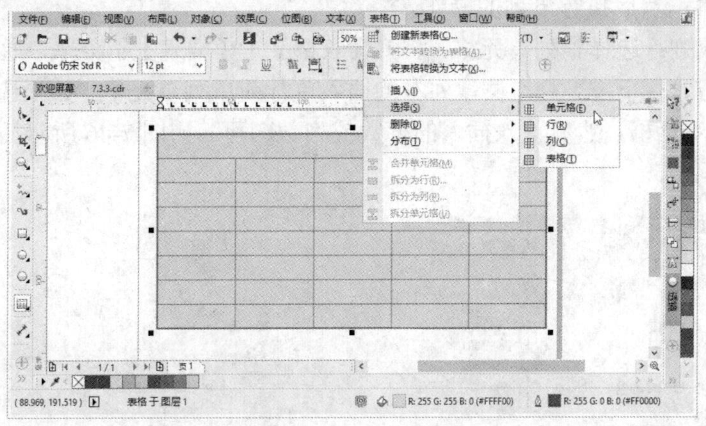

图 7-43　选择单元格

4 单击属性栏上的【垂直拆分单元格】按钮，将单元格进行垂直拆分，如图 7-44 所示。如果单击【水平拆分单元格】按钮，则可以将单元格进行水平拆分。

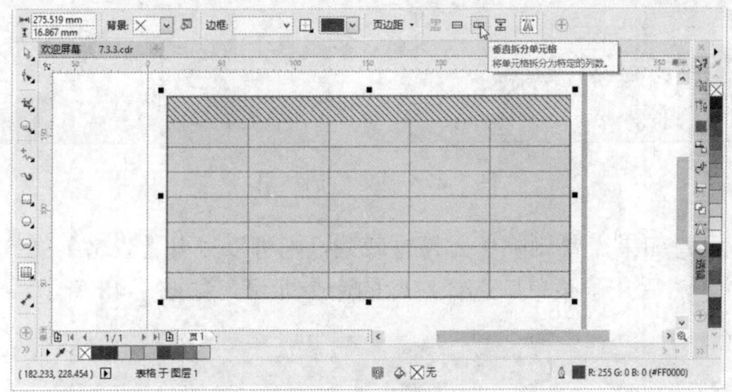

图 7-44　垂直拆分单元格

5 打开【拆分单元格】对话框后，在栏数文本框中设置栏数（即列数），接着单击【确定】按钮即可，如图 7-45 所示。

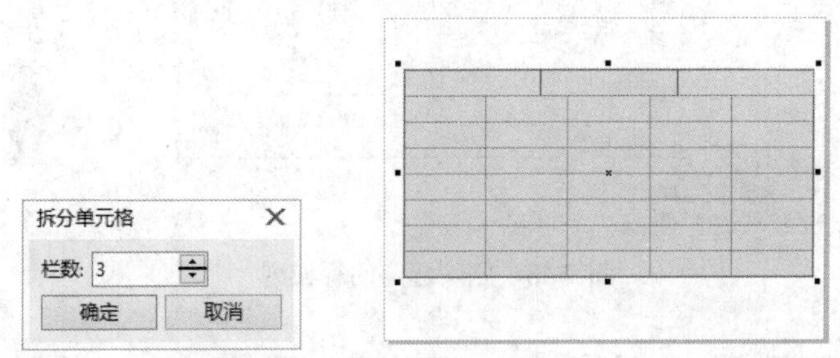

图 7-45　设置拆分单元格的栏数并查看结果

7.3.4　插入与删除行和列

插入表格后，在编排表格资料时如果发现表格的行或列不足，可以为表格插入行或列作为补充，如果表格有多余的单元格行或列，则可将多余的行或列删除。

如果要插入与删除行和列，首先在工具箱中选择【表格工具】，接着单击绘图页面上的表格，选定该表格，然后执行下列的操作。

（1）插入行或列：选择整列单元格，打开【表格】|【插入】子菜单，通过子菜单在选定的单元格的行上方、行下方、列左侧、列右侧插入单行或单列单元格。如果选择【插入行】或【插入列】则打开对话框，然后输入插入的行数或列数即可。如图 7-46 所示插入行。插入行的结果如图 7-47 所示。

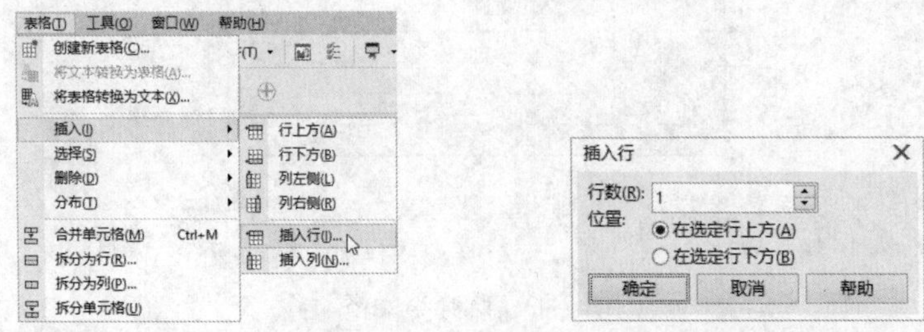

图 7-46　在选定行上方插入行

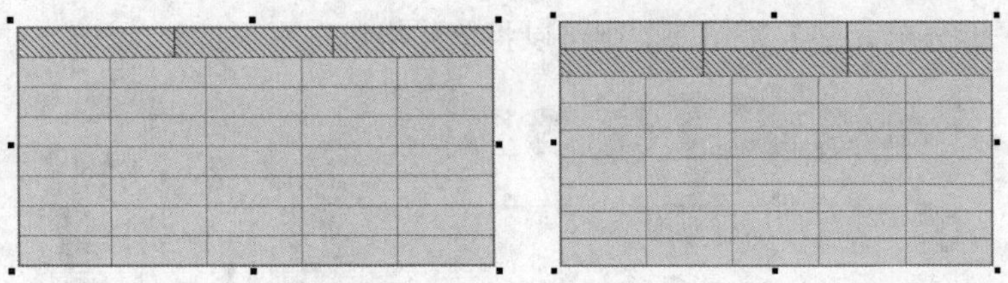

图 7-47　插入行的结果

（2）删除行或列：如果需要删除单元格行或列，则可以打开【表格】菜单，然后在菜单中选择【删除】命令，然后从子菜单中选择对应的命令即可，如图 7-48 所示。

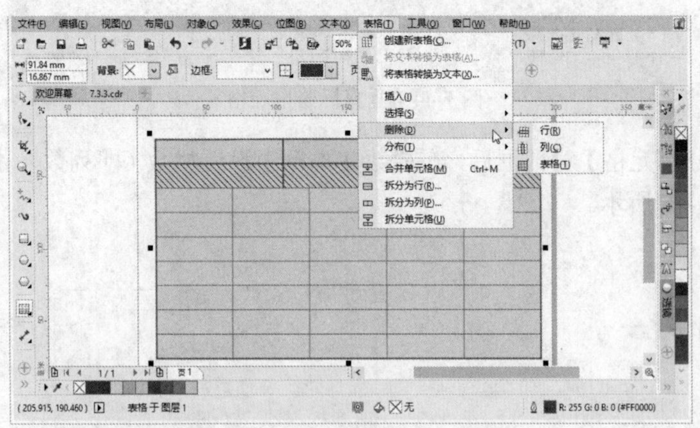

图 7-48　删除选定的行或列

7.4　美化表格和单元格

创建表格后，可以针对页面设计的需要，对表格进行一些美化处理，如设置表格背景、设置表格边框、变更单元格填充效果等。

7.4.1　设置表格边框

在 CorelDRAW X7 中，通过对表格外边框、表格内边框、表格行边框以及表格列边框设置格式（如边框粗细、边框颜色等），可以达到美化表格和美化页面的效果。

动手操作　设置表格边框效果

1 打开光盘中的“..\Example\Ch07\7.4.1.cdr”练习文件，然后在工具箱中选择【表格工具】，接着单击绘图页面上的表格并选择表格。

2 在属性栏中单击【边框选择】按钮，在打开的列表框中选择【外部】选项，接着设置边框的粗细为 2mm、颜色为【紫色】，如图 7-49 所示。

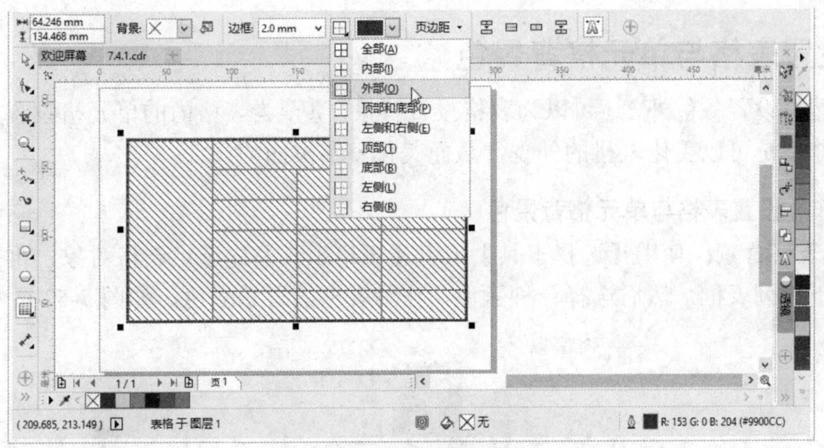

图 7-49　设置表格外部边框的格式

3 为了将设置表格内边框为不同的格式，可以在属性栏中单击【边框选择】按钮，并在打开的列表框中选择【内部】选项，接着设置边框的粗细为 0.5mm、颜色为【洋红】，如图 7-50 所示。

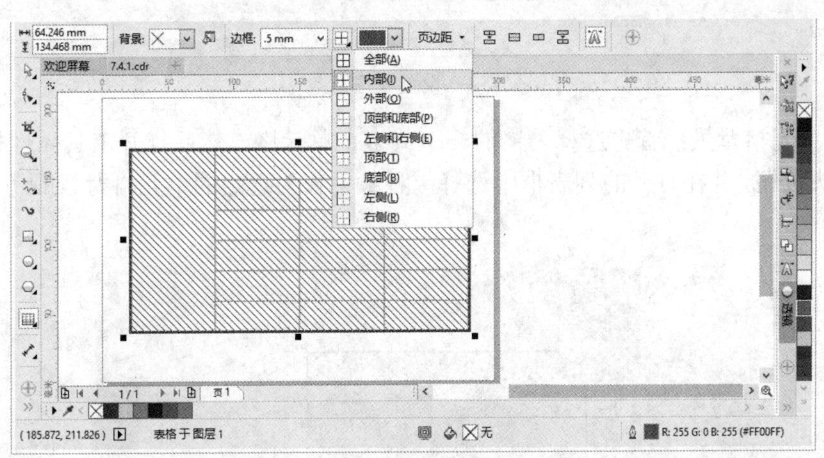

图 7-50　设置表格内边框的格式

4 因为表格边框默认样式是直线，如果想要改变边框的样式，可以从工具箱中选择【轮廓笔工具】，打开【轮廓笔】对话框后选择样式，然后单击【确定】按钮即可，如图 7-51 所示。

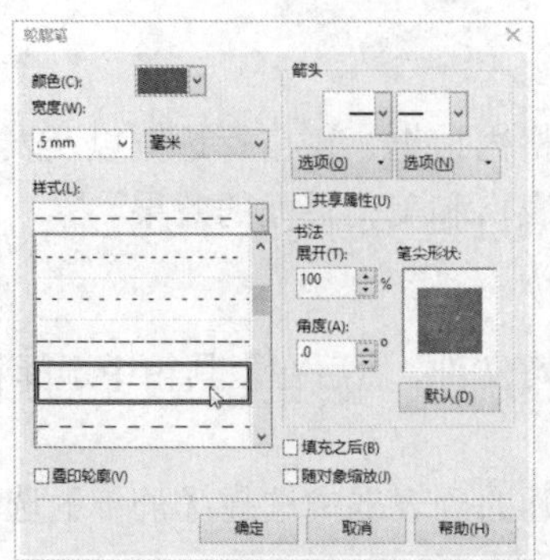

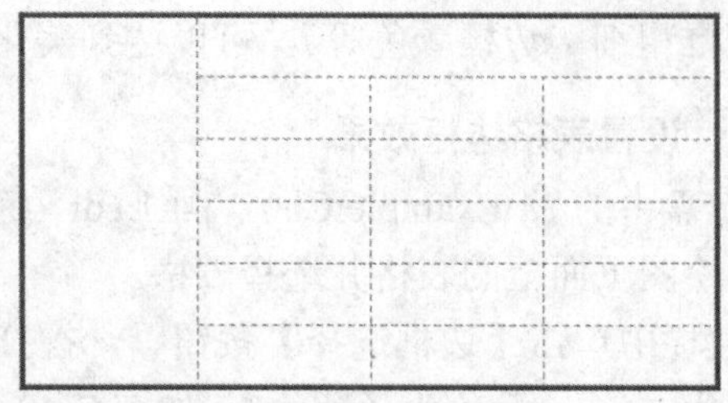

图 7-51　更改内边框的样式

7.4.2　设置表格与单元格背景色

除了为边框设置颜色外，还可以为表格设置背景，甚至为表格内的单元格设置不同的背景色。这样的作用是可以美化表格的外观，从而美化整个页面的设计。

动手操作　设置表格与单元格背景色

1 设置表格背景：使用【选择工具】或者【表格工具】先选定表格对象，再打开属性栏的【背景】下拉列表框，然后选择一种颜色，作为表格的背景颜色，如图 7-52 所示。

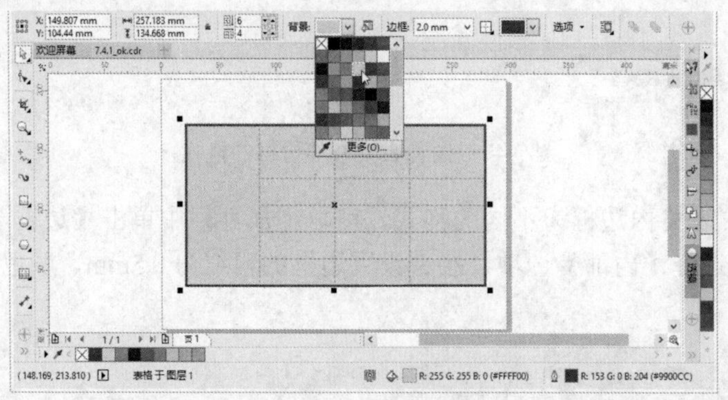

图 7-52　设置表格背景

2 设置单元格背景：首先选择表格的一个或多个单元格，然后打开工具属性栏【背景】选项的下箭头按钮，并在打开的列表框中选择一种颜色作为选定的单元格背景颜色，如图 7-53 所示。

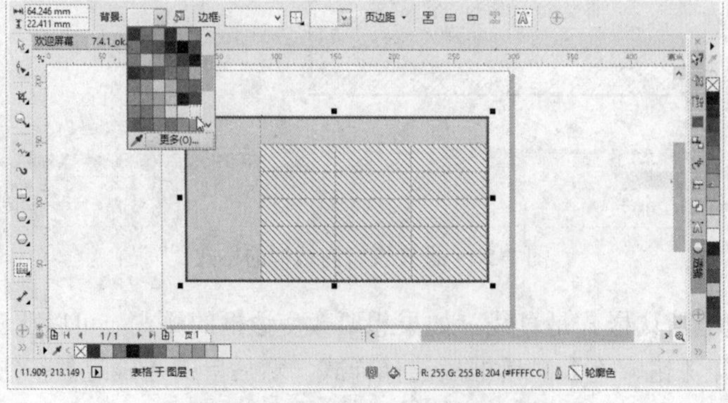

图 7-53　设置选定单元格的背景颜色

3 编辑填充颜色：如果默认的背景填充颜色不符合设计，可以单击【背景】选项右边的【编辑填充】按钮，通过【编辑填充】对话框选择合适的颜色，如图 7-54 所示。

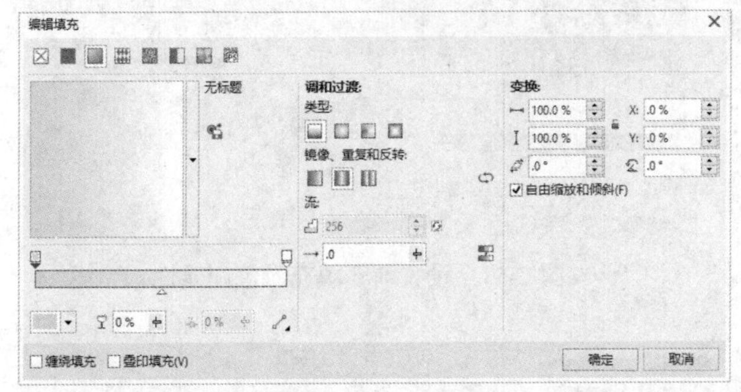

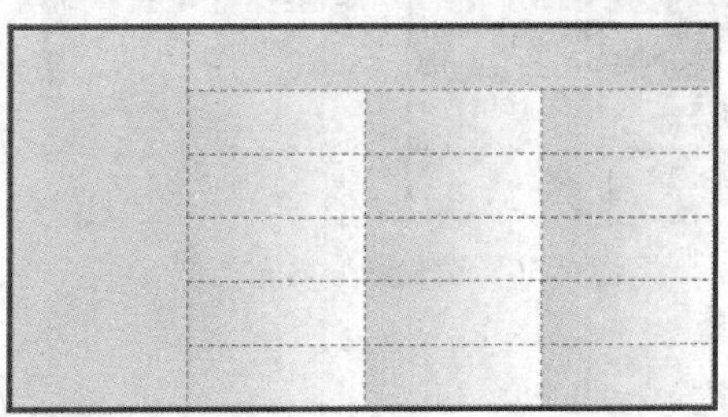

图 7-54　编辑单元格背景填充颜色

7.5　技能训练

下面通过多个上机练习实例，巩固所学技能。

7.5.1　上机练习 1：制作 Logo 的公司名称文字

本例将先使用【文本工具】在 Logo 图形下方输入公司名称文本，再设置渐变填充效果，然后添加轮廓并设置轮廓属性，最后调整文本的字符间距。

1 打开光盘中的“..\Example\Ch07\7.5.1.cdr”练习文件，在工具箱中选择【文本工具】，然后在属性栏中设置文本属性，接着在 Logo 图形下方输入公司名称，如图 7-55 所示。

图 7-55　输入公司名称文本

2 选择【文本】|【文本属性】命令，打开【文本属性】泊坞窗后单击【字符】按钮，打开【字符】面板后设置填充类型为【渐变填充】，然后单击【填充设置】按钮，准备设置渐变填充效果，如图 7-56 所示。

3 打开【编辑填充】对话框后，单击【渐变填充】按钮，再设置从【红色】到【黄色】的渐变填充颜色，然后设置填充旋转为–90 度，最后单击【确定】按钮，如图 7-57 所示。

4 在【文本属性】泊坞窗中打开【轮廓宽度】列表框，再选择轮廓宽度为 1.5mm，然后单击【轮廓设置】按钮，打开【轮廓笔】对话框后设置轮廓颜色为【宝石红】，再设置其他轮廓选项，接着单击【确定】按钮，如图 7-58 所示。

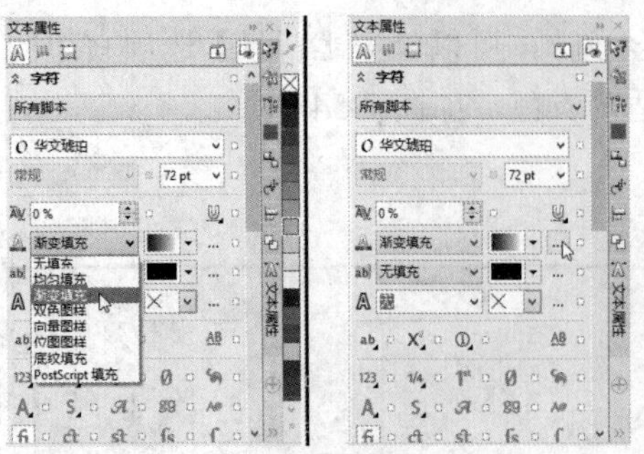

图 7-56　设置渐变填充类型

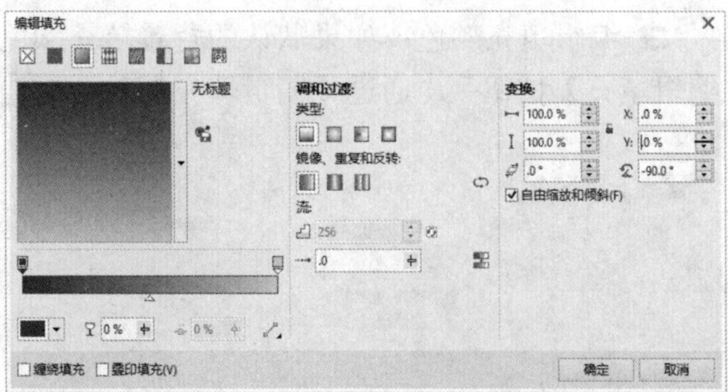

图 7-57　设置渐变填充颜色和属性

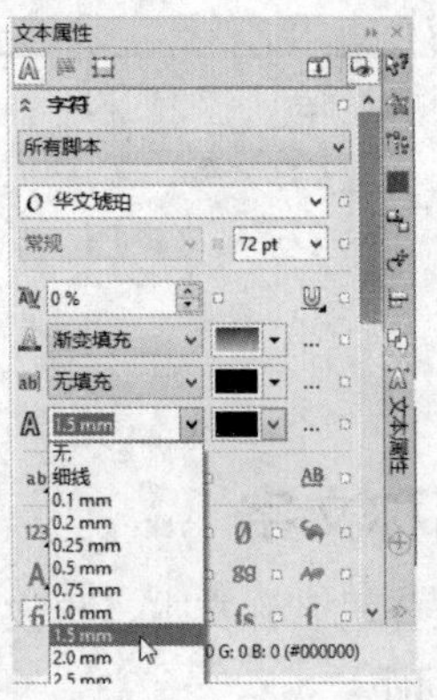

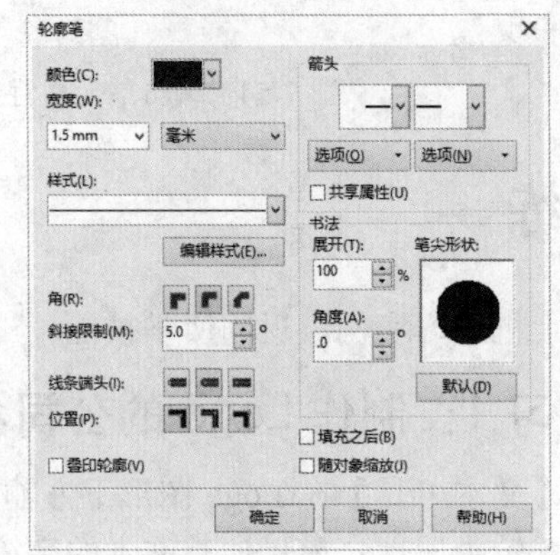

图 7-58　设置文本的轮廓

5 选择文本对象，单击【文本属性】泊坞窗上端单击【段落】按钮，打开【段落】面板后设置字符的间距为 40%，如图 7-59 所示。

图 7-59　设置文本的字符间距

7.5.2　上机练习 2：编排与美化旅行日记页面

本例将先使用【文本工具】输入日记的标题并设置标题文本属性，然后设置日记内容段落文本的首行缩进、行距、字符间距等属性，再设置段落文本图文框的背景颜色，接着设置文件绘图页面的背景颜色，最后更改页面大小并调整段落文本图文框的大小。

1 打开光盘中的"..\Example\Ch07\7.5.2.cdr"练习文件，在工具箱中选择【文本工具】字，然后在属性栏中设置文本属性，接着在日记内容段落文本上方输入日记标题文本，如图 7-60 所示。

图 7-60　输入日记标题文本

2 选择标题文本，打开【文本属性】泊坞窗，在【字符】面板中设置填充类型为【均匀填充】，然后设置文本的填充颜色，切换到【段落】面板，设置文本的字符间距为 200%，如图 7-61 所示。

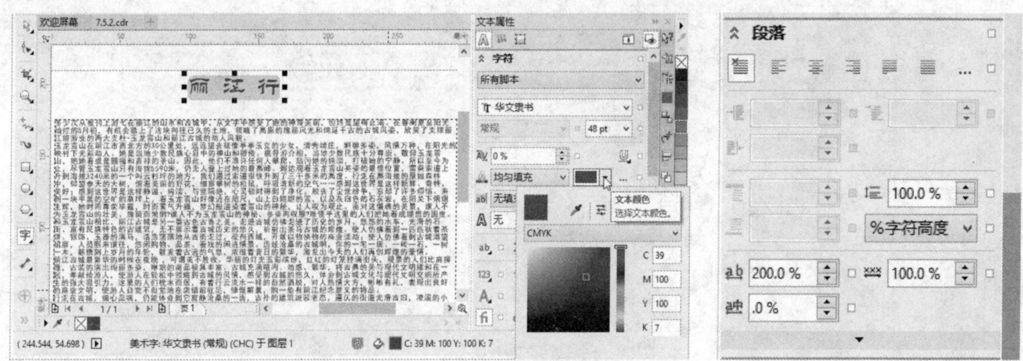

图 7-61　设置标题文本的颜色和字符间距

3 使用【选择工具】选择段落文本对象，然后在【文本属性】泊坞窗的【段落】面板中设置首行缩进为 10mm、行距为 120%、字符间距为 20%，如图 7-62 所示。

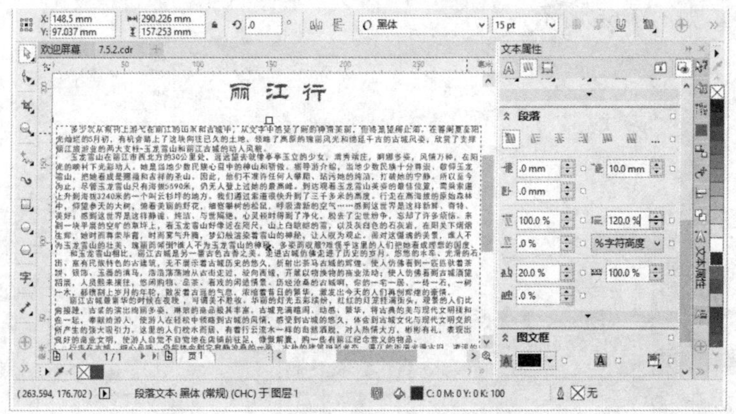

图 7-62　设置段落文本的属性

4 打开【文本属性】泊坞窗的【图文框】面板，然后设置段落文本的图文框背景颜色为【浅黄色】，如图 7-63 所示。

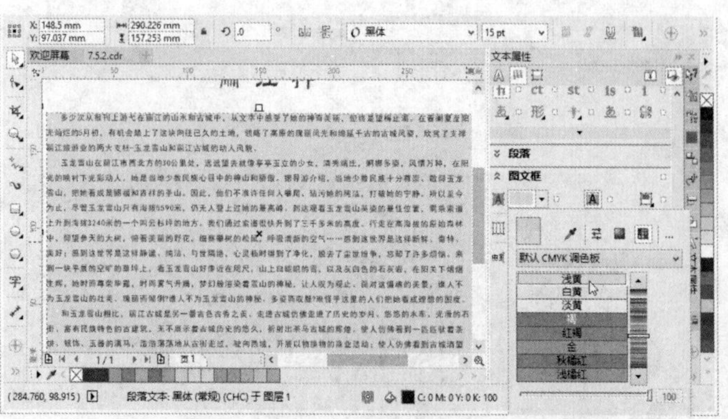

图 7-63　设置段落文本图文框的背景颜色

5 选择【布局】|【页面背景】命令，打开【选项】对话框后，在【背景】选项卡中选择【纯色】单选项，然后打开调色板列表，选择背景颜色为【淡黄】并单击【确定】按钮，接着拖动段落文本图文框上下边中间的节点，扩大图文框以显示全部内容，如图 7-64 所示。

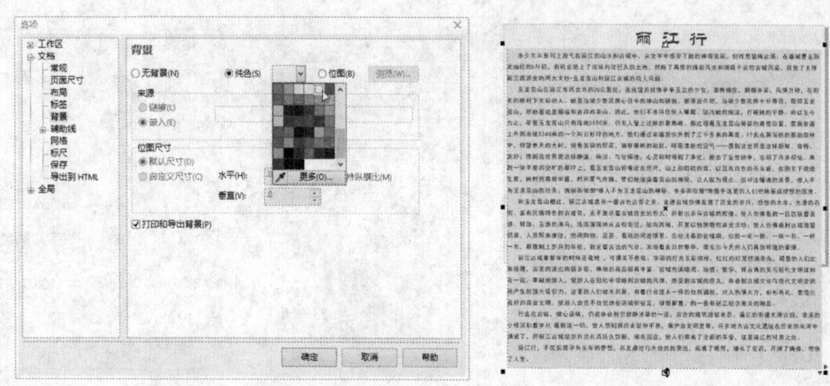

图 7-64　设置页面背景颜色并调整段落文本图文框大小

6 此时不选择任何对象，在【选择工具】的属性栏中打开【页面大小】选项列表，再选择【A3】选项，将页面大小设置为 A3 规格，然后适当调整所有文本对象的位置以及段落文本图文框的大小，如图 7-65 所示。

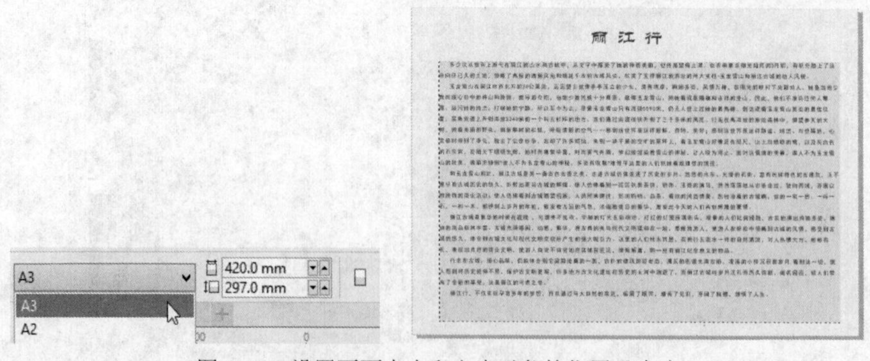

图 7-65　设置页面大小和文本对象的位置及大小

7.5.3　上机练习 3：分栏编排日记并添加插图

本例先将旅行日记段落文本分成三栏排列，然后导入两个风景照素材作为日记的插图，再分别设置插图的文本换行样式，接着根据页面适当调整段落文本图文框的大小和对齐方式。

操作步骤

1 打开光盘中的“..\Example\Ch07\7.5.3.cdr”练习文件，选择段落文本对象，再打开【文本属性】泊坞窗，然后在【图文框】面板中设置栏数为3，如图7-66所示。

图 7-66 设置段落文本分栏排列

2 选择【文件】|【导入】命令，打开【导入】对话框后选择“..\Example\Ch07\丽江 1.jpg”图像文件，然后单击【导入】按钮，在段落文本左侧栏中拖出位图框导入位图，如图7-67所示。

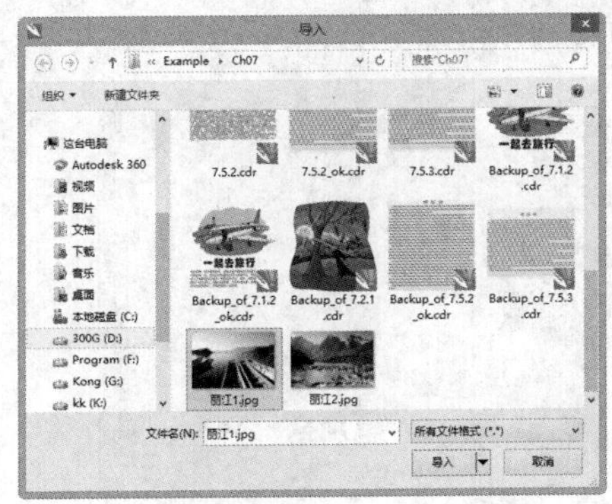

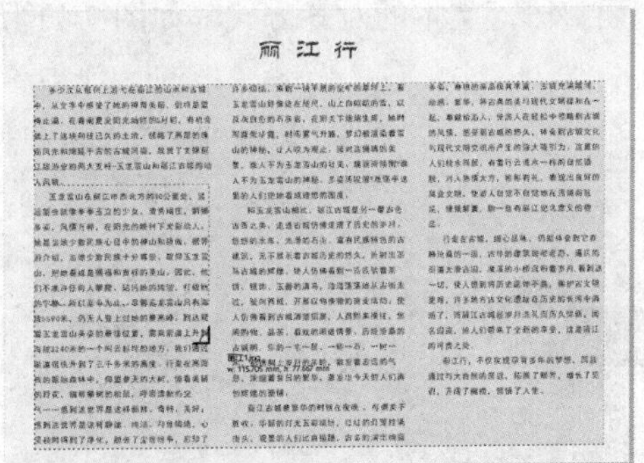

图 7-67 导入位图到页面

3 选择导入的位图对象，然后在属性栏中单击【文本换行】按钮，从打开的列表中选择【正方向】栏中的【跨式文本】选项，如图7-68所示。

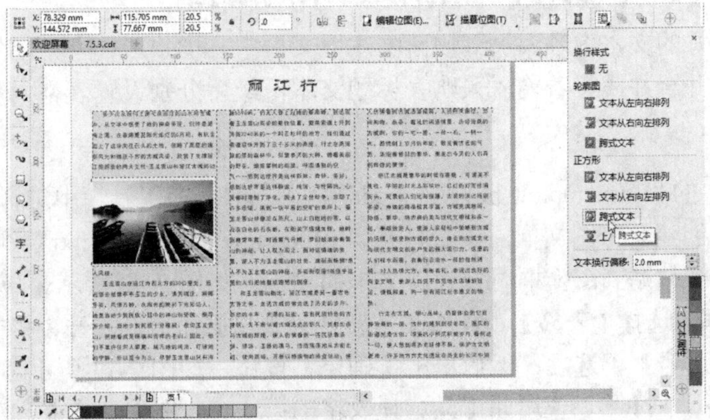

图 7-68 设置文本换行样式

4 使用步骤 2 的方法再次导入另一个位图到页面，然后设置该位图对象的文本换行样式，如图 7-69 所示。

图 7-69　导入另一个位图并设置文本换行样式

5 导入位图并设置文本换行样式后，原来段落文本的图文框将无法显示全部文本内容。因此需要根据页面的大小适当扩大段落文本图文框，使之可以完全显示文本内容，如图 7-70 所示。

6 选择段落文本对象，打开【文本属性】泊坞窗，在【段落】面板中单击【两端对齐】按钮，调整段落文本的对齐方式，如图 7-71 所示。

图 7-70　调整段落文本图文框的大小

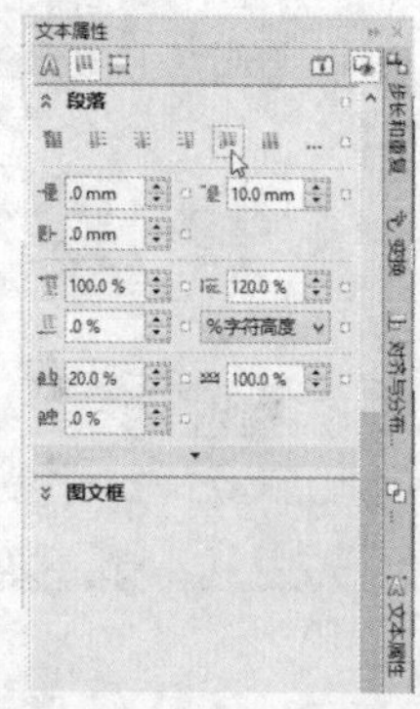

图 7-71　设置段落文本的对齐方式

7.5.4　上机练习 4：制作简单的设备采购表格

本例先将准备好的文本内容添加到段落文本图文框中，再将文本转换为表格，然后在表格上插入一行单元格并合并，接着输入采购表标题文本，最后分别设置表格内容的对齐方式。

操作步骤

1 打开光盘中的“..\Example\Ch07\7.5.4.cdr”练习文件，在工具箱中选择【文本工具】，然后在绘图页面中创建一个图文框，接着打开“..\Example\Ch07\7.5.4.txt”素材文件，复制该文件的内容，将内容粘贴到图文框内并设置文本的属性，如图 7-72 所示。

2 选择图文框，选择【表格】|【将文本转换为表格】命令，打开【将文本转换为表格】对话框后，选择【逗号】单选项，然后单击【确定】按钮，如图 7-73 所示。

3 选择【表格工具】，使用此工具选择表格的第 1 行，然后选择【表格】|【插入】|【行上方】命令，插入 1 行表格，如图 7-74 所示。

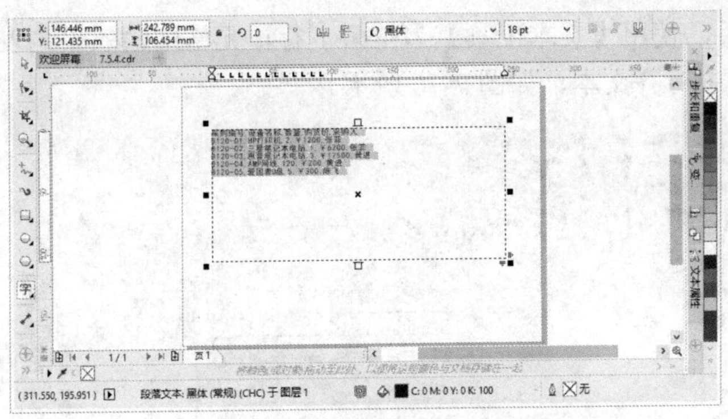

图 7-72　创建图文框并添加文本内容

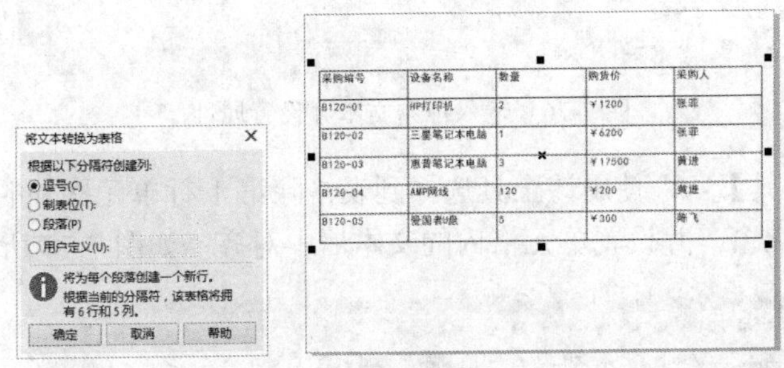

图 7-73　将文本转换为表格

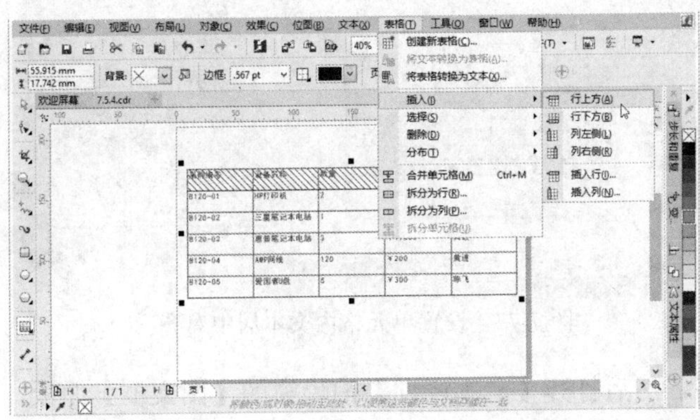

图 7-74　插入 1 行表格

4 使用【表格工具】选择插入的单元格，然后单击【合并单元格】按钮，将第 1 行单元格合并，如图 7-75 所示。

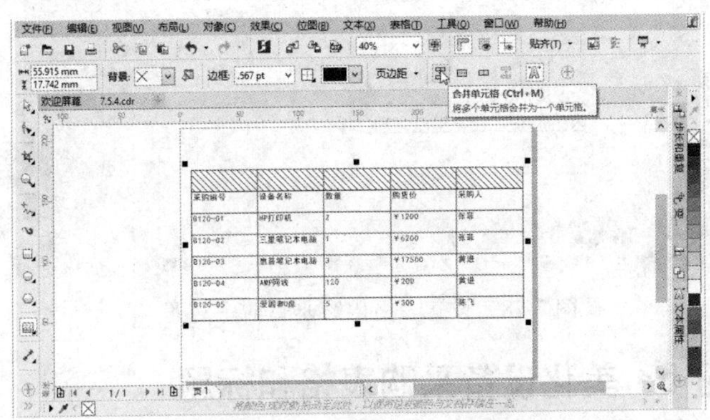

图 7-75　合并第 1 行单元格

5 合并单元格后，使用【文本工具】字在第 1 行单元格中输入采购表标题文本，然后设置文本的属性，再居中对齐文本，如图 7-76 所示。

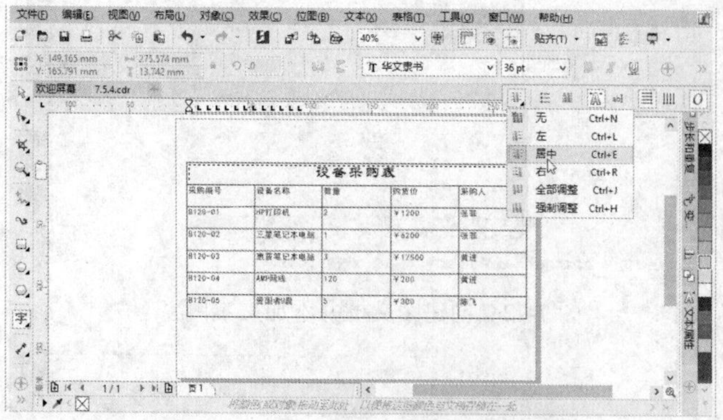

图 7-76　输入标题文本并设置属性

6 选择【表格工具】，使用该工具选择到表格除第 1 行单元格外的其他单元格，然后打开【文本属性】泊坞窗，并设置单元格内的文本居中对齐，如图 7-77 所示。

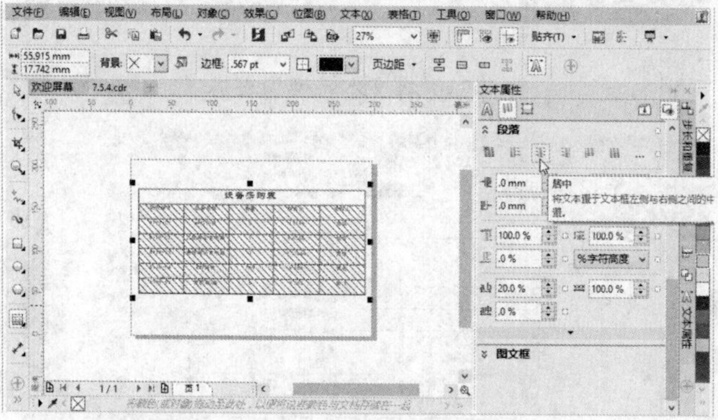

图 7-77　设置单元格内文本居中对齐

7 选择整个表格，然后打开【文本属性】泊坞窗的【图文框】面板，再设置表格内容垂直居中对齐，如图 7-78 所示。

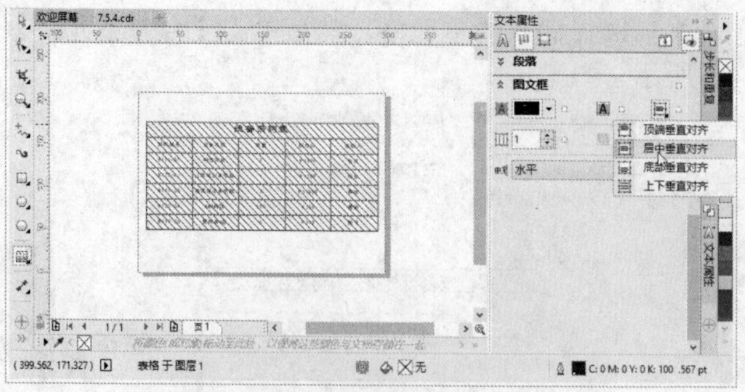

图 7-78　设置表格内容垂直居中对齐

7.5.5　上机练习 5：美化设备采购表格和标题

本例将先设置采购表标题文本的渐变填充颜色，再设置表格的背景颜色和边框颜色，然后为表格第 1 行单元格设置底纹填充，接着为标题文本创建阴影效果并设置阴影透明度和颜色。

操作步骤

1 打开光盘中的“..\Example\Ch07\7.5.5.cdr”练习文件，选择【文本工具】，再选择采购表的标题文本，然后通过【文本属性】泊坞窗设置【渐变填充】类型，再打开【编辑填充】对话框，设置【红色】到【黄色】的渐变颜色并单击【确定】按钮，如图 7-79 所示。

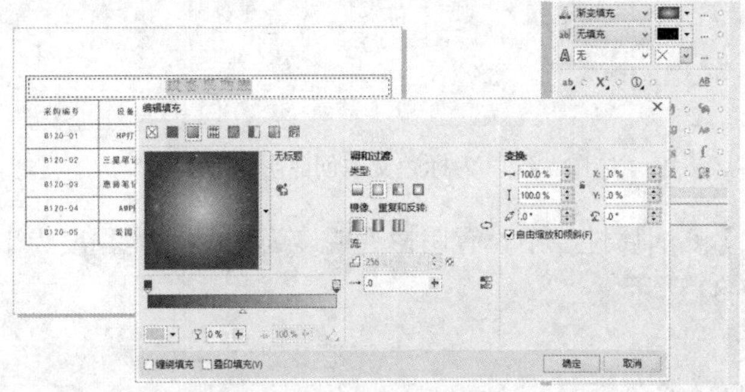

图 7-79　设置标题文本的渐变填充颜色

2 选择表格对象，然后在属性栏中设置表格背景颜色为【白黄】，设置边框选择为【全部】，接着设置边框颜色为【红色】，如图 7-80 所示。

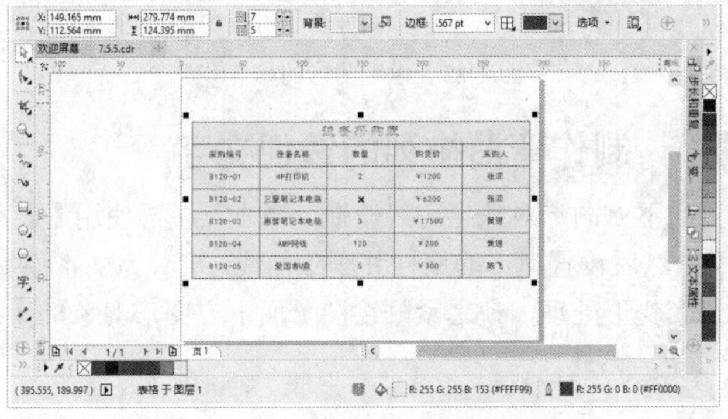

图 7-80　设置表格背景颜色和边框颜色

3 选择【表格工具】，使用此工具选择采购表第 1 行单元格，然后在属性栏中单击【编辑填充】按钮，打开【编辑填充】对话框后单击【底纹填充】按钮，设置底纹库为【样本 6】，接着选择底纹样本并更改【天空】的颜色为【橘红色】，最后单击【确定】按钮，如图 7-81 所示。

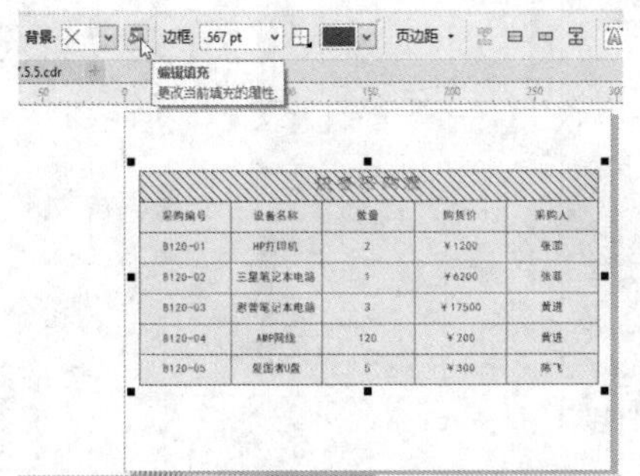

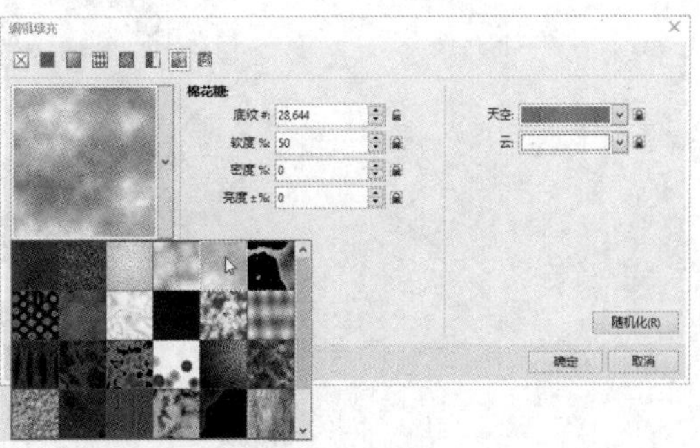

图 7-81　设置第 1 行单元格的底纹填充

4 选择【文本工具】，选择采购表的标题文本，然后选择【阴影工具】，使用此工具按住文本并移动，创建文本的阴影效果，如图 7-82 所示。

设备采购表				
采购编号	设备名称	数量	购货价	采购人
B120-01	HP打印机	2	￥1200	张菲
B120-02	三星笔记本电脑	1	￥6200	张菲
B120-03	惠普笔记本电脑	3	￥17500	黄进
B120-04	AMP网线	120	￥200	黄进
B120-05	爱国者U盘	5	￥300	陈飞

设备采购表				
采购编号	设备名称	数量	购货价	采购人
B120-01	HP打印机	2	￥1200	张菲
B120-02	三星笔记本电脑	1	￥6200	张菲
B120-03	惠普笔记本电脑	3	￥17500	黄进
B120-04	AMP网线	120	￥200	黄进
B120-05	爱国者U盘	5	￥300	陈飞

图 7-82　为标题文本创建阴影效果

5 在【阴影工具】的属性栏中设置阴影透明度为 75、羽化程度为 15，然后设置阴影颜色为【深褐】，如图 7-83 所示。

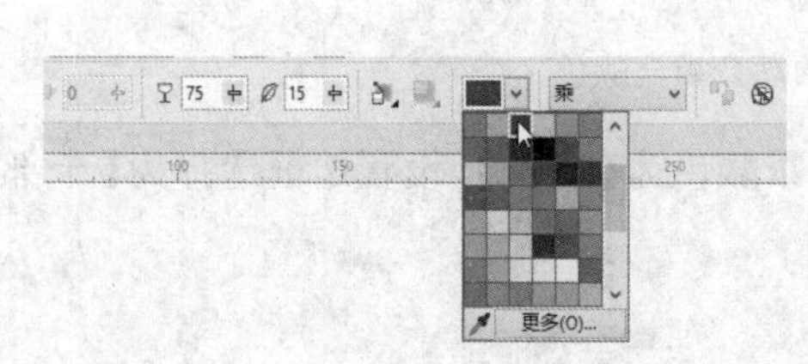

设备采购表				
采购编号	设备名称	数量	购货价	采购人
B120-01	HP打印机	2	￥1200	张菲
B120-02	三星笔记本电脑	1	￥6200	张菲
B120-03	惠普笔记本电脑	3	￥17500	黄进
B120-04	AMP网线	120	￥200	黄进
B120-05	爱国者U盘	5	￥300	陈飞

图 7-83　设置阴影的属性

7.5.6　上机练习 6：制作弯曲排列的透视文字

本例先沿着绘图页面下方图形对象上边缘绘制一条曲线，再使用【文本工具】在曲线上输入文本使之沿曲线排列，然后设置文本的属性并删除曲线，接着为文本添加透视并设置透视效果，最后为文本应用封套变形处理，使之紧贴绘图页面下方图形对象的上边缘排列。

操作步骤

1 打开光盘中的“..\Example\Ch07\7.5.6.cdr”练习文件，选择【手绘工具】，然后设置该工具的属性，接着使用该工具沿着绘图页面下方图形对象的上边缘绘制一条曲线，如图 7-84 所示。

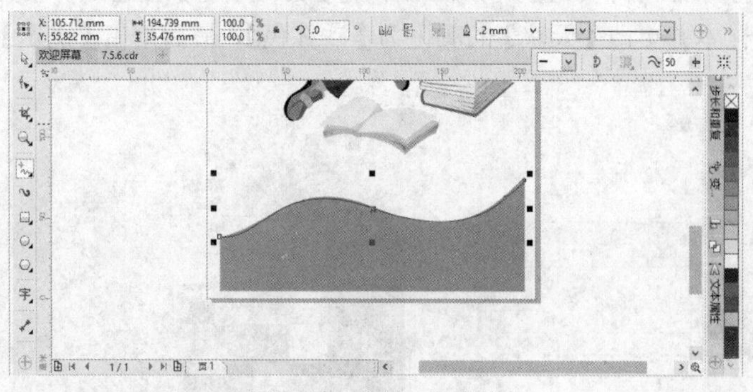

图 7-84　绘制一条曲线

2 选择【文本工具】，然后在曲线上单击确定输入点，接着在曲线上输入文本，如

图 7-85 所示。

图 7-85　沿着曲线输入文本

3 选择文本，然后在属性栏中设置文本的字体、大小和文本方向等属性，如图 7-86 所示。

图 7-86　设置文本属性和文本方向

4 选择【选择工具】，在曲线上单击选择路径文本对象，再次在曲线上单击即可选择曲线，然后按 Delete 键删除曲线，如图 7-87 所示。

5 选择文本对象，然后选择【效果】|【添加透视】命令，此时文本对象上显示透视框，接着通过鼠标移动透视点，调整文字的透视效果，如图 7-88 所示。

图 7-87　删除曲线对象

图 7-88　为文本添加透视效果

6 使用【选择工具】将文本向下移动到适当的位置，然后选择【封套工具】，再通过调整封套的节点来修改文本的形状，使之紧贴着绘图页面下方图形的上边缘排列，如图 7-89 所示。

图 7-89 调整文本位置并进行封套变形处理

7.6 评测习题

一、填充题

（1）在 CorelDRAW 中，可以输入段落和____________这两种类型的文本。

（2）输入____________文本前需先创建一个文本输入框。

（3）使用_______________功能，可以将文本依附到不同的路径中，从而使文本的排列不再局限于直线。

（4）CorelDRAW 提供了________________的功能，可以根据逗号、制表位、段落和用户自定义的分隔符来创建表格。

二、选择题

（1）转换美术字与段落文本的快捷键是什么？（ ）

A．Alt+F8 B．Ctrl+F7 C．Shift+F8 D．Ctrl+F8

（2）使用哪个工具可以绘制默认几行几列的表格？（ ）

A．挑选工具 B．矩形工具 C．手绘工具 D．表格工具

（3）【将文本转换为表格】功能不可以根据以下哪种分隔符来创建表格列？（ ）

A．逗号 B．破节号 C．段落 D．制表位

三、判断题

（1）使用 CorelDRAW X7 中的【添加透视】命令，可以改变文字的透视点，模拟出从三维空间中某个角度观察文字的效果。（ ）

（2）CorelDRAW X7 提供的【将文本转换为表格】功能可以根据逗号、制表位和段落作为分隔符来创建表格，但不允许用户自定义分隔符。（ ）

（3）合并单元格可以将多行或多列单元格合并成一个单元格。（ ）

四、操作题

在练习文件绘图页面的 Logo 图形对象上绘制一条曲线，然后使用此曲线为文本排列路径输入 Logo 文本，接着使用【封套工具】适当变形文本，使文本沿着 Logo 图形上边缘排列，结果如图 7-90 所示。

图 7-90　操作题的结果

操作提示：

（1）打开光盘中的“..\Example\Ch07\7.6.cdr”练习文件，然后使用【手绘工具】在 Logo 图形上绘制一条类似半圆弧形的曲线。

（2）选择【文本工具】，然后在曲线上单击确定输入点，接着在曲线上输入文本。

（3）设置文本的字体为【华文隶书】、大小为 72pt。

（4）选择曲线对象并将它删除。

（5）选择【封套工具】，再通过调整封套的节点来修改文本的形状，使之紧贴着 Logo 图形的上边缘排列。

第 8 章　在 CorelDRAW 中应用位图

学习目标

CorelDRAW X7 提供了大量位图处理功能和应用与位图对象的滤镜功能，以便可以对位图进行修改处理，还可以应用这些滤镜制作各样位图特效，使位图的应用更符合设计需求。本章将详细介绍在 CorelDRAW 中编辑、调整位图和应用位图滤镜的方法。

学习重点

☑ 了解应用位图的基础知识
☑ 调整位图效果的方法
☑ 对位图进行描摹处理
☑ 应用滤镜制作位图特效

8.1　应用位图的基础

在使用 CorelDRAW 设计作品时，有时不仅仅靠绘图来完成，还需要很多位图的辅助。

8.1.1　了解矢量图与位图

计算机图形的两种主要类型是矢量图和位图。

矢量图由线条和曲线组成，是由决定所绘制线条的位置、长度和方向的数学描述生成的。位图也称为点阵图像，由称为像素的小方块组成，每个像素都映射到图像中的一个位置，并具有颜色数字值。

矢量图是徽标和插图的理想选择，因为它们与分辨率无关，并且可以缩放到任何大小，还能够在任何分辨率下打印和显示，而不会丢失细节或降低质量，如图 8-1 所示。

图 8-1　原来的矢量图和放大后的矢量图

位图对于相片和数字绘图来说是不错的选择，因为它们能够产生极佳的颜色层次。位图与分辨率息息相关，也就是说，它们提供固定的像素数。虽然位图在实际大小下效果不错，但在缩放时，或在高于原始分辨率的分辨率下显示或打印时会显得参差不齐或降低图像质量。

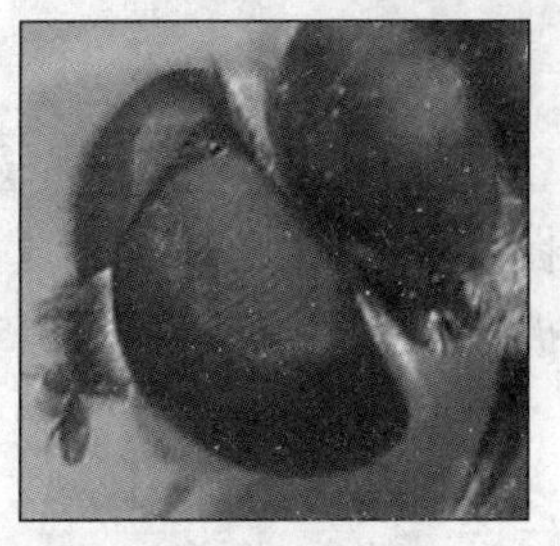

图 8-2　实际大小的位图和放大后的位图

8.1.2　将位图导入到文件

在 CorelDRAW 中，可以直接将位图导入到绘图窗口，也可以通过将其链接至一个外部文件来导入。链接到外部文件时，对原始文件所做的编辑会自动在导入的文件中更新。导入位图之后，状态栏会提供关于位图颜色模式、大小和分辨率的信息。

1. 将位图导入到绘图窗口

选择【文件】|【导入】命令，选择存储位图文件的文件夹，从【文件名】列表中选择一种文件格式（如果不知道文件格式，可以选择所有文件格式），然后单击位图文件将其选定，再单击【导入】按钮，然后执行下列操作之一：

（1）单击绘图页保持文件的尺寸并定位单击的左上角位置，如图 8-3 所示。

图 8-3　通过保持文件尺寸和单击定位的方式导入位图

（2）在绘图页上拖动鼠标以调整文件大小。在绘图页上拖动鼠标时，导入光标将显示文件调整大小后的尺寸，如图 8-4 所示。

（3）按 Enter 键使文件在绘图页上居中。

（4）按空格键，使文件的放置位置与其在与原始文件中的位置相同（仅限 CDR 和 AI 文件）。

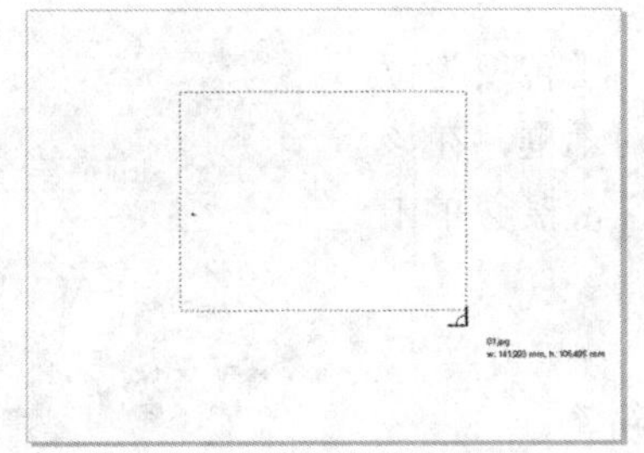

图 8-4　通过拖动鼠标调整文件大小的方式导入位图

2. 将位图作为外部链接的图像导入

方法 1 选择【窗口】|【泊坞窗】|【链接和书签】命令，打开【链接和书签】泊坞窗后，单击【新链接的图像】按钮，打开【导入】对话框，选择位图文件并单击【导入】按钮，接着在绘图区中放置位图即可，如图 8-5 所示。

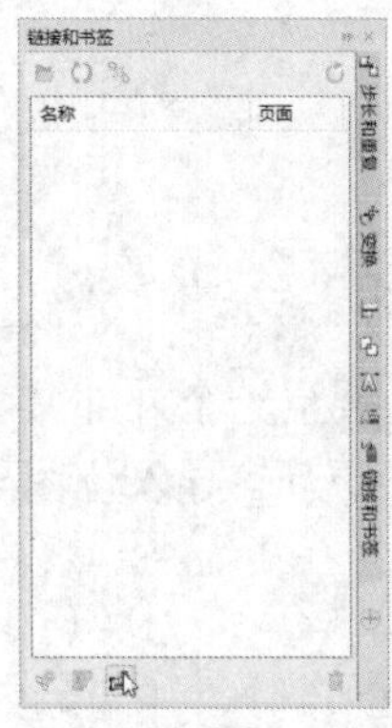

图 8-5 将位图作为外部链接的图像导入

方法 2 除了上述方法外，还可以选择【文件】|【导入】命令，在【导入】对话框中选择位图文件，然后单击【导入】按钮右侧的倒三角形按钮，接着在打开的列表框中选择【导入为外部链接的图像】选项，最后在绘图页放置位图即可，如图 8-6 所示。

图 8-6 将位图导入为外部链接的图像

8.1.3 将矢量图转换为位图

CorelDRAW X7 提供了【转换为位图】功能，利用该功能可以将矢量图形转换为位图，从而可以应用不能用于矢量图的位图效果。

选择矢量图对象，在菜单栏中选择【位图】|【转换为位图】命令，打开如图 8-7 所示的【转换为位图】对话框，在该对话框中可以设置位图的分辨率、颜色模式等属性，接着单击【确定】按钮即可。

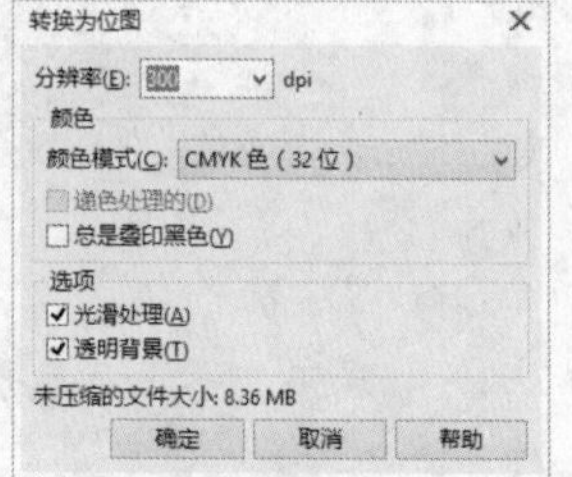

图 8-7 【转换为位图】对话框

【转换为位图】对话框中的项目说明如下：

- 【分辨率】：在该列表框中可选择位图的分辨率。
- 【颜色模式】：颜色模式决定构成位图的颜色数量和种

类，因此选择不同颜色模式时，位图文件大小也会受到影响。

- 【递色处理的】：选择该复选框，可应用国际颜色委员会预置文件，从而使设备和颜色空间之间的颜色标准化。
- 【总是叠印黑色】：选择该复选框，可在印刷时始终叠印黑色。
- 【光滑处理】：选择该复选框，可对位图进行光滑处理，使位图边缘平滑。
- 【透明背景】：选择该复选框，可以创建出透明背景的位图。

问：什么是位图的分辨率？

答：位图分辨率也称为图像分辨率，指的是单位尺寸图像中储存的信息量，通常以每英寸图像所含的像素数来表示，单位为 dpi。例如，图像分辨率为 300dpi，表示每英寸该图像含有 300 个像素点。图像分辨率越高，其所能表示的图像精度也就越高，相应地图像的体积也就越大。

8.2 调整位图的效果

当导入的位图在颜色、显示等方面存在问题时，可以通过 CorelDRAW X7 提供的关于位图处理的功能，对位图进行调整和编辑，以改善位图效果。

8.2.1 自动调整位图

在 CorelDRAW X7 中，可以利用【自动调整】命令，快速调整位图的颜色和对比度，从而使位图的色彩更加真实自然。

使用【选择工具】将位图选中，在菜单栏中选择【位图】|【自动调整】命令，即可调整位图颜色和对比度，如图 8-8 所示。

图 8-8　自动调整位图

8.2.2 使用图像调整实验室

在 CorelDRAW X7 中，可以通过【图像调整实验室】功能更细致地调整位图。使用该功能可以方便地对图像进行色温、淡色、饱和度、亮度、对比度，以及图像高光、暗部和中间调的亮度等调节。

选择位图对象，然后选择【位图】|【图像调整实验室】命令，打开【图像调整实验室】对话框后，可以根据需要调整对话框右侧的各项参数，完成后单击【确定】按钮，如图 8-9 所示。

图 8-9　使用图像调整实验室处理图像

动手操作　调整车展图像的效果

1 打开光盘中的“..\Example\Ch08\8.2.2.cdr”的练习文件，然后使用【选择工具】将位图选中。

2 在菜单栏中选择【位图】|【图像调整实验室】命令，打开对话框后单击【全屏预览之前和之后】按钮，接着根据需要调整选项，如图 8-10 所示。

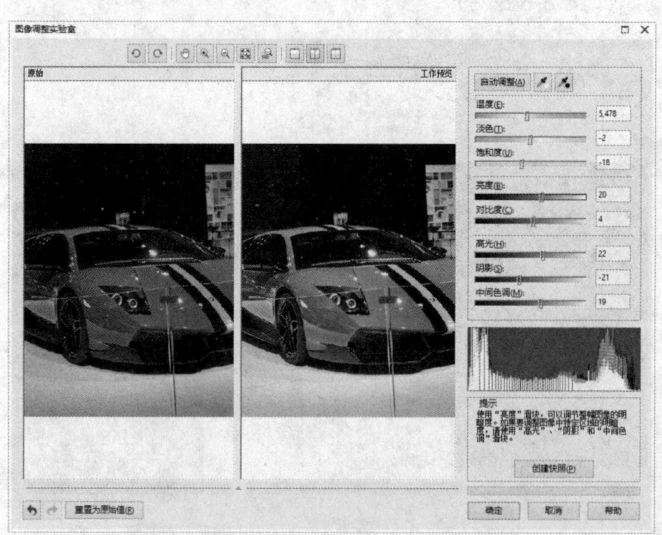

图 8-10　设置图像调整实验室的参数

3 设置调整选项后，单击【创建快照】按钮，将当前调整状态存储为快照，如图 8-11 所示。

图 8-11　创建快照

4 根据需要调整选项，调整完成后，单击【创建快照】按钮，将后一次调整的结果存储为快照，如图 8-12 所示。

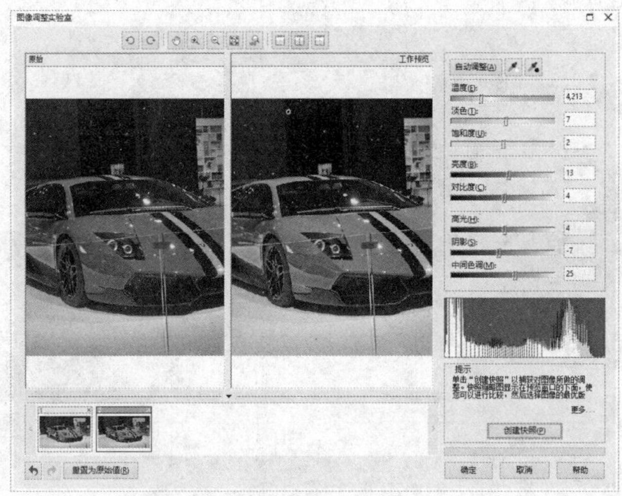

图 8-12　设置调整选项并创建快照

5 单击【全屏预览】按钮，然后在快照窗格中单击快照，切换不同的快照以确定应用合适的调整效果。当确定要应用的效果时，选择该效果的快照，再单击【确定】按钮即可，如图 8-13 所示。

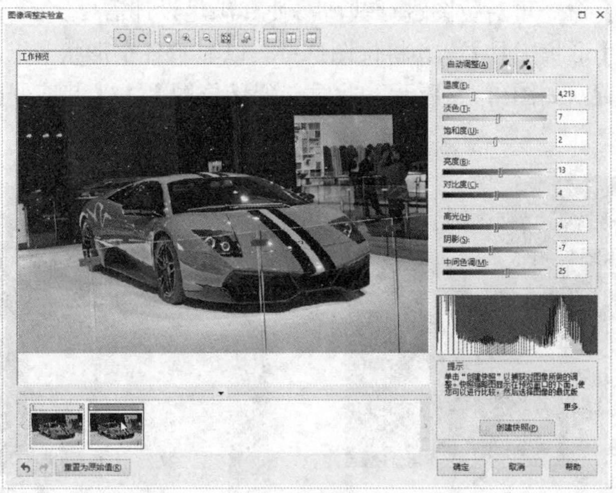

图 8-13　选择快照并确定应用设置

8.2.3 矫正倾斜的图像

在 CorelDRAW X7 中，为了方便调整角度不佳的位图，特别提供了【矫正图像】功能。通过此功能，可以快速矫正倾斜的位图图像，特别是在矫正以某个角度获取或扫描的相片时，该功能非常有用。

选择要矫正的位图对象，在菜单栏中选择【位图】|【矫正图像】命令，打开对话框后根据图像倾斜的程度旋转图像，然后移动图像剪裁的位置，单击【确定】按钮即可，如图 8-14 所示。

矫正图像后，图像多余部分将被切割，只保留矫正的图像。如图 8-15 所示为矫正图像的结果。

图 8-14 设置矫正图像的旋转角度

图 8-15 矫正图像的效果

8.2.4 裁剪位图与重新取样

1. 裁剪位图

使用【裁剪位图】命令可对位图进行裁剪，使其满足设计需要。

在工具箱中选择【形状工具】，将位图选中，以显示各个形状节点，然后分别将位图四角的节点移到合适位置，如图 8-16 所示。此时选择【位图】|【裁剪位图】命令，即可裁剪位图，如图 8-17 所示。

图 8-16 调整位图的形状节点位置

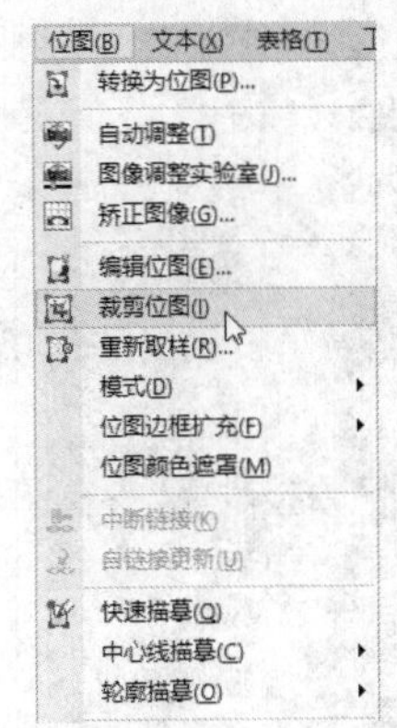

图 8-17 裁剪位图及其结果

2. 重新取样

重新取样就是重新定义位图的分辨率和尺寸。

（1）增加取样则增加图像的大小。

（2）减少取样则缩小图像的大小。

（3）用固定分辨率重新取样允许在改变图像大小时用增加或减少像素的方法保持图像的分辨率。

（4）用变量分辨率重新取样可以使像素的数目在图像大小改变时保持不变，从而产生低于或高于原图像的分辨率。

当位图进行编辑后，可以选择该位图对象，再选择【位图】|【重新取样】命令，在打开的【重新取样】对话框中重新设置位图的大小和分辨率，然后单击【确定】按钮即可，如图 8-18 所示。

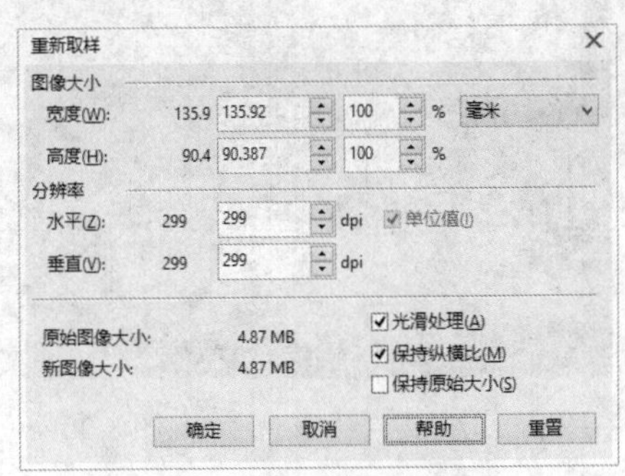

图 8-18 设置重新取样选项

8.3 位图的描摹处理

CorelDRAW 提供了描摹位图功能，可以将位图转换为可完全编辑且完全缩放的矢量图形。例如，可以描摹艺术品、相片、扫描的草图或徽标，然后将它们轻松地融入到设计中。

8.3.1 快速描摹

在 CorelDRAW 中可以通过使用【快速描摹】命令在一个步骤中描摹位图，还可以选择合适的描摹方式和预设样式，然后使用 PowerTRACE 控件预览和调整描摹结果。CorelDRAW 提供两种描摹位图的方式：中心线描摹和轮廓描摹。

快速描摹位图处理可以一步到位地自动化处理对位图进行描摹处理。

使用【选择工具】将位图选中，打开【位图】菜单，然后在菜单中选择【快速描摹】命令，对位图进行描摹处理，如图 8-19 所示。位图描摹前和描摹后的效果对比如图 8-20 所示。

图 8-19 对位图进行快速描摹处理

图 8-20 位图描摹前和描摹后的效果对比

8.3.2 中心线描摹

中心线描摹方式使用未填充的封闭和开放曲线（笔触），适用于描摹技术图解、地图、线条画和拼版，该方式还称为“笔触描摹”。

中心线描摹方式提供两种预设样式：一种用于技术图解，另一种用于线条画。这两种样式的说明如下：

- 技术图解：使用很细很淡的线条描摹黑白图解。
- 线条画：使用很粗、突出的线条描摹黑白草图。

动手操作 制作简单的线条画

1 打开光盘中的“..\Example\Ch08\8.3.2.cdr”练习文件，然后使用【选择工具】将位图选中。

2 打开【位图】菜单，然后在菜单中选择【中心线描摹】|【线条画】命令，打开【PowerTRACE】对话框后，设置如图 8-21 所示的描摹选项。

3 切换到【颜色】选项卡，然后设置颜色模式和颜色数，如图 8-22 所示。

4 完成设置后单击【确定】按钮，返回绘图区后即产生描摹的对象。此时使用【选择工具】将原来的位图移开即可看到描摹结果，如图 8-23 所示。

图 8-21 设置描摹选项

图 8-22 设置描摹的颜色选项

图 8-23 查看描摹的结果

8.3.3 轮廓描摹

轮廓描摹方式使用无轮廓的曲线对象，适用于描摹剪贴画、徽标和相片图像。轮廓描摹方式还称为“填充”描摹或“轮廓图”描摹。轮廓描摹方式提供线条画、徽标、徽标细节、剪贴画、低质量图像和高质量图像预设样式，它们的说明如下：

- 线条画：描摹黑白草图和图解。
- 徽标：描摹细节和颜色都较少的简单徽标。
- 徽标细节：描摹包含精细细节和许多颜色的徽标。
- 剪贴画：描摹根据细节量和颜色数而不同的现成的图形。
- 低质量图像：描摹细节不足（或包括要忽略的精细细节）的图像。
- 高质量图像：描摹高质量、超精细的图像。

动手操作　制作简单的人物剪贴画

1 打开光盘中的“..\Example\Ch08\8.3.3.cdr”练习文件，然后选择绘图页面上的位图对象。

2 打开【位图】菜单，然后在菜单中选择【轮廓描摹】|【剪贴画】命令，程序将打开提示对话框，此时只需单击【缩小位图】按钮即可，如图 8-24 所示。

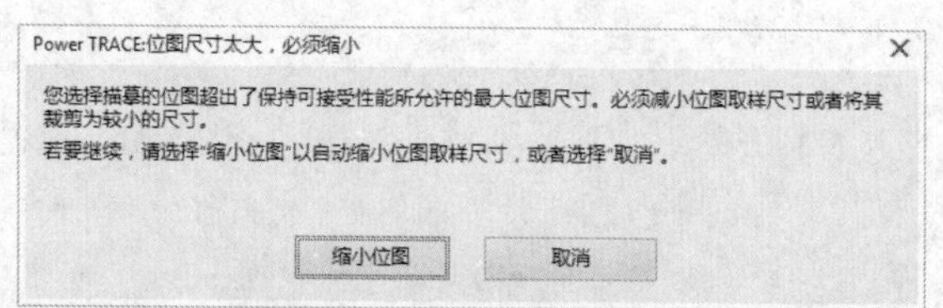

图 8-24　确定缩小位图

3 在【PowerTRACE】对话框中单击【选项】按钮，打开【选择】对话框并显示【PowerTRACE】选项卡后，设置性能，再单击【确定】按钮，如图 8-25 所示。

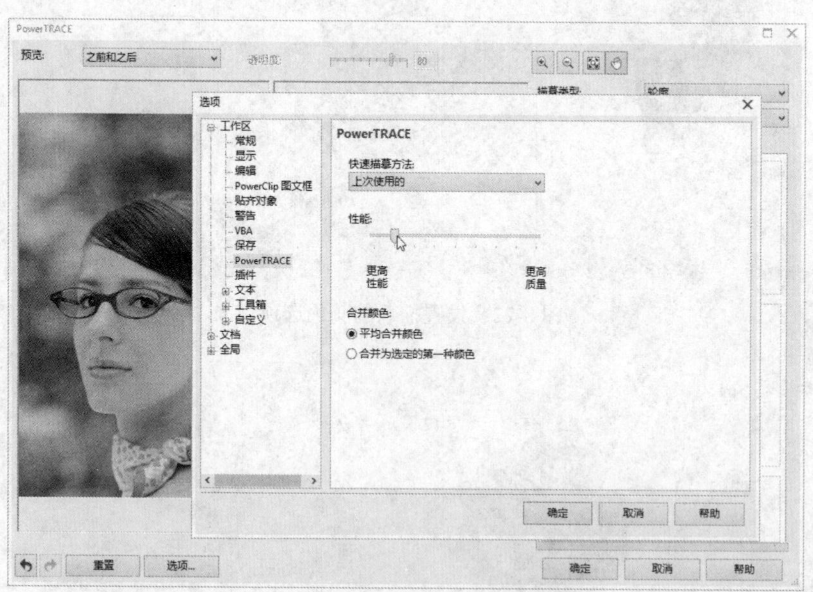

图 8-25　设置 PowerTRACE 性能选项

4 返回【PowerTRACE】对话框后，设置如图 8-26 所示的描摹选项。

5 完成设置后单击【确定】按钮，返回绘图区后即产生描摹的对象。此时使用【选择工具】将原来的位图移开即可看到描摹结果，如图 8-27 所示。

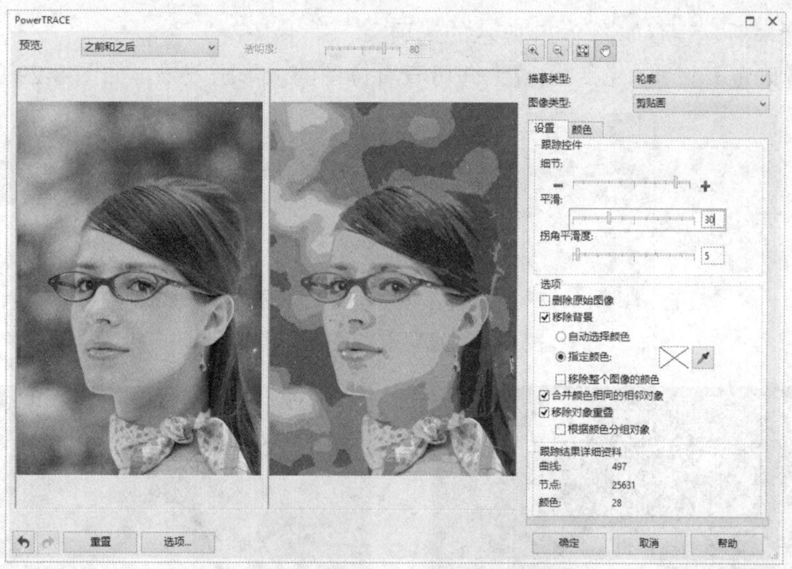

图 8-26　设置【低质量图像】描摹选项

图 8-27　描摹位图后的结果

8.4　制作位图特效

CorelDRAW X7 提供了多种强大的内置滤镜功能，使用这些滤镜可以为位图添加各种特殊效果，如三维效果、艺术笔触效果、模糊效果、创造性效果及扭曲效果等。

8.4.1　艺术笔触效果

艺术笔触效果类似于使用各种艺术画笔作画的效果。使用内置的“艺术笔触”滤镜，可以制作包括“炭笔画、单色蜡笔画、蜡笔画、立体派、印象派、油画、彩色蜡笔画、钢笔画、点彩派、木版画、素描、水彩画、水印画、波纹纸画”在内的多种艺术笔触效果。

动手操作　制作水影画效果

1 选择绘图页面的位图对象，再选择【位图】|【艺术笔触】|【水彩画】命令，打开

【水彩画】对话框后，设置如图 8-28 所示的选项。

2 单击【确定】按钮，在绘图区上即可查看位图的水彩画效果，如图 8-29 所示。

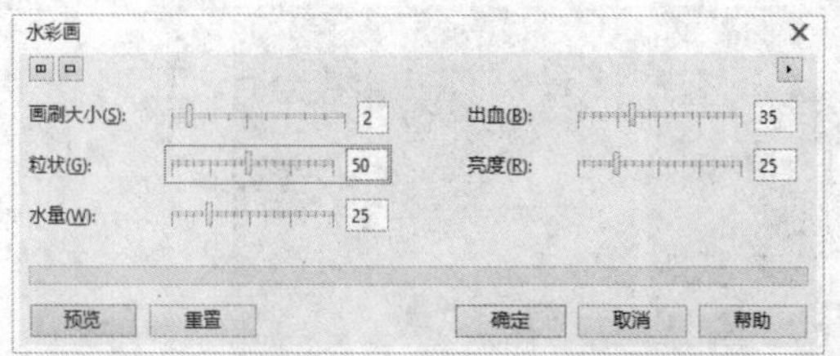

图 8-28　设置水彩画的选项

图 8-29　原图效果和应用水彩画效果的对比

8.4.2　轮廓图效果

轮廓图效果主要是通过检测和重绘对象的边缘，从而产生不同的轮廓位图效果。使用内置的【轮廓图】滤镜，实现包括边缘检测、查找边缘、描摹轮廓在内的轮廓图效果。

- 【边缘检测】：可以检测对象的边缘，然后将其转换为轮廓线条，还可以在转换时为图像选择一种背景色。
- 【查找边缘】：可以检测对象的边缘，并将其转换为柔和或者纯色的轮廓线条。
- 【描摹轮廓】：可以以选定的颜色阈值为基准对位图边缘进行检测和描绘，但在描绘图像轮廓时不对位图纯色区域进行填充。

动手操作　制作轮廓图效果

1 选择绘图页面的位图对象，再打开【位图】|【轮廓图】子菜单，选择当中的某个命令，例如选择【查找边缘】命令，打开【查找边缘】对话框后，设置如图 8-30 所示的选项。

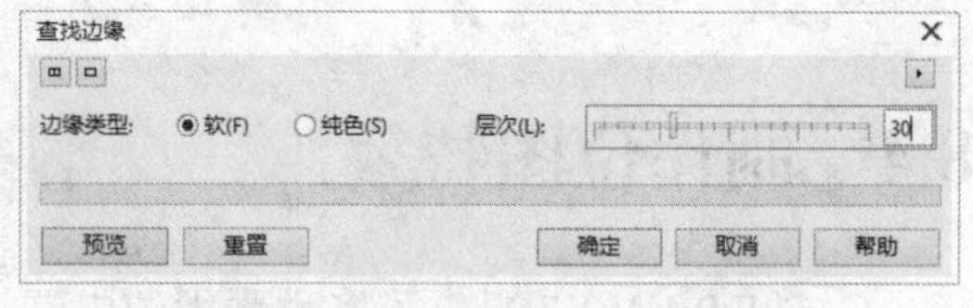

图 8-30　设置【查找边缘】选项

2 单击【确定】按钮，然后在绘图区上查看位图的轮廓图效果，如图 8-31 所示。

图 8-31　位图的原图和轮廓图效果

8.4.3 三维效果

三维效果可以使位图产生三维纵深效果。使用该功能可以实现包括三维旋转、柱面、浮雕、卷页、透视、挤远/挤近、球面等多种三维效果。

动手操作　制作浮雕效果

1 选择位图对象，再打开【位图】菜单，然后在菜单中选择【三维效果】|【浮雕】命令，打开【浮雕】对话框后，设置如图 8-32 所示的选项。

2 单击【确定】按钮，然后在绘图区上查看位图的浮雕效果，如图 8-33 所示。

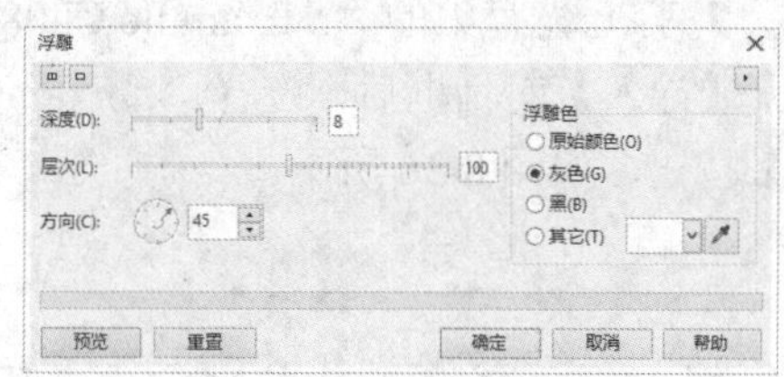

图 8-32　设置浮雕选项

图 8-33　位图的原图和浮雕效果

8.4.4 相机的模拟效果

使用【相机】菜单功能，可以对位图制作模拟各种相机镜头产生的效果，包括彩色、相片过滤器、棕褐色色调和延时效果，可以让相片回到历史，展示过去流行的摄影风格。

动手操作　使用延时功能制作相机效果

1 选择位图对象，再打开【位图】菜单，然后在菜单中选择【相机】|【延时】命令，打开【延时】对话框后，设置照片边缘强度，接着在缩图列表中选择一种色彩方式，如图 8-34 所示。

2 单击【确定】按钮，在绘图区上查看位图的效果，如图 8-35 所示。

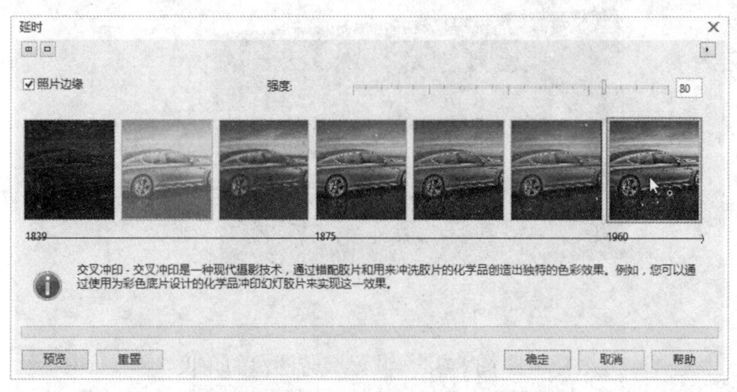

图 8-34　设置延时效果的选项

图 8-35　使用延时效果后的位图

8.5 技能训练

下面通过多个上机练习实例，巩固所学习的技能。

8.5.1　上机练习 1：导入与改善汽车摄影图

本例先将汽车摄影图像导入到绘图页面中，然后使用【矫正图像】功能调整并裁剪图像，再使用【图像调整实验室】功能调整汽车摄影图的颜色和亮度等效果。

1 打开光盘中的“..\Example\Ch08\8.5.1.cdr”练习文件，选择【文件】|【导入】命令，打开【导入】对话框后，选择“..\Example\Ch08\黑色马自达跑车.jpg”图像文件，再单击【导入】按钮，如图 8-36 所示。

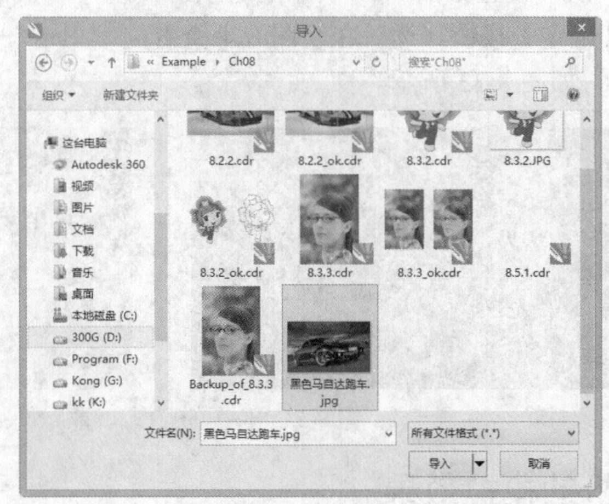

图 8-36　导入图像文件

2 返回 CorelDRAW 的绘图窗口中，拖动鼠标设置导入位图对象的大小和位置，如图 8-37 所示。

3 选择位图对象，再选择【位图】|【矫正图像】命令，打开【矫正图像】对话框后设置旋转图像的角度，如图 8-38 所示。

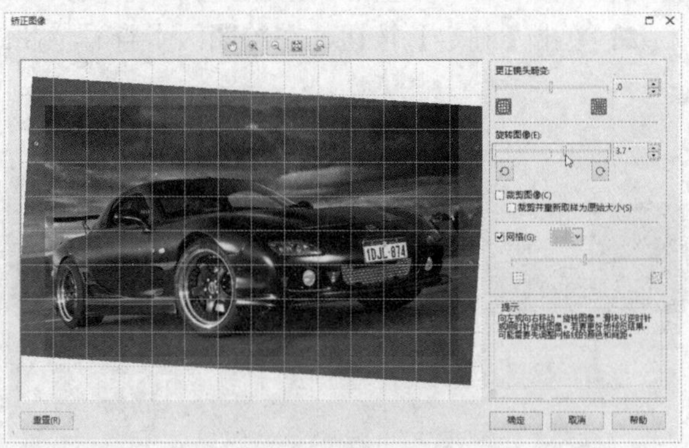

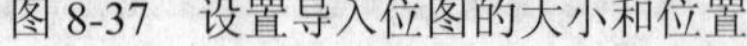
图 8-37　设置导入位图的大小和位置

图 8-38　设置旋转图像的角度

4 选择【裁剪图像】复选框和【裁剪并重新取样为原始大小】复选框，然后单击【确定】按钮，对图像执行裁剪和重新取样处理，如图 8-39 所示。

5 选择【位图】|【图像调整实验室】命令，打开【图像调整实验室】对话框后单击【全屏预览之前和之后】按钮，然后设置各项调整项目参数，再单击【创建快照】按钮，如图 8-40 所示。

图 8-39　对图像执行裁剪和重新取样处理

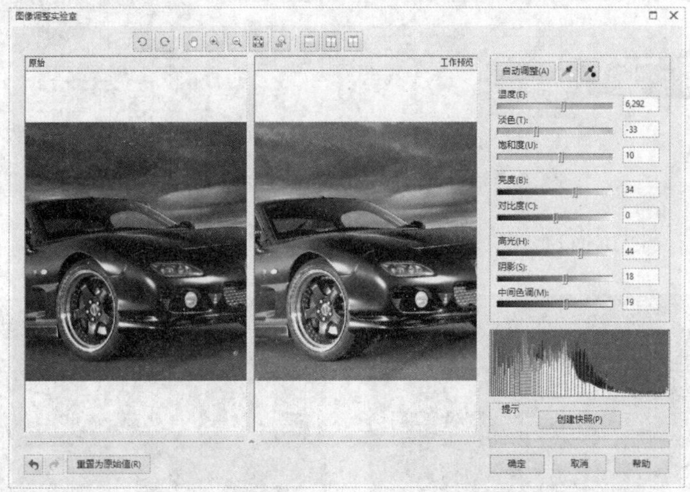

图 8-40　调整图像颜色效果并创建快照

6 在【图像调整实验室】对话框右侧调整各项参数，得到满意效果后，单击【创建快照】按钮，再次创建快照，如图 8-41 所示。

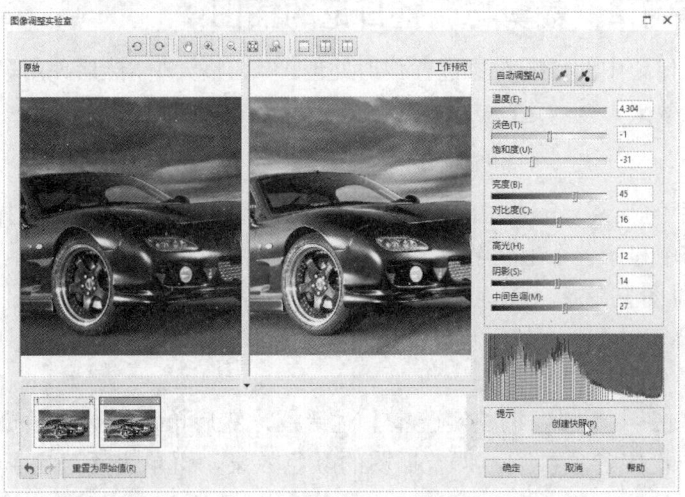

图 8-41　再次调整颜色效果并创建快照

7 单击【拆分预览之前和之后】按钮，然后分别单击快照缩图，选择一种效果合适的快照，接着单击【确定】按钮，如图 8-42 所示。

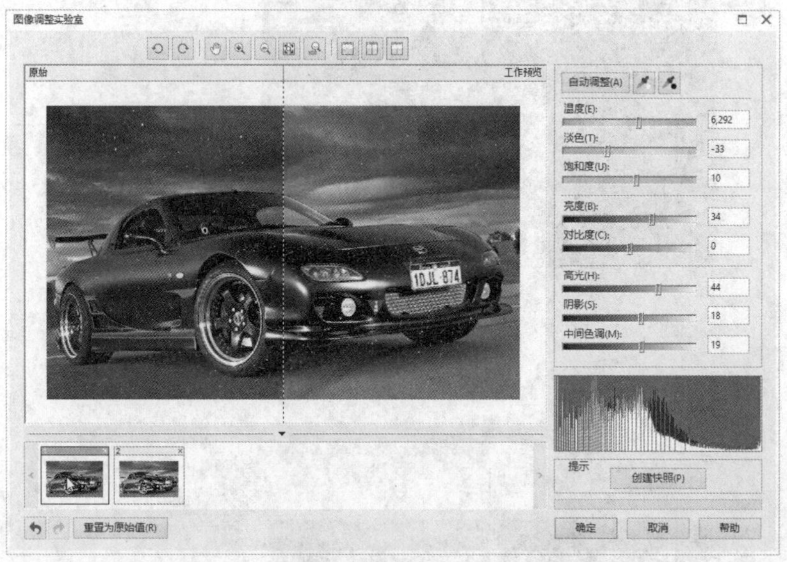

图 8-42　通过预览选择合适的效果并确定

8 调整图像后，即可通过绘图页面查看结果，如图 8-43 所示。

图 8-43　查看图像经过调整后的结果

8.5.2　上机练习 2：裁剪与调整日记的插图

本例先对旅游日记中的插图对象进行裁剪处理，再调整大小，然后使用【图像调整实验室】功能调整图像颜色效果，接着进行去除杂点处理。

操作步骤

1 打开光盘中的“..\Example\Ch08\8.5.2.cdr”练习文件，在工具箱中选择【形状工具】，将日记中的插图选中显示各个形状节点，然后分别将位图四角的节点移到合适位置，接着选择【位图】|【裁剪位图】命令，裁剪插图，如图 8-44 所示。

2 选择【选择工具】，然后选择插图对象，再按住 Ctrl 键拖动角点，适当缩小插图，如图 8-45 所示。

3 选择【位图】|【图像调整实验室】对话框，然后单击【拆分预览之前和之后】按钮，在对话框中设置各项参数，调整插图的颜色效果，再单击【确定】按钮，如图 8-46 所示。

图 8-44　裁剪插图

图 8-45　调整位图的大小

图 8-46　调整插图的颜色效果

4 选择插图对象，选择【位图】|【杂点】|【去除杂点】命令，打开【去除杂点】对话框后，选择【自动】复选框自动去除杂点，再单击【确定】按钮，返回绘图窗口中查看插图效果，如图 8-47 所示。

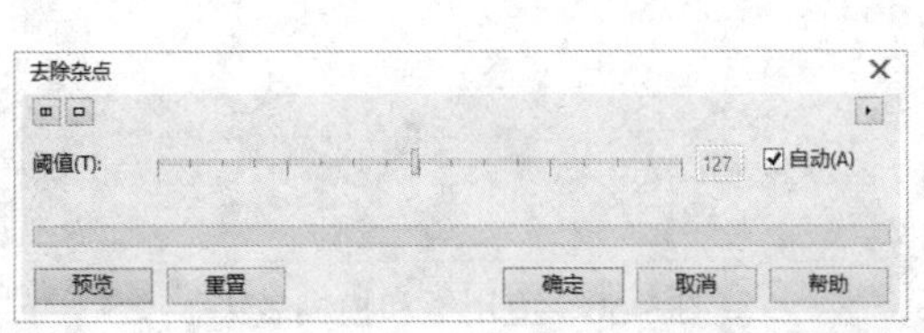

图 8-47　对插图进行去除杂点处理

8.5.3　上机练习 3：美化化妆品广告的配图

本例先将化妆品广告作品中的人物背景配图转换为位图，然后依次应用【梦幻色调】、【柔和】模式、【着色】等位图特效处理，最后使用【图像调整实验室】功能调整配图的颜色。

操作步骤

1 打开光盘中的“..\Example\Ch08\8.5.3.cdr”练习文件，选择绘图页面中的人物配图对象，然后选择【位图】|【转换为位图】命令，打开【转换为位图】对话框后，设置分辨率和颜色模式，接着单击【确定】按钮，如图 8-48 所示。

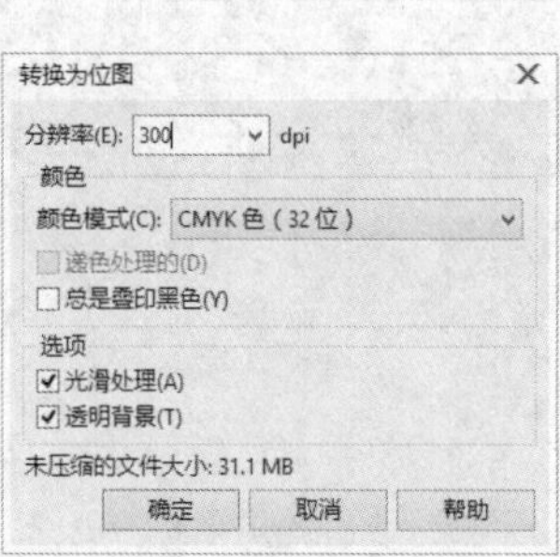

图 8-48　将配图对象转换为位图

2 选择转换为位图的配图对象，然后选择【位图】|【颜色转换】|【梦幻色调】命令，打开【梦幻色调】对话框后，设置层次为 127，接着单击【确定】按钮，如图 8-49 所示。

3 选择【位图】|【模糊】|【柔和】命令，打开【柔和】对话框后，设置模糊百分比为 60，然后单击【确定】按钮，如图 8-50 所示。

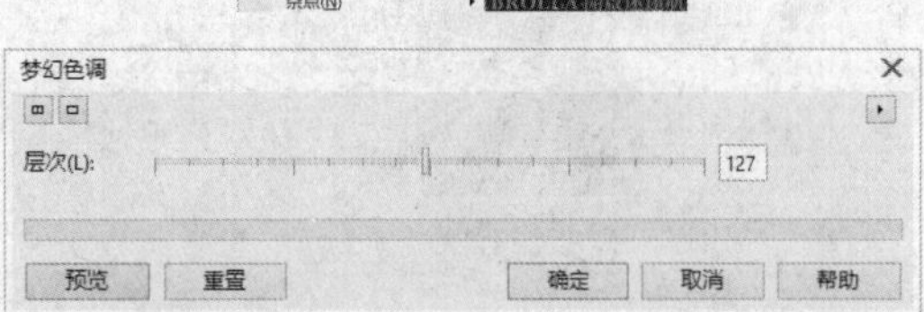

图 8-49　应用【梦幻色调】效果

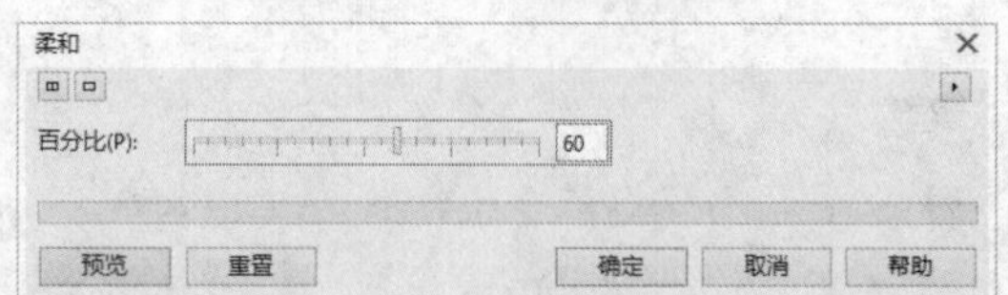

图 8-50　应用柔和模糊效果

4 选择【位图】|【相机】|【着色】命令，打开【着色】对话框后，设置色度和饱和度的参数，然后单击【确定】按钮，如图 8-51 所示。

5 选择【位图】|【图像调整实验室】命令，然后单击【拆分预览之前和之后】按钮，在对话框中设置各项参数，调整插图的颜色效果，再单击【确定】按钮，如图 8-52 所示。

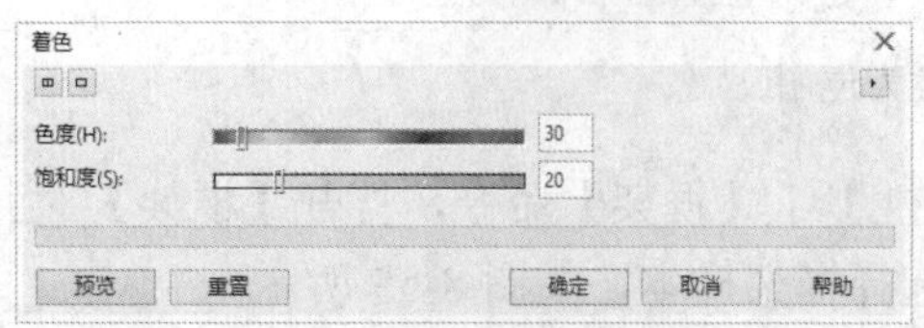

图 8-51　应用着色效果

图 8-52　调整配图的颜色效果

6 调整图像后，即可通过绘图页面查看结果，如图 8-53 所示。

图 8-53　查看配图处理后的结果

8.5.4　上机练习 4：以位图化处理 T 恤装饰

本例先分别将 T 恤中的图案装饰和文字装饰对象转换为位图，然后对图案装饰应用【框架】效果，接着对文字装饰应用【积木图案】和【浮雕】效果。

操作步骤

1 打开光盘中的“..\Example\Ch08\8.5.4.cdr”练习文件，选择卡通动物图案对象，再选择【位图】|【转换为位图】命令，打开【转换为位图】对话框后，设置分辨率和颜色模式，接着单击【确定】按钮，如图 8-54 所示。

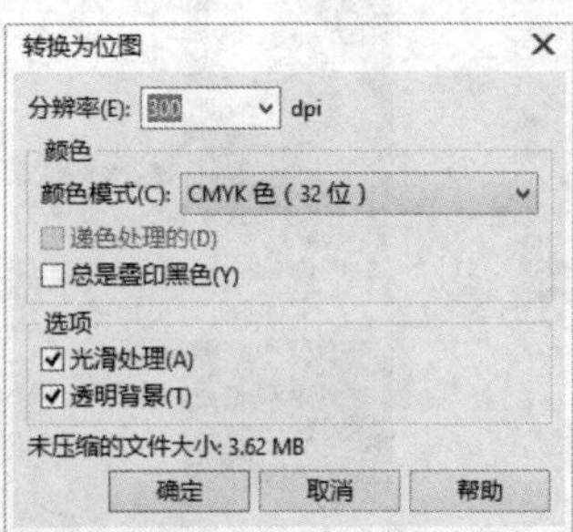

图 8-54　将图案对象转换为位图

2 选择图案位图对象，再选择【位图】|【创造性】|【框架】命令，打开【框架】对话框后，单击【全屏预览之前和之后】按钮，然后选择框架样本，如图 8-55 所示。

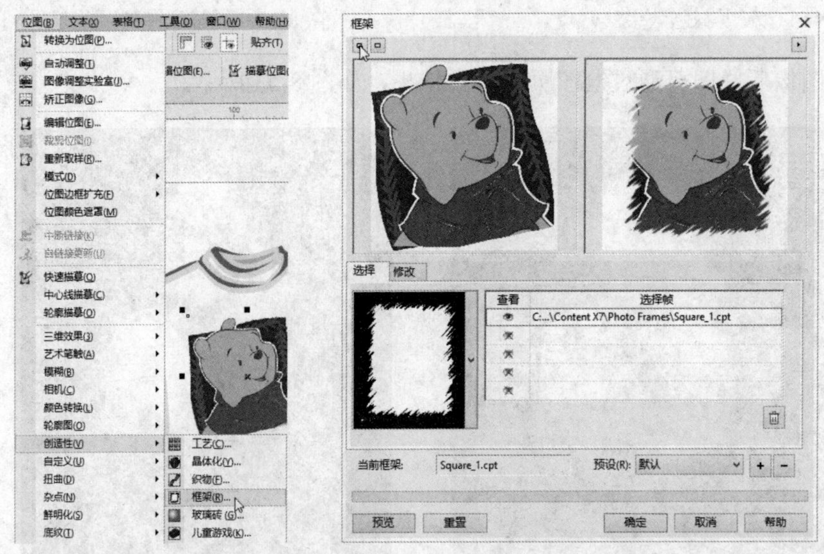

图 8-55　应用【框架】效果

3 在【框架】对话框中切换到【修改】选项卡，然后设置缩放和旋转选项的参数，再单击【确定】按钮，如图 8-56 所示。

4 选择文字装饰对象，再选择【位图】|【转换为位图】命令，打开【转换为位图】对话框后，设置分辨率和颜色模式，接着单击【确定】按钮，如图 8-57 所示。

5 选择文字位图对象，再选择【位图】|【创造性】|【儿童游戏】命令，打开【儿童游戏】对话框后，选择游戏为【积木图案】，然后分别设置大小、完成程度、亮度等参数，接着单击【确定】按钮，如图 8-58 所示。

6 选择【位图】|【三维效果】|【浮雕】命令，打开【浮雕】对话框后，选择【原始颜色】单选项，再设置深度、层次、方向等参数，接着单击【确定】按钮，如图 8-59 所示。

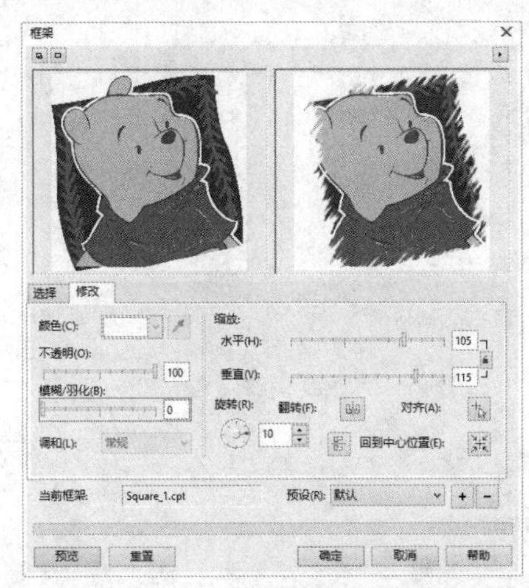

图 8-56 修改框架效果

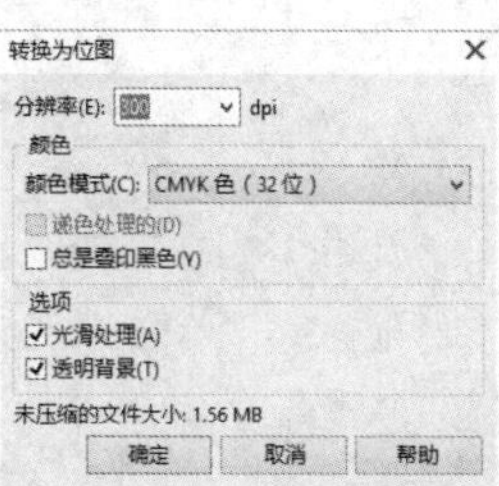

图 8-57 将文字装饰对象转换为位图

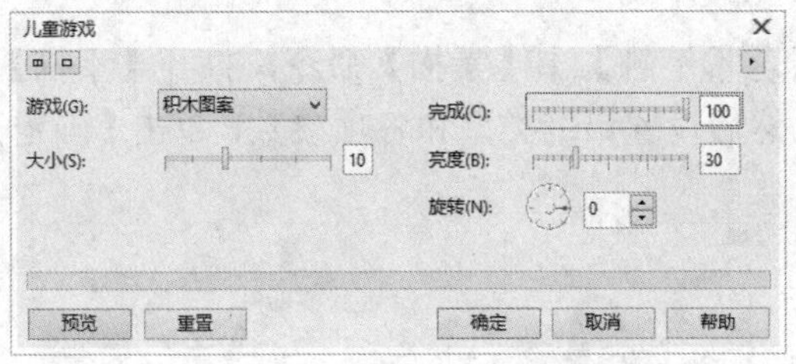

图 8-58 应用【积木图案】效果

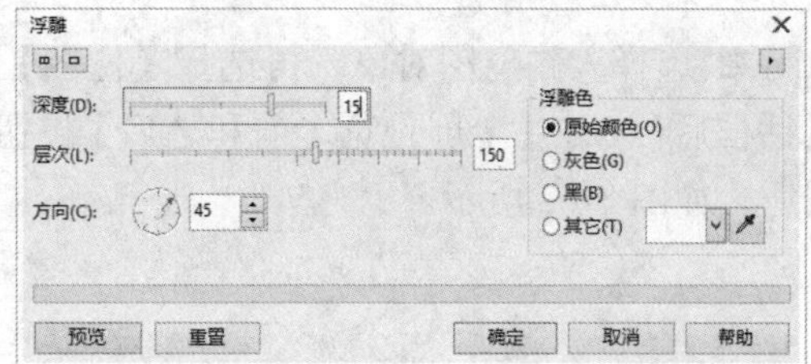

图 8-59 应用【浮雕】效果

7 经过上述处理后，即可通过绘图页面查看结果，如图 8-60 所示。

图 8-60 查看位图化处理 T 恤装饰的结果

8.5.5 上机练习 5：为 T 恤制作个性化素描画

本例先将 T 恤插画上的人物装饰图案转换为位图，然后为该位图对象应用【素描】特效，再依次应用【锯齿状模糊】、【最小】和【着色】等效果。

操作步骤

1 打开光盘中的“..\Example\Ch08\8.5.5.cdr”练习文件，选择人物图案对象，再选择【位图】|【转换为位图】命令，打开【转换为位图】对话框后，设置分辨率和颜色模式，接着单击【确定】按钮，如图 8-61 所示。

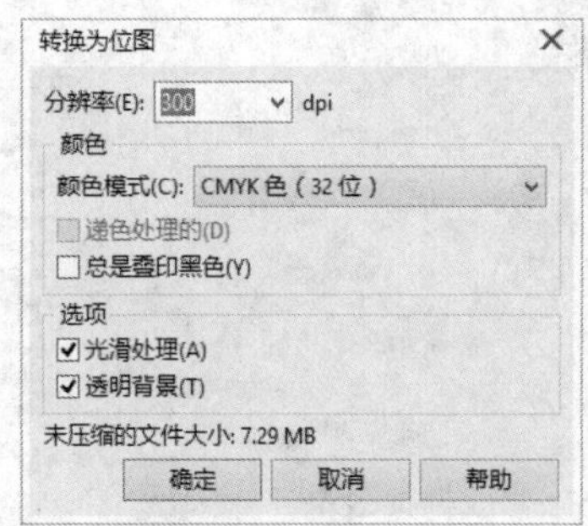

图 8-61　将人物图案转换为位图

2 选择人物位图对象，再选择【位图】|【艺术笔触】|【素描】命令，打开【素描】对话框后，单击【全屏预览之前和之后】按钮，然后设置铅笔类型和各项参数，单击【确定】按钮，如图 8-62 所示。

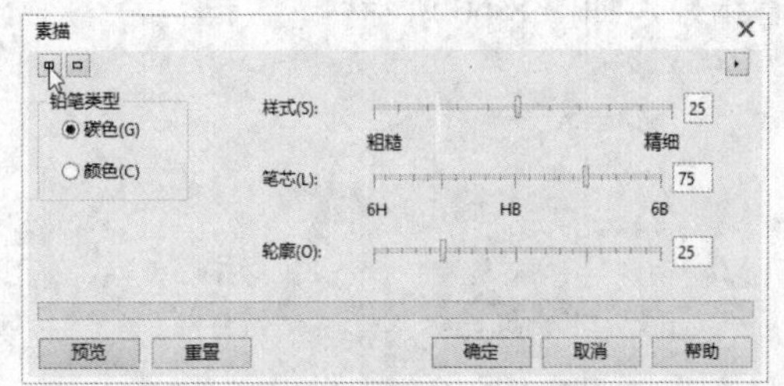
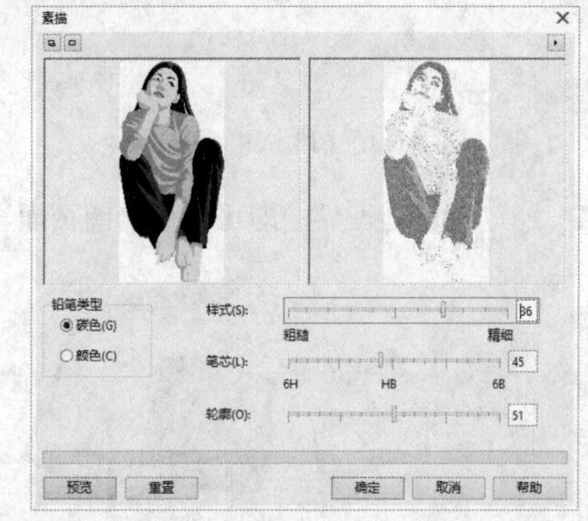

图 8-62　应用【素描】效果

3 选择【位图】|【模糊】|【锯齿状模糊】命令，打开【锯齿状模糊】对话框后，设置宽度和高度的参数，然后单击【确定】按钮，如图 8-63 所示。

4 选择【位图】|【杂点】|【最小】命令，打开【最小】对话框后，设置百分比和半径的参数，然后单击【确定】按钮，如图 8-64 所示。

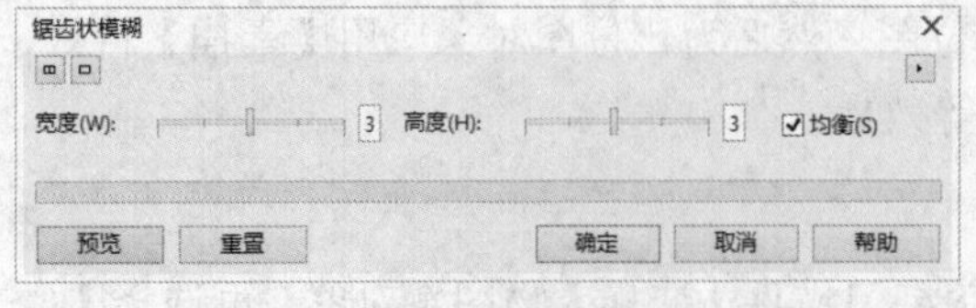

图 8-63　应用【锯齿状模式】效果

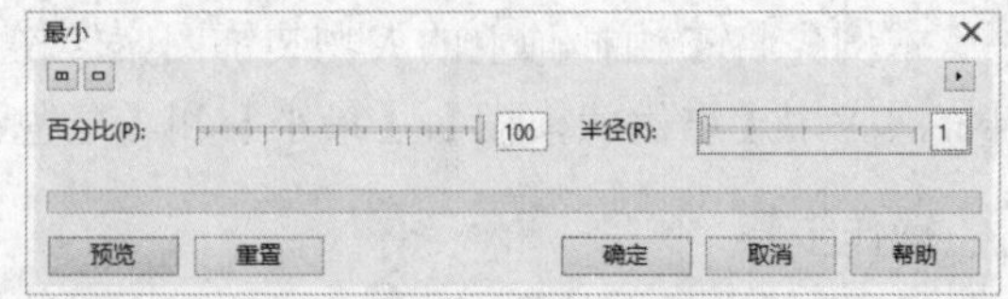

图 8-64　应用【最小】效果

5 选择【位图】|【相机】|【着色】命令，打开【着色】对话框后，设置色度和饱和

度的参数，然后单击【确定】按钮，如图 8-65 所示。

6 经过上述处理后，即可通过绘图页面查看结果，如图 8-66 所示。

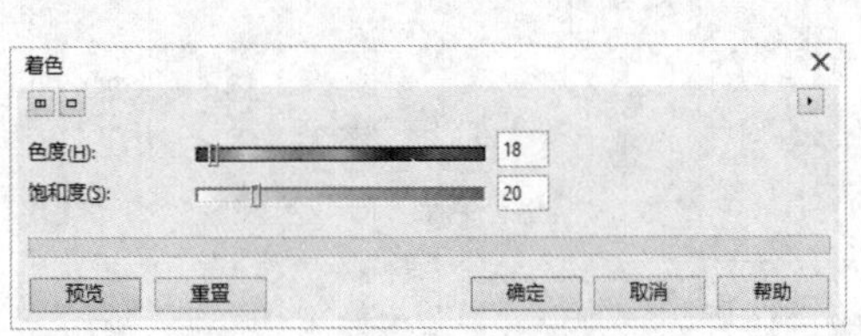

图 8-65　应用【着色】效果

图 8-66　查看为 T 恤制作素描画的结果

8.6　评测习题

一、填充题

（1）使用__________功能可以对图像进行色温、淡色、饱和度、亮度、对比度，以及图像高光、暗部和中间调的亮度等调节。

（2）图像分辨率是指单位尺寸图像中储存的信息量，通常以每英寸图像所含的像素数来表示，单位为________。

（3）________________功能可以一步到位地自动化处理对位图进行描摹处理。

二、选择题

（1）CorelDRAW 提供哪两种描摹位图的方式？（　　）

A．线画描摹和轮廓描摹　　B．中心线描摹和线条画描摹

C．剪贴画描摹和轮廓描摹　　D．剪贴画描摹和素描画描摹

（2）哪个滤镜可以通过检测和重绘对象的边缘，以产生位图轮廓的效果？（　　）

A．艺术笔触滤镜　　B．创造性滤镜

C．轮廓图滤镜　　D．三维效果滤镜

（3）中心线描摹方式提供以下哪两种预设样式？（　　）

A．技术图解和剪贴画　　B．技术图解和线条画

C．剪贴和线条画　　D．技术图解和高质量图像

三、判断题

（1）矢量图由线条和曲线组成，是从决定所绘制线条的位置、长度和方向的数学描述生成的。位图也称为点阵图像，由称为像素的小方块组成。（　　）

（2）在 CorelDRAW 中，重新取样就是重新定义位图的颜色模式和尺寸。（　　）

（3）使用【相机】滤镜，可以对位图制作模拟各种相机镜头产生的效果。（　　）

（4）轮廓描摹方式使用无轮廓的曲线对象，适用于描摹剪贴画、徽标和相片图像，这种方式还称为“填充”描摹或“轮廓图”描摹。（　　）

四、操作题

对绘图页面上的位图对象执行自动调整处理，然后制作位图对象的卷页效果，结果如图

8-67 所示。

图 8-67　处理位图后的结果

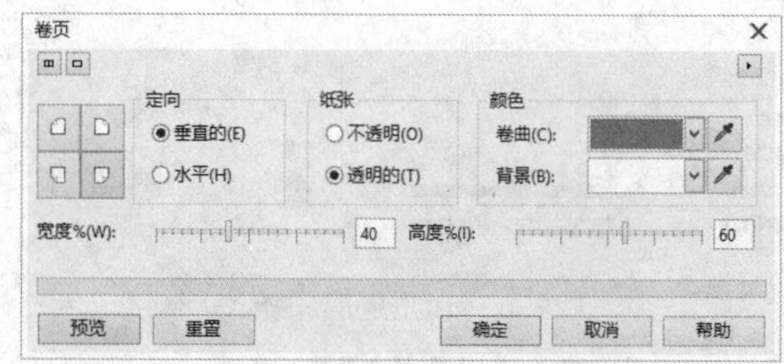

图 8-68　应用【卷页】效果

操作提示：

（1）打开光盘中的“..\Example\Ch08\8.6.cdr”练习文件，选择绘图页面上的位图对象。

（2）选择【位图】|【自动调整】命令，执行自动调整处理。

（3）选择【位图】|【三维效果】|【卷页】命令，打开【卷页】对话框后设置如图 8-68 所示的参数，再单击【确定】按钮。

第 9 章　平面设计上机特训

学习目标

本章通过 9 个上机练习实例，从各方面介绍 CorelDRAW X7 在矢量图绘制、图形特效制作、位图对象处理等方面的应用。

学习重点

☑ 绘制矢量图
☑ 绘制图形的轮廓和颜色
☑ 输入文本并设置文本属性
☑ 制作图形的各种效果
☑ 将对象转换为位图
☑ 对位图对象的处理和特效制作

9.1　上机练习 1：制作时尚品牌的 Logo

本例将新建一个图形文件，再输入文本并创建文本轮廓图效果，然后拆分轮廓图群组，并设置文本的轮廓和填充效果，最后输入品牌名称文本并设置颜色。

本例设计的结果如图 9-1 所示。

艾比尔时尚潮鞋

图 9-1　时尚品牌 Logo 的设计效果

操作步骤

1 启动 CorelDRAW X7 应用程序，按 Ctrl+N 键打开【创建新文档】对话框，再设置相关选项，然后单击【确定】按钮，如图 9-2 所示。

2 选择【文本工具】字，在属性栏中设置文本属性，接着在绘图页面中输入 Logo 的英文文本，如图 9-3 所示。

3 选择文本内容，然后在用户界面右侧的调色板中单击【宝石红】颜色，为文本设置宝石红颜色，如图 9-4 所示。

4 选择文本对象，再选择【效果】|【轮廓图】命令，打开【轮廓图】泊坞窗后设置步长、偏移、颜色调和等选项，然后单击【应用】按钮，为文本对象创建轮廓图效果，如图 9-5 所示。

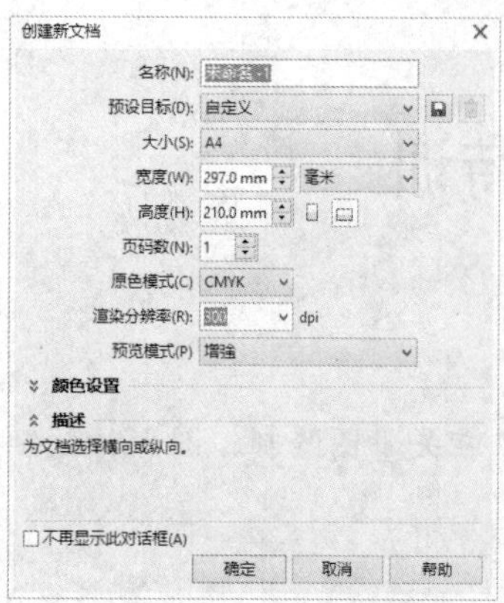

图 9-2 创建新文件

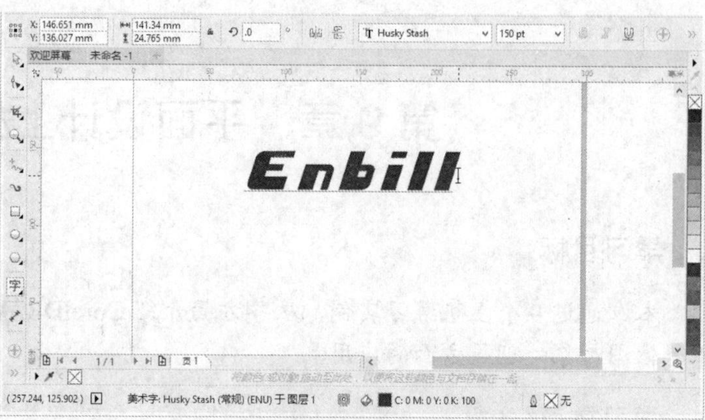

图 9-3 输入 Logo 的英文文本

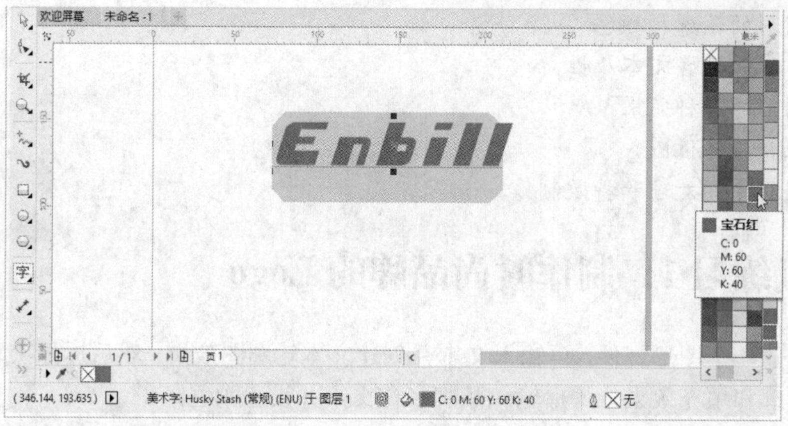

图 9-4 设置文本的颜色

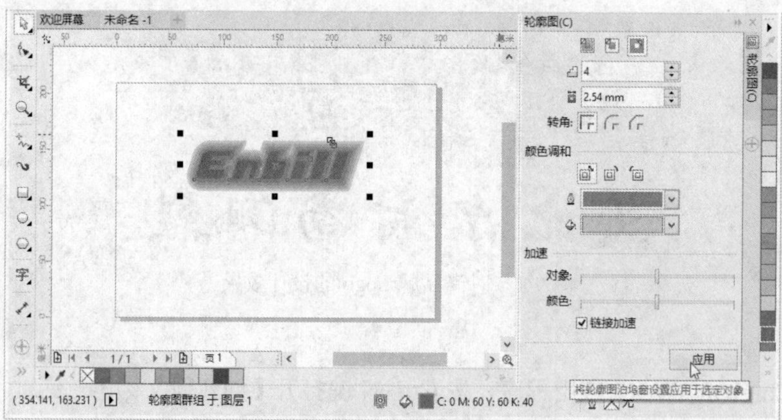

图 9-5 创建文本的轮廓图效果

5 为了使轮廓图效果更佳，在【轮廓图】泊坞窗上设置对象和颜色加速，然后单击【应用】按钮，如图 9-6 所示。

6 选择整个轮廓图对象，再选择【对象】|【拆分轮廓图群组】命令，然后选择 Logo 英文文本对象，在工具箱中选择【轮廓笔工具】，打开【轮廓笔】对话框后，设置轮廓宽度为 1mm、轮廓颜色为【黄色】，接着单击【确定】按钮，如图 9-7 所示。

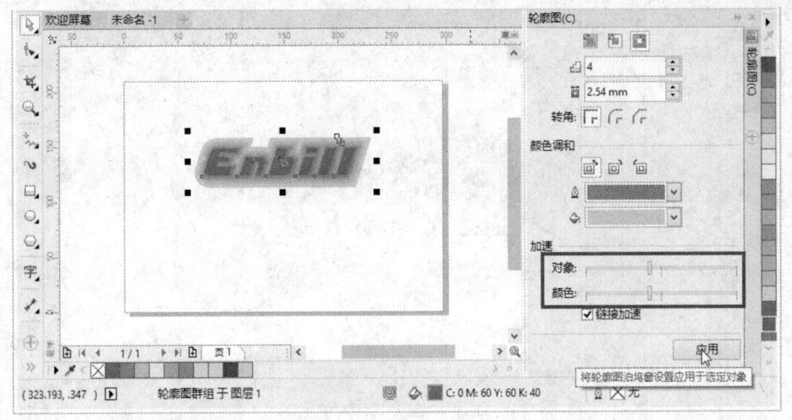

图 9-6　设置轮廓图的对象和颜色加速

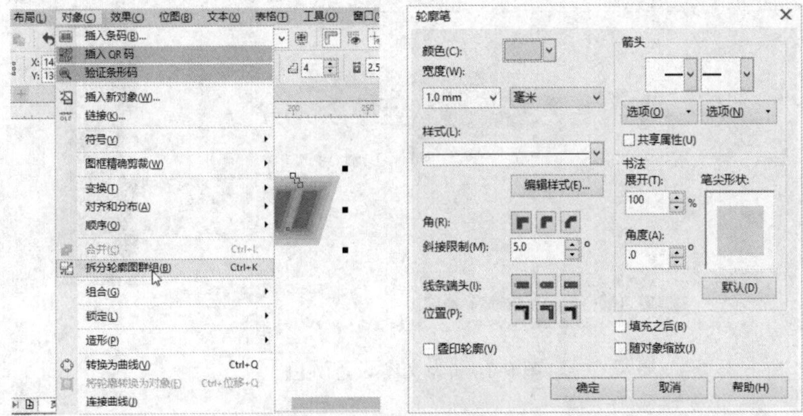

图 9-7　设置文本对象的轮廓

7 选择文本对象，然后在工具箱中选择【编辑填充工具】，打开【编辑填充】对话框后，单击【渐变填充】按钮，再设置由【宝石红】到【橙红色】的渐变颜色，接着设置旋转为 90 度，最后单击【确定】按钮，如图 9-8 所示。

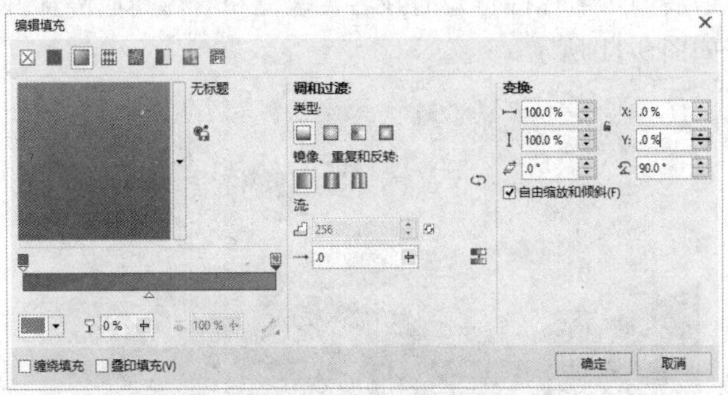

图 9-8　为文本设置渐变颜色

8 选择【文本工具】，然后在属性栏中设置文本属性，接着在英文文本下方输入 Logo 的中文文本，如图 9-9 所示。

9 选择中文文本内容，然后在用户界面右侧的调色板中单击【霓虹粉】颜色，为文本设置霓虹粉颜色，如图 9-10 所示。

图 9-9　输入中文文本

图 9-10　为文本设置颜色

9.2　上机练习 2：制作品牌专卖店的名片

本例将新建一个名片大小的图形文件，并设置文件绘图页面的背景颜色，然后使用【贝塞尔工具】在页面下方分别绘制两个图形作为装饰图，接着将已经设计好的 Logo 图形导入到页面并放置在左上方，最后输入名片持有人的姓名、职位和名片其他信息内容。

本例设计的结果如图 9-11 所示。

图 9-11　品牌专卖店名片设计的效果

操作步骤

1 启动 CorelDRAW X7 应用程序，按 Ctrl+N 键打开【创建新文档】对话框，再设置大小为【名片】以及相关选项，然后单击【确定】按钮，如图 9-12 所示。

2 选择【布局】|【页面背景】命令，打开【选项】对话框后，在【背景】选项卡中选择【纯色】单选项，再选择【月光绿】颜色，接着单击【确定】按钮，如图 9-13 所示。

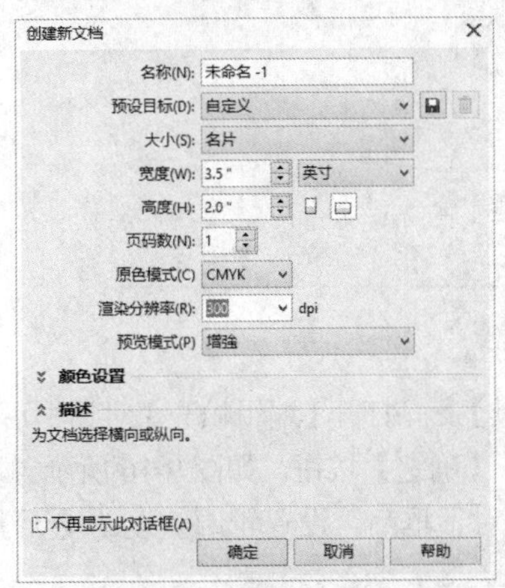

图 9-12 新建图形文件

图 9-13 设置绘图页面的背景颜色

3 在工具箱中选择【贝塞尔工具】，然后在绘图页面上绘制如图 9-14 所示的闭合线条。

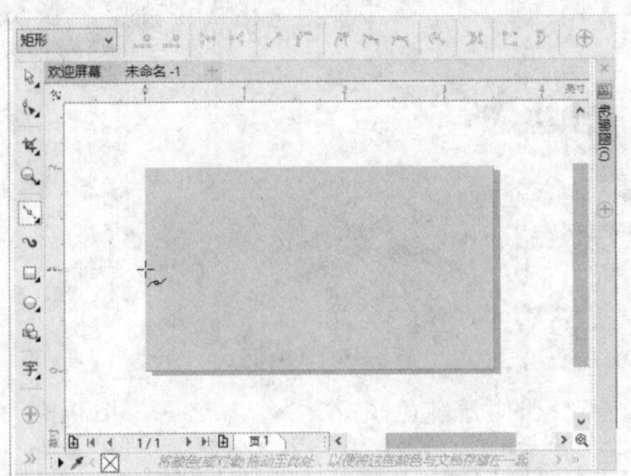

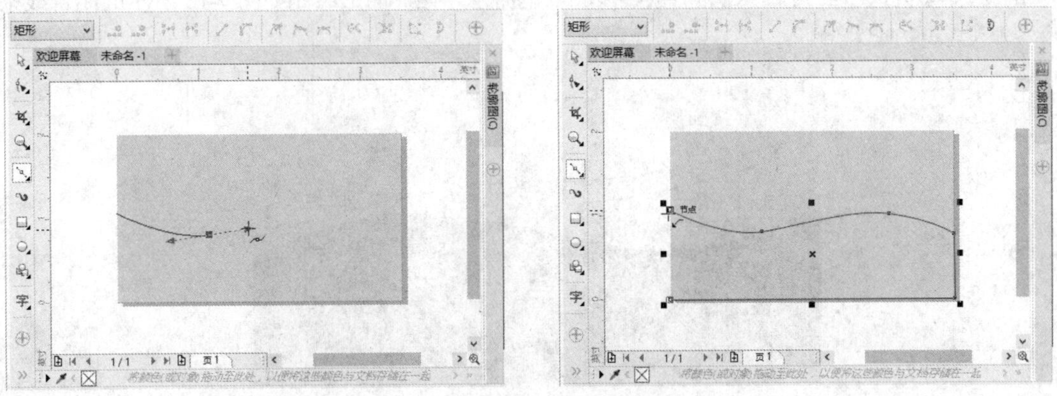

图 9-14 在页面下方绘制闭合的线条

4 选择【形状工具】，然后适当调整曲线节点的位置，使曲线紧贴页面边缘，如图 9-15 所示。

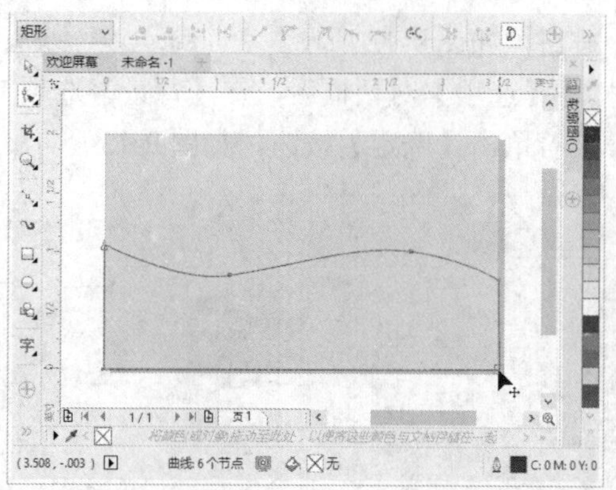

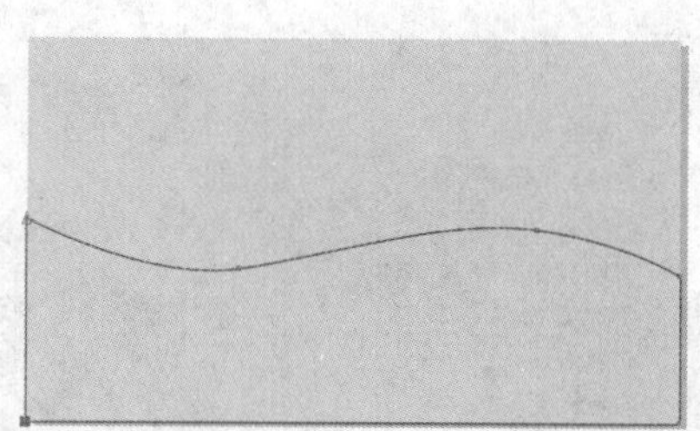

图 9-15　调整曲线的形状

5 选择闭合的曲线对象，在工具箱中选择【编辑填充工具】，打开【编辑填充】对话框后，单击【均匀填充】按钮，再选择一种合适的颜色，接着单击【确定】按钮，如图 9-16 所示。

6 在工具箱中选择【轮廓笔工具】，打开【轮廓笔】对话框后，设置轮廓宽度为【无】，接着单击【确定】按钮，如图 9-17 所示。

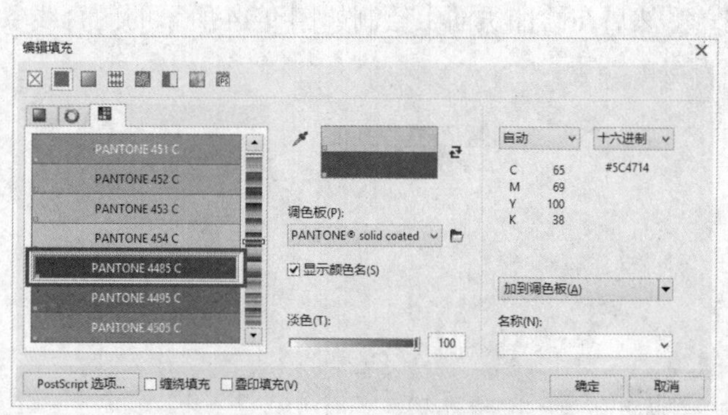

图 9-16　设置对象的填充颜色

图 9-17　设置对象轮廓为【无】

7 选择【贝塞尔工具】，然后依照步骤 3 的方法，在页面上绘制如图 9-18 所示的闭合线条。

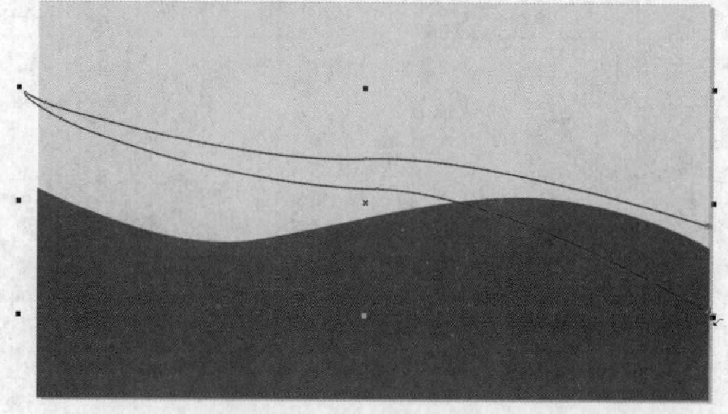

图 9-18　绘制另一个闭合线条

8 选择【形状工具】，然后适当调整曲线节点的位置，再通过节点的控制手柄调整曲线的形状，如图 9-19 所示。

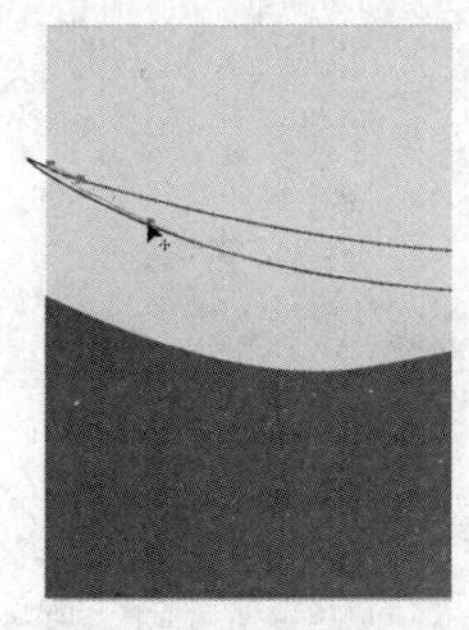

图 9-19　调整曲线的形状

9 选择【编辑填充工具】，打开【编辑填充】对话框后，单击【均匀填充】按钮，再选择一种合适的颜色，接着单击【确定】按钮，如图 9-20 所示。

10 在工具箱中选择【轮廓笔工具】，打开【轮廓笔】对话框后，设置轮廓宽度为【无】，接着单击【确定】按钮，如图 9-21 所示。

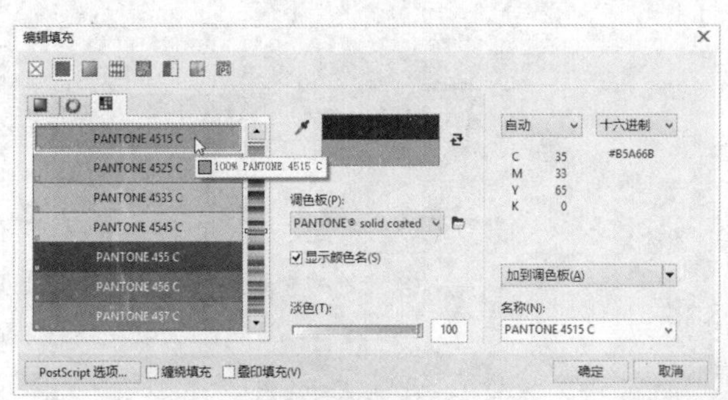

图 9-20　设置对象的填充颜色

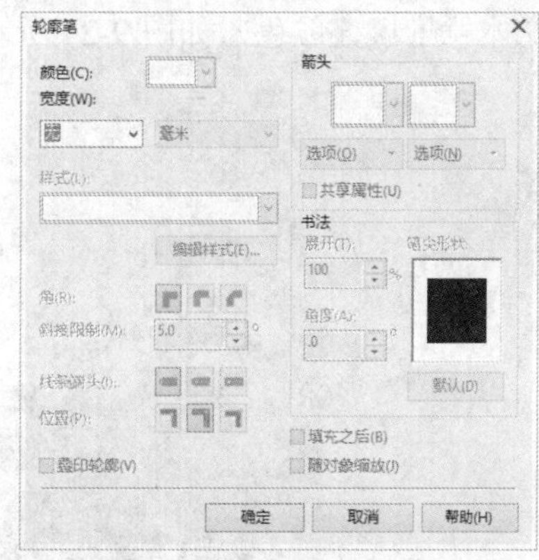

图 9-21　设置对象的轮廓为【无】

11 选择【文件】|【导入】命令，打开【导入】对话框后，选择已经设计好的 Logo 图形文件，然后单击【导入】按钮，接着在页面左上方拖动鼠标，放置好 Logo 素材，如图 9-22 所示。

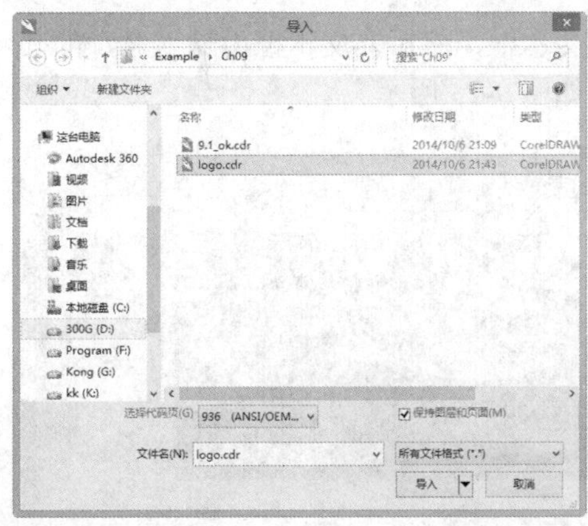
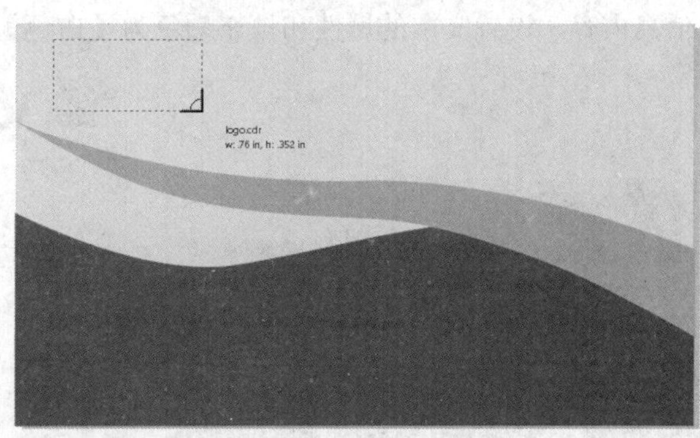

图 9-22　导入 Logo 图形

12 选择【文本工具】，然后在属性栏中设置文本属性，接着分别在页面右上方输入名片持有人的中英文姓名，如图 9-23 所示。

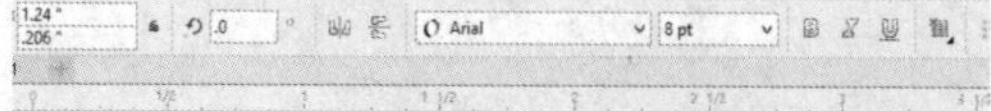

图 9-23　输入中英文名字文本

13 使用【文本工具】字在人名下方输入职位文本，然后打开【文本属性】泊坞窗，设置文本背景填充颜色，如图 9-24 所示。

图 9-24　输入职位文本并设置背景颜色

14 使用【文本工具】字在页面左下方拖出段落文本框，然后在文本框内输入名片的其他信息内容，设置文本的属性和填充颜色为【白色】，如图 9-25 所示。

图 9-25　创建段落文本并设置属性

9.3 上机练习 3：制作立体化的文字特效

本例先使用【文本工具】输入文本，再使用【立体化工具】创建文本立体效果，然后设置立体对象的渐变颜色和旋转，接着拆分立体化群组，并对文本对象设置渐变颜色，再设置文本的轮廓，最后使用相同的方法制作其他文本的立体化效果。

本例设计的结果如图 9-26 所示。

图 9-26　立体化文字特效的设计结果

操作步骤

1 打开光盘中的“..\Example\Ch09\9.3.cdr”练习文件，选择【文本工具】，在属性栏中设置文本的属性，然后在页面上输入【W】文本，如图 9-27 所示。

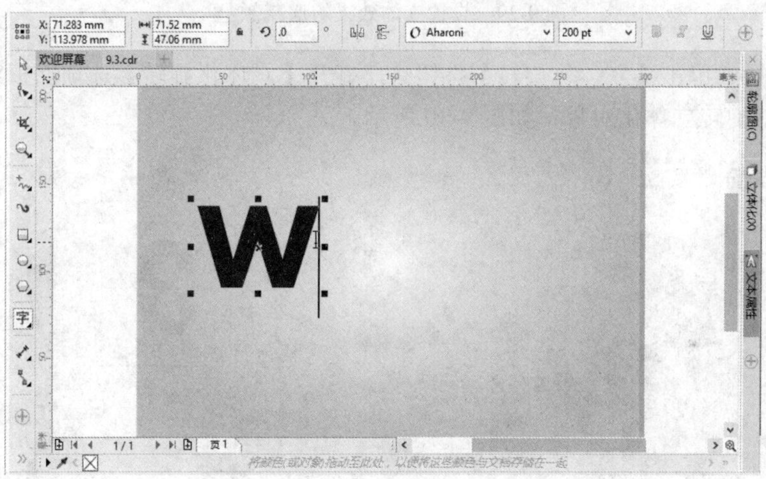

图 9-27　在页面中输入文本

2 在工具箱中选择【立体化工具】，然后选择文本对象，并拖动为文本创建立体化效果，如图 9-28 所示。

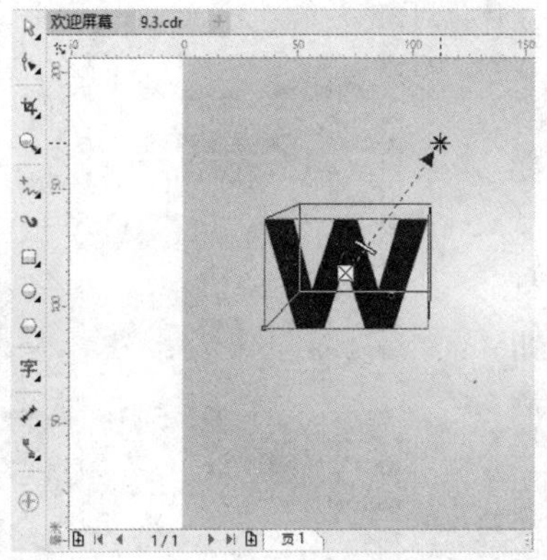

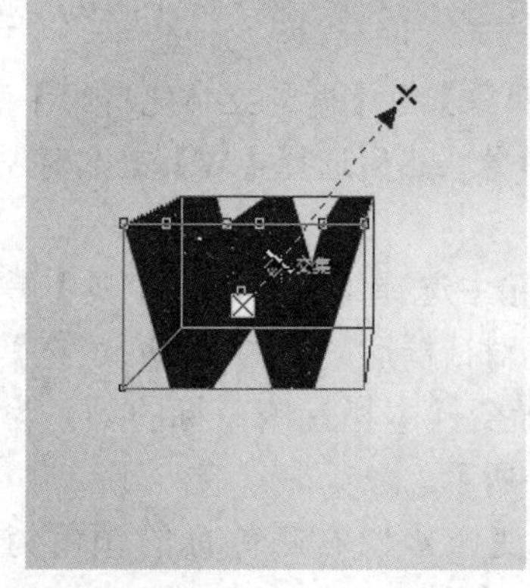

图 9-28　创建文本立体化效果

3 选择立体化对象，通过属性栏打开【立体化颜色】选项面板，然后单击【使用递减的颜色】按钮■，设置从【马丁绿】到【香蕉黄】颜色的渐变，如图 9-29 所示。

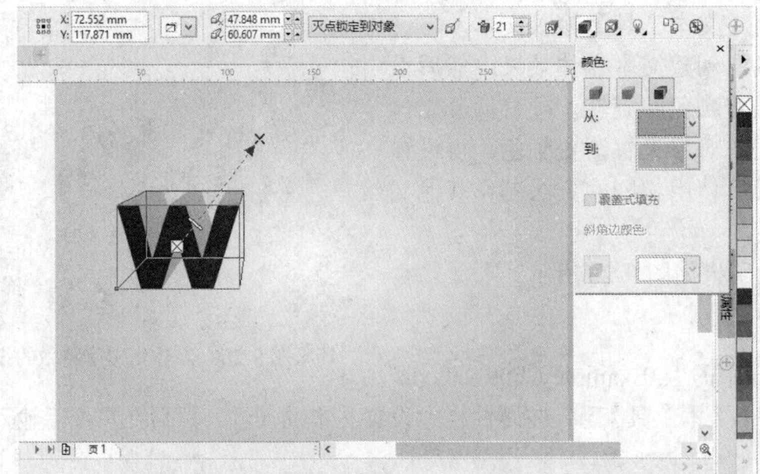

图 9-29　设置立体效果的递减颜色

4 在属性栏中单击【立体化旋转】按钮，打开【立体化旋转】选项面板后按住面板模型并移动鼠标，旋转立体化对象，如图 9-30 所示。

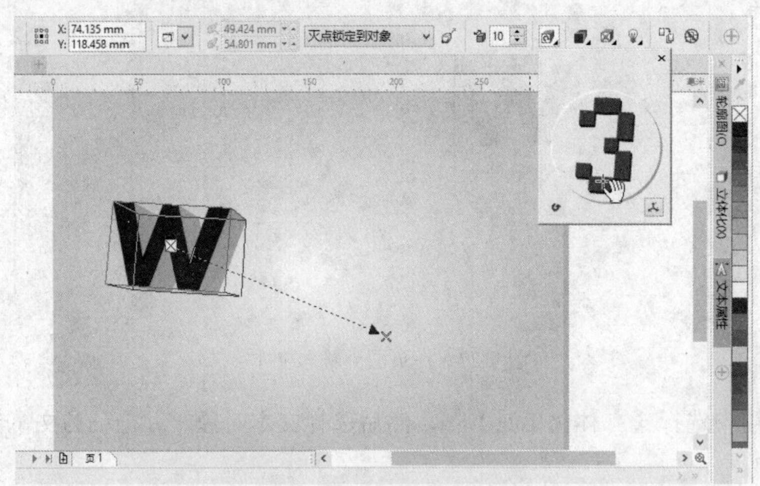

图 9-30　旋转立体化对象

5 选择【对象】|【拆分立体化群组】命令，将立体化对象拆分，然后选择【W】文本对象，如图 9-31 所示。

6 在工具箱中选择【编辑填充工具】，打开【编辑填充】对话框后，单击【渐变填充】按钮，然后设置渐变样本栏左侧色标的颜色为【酒绿】，如图 9-31 所示。

7 设置渐变样本栏右侧色标的颜色为【淡黄】，如图 9-33 所示。

图 9-31　拆分立体化群组

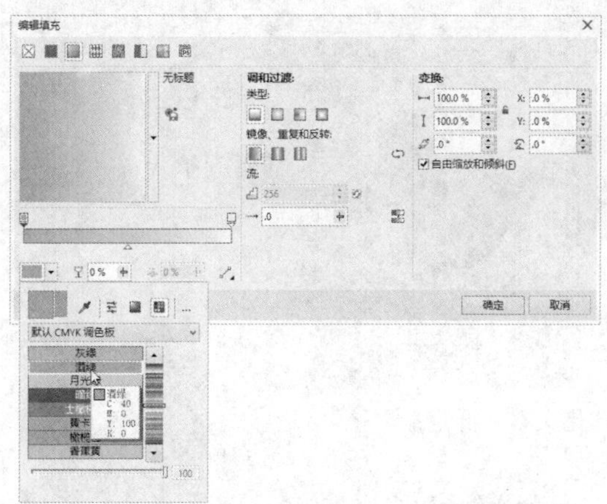

图 9-32 设置文本对象的第一个渐变颜色

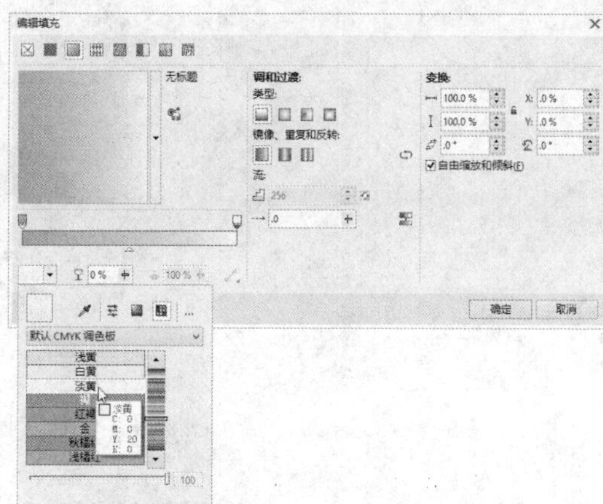

图 9-33 设置文本对象的另一个渐变颜色

8 设置渐变颜色后，单击【椭圆形渐变填充】按钮，再设置渐变大小为 110%，然后单击【确定】按钮，如图 9-34 所示。

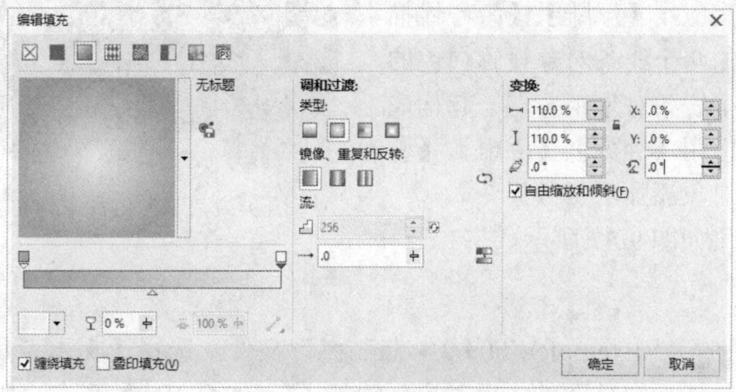

图 9-34 设置渐变填充其他选项

9 在工具箱中选择【轮廓笔工具】，打开【轮廓笔】对话框后，设置轮廓宽度为 0.1mm，然后设置轮廓颜色为【白黄】，接着单击【确定】按钮，如图 9-35 所示。

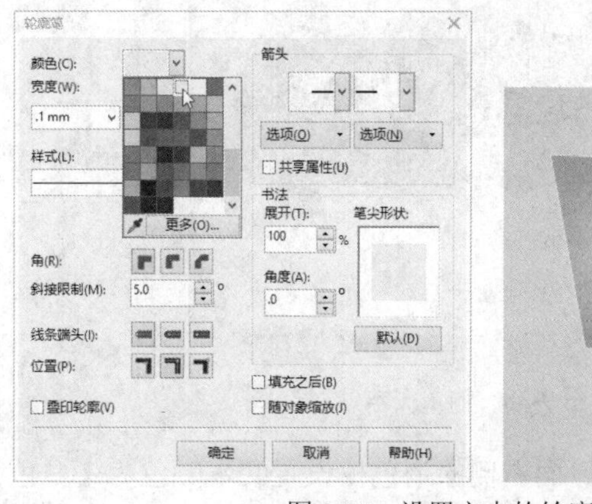

图 9-35 设置文本的轮廓属性

10 使用上述步骤的方法，分别输入其他文本，并创建立体化效果，然后设置立体化颜色和旋转，制作出其他立体化文本，接着将所有文本对象群组，结果如图 9-36 所示。

图 9-36　设计其他立体化文本并群组

9.4　上机练习 4：制作仿真木刻文字特效

本例先使用【文本工具】输入文本并设置填充颜色，创建一个文本副本，然后分别将文本对象转换为位图，应用【浮雕】、【中心线描摹】效果，将得出的两个线条对象设置白色的轮廓颜色，并将两个线条对象组合在一起构成文本边缘，再依次应用【蚀刻】、【浮雕】、【塑料】效果，最后为对象添加阴影效果。

图 9-37　制作仿真木刻文字特效的结果

本例设计的结果如图 9-37 所示。

操作步骤

1 打开光盘中的“..\Example\Ch09\9.4.cdr”练习文件，选择【文本工具】，在属性栏中设置文本的属性，然后在页面的木板对象上输入【Enjoy Coffee】文本，如图 9-38 所示。

图 9-38　输入文本

2 选择文本对象，然后通过用户界面右侧的调色板设置文本颜色为【白色】，如图 9-39 所示。

3 选择文本对象并按 Ctrl+C 键复制对象，再按 Ctrl+V 键粘贴对象，然后将文本副本对象移开并设置填充颜色为【黑色】，如图 9-40 所示。

图 9-39　设置文本的颜色

图 9-40　创建文本副本对象

4 选择白色的文本对象，选择【位图】|【转换为位图】命令，打开【转换为位图】对话框后设置相关选项，然后单击【确定】按钮，如图 9-41 所示。

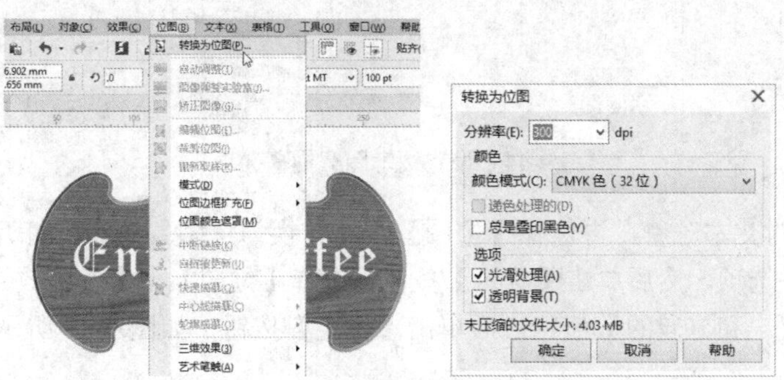

图 9-41　将文本对象转换为位图

5 选择转成位图的文本对象，再选择【位图】|【三维效果】|【浮雕】命令，然后选择【原始颜色】单选项并设置深度、层次和方向的数值，接着单击【确定】按钮，如图 9-42 所示。

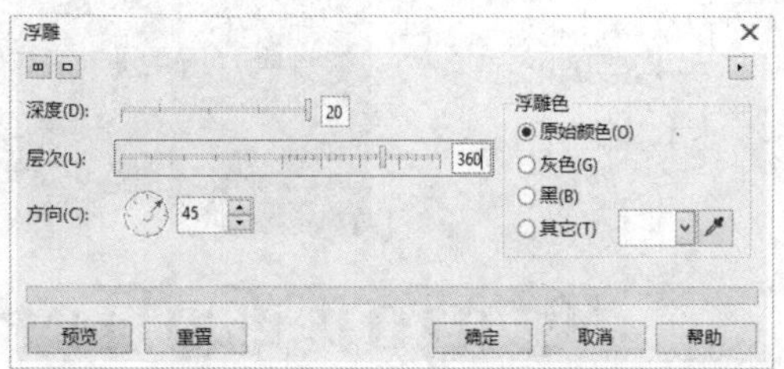

图 9-42　应用浮雕效果

6 在属性栏中单击【描摹位图】按钮 描摹位图(T)，然后选择【中心线描摹】|【技术图解】命令，如图 9-43 所示。

图 9-43　应用中心线描摹

7 打开【PowerTRACE】对话框后，分别设置细节、平滑、拐角平滑度等参数，再选择【删除原始图像】和【移除背景】两个复选框，接着单击【确定】按钮，如图 9-44 所示。

图 9-44　设置技术图解描摹选项

8 选择黑色的文本对象，再选择【位图】|【转换为位图】命令，打开【转换为位图】对话框后设置相关选项，然后单击【确定】按钮，选择【位图】|【三维效果】|【浮雕】命令并设置深度、层次和方向的数值，最后单击【确定】按钮，如图 9-45 所示。

图 9-45　将另一个文本对象转换为位图并应用浮雕效果

9 在属性栏中单击【描摹位图】按钮描摹位图(T)，选择【中心线描摹】|【技术图解】命令，打开【PowerTRACE】对话框后，分别设置细节、平滑、拐角平滑度等参数，再选择【删除原始图像】和【移除背景】两个复选框，接着单击【确定】按钮，如图 9-46 所示。

图 9-46　设置技术图解描摹选项

10 在工具箱中选择【轮廓笔工具】，打开【轮廓笔】对话框后，设置轮廓宽度为 0.2mm，然后设置轮廓颜色为【白色】，单击【确定】按钮，最后将两个被描摹处理后的对象组成在一起，构成文字的基本形状并按 Ctrl+G 快捷键组合对象，如图 9-47 所示。

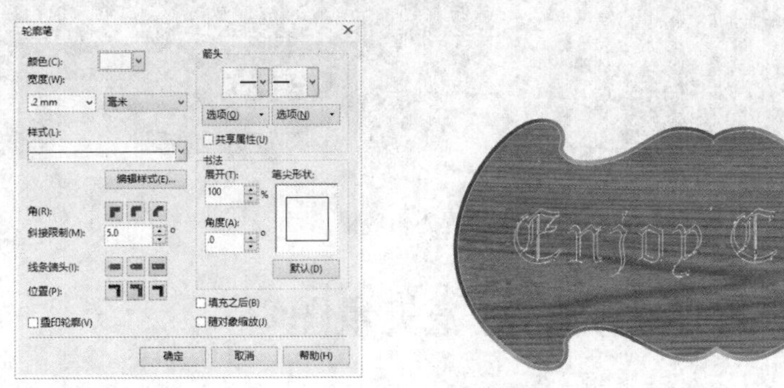

图 9-47　设置轮廓属性并组合好对象

11 选择组合的对象，将对象转换为位图，然后选择【位图】|【底纹】|【蚀刻】命令，设置【蚀刻】的各项参数，单击【确定】按钮，如图 9-48 所示。

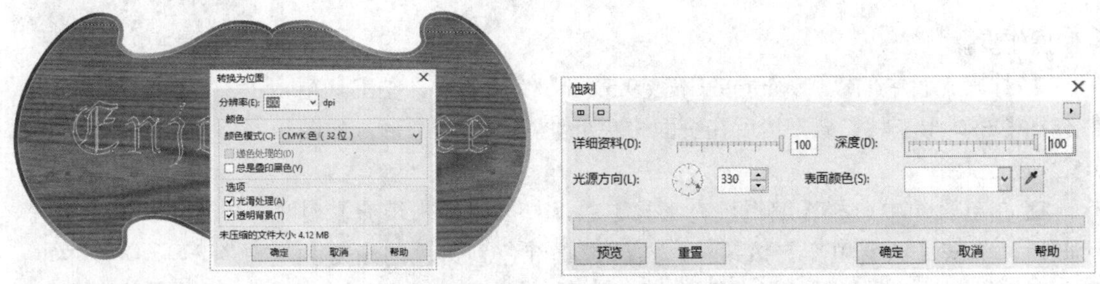

图 9-48　将对象转换为位图并应用【蚀刻】效果

12 选择【位图】|【底纹】|【浮雕】命令，设置【浮雕】的各项参数并单击【确定】按钮，接着选择【位图】|【底纹】|【塑料】命令，设置【塑料】的各项参数并单击【确定】按钮，如图 9-49 所示。

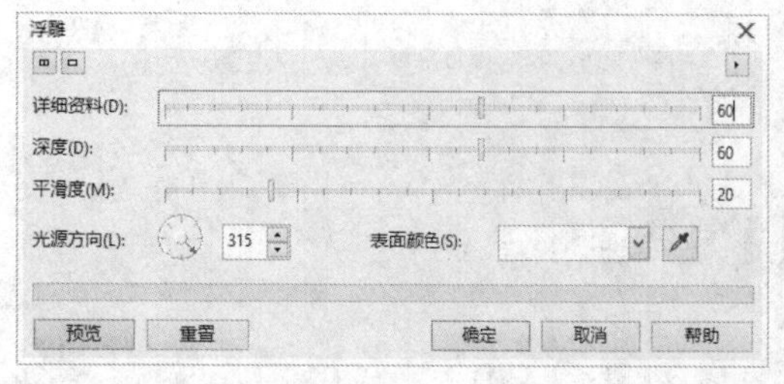

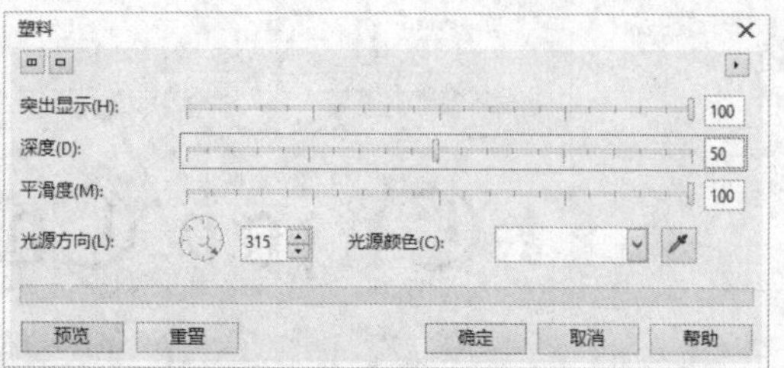

图 9-49　应用【浮雕】和【塑料】效果

13 在工具箱中选择【阴影工具】，在文字位图对象上拖动创建阴影效果，接着在属性栏中设置阴影的不透明度、阴影羽化、阴影颜色和合并模式等属性，如图 9-50 所示。

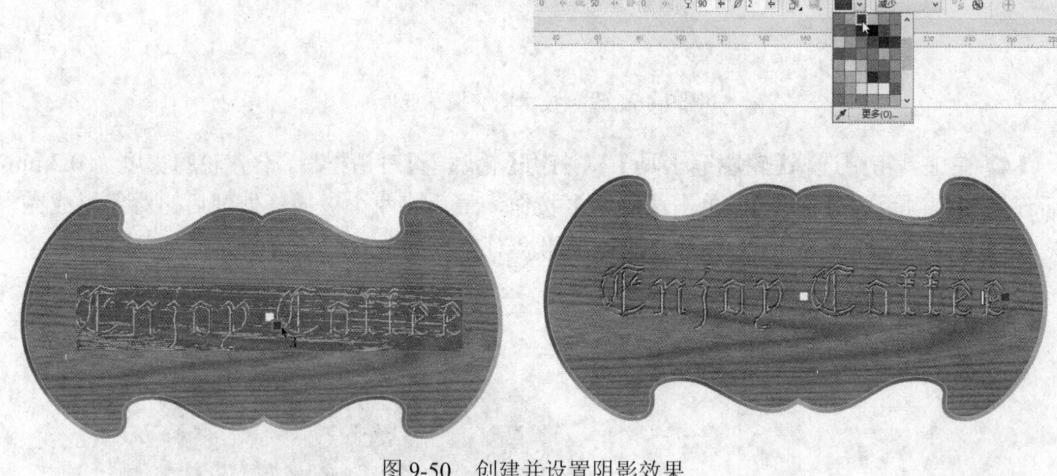

图 9-50　创建并设置阴影效果

9.5　上机练习 5：绘制漂亮的灯笼矢量图

本例先使用【椭圆形工具】绘制灯笼的笼身并设置填充颜色，再使用【矩形工具】分别绘制灯笼的吊架和底架并设置填充颜色，然后分别绘制灯笼的装饰图形，最后绘制灯笼的尾穗和吊绳图形。

本例设计的结果如图 9-51 所示。

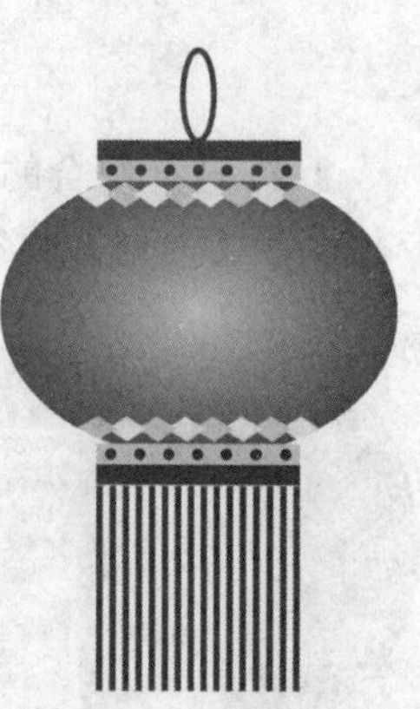

图 9-51　绘制灯笼矢量图的结果

操作步骤

1 打开光盘中的“..\Example\Ch09\9.5.cdr”练习文件，在工具箱中选择【椭圆形工具】，然后在页面中央处绘制一个椭圆形，如图 9-52 所示。

2 在工具箱中选择【编辑填充工具】，打开【编辑填充】对话框后，单击【渐变填充】按钮，然后设置红色到黄色的渐变颜色和渐变类型，接着单击【确定】按钮，如图 9-53 所示。

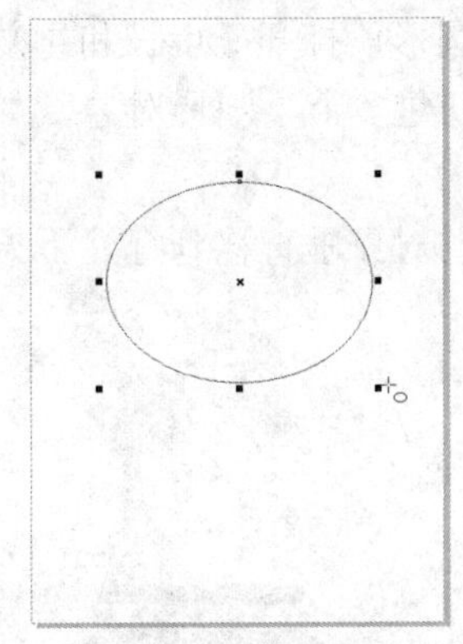

图 9-52　绘制椭圆形

图 9-53　设置椭圆形的渐变填充颜色

3 选择椭圆形对象，再单击【轮廓笔工具】，然后从打开的列表框中选择【无轮廓】选项，设置椭圆形无轮廓，如图 9-54 所示。

4 选择【矩形工具】，然后在椭圆形上方绘制一个矩形，设置矩形的轮廓为【无】、填充颜色为【黄色】，如图 9-55 所示。

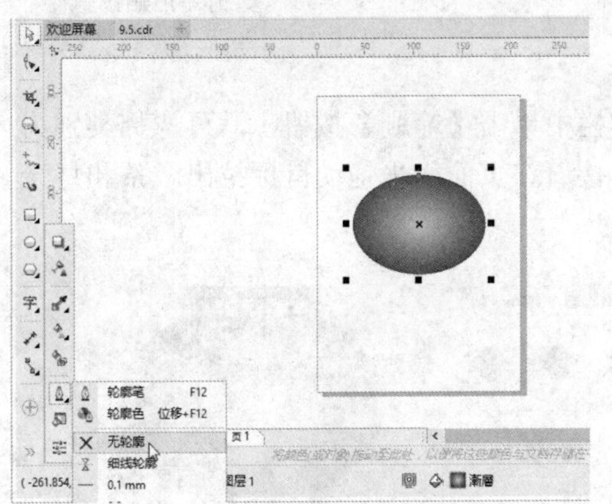

图 9-54　设置椭圆形无轮廓

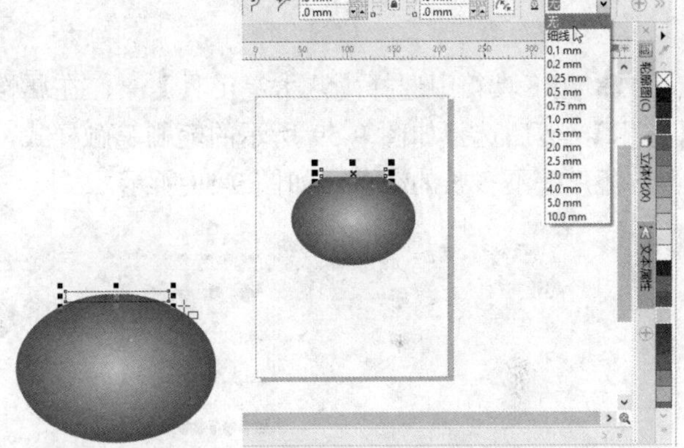

图 9-55　绘制矩形对象并设置轮廓和填充颜色

5 使用步骤 4 的方法，绘制三个相同大小的矩形对象，并分别放置在椭圆形的上方和下方，更改其中两个矩形对象的填充颜色为【红色】，然后选择所有对象并打开【对齐与分布】泊坞窗，水平居中对齐对象，如图 9-56 所示。

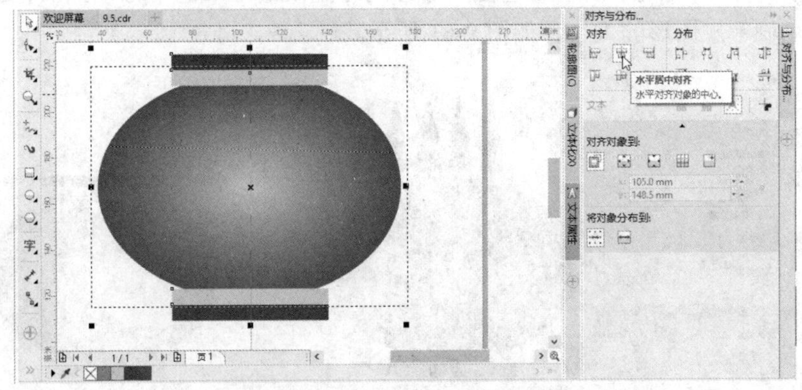

图 9-56　绘制多个矩形对象并对齐所有对象

6 选择【椭圆形工具】，然后在黄色的矩形上绘制一个小圆形，打开【步长和重复】泊坞窗，设置距离和份数的参数，最后单击【应用】按钮，重复创建多个小圆形对象，如图9-57所示。

7 选择所有小圆形对象并复制和粘贴对象，然后将粘贴生成的对象垂直移到灯笼下方的黄色矩形上，如图9-58所示。

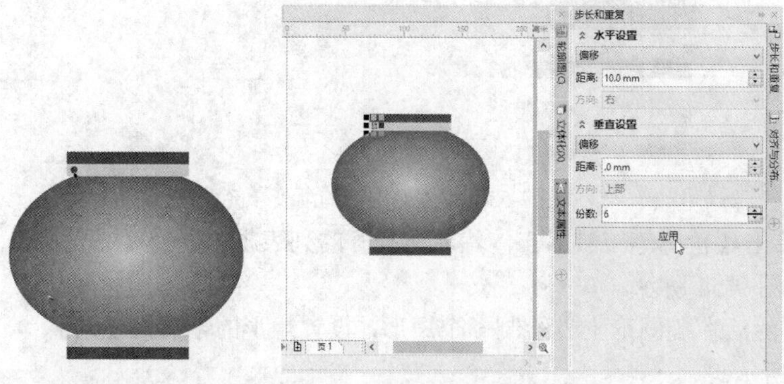

图 9-57 绘制圆形并重复创建多个圆形

图 9-58 复制并粘贴出其他小圆形对象

8 在工具箱中选择【艺术笔工具】，在属性栏中单击【笔刷】按钮，再选择类别为【艺术】，然后选择如图9-59所示的笔刷笔触样式，接着在页面水平拖动鼠标拉出一条和灯笼上方矩形差不多长的线条，如图9-59所示。

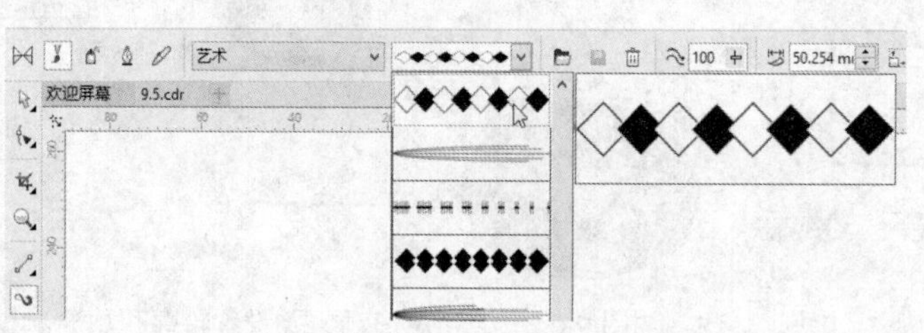

图 9-59 使用艺术笔工具绘出笔刷图形

9 此时拉出的直线将变成设置好的笔刷笔触图形，选择【对象】|【拆分艺术笔组】命令，选择艺术笔组上的直线对象，按Delete键删除该对象，如图9-60所示。

10 将剩下的笔刷笔触图形移到灯笼顶端矩形的下方，然后根据灯笼的大小，适当调整笔刷笔触图形的大小，如图9-61所示。

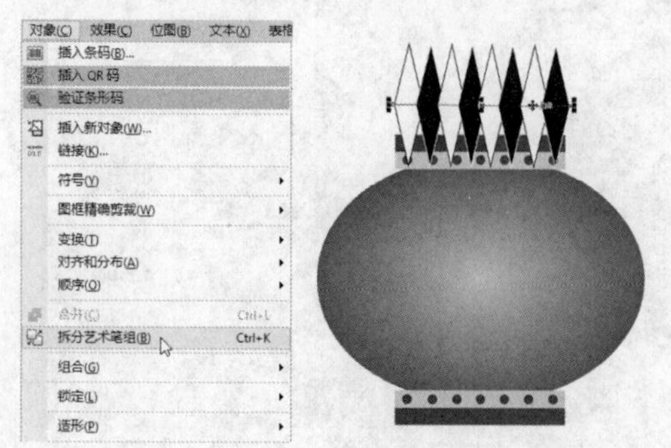

图 9-60 拆分艺术笔组并删除线条对象

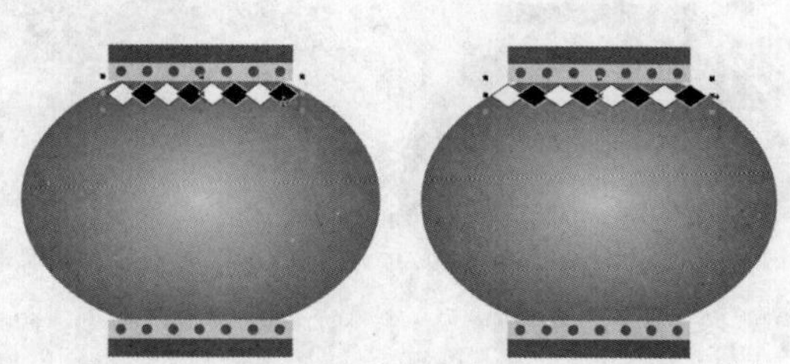

图 9-61 调整笔刷笔触图形对象的位置和大小

11 选择笔刷笔触图形，设置轮廓为【无】，然后在对象上单击鼠标右键并选择【取消组合对象】命令，接着分别设置各个菱形对象的填充颜色，如图 9-62 所示。

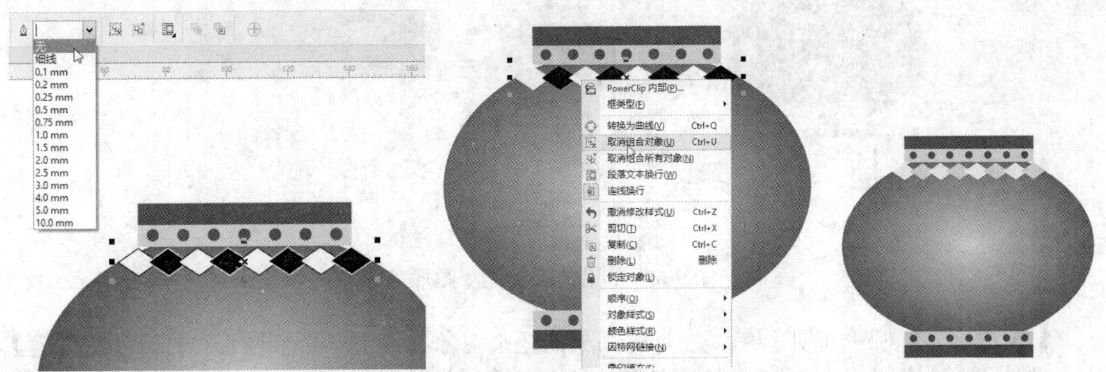

图 9-62　设置笔刷笔触图形的轮廓并取消组合对象

12 选择最左侧的菱形对象，选择【封套工具】，通过调整封套节点来修改菱形的形状，使之不会超出灯笼的笼身图形外，接着使用相同的方法调整右侧菱形的形状，如图 9-63 所示。

图 9-63　修改装饰图中两侧菱形对象的形状

13 选择所有菱形装饰图对象，通过复制和粘贴的方式创建装饰图副本，然后使用【选择工具】水平和垂直翻转装饰图副本对象，最后将它放置在笼身图形下方，如图 9-64 所示。

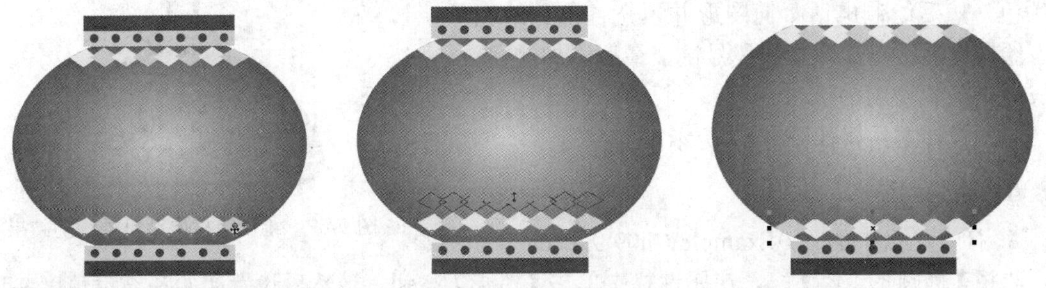

图 9-64　创建装饰图副本并调整效果

14 选择【矩形工具】，在灯笼底架矩形下方绘制一个竖直的矩形对象，并设置该矩形无轮廓、填充颜色为【红色】，接着打开【步长和重复】泊坞窗，设置水平编译距离和份数，最后单击【应用】按钮，创建多个矩形副本以作为灯笼的尾穗，如图 9-65 所示。

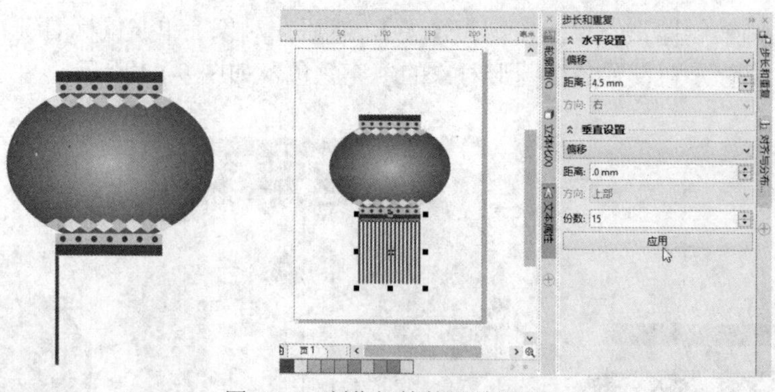

图 9-65　制作灯笼的尾穗图形

15 选择【椭圆形工具】，在灯笼吊架的矩形对象上绘制一个椭圆形，打开【轮廓笔】对话框，设置轮廓宽度为 2mm、轮廓颜色为【红色】，单击【确定】按钮，如图 9-66 所示。

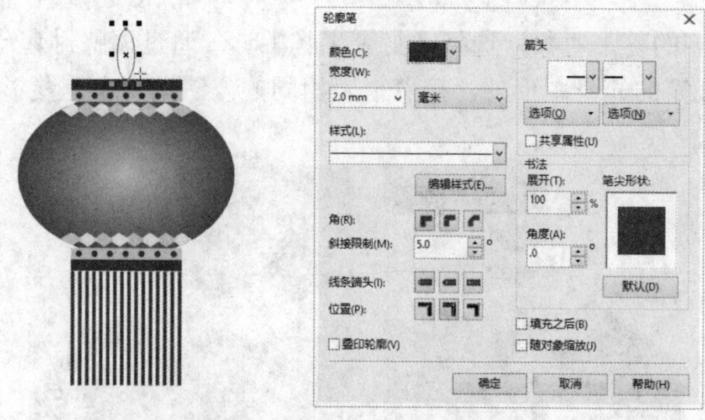

图 9-66　制作灯笼的吊绳图形

9.6　上机练习 6：绘制卡通手拨电话机插画

本例先使用【椭圆形工具】绘制电话机机座并调整形状，再分别绘制机托和机架图形并分别填充各个图形的颜色，然后绘制电话听筒图形并填充各部分的颜色，接着绘制电话拨号盘图形和拨号键，最后添加透视效果，完成电话机的绘制。

本例设计的结果如图 9-67 所示。

图 9-67　绘制手拨电话机插画的结果

操作步骤

1 打开光盘中的“..\Example\Ch09\9.6.cdr”练习文件，选择【椭圆形工具】，在属性栏中单击【饼形】按钮，然后设置起始和结束角度并设置轮廓宽度为 2mm，在绘图页面上绘制一个半圆形，如图 9-68 所示。

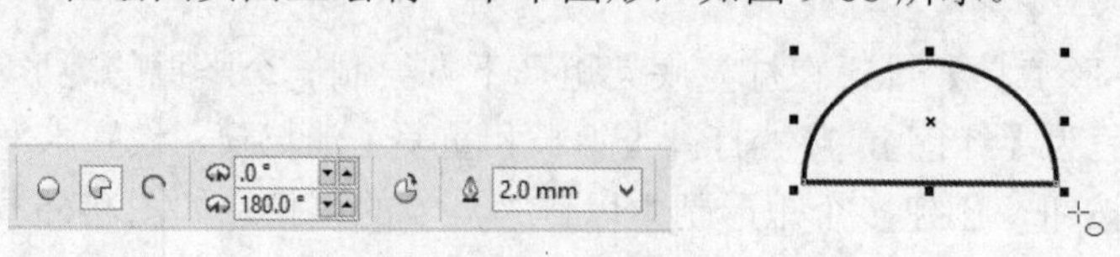

图 9-68　绘制半圆形

2 选择【平滑工具】，设置工具属性，然后在半圆形下边缘两个角上拖动，使之变得平滑，如图 9-69 所示。

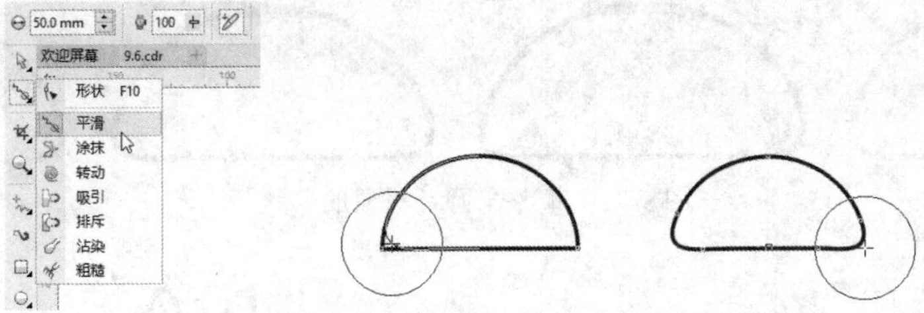

图 9-69　使用平滑工具处理半圆形

3 使用【椭圆形工具】绘制一个较小的半圆形，然后使用【基本形状工具】绘制一个半圆环图形，并将两个图形分别排列好，如图 9-70 所示。

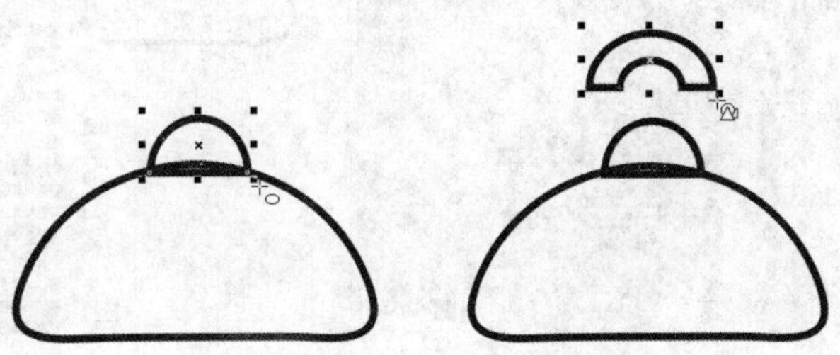

图 9-70　绘制半圆形和半圆环形

4 选择半圆环形对象，单击属性栏的【垂直镜像】按钮，垂直翻转对象，然后选择【沾染工具】并设置工具属性，在半圆环对象下边缘出向下拖动，进行造形，如图 9-71 所示。

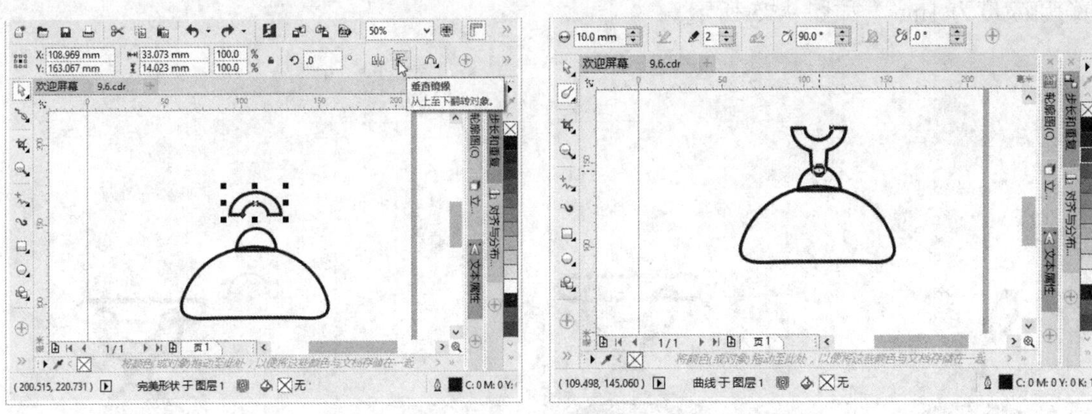

图 9-71　垂直镜像半圆环形并进行造形处理

5 选择【形状工具】，在半圆环对象左侧上边缘上单击添加节点，并向上拖动节点，通过拖动节点手柄调整形状，最后使用相同的方法处理半圆环对象右侧线条的形状，以制作出一个电话机托图形，如图 9-72 所示。

6 选择所有对象，打开【对齐与分布】泊坞窗，进行水平居中对齐处理，接着分别选择电话机机架和机托图形对象，并分别将它们移到图层后面，如图 9-73 所示。

7 通过用户界面的调色板，分别为电话底座、机架和机托图形设置填充颜色，其中底座颜色为【粉色】、机架颜色为【冰蓝】、机托颜色为【沙黄】，如图 9-74 所示。

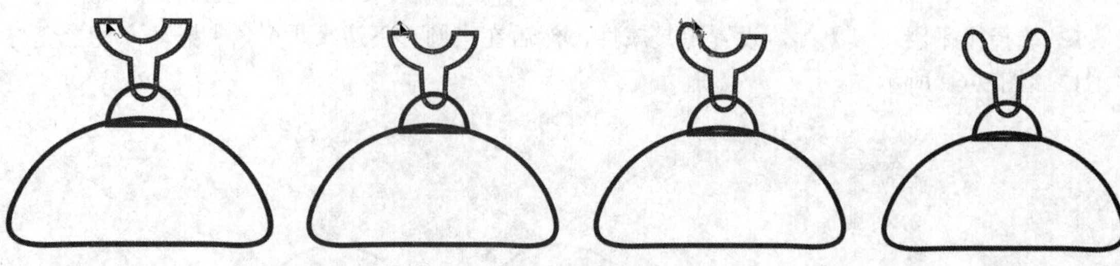

图 9-72　调整半圆环对象的形状

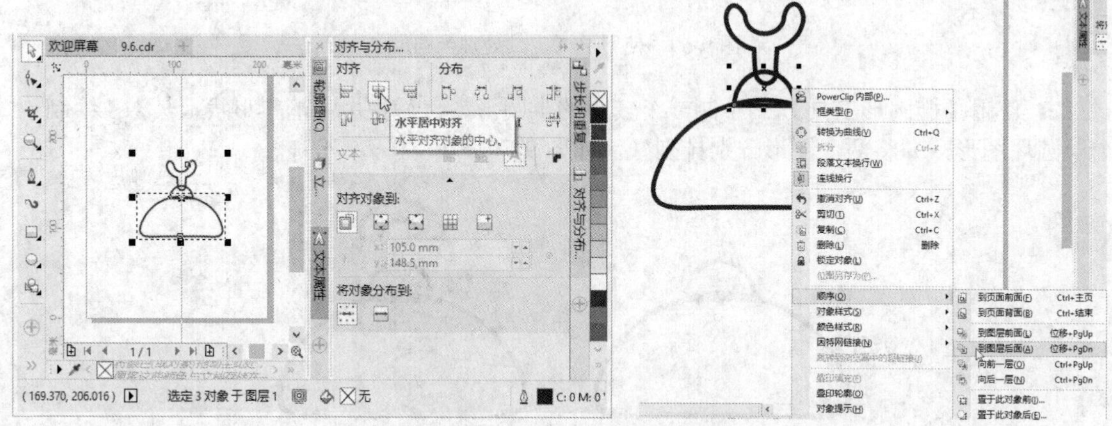

图 9-73　居中对齐对象并调整对象顺序

8 选择【矩形工具】，设置转角半径为 10mm、轮廓宽度为 2mm，然后在机托图形上绘制一个圆角矩形，接着使用【基本形状工具】再次绘制一个半圆环图形，其中半圆环图形的轮廓宽度为 1mm，如图 9-75 所示。

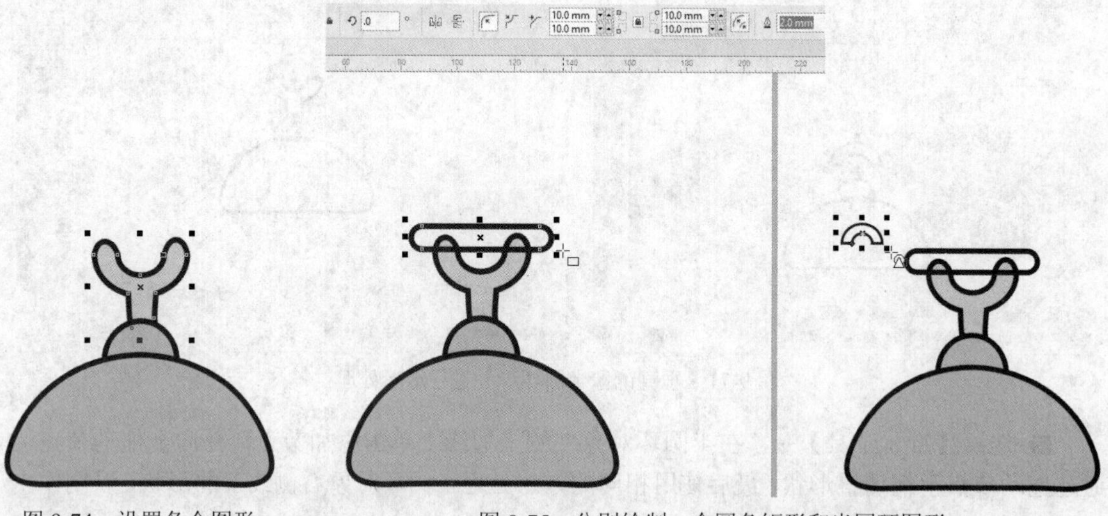

图 9-74　设置各个图形对象的填充颜色

图 9-75　分别绘制一个圆角矩形和半圆环图形

9 使用【选择工具】旋转半圆环图形成 90 度，然后将该图形拖到圆角矩形左侧，接着选择【橡皮擦工具】并设置工具属性，擦除半圆环图形下半部分，如图 9-76 所示。

图 9-76　旋转半圆环对象并擦除部分图形

10 选择【椭圆形工具】，在属性栏中单击【饼形】按钮，然后设置起始和结束角度，并设置轮廓宽度为 2mm，在绘图页面上绘制一个半圆形，并调整它的位置，如图 9-77 所示。

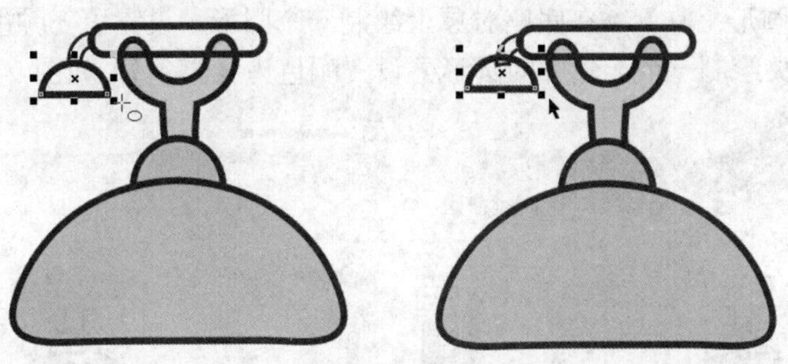

图 9-77　绘制半圆形并调整位置

11 同时选择半圆形和被处理过的半圆环对象，然后分别按 Ctrl+C 键和 Ctrl+V 键，将粘贴生成的副本对象移到圆角矩形右侧，最后进行水平镜像处理，并调整位置以组成话筒图形，如图 9-78 所示。

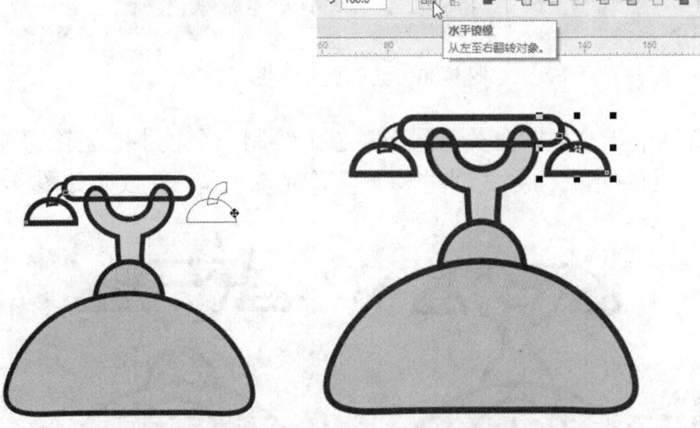

图 9-78　创建图形副本并水平镜像处理

12 选择圆角矩形对象，然后将该对象移到页面背面，接着分别为话筒图形各个部分设置填充颜色，如图 9-79 所示。

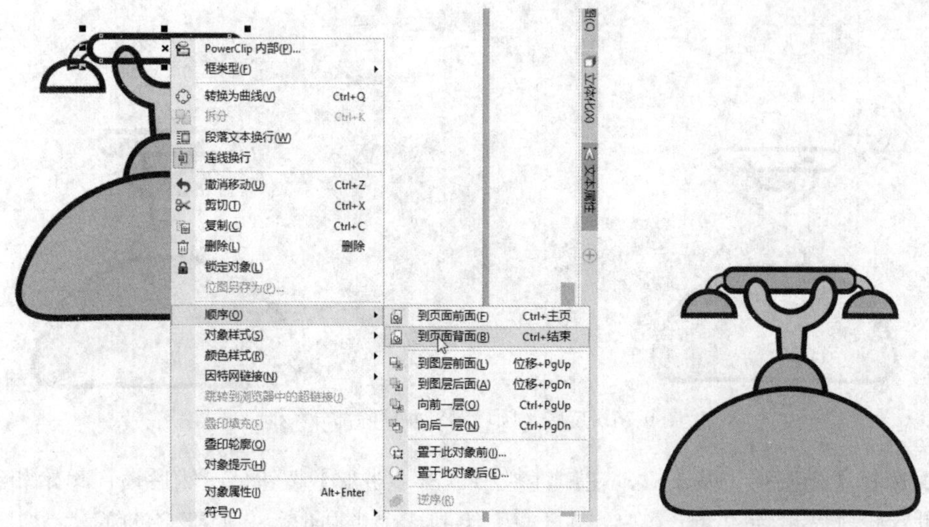

图 9-79 调整圆角矩形的排列顺序并调整各个对象的颜色

13 使用【椭圆形工具】在底座对象上绘制一个圆形，设置填充颜色为【黄色】，接着在黄色圆形对象中央绘制一个无轮廓的圆形并设置颜色为【黑色】，如图 9-80 所示。

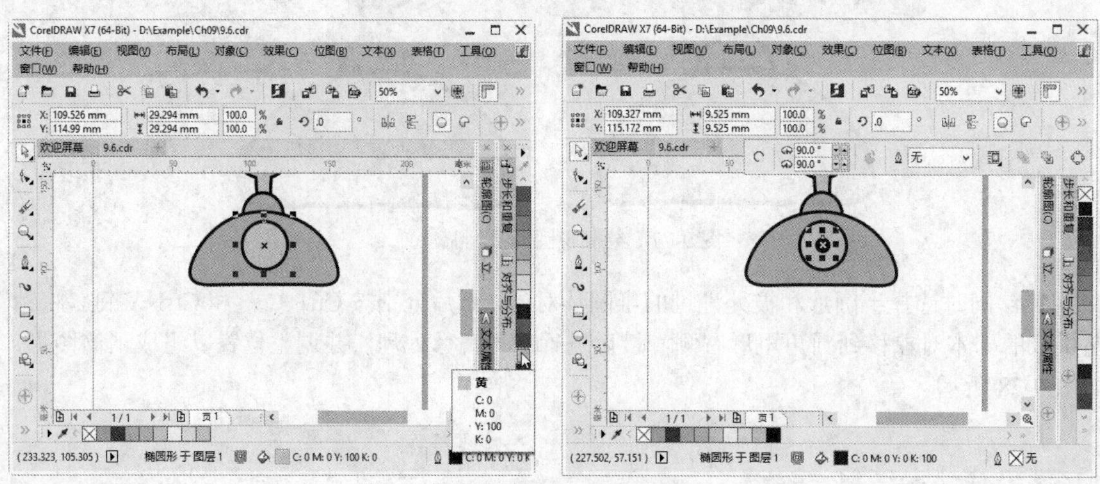

图 9-80 绘制拨号盘图形

14 使用【椭圆形工具】在黄色圆形对象上绘制一个较小的无轮廓圆形并设置颜色为【黑色】，然后通过复制并粘贴的方式创建多个圆形对象副本，并依照如图 9-81 所示排列好这些圆形对象。

图 9-81 绘制拨号盘的数字键图形对象

15 选择所有拨号盘的图形对象并按 Ctrl+G 键组合起来，然后选择【效果】｜【添加透视】命令，接着调整透视框的节点，制作拨号盘的透视效果，如图 9-82 所示。

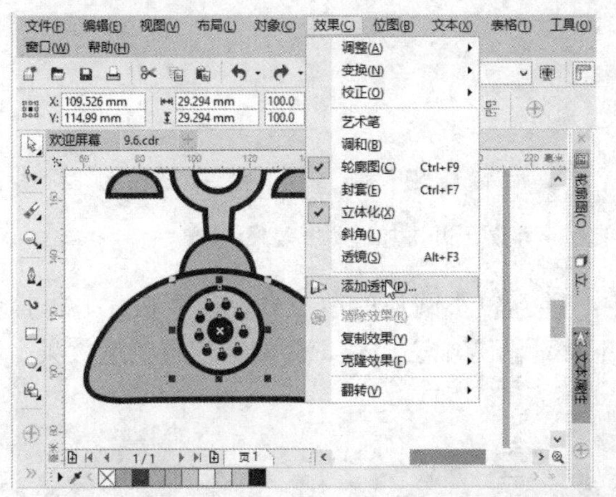

图 9-82　制作拨号盘图形的透视效果

9.7　上机练习 7：制作水晶效果的网页按钮

本例先使用【椭圆形工具】绘制一个圆形并设置填充颜色，再绘制另一个较小的圆形并设置填充颜色，然后制作较小圆形的渐变透明效果，再输入文本并设置渐变透明效果，最后绘制第三个圆形并设置渐变透明效果。

本例设计的结果如图 9-83 所示。

图 9-83　制作水晶网页按钮的结果

操作步骤

1 打开光盘中的“..\Example\Ch09\9.7.cdr”练习文件，选择【椭圆形工具】并设置工具属性，然后在页面上绘制一个圆形，设置填充颜色为【靛蓝】，如图 9-84 所示。

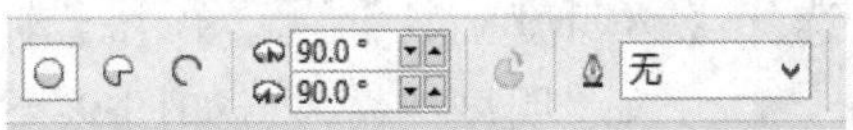

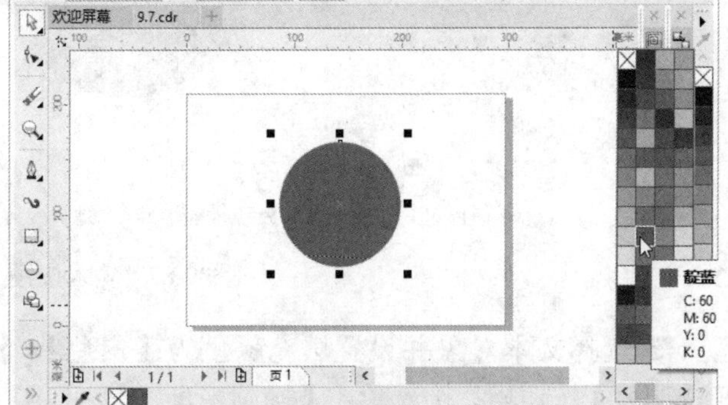

图 9-84　绘制一个圆形并设置填充颜色

2 使用【椭圆形工具】绘制一个无轮廓切较小的圆形，设置填充颜色为【白色】，然后选择【透明度工具】，单击【渐变透明度】按钮，如图 9-85 所示。

图 9-85　绘制另一个圆形并添加透明度效果

3 选择透明度的中心控件，将中心移到较小圆形的中心处，然后按住方框控件并旋转到圆形垂直方向的上边缘处，接着向下移动渐变中心控件，调整渐变透明度效果，如图 9-86 所示。

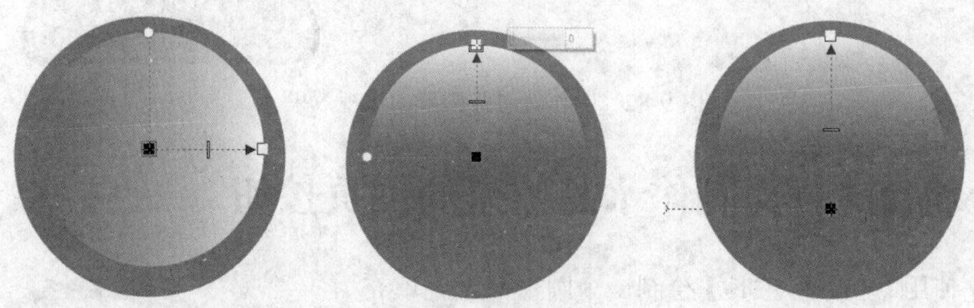

图 9-86　调整渐变透明度的效果

4 选择【文本工具】字，在属性栏上设置文本属性，然后在圆形上输入文本，如图 9-87 所示。

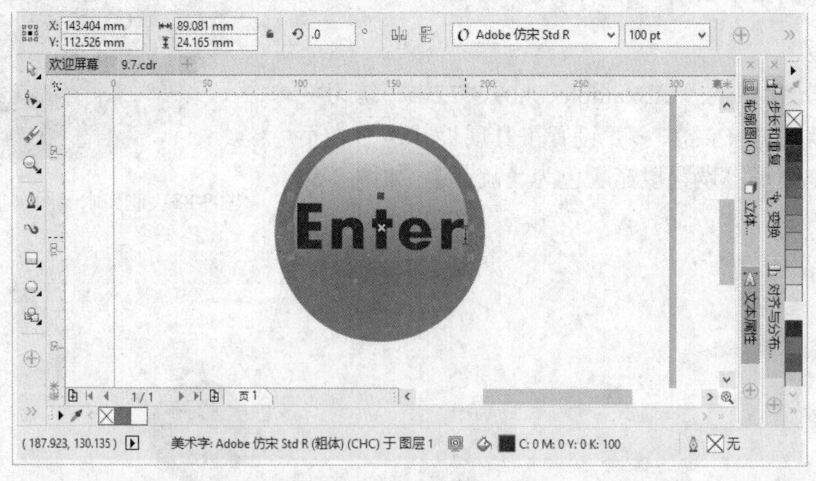

图 9-87　输入按钮文本

5 选择文本对象并设置填充颜色为【白色】，然后选择【透明度工具】，单击【渐变透明度】按钮，接着单击【椭圆形渐变透明度】按钮，扩大透明度的宽度，如图 9-88 所示。

6 使用【椭圆形工具】在按钮左下方绘制一个无轮廓切小圆形，设置填充颜色为【白色】，为圆形创建椭圆形渐变的透明度效果，如图 9-89 所示。

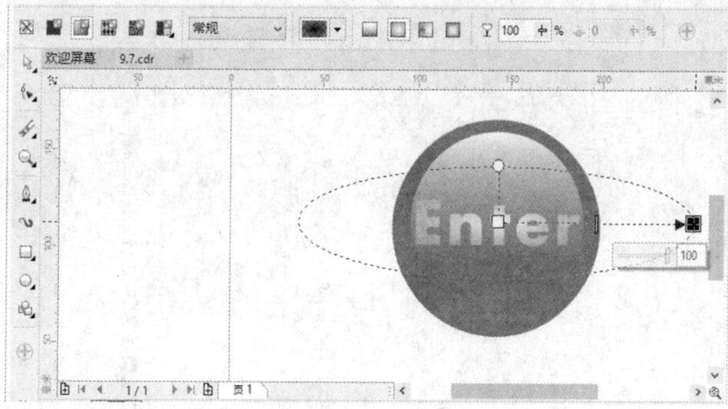

图 9-88　设置文本颜色并制作渐变透明度效果

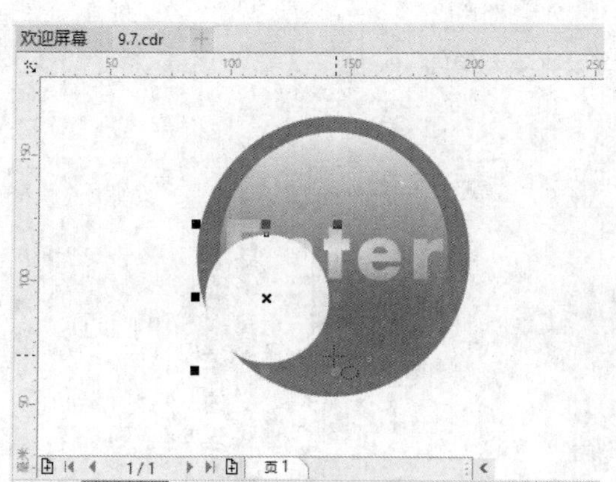
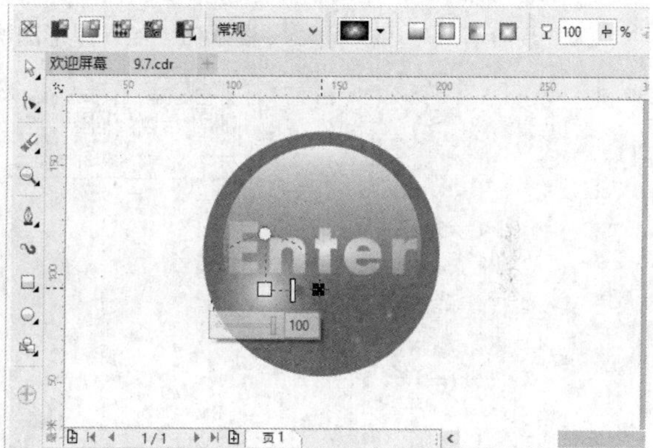

图 9-89　绘制第三个圆形并创建透明度效果

9.8　上机练习 8：制作爆款促销的网页图标

本例先绘制一个星形对象并设置填充颜色，然后创建轮廓图效果，拆分轮廓图群组并设置星形对象的渐变颜色，接着输入文本并设置填充颜色，再绘制一个椭圆形并应用渐变透明度效果，最后调整椭圆形的排列顺序，使之作为图标的阴影效果。

本例设计的结果如图 9-90 所示。

图 9-90　制作爆款促销网页图标的结果

操作步骤

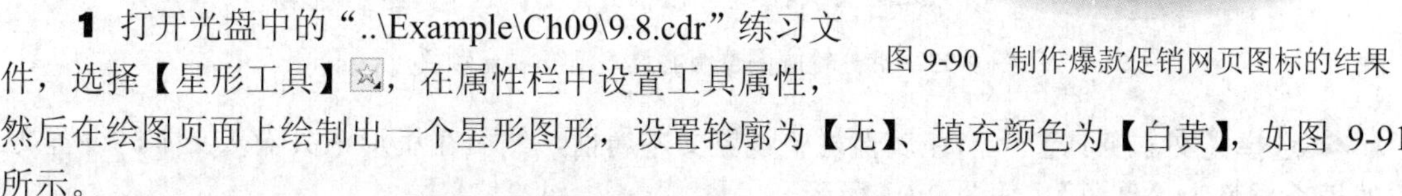

1 打开光盘中的“..\Example\Ch09\9.8.cdr”练习文件，选择【星形工具】，在属性栏中设置工具属性，然后在绘图页面上绘制出一个星形图形，设置轮廓为【无】、填充颜色为【白黄】，如图 9-91 所示。

2 使用【轮廓图工具】选择星形图形，然后在属性栏中单击【外部轮廓】按钮，并设置步长、偏移、填充颜色等属性，再按 Enter 键确定应用轮廓图效果，如图 9-92 所示。

3 选择整个轮廓图对象，再选择【对象】|【拆分轮廓图群组】命令，然后选择星形对象并打开【编辑填充】对话框，单击【渐变填充】按钮，设置【橙红】到【黄色】的渐变颜色，如图 9-93 所示。

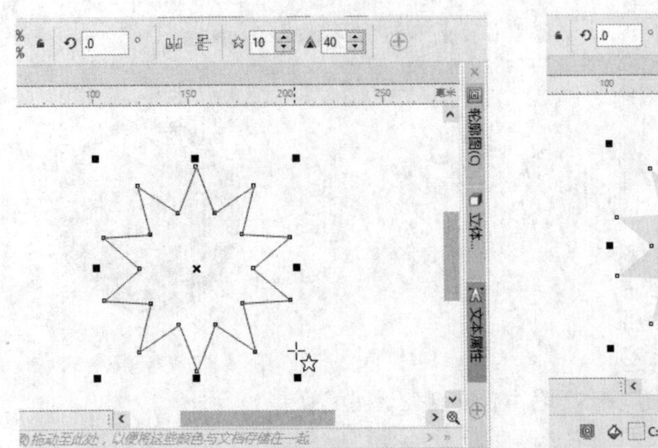

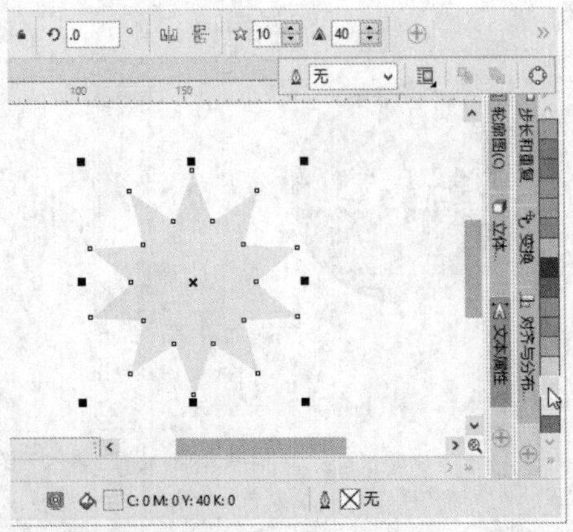

图 9-91　绘制星形图形并设置填充颜色

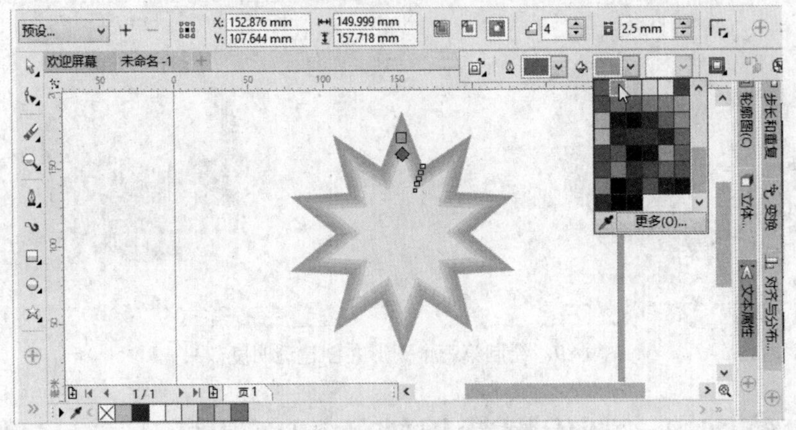

图 9-92　制作星形的轮廓图效果

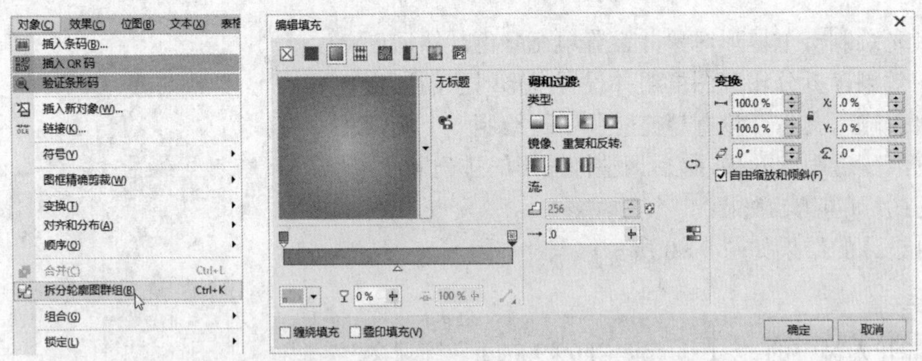

图 9-93　拆分轮廓图群组并设置渐变填充颜色

4 选择【文本工具】，在属性栏中设置文本属性，然后在星形中央输入文本，设置文本的填充颜色为【红色】，如图 9-94 所示。

5 选择【椭圆形工具】，然后在页面下方绘制一个椭圆形，再设置轮廓为【无】、填充颜色为【60%黑】，如图 9-95 所示。

6 选择【透明度工具】，使用此工具选择椭圆形对象，然后在属性栏中分别单击【渐变透明度】按钮和【椭圆形渐变透明度】按钮，向外拖动透明度宽度控件，扩大透明度范围，如图 9-96 所示。

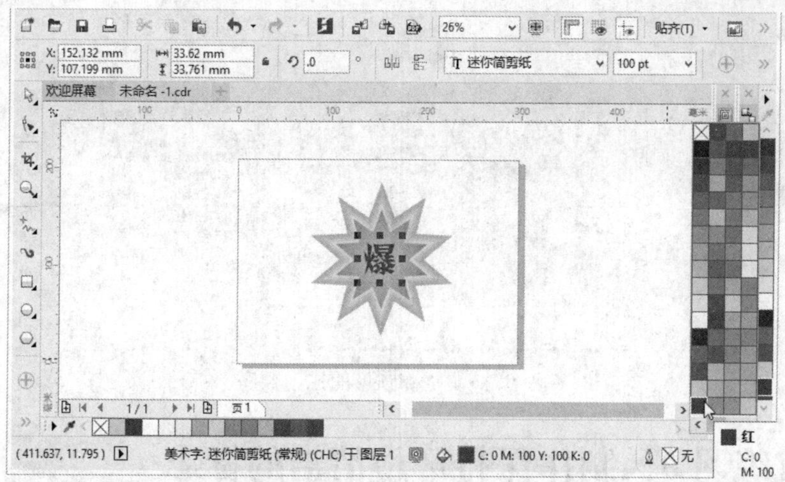

图 9-94　输入文本并设置填充颜色

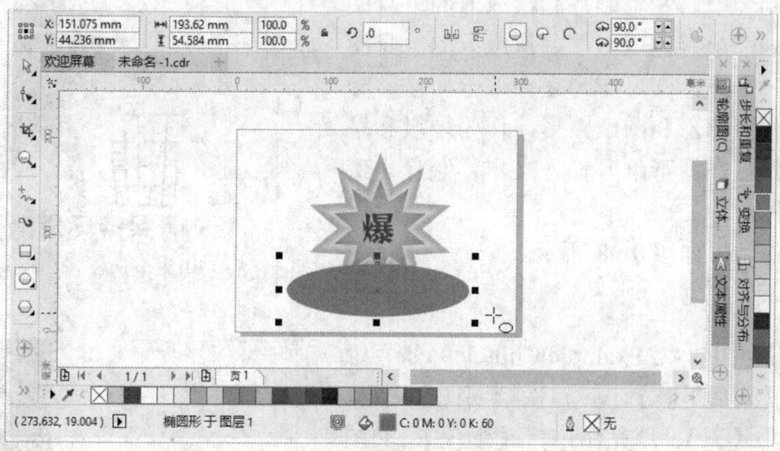

图 9-95　绘制椭圆形并设置填充颜色

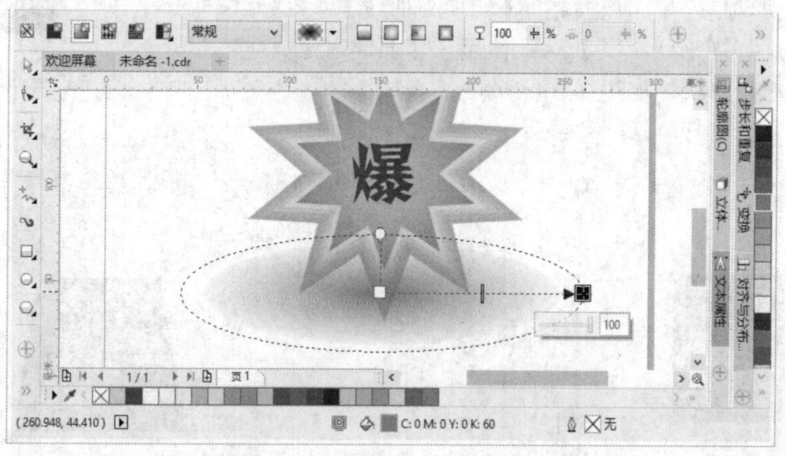

图 9-96　创建椭圆形的透明度效果

7 选择椭圆形对象，单击鼠标右键并选择【顺序】|【到页面背面】命令，将椭圆形调整到页面最底层，作为图标的阴影，如图 9-97 所示。

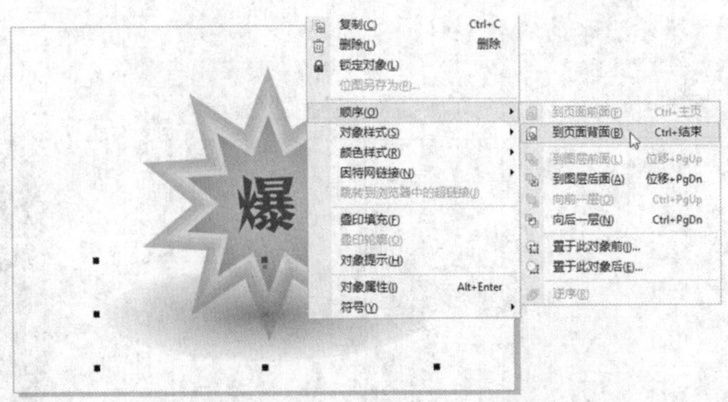

图 9-97　调整椭圆形的排列顺序

9.9　上机练习 9：制作保持环境清洁的标志

本例先绘制一个黑色矩形并制作成人的下身图形，再绘制另外一个黑色矩形并制作成人的上身图形，然后绘制一个黑色圆形作为人头部分，接着分别绘制一个流程图图形和图纸图形，作为垃圾和垃圾桶的图形，最后在图形下方输入文本，制作出保持环境清洁的标志。

本例设计的结果如图 9-98 所示。

图 9-98　制作保持环境清洁的标志的结果

操作步骤

1 打开光盘中的“..\Example\Ch09\9.9.cdr”练习文件，选择【矩形工具】，然后绘制一个矩形，设置矩形轮廓为【无】、填充颜色为【黑色】，如图 9-99 所示。

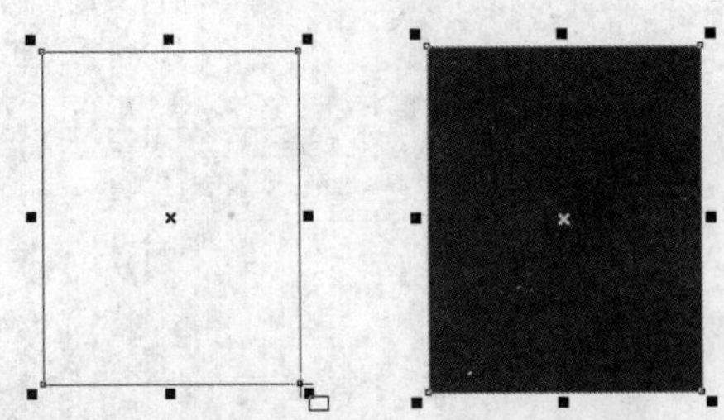

图 9-99　绘制黑色的矩形

2 选择矩形对象，单击属性栏的【转换为曲线】按钮，然后选择【形状工具】，使用该工具将矩形修改成梯形的形状，如图 9-100 所示。

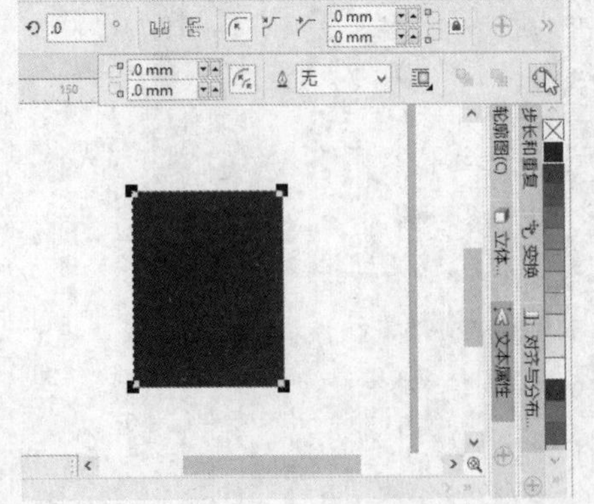

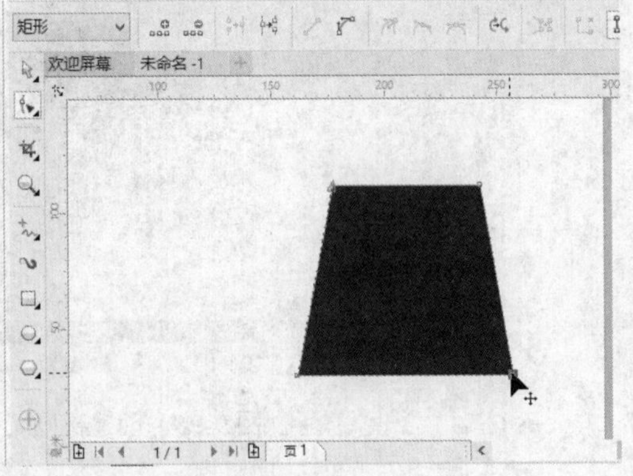

图 9-100　将矩形转换为曲线并修改形状

3 使用【形状工具】在梯形下边缘中间上单击，然后单击【添加节点】按钮，接着选择新增的节点并移到上方，如图 9-101 所示。

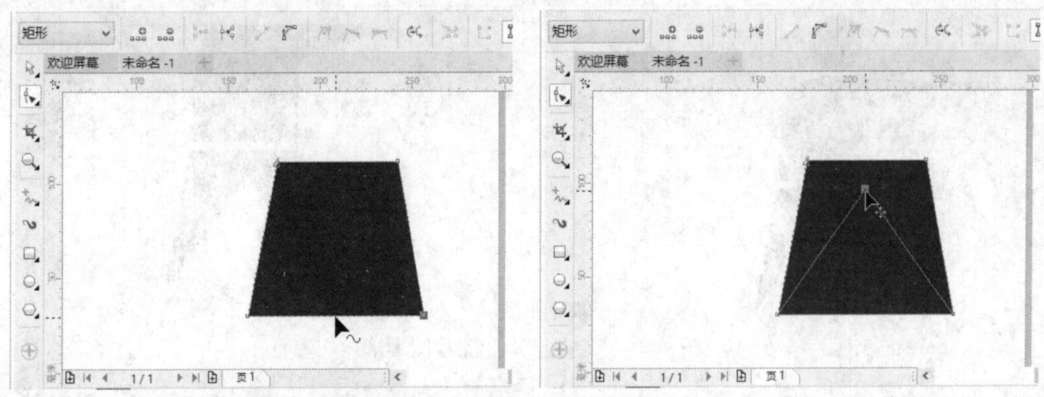

图 9-101　添加节点并调整节点位置

4 使用【矩形工具】在现有图形上方绘制一个矩形，设置矩形轮廓为【无】、填充颜色为【黑色】，然后选择【涂抹工具】并设置工具属性，在矩形左上方节点上按住鼠标左键并向左拖动，对矩形进行造形，如图 9-102 所示。

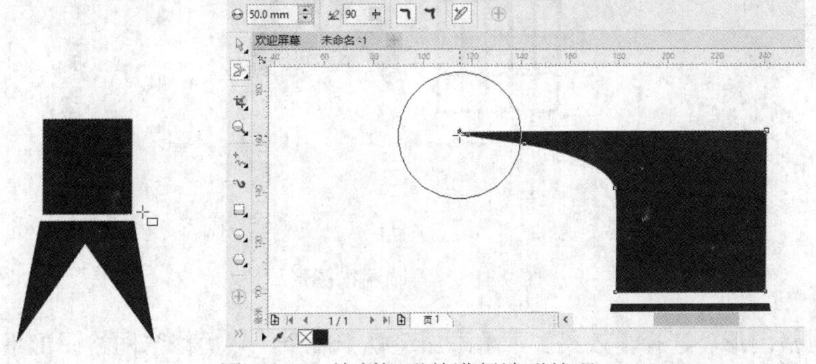

图 9-102　绘制矩形并进行造形处理

5 选择【形状工具】，选择被造形的矩形右上角节点，然后单击属性栏的【删除节点】按钮，删除选定的节点，制作成人上身的图形，如图 9-103 所示。

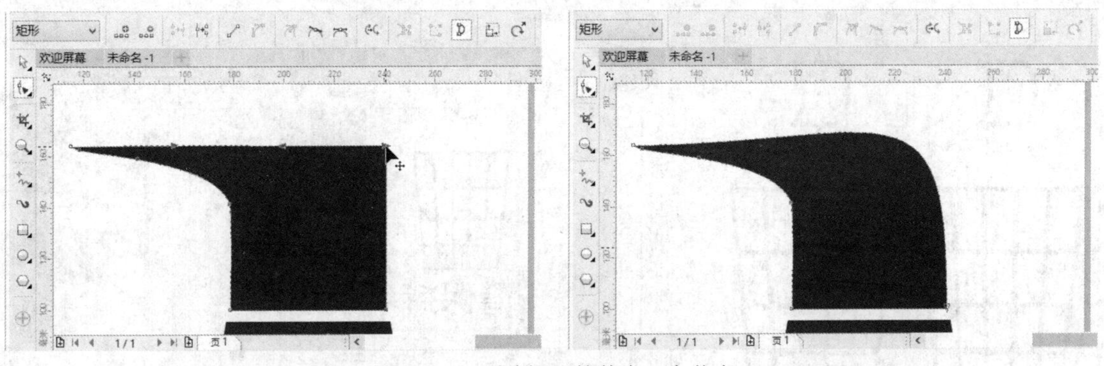

图 9-103　删除矩形的其中一个节点

6 选择【椭圆形工具】，然后在人上身图形上方绘制一个无轮廓的黑色圆形，选择【流程图形状工具】并选择形状，设置轮廓宽度为 2mm，绘制流程图，如图 9-104 所示。

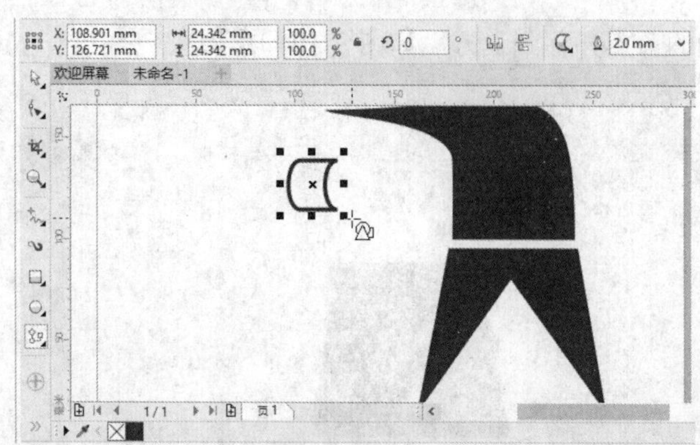

图 9-104　绘制圆形和流程图图形

7 选择【图纸工具】并设置工具的属性，然后在流程图对象下方绘制一个网格图，如图 9-105 所示。

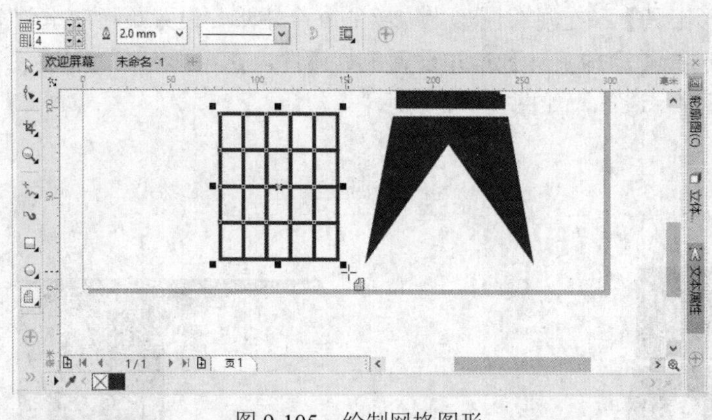

图 9-105　绘制网格图形

8 选择网格图形，选择【效果】|【添加透视】命令，然后修窄网格图形下边缘的宽度，以制作成垃圾桶图形，接着使用【选择工具】选择流程图对象并显示旋转框，再适当旋转图形，将该图形制作成垃圾形状，如图 9-106 所示。

9 选择【文本工具】，在属性栏上设置文本属性，然后在图形下方输入文本，如图 9-107 所示。

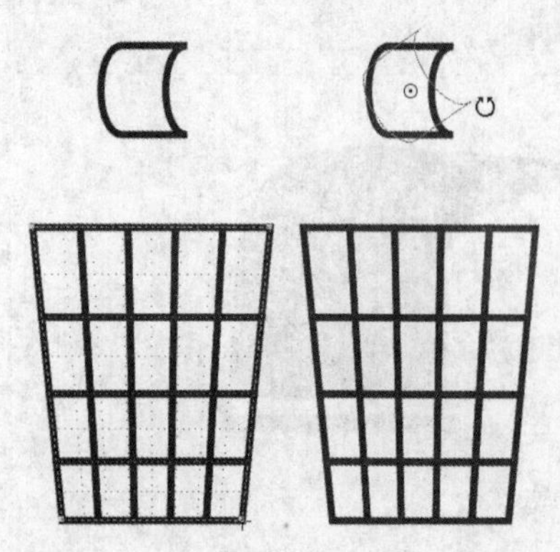

图 9-106　为网格图形添加透视并旋转流程图

图 9-107　输入环保标志的文本

第 10 章　综合平面项目设计

学习目标

本章通过 IPhone 6 手机外壳、商城开业促销广告和商务公司画册封套三个项目设计，综合介绍 CorelDRAW X7 在绘图、填色、图形编辑、文本处理和特效制作等方面的应用。

学习重点

☑ 制作背景图效果
☑ 绘制各种线条和图形
☑ 修改线条和图形的形状
☑ 输入和编辑文字
☑ 制作图形和文本的特效
☑ 导入外部的文件素材

10.1　项目设计 1：IPhone 6 手机外壳设计

本项目以目前最新的 IPhone 6 的 5.5 英寸版本屏幕的手机为例，介绍以卡通绘画为主的可爱型手机外壳设计的方法。在本项目的设计中，绘制了一个小狗插画和菊花插画作为主要的卡通装饰图，然后使用香蕉黄、酒绿、粉色等比较和谐的颜色为主要配色，使手机外壳更加耐看，另外还添加了多种颜色的文字、标注图形等元素，使整个外壳呈现更丰富的内容，同时使手机外壳的设计更加个性化。

本例制成的效果如图 10-1 所示。

图 10-1　IPhone 6 手机外壳设计的效果

10.1.1　上机练习 1：绘制外壳图形和小狗插画

本例先新建一个符合 IPhone 6 的 5.5 英寸版本屏幕手机外壳尺寸的文件（81mm×157mm），然后绘制圆角矩形作为外壳基本图形，再通过绘制圆形、椭圆形、曲线、直线等对象构成小狗卡通插画的图案，最后使用两个制作了透明效果的圆形作为害羞小狗插画的腮红部分。

操作步骤

1 启动 CorelDRAW X7 应用程序，选择【文件】|【新建】命令，打开【新建】对话框后，设置文件的尺寸和分辨率等属性，单击【确定】按钮，如图 10-2 所示。

2 在工具箱中选择【矩形工具】，然后贴紧页面边缘绘制一个跟页面一样大小的矩形，再选择【形状工具】，按住任一角的节点并拖动，使矩形变成圆角矩形形状，如图 10-3 所示。

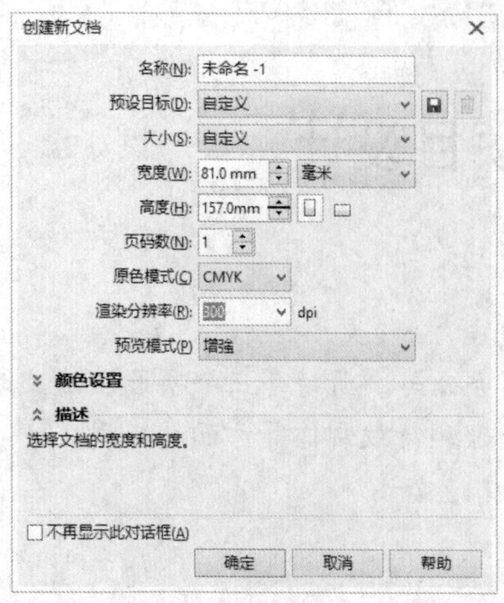

图 10-2　新建图形文件

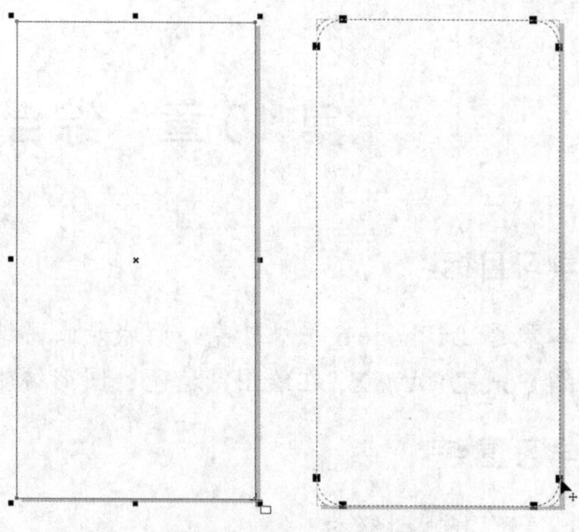

图 10-3　绘制圆角矩形

3 在工具箱中选择【轮廓笔工具】，打开【轮廓笔】对话框后设置圆角矩形的轮廓为【无】，然后选择【编辑填充工具】，在打开的【编辑填充】对话框中单击【均匀填充】按钮，设置填充颜色为【香蕉黄】，单击【确定】按钮，如图 10-4 所示。

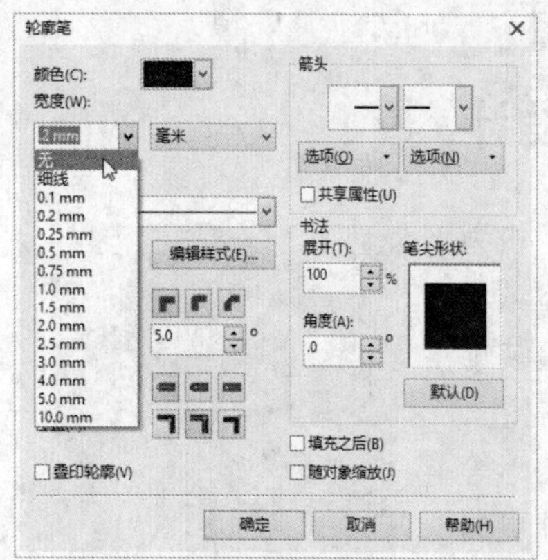

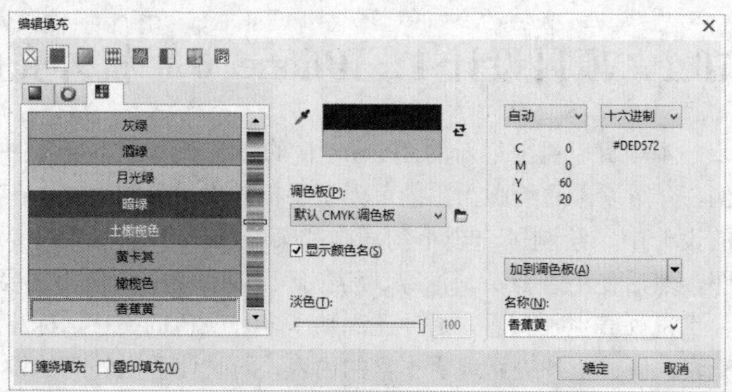

图 10-4　设置圆角矩形的轮廓和填充颜色

4 选择【椭圆形工具】，然后按住 Ctrl 键在页面左下方绘制一个圆形，设置圆形无轮廓、填充颜色为【酒绿】，如图 10-5 所示。

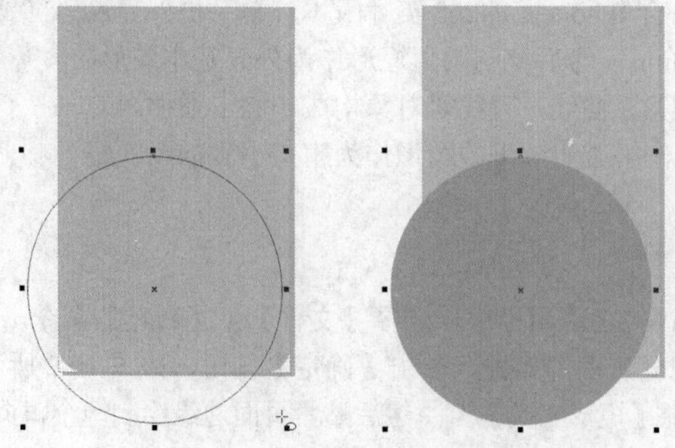

图 10-5　绘制圆形并设置轮廓和颜色

5 选择圆形对象，再选择【对象】|【图框精确剪裁】|【置于图文框内部】命令，在圆角矩形上单击，将圆形置于圆角矩形内部，如图 10-6 所示。

图 10-6　将圆形置于圆角矩形内部

6 选择【椭圆形工具】，然后在现有圆形对象左上方绘制一个较小的圆形并设置轮廓为【无】、填充颜色为【酒绿】，接着复制该圆形并粘贴，再移到较大圆形的右边，如图 10-7 所示。

7 使用【椭圆形工具】在较小的圆形对象上绘制一个白色且无轮廓的椭圆形，然后适当旋转再复制并粘贴，接着将副本椭圆形移到另外一个较小的圆形对象上，绘制出小狗插画的耳朵图形，如图 10-8 所示。

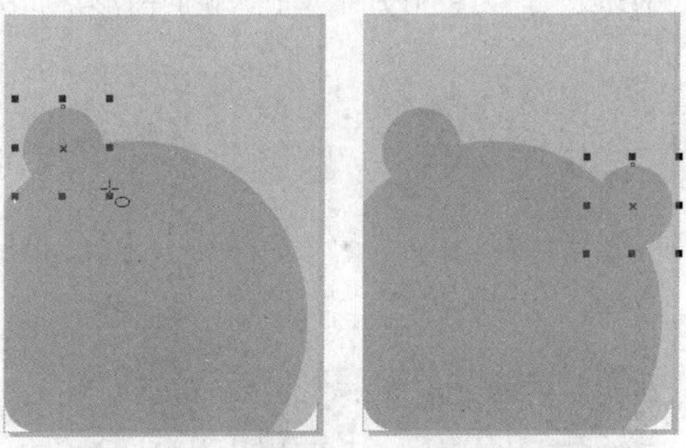

图 10-7　绘制较小的圆形并创建该圆形的副本

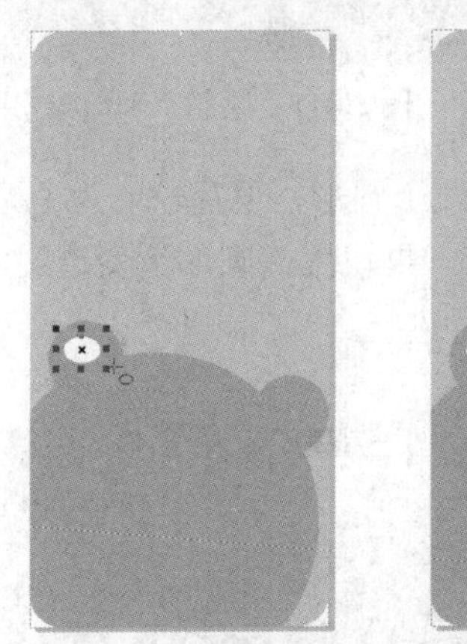
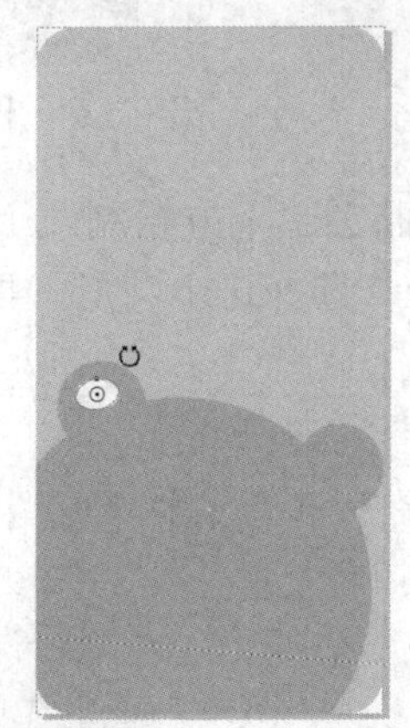

图 10-8　绘制椭圆形以制成小狗耳朵图形

8 使用【椭圆形工具】在较大的圆形对象上绘制一个黑色且无轮廓的圆形，再绘制一个黑色且无轮廓的椭圆形，然后对椭圆形进行轻微的旋转，作为小狗的一个眼睛和鼻子图形，如图 10-9 所示。

9 选择【手绘工具】，设置轮廓宽度为 0.5mm，然后在鼻子（黑色椭圆形）下绘制两条曲线，作为小狗颈部的图形，如图 10-10 所示。

图 10-9　绘制小狗一个眼睛和鼻子图形

10 选择【两点线工具】，设置轮廓宽度为 0.5mm，然后在大圆形右侧绘制三条相交的直线段，作为小狗另外一个眯眼的图形，如图 10-11 所示。

图 10-10　绘制小狗颞部图形　　　　图 10-11　绘制小狗眯眼的图形

11 使用【椭圆形工具】在眼睛图形下方绘制一个圆形，设置轮廓为【无】、填充颜色为【热粉】，然后使用【透明度工具】选择这个圆形，再设置椭圆形渐变透明度效果，如图 10-12 所示。

图 10-12　绘制圆形并创建透明度效果

12 使用【选择工具】选择透明度圆形对象，然后拖动节点扩大该图形，接着复制并粘贴该图形，再将副本图形拖到眯眼图形的下方，制作出小狗插画腮红的效果，如图 10-13 所示。

图 10-13　制作小狗腮红图形效果

10.1.2　上机练习 2：绘制菊花或其他装饰元素

本例先绘制星形并进行变形处理，再绘制一个圆形，以制作出菊花图形，然后将矩形图形置于椭圆形内部，接着将效果卡通图形导入并输入文本，绘制标注图形并在图形内输入文本，最后在外壳图形左上方绘制图形，作为预留显示 IPhone 6 手机摄像头和闪光灯的空白部分。

操作步骤

1 打开光盘中的“..\Example\Ch10\10.1.2.cdr”练习文件，选择【星形工具】，设置点数或边数为 8、轮廓宽度为【无】，然后按住 Ctrl 键绘制一个星形，设置填充颜色为【渐粉】，如图 10-14 所示。

2 选择【变形工具】，在属性栏中单击【推拉变形】按钮，然后使用该工具按住星形并向左侧拖动鼠标，变形星形，如图 10-15 所示。

图 10-14　绘制星形并设置填充颜色

图 10-15　变形处理星形

3 选择变形后的星形对象，再单击属性栏的【居中变形】按钮，然后设置推拉振幅为−50，将星形制作成菊花花瓣图形，如图 10-16 所示。

图 10-16　设置变形属性

4 选择花瓣图形并将它移到绘图页面右上角，再选择【阴影工具】，然后使用此工具为花瓣图形创建阴影效果，如图 10-17 所示。

5 选择花瓣图形，再选择【对象】|【图框精确剪裁】|【置于图文框内部】命令，然后在圆角矩形上单击，将花瓣图形置于圆角矩形内部，如图 10-18 所示。

图 10-17　调整花瓣图形位置并创建阴影效果

图 10-18　将花瓣图形置于圆角矩形内部

6 使用【椭圆形工具】在花瓣图形中央绘制一个圆形，设置轮廓为【无】、填充颜色为【深粉】，如图 10-19 所示。

7 选择【文件】|【导入】命令，然后选择“..\Example\Ch10\卡通图形.cdr”素材文件并单击【导入】按钮，接着将素材放置在圆形对象右上方，如图 10-20 所示。

8 选择【文本工具】，设置文本属性，然后在卡通图形素材左侧输入白色的文本，接着更改文本年属性，输入另一个文本，并为每个字符设置不同的颜色，如图 10-21 所示。

9 选择【标注形状工具】，再选择标注图形，然后在绘图页面上绘制一个标注图形，调整标注形状和位置，如图 10-22 所示。

图 10-19　绘制圆形对象

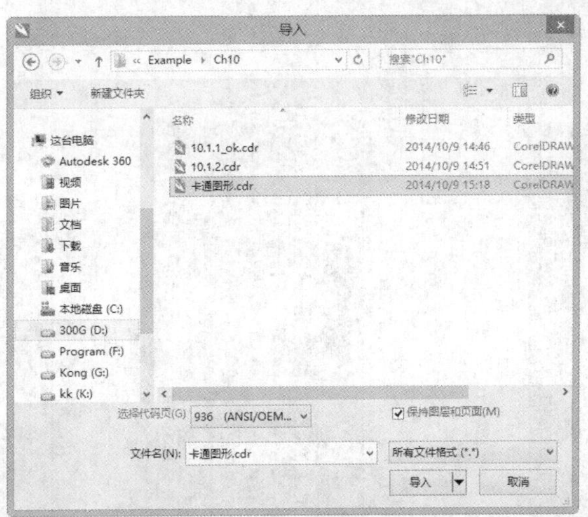

图 10-20　导入卡通图形素材

图 10-21　输入文本并设置相关属性

图 10-22　绘制和调整标注图形

10 打开【轮廓笔】对话框，然后设置轮廓宽度为1.5mm，再设置轮廓颜色为【褐色】，单击【确定】按钮，如图 10-23 所示。

11 选择【文本工具】并设置文本属性，然后在标注图形内输入文本，设置文本的颜色为【砖红】，如图 10-24 所示。

12 使用【椭圆形工具】在圆角矩形左上角处绘制一个白色无轮廓的圆形，再选择【矩形工具】，设置转角半径，在白色圆形右侧绘制一个白色无轮廓的圆角矩形，如图 10-25 所示。

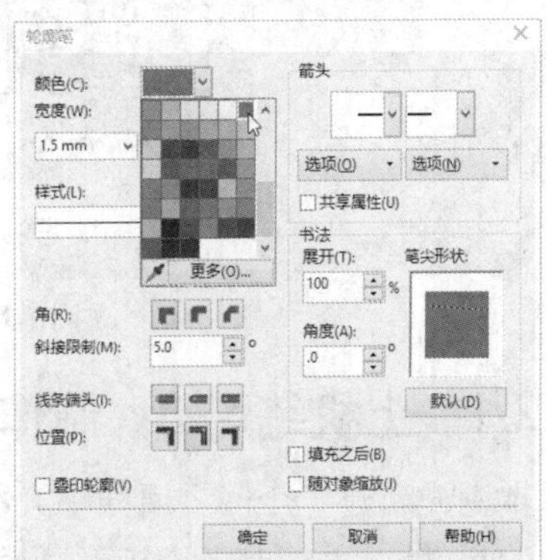

图 10-23　设置标注图形的轮廓

图 10-24 输入文本

图 10-25 绘制圆形和圆角矩形对象

10.2 项目设计 2：商城开业促销广告设计

本项目将设计一个商城开业的促销广告作品。本项目设计以粉色为主色调，然后分成大标题效果和促销内容两个主要部分。其中标题部分使用了矢量礼品盒装饰素材，再配合大字体的立体化文字效果，并且为文字应用了明亮的渐变颜色，使标题在整个广告中显得最为抢眼；内容部分则以简洁的文字将促销内容表达出来，不但可以使顾客快速了解促销内容，更可以被众多的促销项目吸引，从而达到商城促销广告的效果。

本例制成的效果如图 10-26 所示。

图 10-26 商城开业促销广告设计的效果

10.2.1 上机练习 3：制作促销广告的背景效果

本例先新建一个网页用横幅大小的图形文件（如果设计用于室外招贴，则可以设置适用于招贴的尺寸），再绘制一个矩形并设置渐变颜色作为背景图，然后使用添加透视的矩形制作出装饰图形，为此图形创建椭圆形渐变透明度效果，接着将城市剪影素材导入文件并放置在页面下方，最后更改城市剪影素材的填充颜色。

操作步骤

1 启动 CorelDRAW X7 应用程序，选择【文件】|【新建】命令，打开【新建】对话框后，设置文件的尺寸和分辨率等属性，再单击【确定】按钮，如图 10-27 所示。

2 在工具箱中选择【矩形工具】，然后贴紧页面边缘绘制一个和页面一样大小的矩形，如图 10-28 所示。

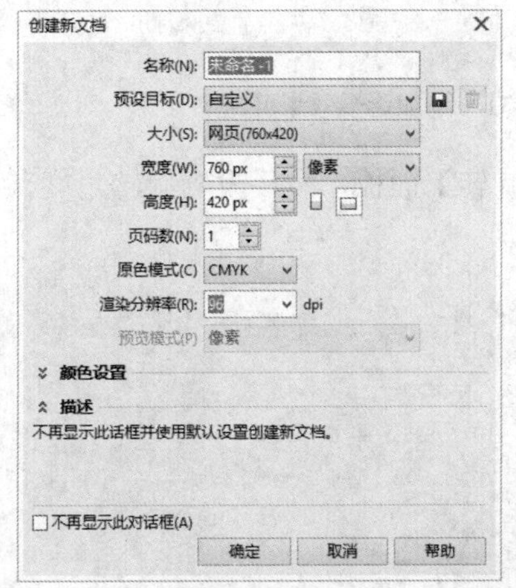

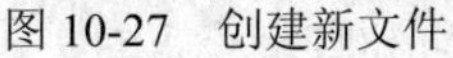
图 10-27 创建新文件

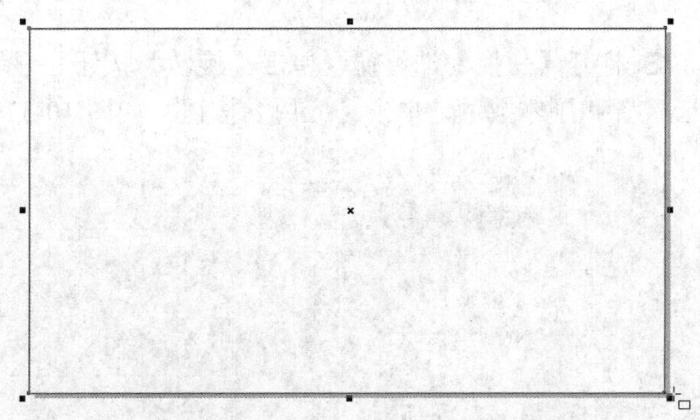
图 10-28 绘制一个与页面大小一样的矩形

3 选择矩形对象，然后在工具箱中单击【轮廓笔工具】按钮，在打开的列表框中选择【无轮廓】选项，选择【编辑填充工具】打开【编辑填充】按钮，设置【弱粉】到【白色】的渐变填充，设置渐变旋转角度为–90 度，单击【确定】按钮，如图 10-29 所示。

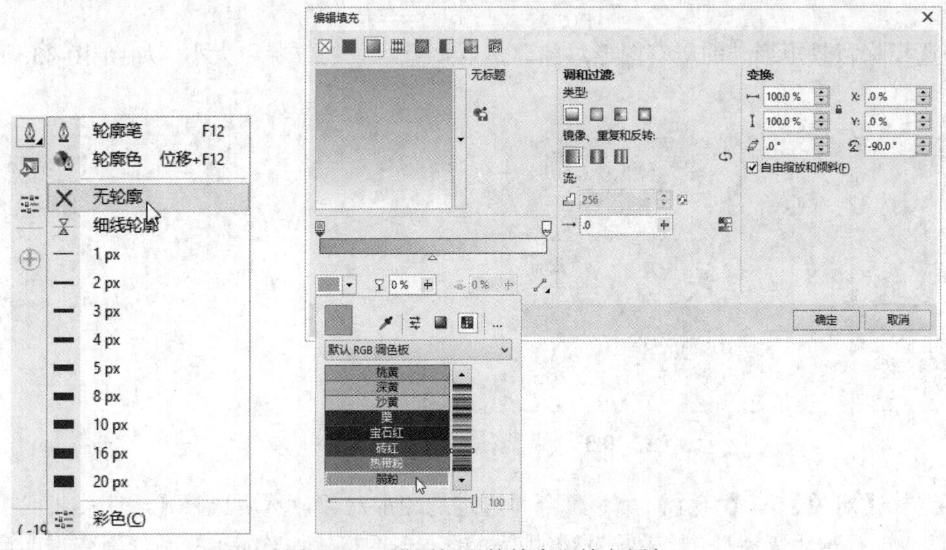

图 10-29 设置矩形的轮廓和填充颜色

4 使用【矩形工具】绘制一个矩形对象，设置矩形的轮廓为【无】、填充颜色为【白色】，如图 10-30 所示。

5 选择矩形对象，选择【效果】|【添加透视】命令，然后调整透视框节点，使矩形下端变窄，接着使用【选择工具】旋转对象，如图 10-31 所示。

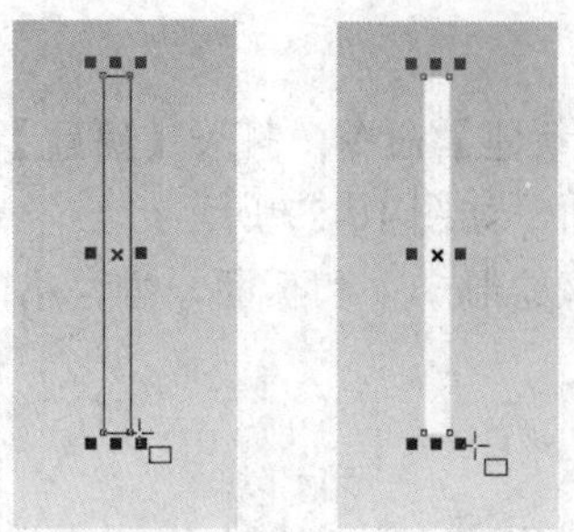

图 10-30　绘制白色的矩形

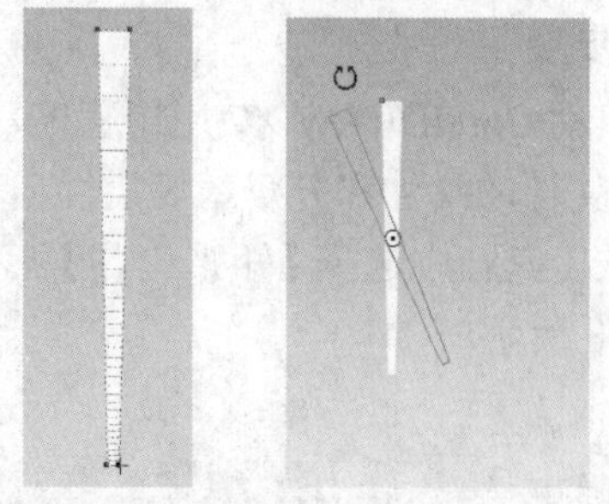

图 10-31　添加透视效果并旋转矩形

6 打开【变换】泊坞窗，单击【旋转】按钮显示【旋转】面板，然后设置旋转角度、中心位置和副本数量，单击【应用】按钮，如图 10-32 所示。

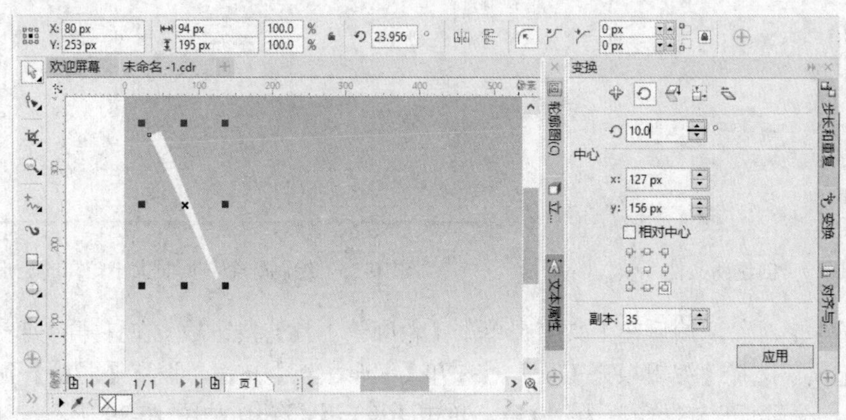

图 10-32　通过旋转创建副本图形

7 选择除背景矩形外的所有图形对象，然后调整对象的位置和大小，如图 10-33 所示。

图 10-33　调整对象的位置和大小

8 选择【对象】|【合并】命令，合并选定的图形对象，然后选择【透明度工具】并通过属性栏设置透明度属性，接着拖动透明度框的方形图标，适当缩小椭圆形渐变透明度的范围，如图 10-34 所示。

9 选择【文件】|【导入】命令，打开【导入】对话框后选择“..\Example\Ch10\城市剪影.cdr”素材文件，再单击【导入】按钮，然后导入素材并放置在页面下方，如图 10-35 所示。

10 选择城市剪影图形对象，然后单击用户界面右侧调色板上的【粉】颜色块，设置图形的填充颜色为粉色，如图 10-36 所示。

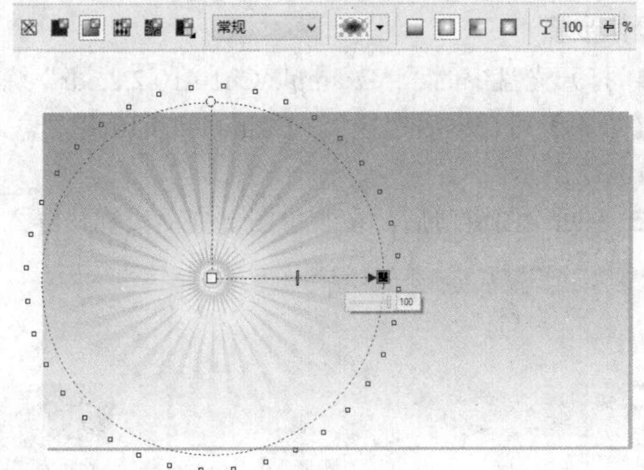

图 10-34　合并对象并创建透明度效果

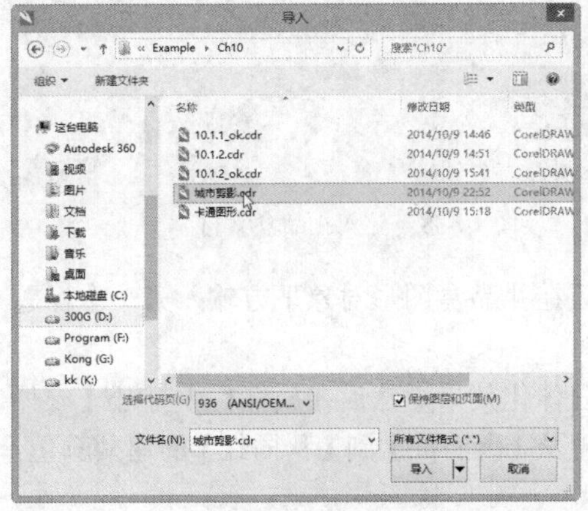

图 10-35　导入城市剪影素材

图 10-36　设置城市剪影图形的填充颜色

10.2.2　上机练习 4：制作广告的主要标题效果

本例先导入一个礼品盒装饰素材，再使用【文本工具】输入第一个标题文本并创建颜色递减的立体化效果，然后拆分立体化群组并设置文本对象的渐变填充颜色，接着输入另一个标题文本并创建立体化效果，再拆分立体化群组并设置文本的渐变填充颜色，最后导入 Logo 图形对象并制作标题的阴影效果。

操作步骤

1 打开光盘中的“..\Example\Ch10\10.2.2.cdr”练习文件，选择【文件】|【导入】命令，打开【导入】对话框后选择“..\Example\Ch10\礼品盒.cdr”素材文件，再单击【导入】按钮，如图 10-37 所示。

2 返回绘图窗口后，在装饰图上拖动鼠标，导入礼品盒图形素材，如图 10-38 所示。

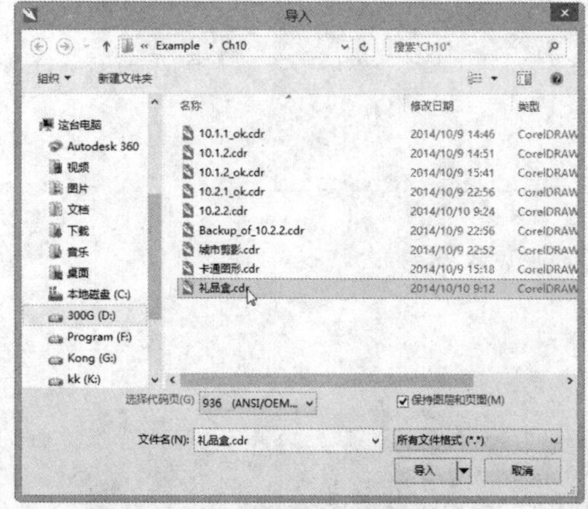

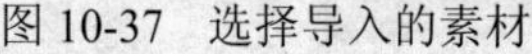
图 10-37　选择导入的素材

图 10-38　导入礼品盒素材

3 选择【文本工具】，再设置文本属性，然后在礼品盒图形对象下方输入第一个标题文本，如图 10-39 所示。

4 选择【立体化工具】，再为文本对象创建立体化效果，然后在属性栏中打开【立体化颜色】面板并单击【使用递减的颜色】按钮，设置从【宝石红】到【秋橘红】的递减颜色，如图 10-40 所示。

图 10-39　输入第一个标题文本

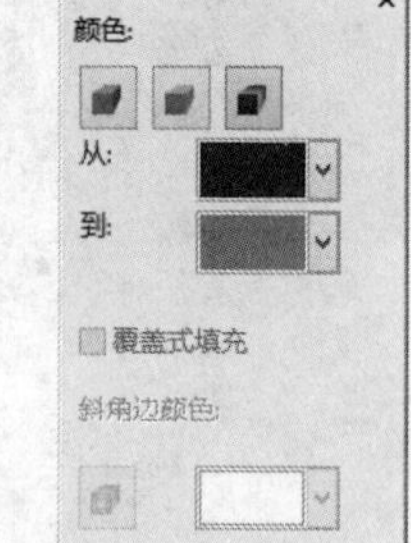

图 10-40　创建文本的立体化效果并设置递减颜色

5 使用鼠标左键按住立体化的深度按钮，然后向下拖动增加立体化深度，再选择全部立体化对象，接着选择【对象】|【拆分立体化群组】命令，如图 10-41 所示。

6 选择拆分群组后的文本对象，打开【编辑填充】对话框并单击【渐变填充】按钮，然后设置从【浅橘红】到【黄色】的渐变颜色，如图 10-42 所示。

7 在【编辑填充】对话框中分别单击【圆锥形渐变填充】按钮和【重复】按钮，然后设置旋转角度为 90 度并单击【确定】按钮，如图 10-43 所示。

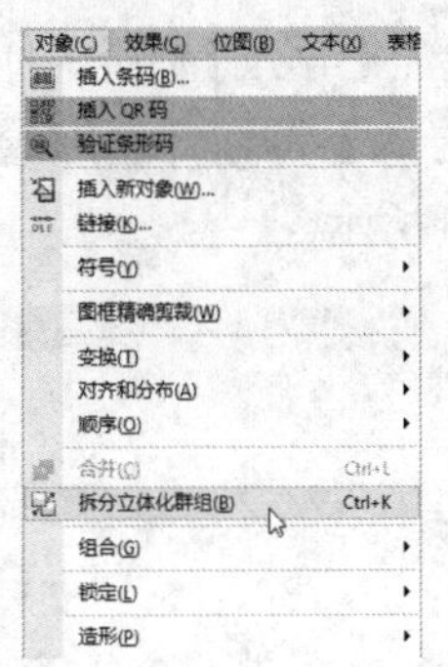

图 10-41　调整立体化深度并拆分立体化群组

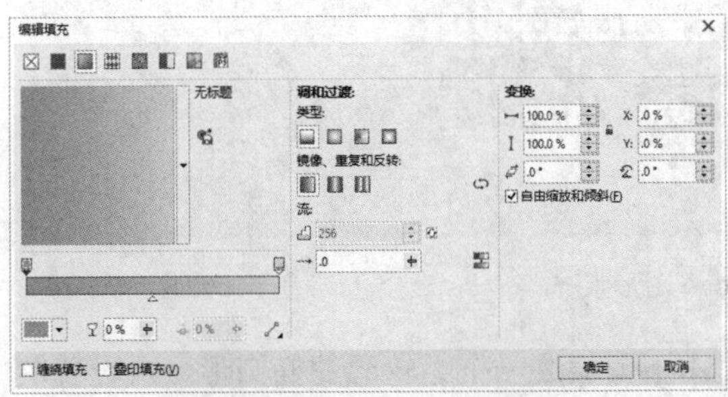
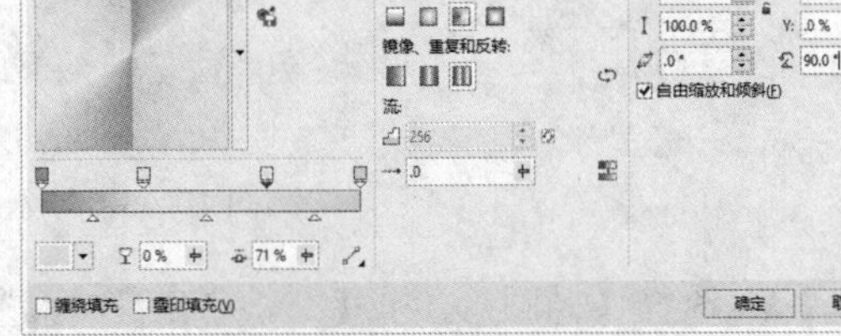

图 10-42　设置文本的渐变颜色　　　图 10-43　设置填充其他选项

8 再次选择【文本工具】字并设置文本属性，然后在第一个标题文本下方输入第二个标题文本，如图 10-44 所示。

图 10-44　输入第二个标题文本

9 使用上述步骤的方法，制作第二个标题的立体化效果，然后拆分立体化群组并设置文本的渐变颜色，如图 10-45 所示。

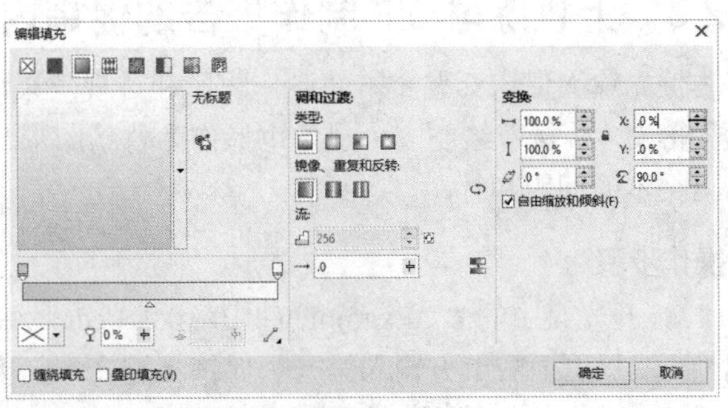

图 10-45　创建文本立体化效果并设置渐变颜色

10 选择【文件】|【导入】命令，打开【导入】对话框后选择“..\Example\Ch10\Logo.cdr”素材文件，再单击【导入】按钮，返回绘图窗口后，在绘图页面左上方拖动鼠标，导入 Logo 图形素材，如图 10-46 所示。

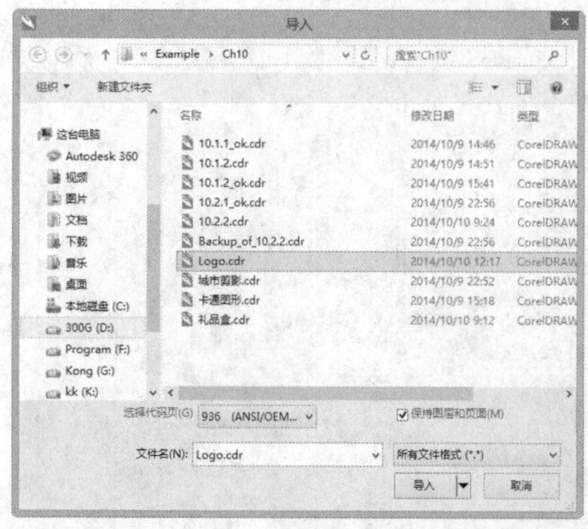

图 10-46　导入 Logo 图形素材

11 选择【椭圆形工具】，然后在标题文本下方绘制一个无轮廓的椭圆形，再设置图形的填充颜色为【宝石红】，使用【透明度工具】选择该图形，在属性栏中设置透明度属性，最后选择透明度中心点并设置中心透明度为 50，如图 10-47 所示。

图 10-47　绘制椭圆形并制作透明度效果

10.2.3　上机练习 5：制作广告的促销内容部分

本例先输入促销标题文本并制作阴影和透视效果，然后在促销标题文本下创建关于促销内容的段落文本，接着绘制一个圆角矩形作为背景图形，并在图形上输入促销标语文本，最后调整标语文本的间距和行距。

操作步骤

1 打开光盘中的“..\Example\Ch10\10.2.3.cdr”练习文件，选择【文本工具】并设置文本属性，然后页面右上方输入第一个促销标题文本，接着打开【轮廓笔】对话框并设置轮廓宽度为 2px、颜色为【砖红】，如图 10-48 所示。

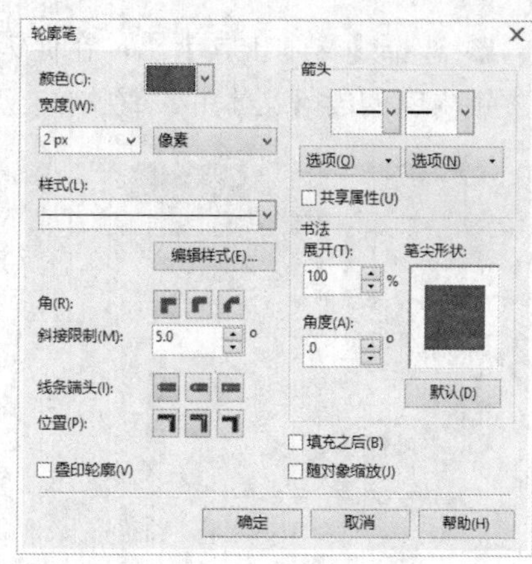

图 10-48　输入文本并设置轮廓

2 设置文本的颜色为【黄色】，选择【阴影工具】，然后在文本上向左拖动创建阴影效果，在属性栏上设置阴影属性和颜色，如图 10-49 所示。

图 10-49　创建阴影效果并设置属性

3 选择【效果】|【添加透视】命令，然后拖动透视节点，设置文本的透视效果，如图 10-50 所示。

4 使用步骤 1 到步骤 3 的方法，输入第二个促销标题文本，然后设置轮廓效果并添加透视效果，如图 10-51 所示。

图 10-50　制作文本透视效果

图 10-51　制作第二个促销标题文本的效果

5 选择【文本工具】字，在促销标题文本下方拖出一个段落文本框，然后在文本框内输入促销内容的段落文本并设置文本的属性，如图 10-52 所示。

图 10-52　创建促销内容的段落文本

6 选择【矩形工具】□，然后在段落文本下方绘制一个无轮廓的矩形，并设置填充颜色为【洋红】，如图 10-53 所示。

7 选择【形状工具】，接着按住矩形任一角的节点并拖动，使矩形变成圆角矩形形状，如图 10-54 所示。

图 10-53　绘制一个矩形对象

图 10-54　调整矩形为圆角矩形形状

8 使用【文本工具】字在圆角矩形上输入促销标语文本并设置文本的属性，然后打开【文本属性】泊坞窗，设置文本的行距为 150%、字符间距为 20%，最后适当调整文本的位置，如图 10-55 所示。

图 10-55　输入促销标语文本并设置属性

10.3 项目设计 3：商务公司画册封套设计

本项目将设计一个商务公司画册封套。本项目设计的封套包含封面、封脊和封底三部分，在整个封面和封底的设计中，采用了深蓝和蓝灰为背景色，再使用与之对比强烈的红色、青色和白色作为图形和文本颜色，然后绘制了倾斜排列的图形为主要装饰图，配合大字体的画册名称文本，使整个画册的设计显得简洁和大气，并突出创新的设计概念，与商务公司的业务性质呼应。

本例制成的效果如图 10-56 所示。

图 10-56 商务公司画册封套设计的效果

10.3.1 上机练习 6：设计公司画册的封面图案

本例先创建包含封面、封脊和封底尺寸的图形文件，并使用辅助线划分好封面、封脊和封底页面区域，然后绘制矩形并设置渐变颜色作为封面的底图，再通过绘制矩形、调整矩形形状的方法，制作出倾斜和透视排列的装饰图内容。

操作步骤

1 启动 CorelDRAW X7 应用程序，选择【文件】|【新建】命令，打开【新建】对话框后，设置文件尺寸和分辨率等属性，单击【确定】按钮，如图 10-57 所示。

2 使用鼠标按住左侧的标尺再往右边拖动拖出辅助线，再使用相同的方法拖出多条辅助线，然后在属性栏中设置辅助线的 X 轴位置分别为 0mm、185mm、195mm、380mm，如图 10-58 所示。

3 在工具箱中选择【矩形工具】，然后贴紧页面右侧辅助线绘制一个矩形，打开【编辑填充】按钮并设置渐变填充，设置渐变旋转角度为 225 度，单击【确定】按钮，如图 10-59 所示。

4 使用【矩形工具】绘制出一个白色无轮廓的矩形，然后旋转矩形并调整好矩形的位置，如图 10-60 所示。

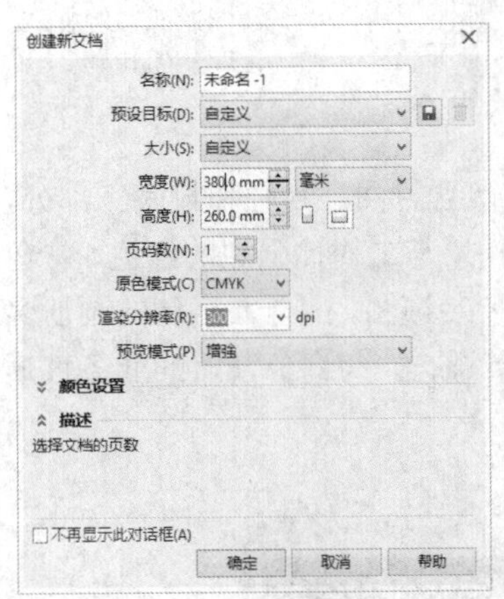

图 10-57 创建新文件

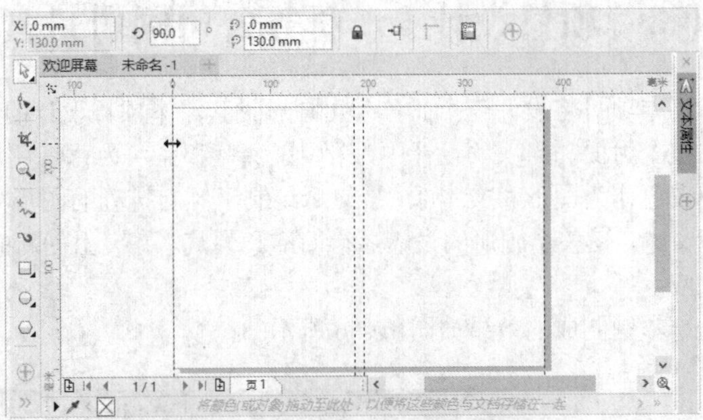

图 10-58 使用辅助线划分页面

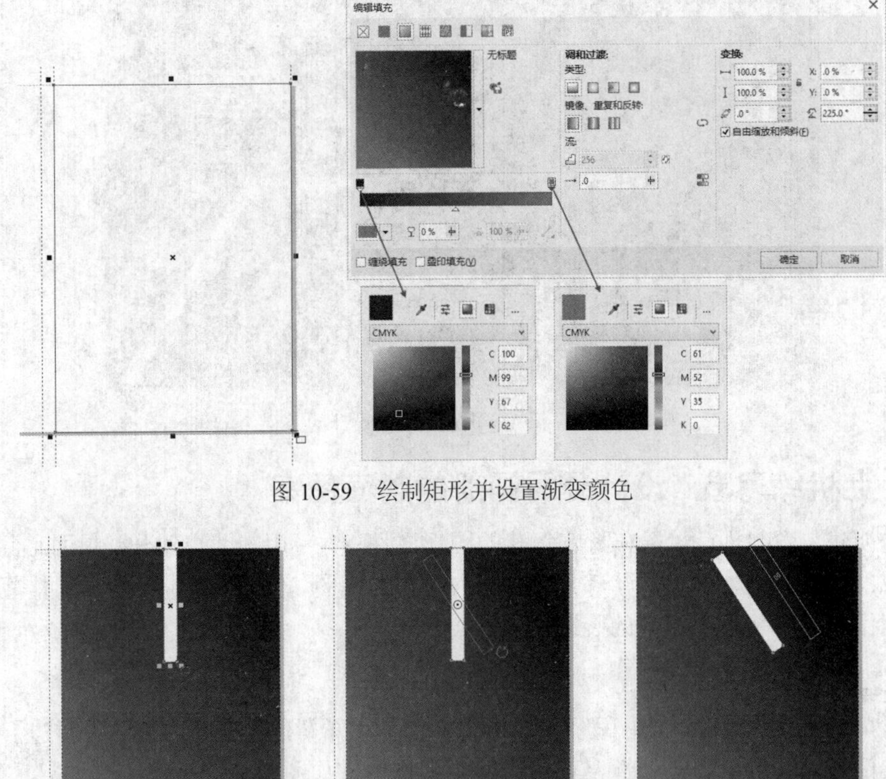

图 10-59 绘制矩形并设置渐变颜色

图 10-60 绘制矩形并调整矩形旋转和位置

5 选择矩形对象并单击属性栏的【转换为曲线】按钮，再选择【形状工具】，调整矩形的节点，如图 10-61 所示。

6 使用【矩形工具】在修改形状的图形下方绘制出另一个白色无轮廓的矩形，并且确保矩形的左下角节点与修改形状的图形左下角节点在同一位置，然后在两个图形接合的位置上绘制一条白色直线，并使该直线通过两个图形的接合点，如图 10-62 所示。

图 10-61　将矩形转换为曲线并修改形状

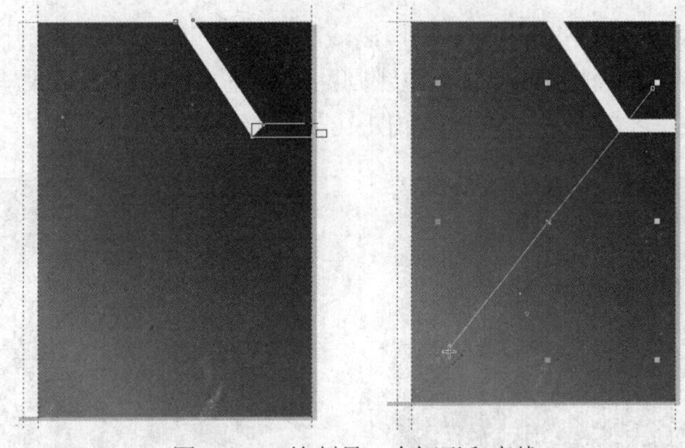

图 10-62　绘制另一个矩形和直线

问：绘制的直线有什么用途？

答：直线的作用是确定两个图形拼接时的倾斜度，这样可以用直线作为后续图形拼接时的参考线。

7 使用【矩形工具】绘制一个红色无轮廓的矩形，然后旋转矩形使之倾斜度与倾斜的白色图形一样并将图形排列好，如图 10-63 所示。

图 10-63　绘制矩形并使之倾斜

8 将红色矩形转换为曲线，再使用【形状工具】调整矩形的节点，使之上边缘与页面上边缘贴齐，下边缘与白色直线贴齐，如图 10-64 所示。

图 10-64　将矩形转换为曲线并调整形状

9 复制调整形状后的红色图形并粘贴，然后将粘贴后的副本图形移开，并使副本图形的右侧边缘贴齐原来图形的左侧边缘，而下边缘则贴齐白色直线，接着修改填充颜色为【青色】，再使用【形状工具】调整对象的节点，如图 10-65 所示。

图 10-65　创建副本图形并修改位置和形状

10 使用【形状工具】在青色图形上边缘中间上单击，然后在属性栏中单击【添加节点】按钮，接着将新增的节点移到封面区域的左上角上，如图 10-66 所示。

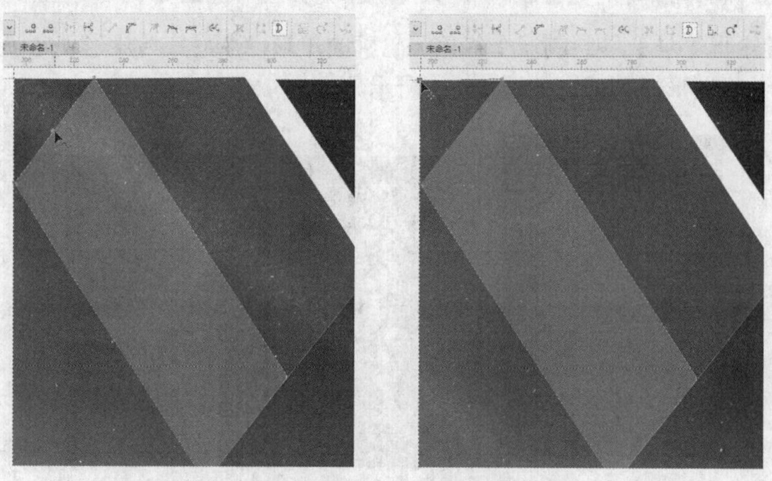

图 10-66　添加节点并调整节点的位置

11 使用步骤 9 的方法复制红色图形并粘贴，然后将副本图形移到封面左侧，再使用【形状工具】调整节点的位置，如图 10-67 所示。

图 10-67　制作另一个红色图形

12 使用创建副本图形的方法创建白色副本图形，然后调整该图形的位置和形状，接着将白色直线删除，如图 10-68 所示。

图 10-68　创建另一个白色图形并删除直线

13 使用【矩形工具】绘制一个深红色无轮廓的矩形，然后将矩形转换为曲线并修改形状，使之与第一个红色图形下边缘拼接，接着根据图形倾斜的下边缘绘制另外一条白色线条，并将线水平条移到右侧，使线条上端点位于红色图形的右上角处，最后以白线作为参考，调整深红色矩形右下角节点的位置，如图 10-69 所示。

图 10-69　绘制矩形并以白线作为参考线调整矩形形状

14 使用步骤 12 和步骤 13 的方法，制作其他拼接图形，并使之具有透视效果，结果如图 10-70 所示。

15 通过绘图、将图形转换为曲线、修改图形形状等一系列操作，制作其他与透视图形拼接的倾斜图形的效果，最后将白色线条删除，结果如图 10-71 所示。

图 10-70　制作其他透视效果的图形

图 10-71　制作其他倾斜效果的图形

10.3.2　上机练习 7：制作公司画册的封面内容

本例将分别输入三个文本对象并添加阴影效果，再分别倾斜和添加透视，以作为显示在封面的画册名字，然后导入 Logo 图形并输入名称，接着载入人物剪影矢量图形，最后分别更改人物剪影图形的颜色。

操作步骤

1 打开光盘中的“..\Example\Ch10\10.3.2.cdr”练习文件，选择【文本工具】并设置文本属性，然后输入文本并设置填充颜色为【白色】，如图 10-72 所示。

2 选择文本对象并旋转，使之倾斜程度与图形的倾斜程度一样，然后适当调整位置，如图 10-73 所示。

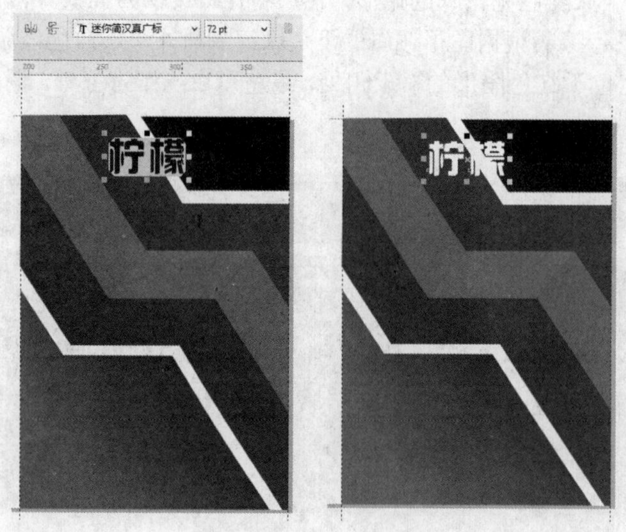

图 10-72　输入第一个文本

图 10-73　旋转文本对象

3 选择【阴影工具】，然后按住文本后拖动鼠标创建出阴影效果，接着在属性栏中设置阴影的属性，如图 10-74 所示。

4 使用步骤 1 到步骤 3 的方法，输入第二个文本并倾斜，然后创建阴影效果，将文本放置在页面下方红色图形上，如图 10-75 所示。

图 10-74 创建阴影效果

图 10-75 输入第二个文本并制作效果

5 使用【文本工具】创建第三个文本，并将文本放置在透视的暗青色图形上，然后和上面操作一样添加阴影效果，如图 10-76 所示

6 选择【效果】|【添加透视】命令，然后拖动透视框的节点调整文本的透视效果，如图 10-77 所示。

图 10-76 输入第三个文本并制作效果

图 10-77 为文本添加透视效果

7 选择【文件】|【导入】命令，然后在【导入】对话框中选择“柠檬 Logo.cdr”素材文件，再单击【导入】按钮，接着将 Logo 图形导入带封面右上方，如图 10-78 所示。

8 使用【文本工具】在 Logo 图形右侧输入公司名称文本，再设置文本的属性栏和填充颜色，如图 10-79 所示。

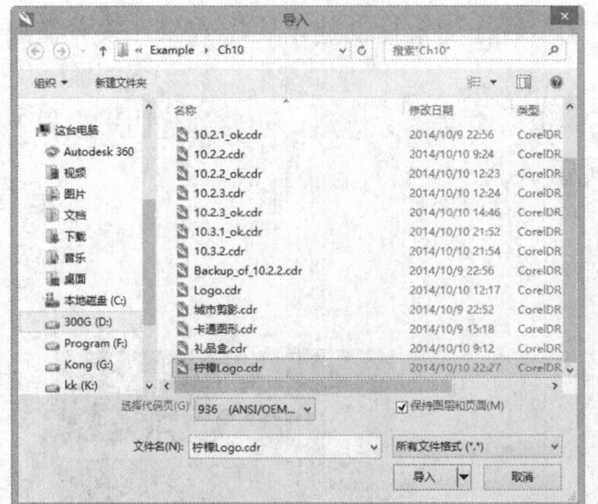

图 10-78　导入 Logo 图形

图 10-79　输入公司名称文本并设置颜色

9 使用步骤 7 的方法，导入“..\Example\Ch10\人物剪影.cdr”练习文件，然后取消组合对象，再分别修改人物剪影图形的填充颜色，如图 10-80 所示。

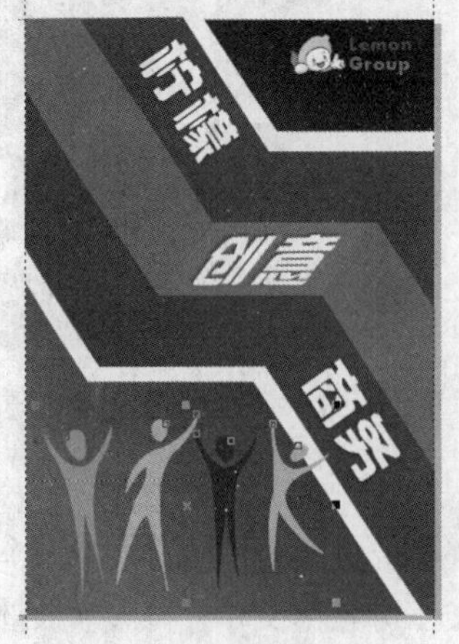

图 10-80　导入人物剪影图形并修改颜色

10.3.3 上机练习 8：制作公司画册封脊和封底

本例将先绘制一个矩形作为封脊图形，然后绘制另一个矩形并设置纯色作为封底背景图，再创建 Logo 副本并放置在封底下方，接着绘制多个矩形对象并适当旋转并在这些矩形对象上输入宣传文本，最后创建段落文本框并输入公司简介文本。

操作步骤

1 打开光盘中的“..\Example\Ch10\10.3.3.cdr”练习文件，选择【矩形工具】并沿着封脊的辅助线绘制一个矩形对象，设置矩形轮廓为【无】、填充颜色为【青色】，以作为封脊图形，如图 10-81 所示。

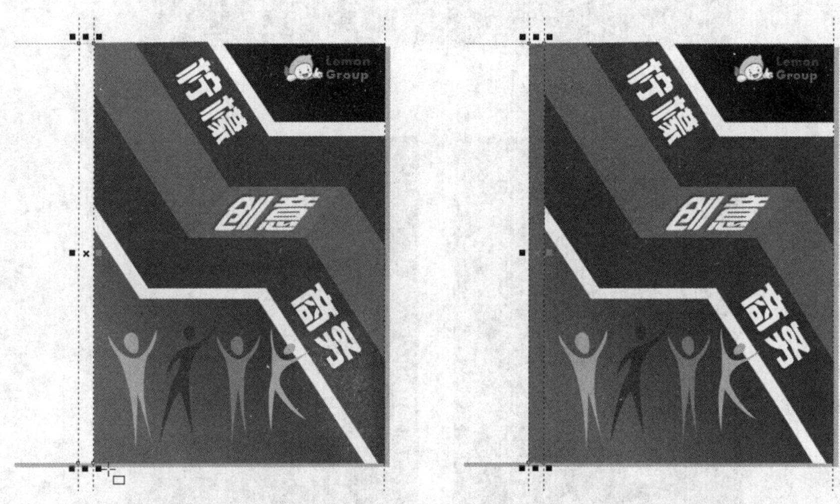

图 10-81　绘制封脊图形

2 使用【矩形工具】在页面中绘制一个填满封底的矩形对象，然后打开【编辑填充】对话框并设置图形的填充颜色，单击【确定】按钮，如图 10-82 所示。

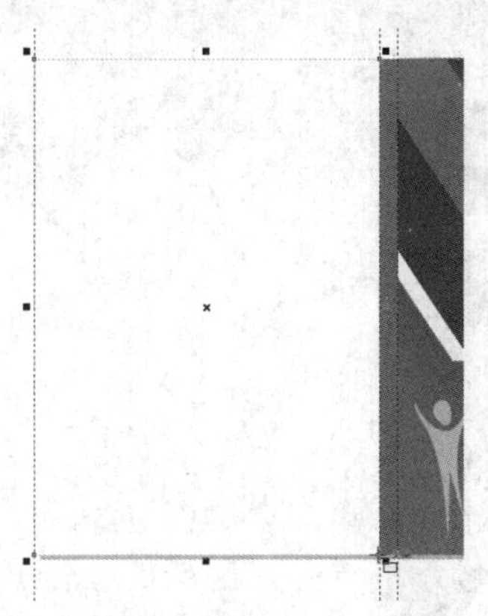

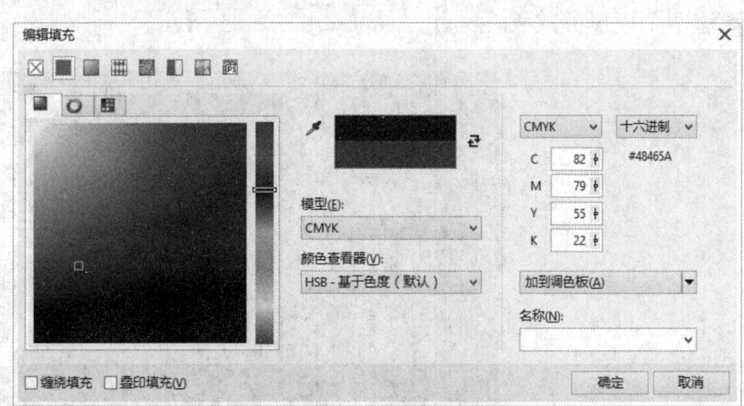

图 10-82　绘制封底图形并设置填充颜色

3 选择 Logo 图形和公司名称文本，然后执行复制和粘贴的操作，并将副本对象拖到封底的下方，如图 10-83 所示。

4 使用【矩形工具】在封底上绘制一个无轮廓的青色矩形，然后稍微旋转一下该矩形，使之有少许倾斜，如图 10-84 所示。

图 10-83　创建 Logo 副本并移到封底上

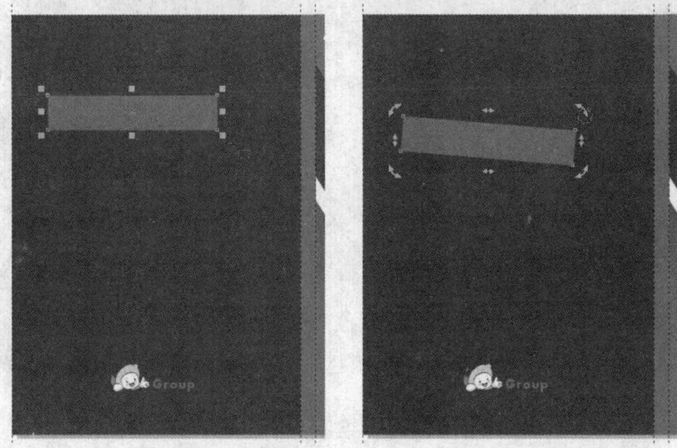

图 10-84　绘制矩形并旋转矩形

5 使用步骤 4 的方法，绘制两个矩形对象，其中一个为红色另一个为青色，然后分别旋转这两个矩形并放置在一起，结果如图 10-85 所示。

图 10-85　制作另外两个矩形对象

6 使用【文本工具】字在矩形上输入宣传文本并设置属性，然后根据矩形的倾斜程度适当旋转文本，如图 10-86 所示。

7 使用步骤 6 的方法，分别输入另外两个宣传文本并适当进行旋转处理，结果如图 10-87 所示。

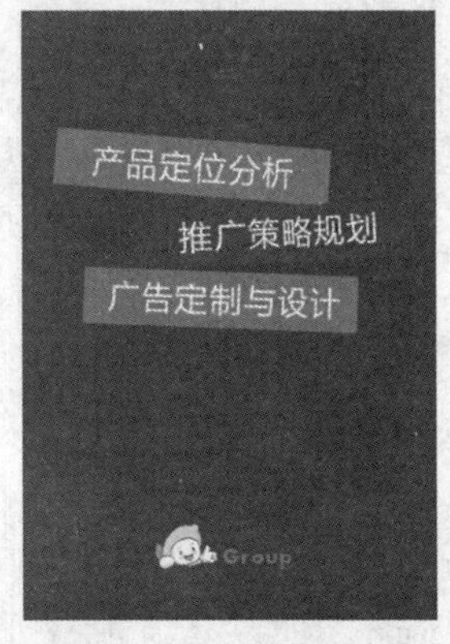

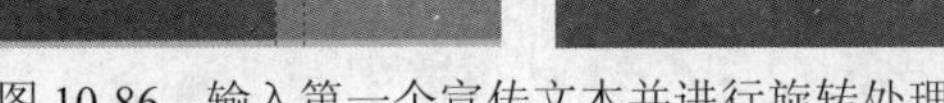

图 10-86　输入第一个宣传文本并进行旋转处理

图 10-87　制作另外两个宣传文本效果

8 使用【文本工具】字在矩形下方创建一个段落文本框，然后在文本框内输入公司简介的文本内容并在属性栏上设置文本属性，如图 10-88 所示。

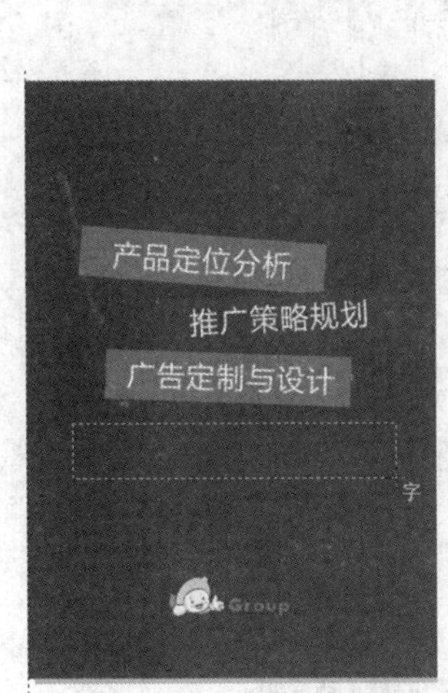

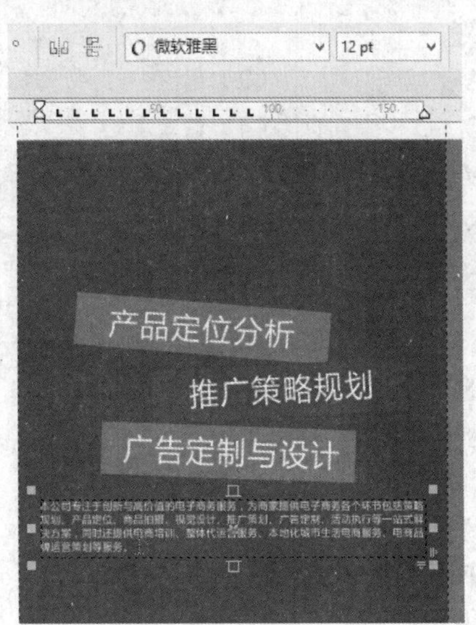

图 10-88　创建公司简介的段落文本

参考答案

第1章

一、填充题

（1）CMYK　（2）欢迎屏幕

（3）全屏预览

二、选择题

（1）D　（2）A

（3）C　（4）B

三、判断题

（1）√　（2）×

（3）√

第2章

一、填充题

（1）节点　（2）手绘平滑

（3）顶点

二、选择题

（1）A　（2）C

（3）D　（4）C

三、判断题

（1）√　（2）×

（3）√

第3章

一、填充题

（1）倒棱角

（2）椭圆形工具

（3）锐度

（4）平滑工具

二、选择题

（1）B　（2）B

（3）C　（4）D

三、判断题

（1）√　（2）×

第4章

一、填充题

（1）智能填充工具

（2）纯色

（3）编辑填充

（4）交互式填充工具

二、选择题

（1）B　（2）C

（3）A　（4）C

三、判断题

（1）√　（2）×

第5章

一、填充题

（1）点选

（2）手绘选择工具

（3）移动复制

二、选择题

（1）C　（2）B

（3）A　（4）D

三、判断题

（1）×　（2）√

（3）√

第6章

一、填充题

（1）调和效果　（2）轮廓效果

（3）套封效果

二、选择题

（1）A

（2）D

（3）C

三、判断题

（1）√　（2）√

（3）√　（4）×

第7章

一、填充题

（1）美术字

（2）段落

（3）使用文本适合路径

（4）将文本转换为表格